全国电力行业“十四五”规划教材
工 程 教 育 创 新 系 列 教 材

电力系统继电保护

第三版

主　编　王丽君
副主编　李凤荣　梁国艳
编　写　张　柳　巩　娜　马　列

中国电力出版社
CHINA ELECTRIC POWER PRESS

内 容 提 要

本书对继电保护的基本概念、基础知识、原理与特点进行了系统的介绍，对电力系统线路保护和元件保护进行了深入的分析。同时根据电力系统继电保护技术的新发展，对微机保护基本原理、线路和元件微机保护作了相应的介绍。

全书共分为十二章。第一、二章介绍电力系统继电保护的任务、基础知识（继电保护装置常用的互感器等），第三～八章介绍输电线路的阶段式电流保护、距离保护、差动保护、高频保护和自动重合闸，第九～十二章介绍变压器、发电机、母线、厂用电气设备集中参数元件保护。

本书适合作为普通高等院校电气工程专业的教材，也可作为高职高专、高等成人教育、函授及自考的辅导教材，还可供从事继电保护或相关工作的工程技术人员参考。

图书在版编目（CIP）数据

电力系统继电保护 / 王丽君主编 . —3 版 . —北京：中国电力出版社，2022. 1（2023. 6重印）
ISBN 978-7-5198-5777-6

Ⅰ . ①电… Ⅱ . ①王… Ⅲ . ①电力系统－继电保护－教材 Ⅳ . ① TM77

中国版本图书馆 CIP 数据核字（2021）第 158998 号

出版发行：中国电力出版社
地　　址：北京市东城区北京站西街 19 号（邮政编码 100005）
网　　址：http://www.cepp.sgcc.com.cn
责任编辑：雷　锦
责任校对：黄　蓓　马　宁
装帧设计：郝晓燕
责任印制：吴　迪

印　　刷：三河市航远印刷有限公司
版　　次：2005 年 9 月第一版　2022 年 1 月第三版
印　　次：2023 年 6 月北京第十九次印刷
开　　本：787 毫米 ×1092 毫米　16 开本
印　　张：17. 25
字　　数：423 千字
定　　价：49. 00 元

前言

本教材第二版出版已近七年，在使用过程中收到读者的许多意见与建议。在维持教材内容及体系基本不变的基础上，第三版进行了局部修改和完善，更新了部分概念和内容，对难懂的部分章节进行了改写，删除部分略显陈旧的内容。相对于第二版，第三版中第二章微机保护整体概念增加了内容，算法部分进行了删减；第六章距离保护增加了工频变化量原理；将原第八章高压线路微机保护应用实例部分内容并入第七章第六节；第八章为新增内容，主要介绍自动重合闸。

本书是为了适应电力系统继电保护技术的发展，是为本科电力系统自动化专业及相关专业学生全面了解和掌握电力系统继电保护技术，以及现场继电保护管理人员、技术人员、调度人员和运行人员的继续教育所编写的，可作为"电力系统继电保护"课程教材，也可作为现场培训教材。

本书本着深入浅出的原则对电力系统继电保护技术作了全面的介绍，全书共分十二章。第一章概述，简要介绍了电力系统继电保护的概念、对继电保护装置的基本要求以及继电保护技术国内外发展概况；第二章介绍了继电保护的基础知识，包括继电保护装置常用的互感器、常用继电器、微机保护常用算法以及微机保护硬件系统；第三～五章主要介绍了低压线路的相间短路保护和接地保护；第六章介绍了输电线路的距离保护，尤其对各种阻抗继电器动作特性作了较详尽的介绍；第七章介绍了高压输电线路的纵联差动保护和高频保护；第八章介绍了输电线路的自动重合闸；第九～十一章主要介绍了元件保护，包括电力变压器保护、同步发电机保护及母线保护；第十二章主要介绍了厂用电气设备保护。

本书第一、二章由谷水清编写，第三～五和十一章由王丽君编写，第六章和第十二章由李凤荣编写，第七～十章由梁国艳编写，例题及习题由张柳编写。第一、二版教材由谷水清主编对全书的章节安排和内容选材进行了整体规划。本书第一版承北京交通大学高沁翔副教授审阅，并提出许多宝贵意见，在此表示深切的谢意。

第三版由巩娜改写第一章，王丽君改写第二章、第七章第八节，马列进行文字整理与校对工作，其他章节由原编写人员修改。王丽君负责全书内容规划及统稿。

由于新技术总在不断地发展，加之限于编者水平，书中难免有疏漏和不足之处，恳请专家和读者批评指正。

编　者
于沈阳工程学院

第二版前言

本书是普通高等教育“十二五”规划教材，是为了适应电力系统继电保护技术的发展，使在校电力系统自动化专业及相关专业学生全面了解和掌握电力系统继电保护技术，对现场继电保护管理人员、技术人员及调度和运行人员的继续教育所编写的，可作为电力工程类高等学校及相关专业“电力系统继电保护”课程教材，也可作为现场培训教材。

本书按照深入浅出的原则对电力系统继电保护技术作了全面的介绍，尤其在相应章节中对微机保护基础知识和微机保护装置也进行了不同程度的介绍。对于所涉及的相关基础知识也在书中或附录中给予介绍。第二版在维持前一版教材内容及体系基本不变的基础上，进行了局部修改和完善，更新了部分概念和内容，增设了 220kV 输电线路保护实例，例题、习题及部分习题答案，并配备了多媒体教学软件，使之更适应各高校师生的教学需要。有利于读者全面了解电力系统继电保护的概念及其所涵盖的内容，便于读者自学。

全书共分十二章。第一章概述，简要介绍了电力系统继电保护的任务、对继电保护的基本要求以及继电保护技术国内外发展概况；第二章介绍了继电保护的基础知识，包括继电保护装置常用的互感器、常用继电器、微机保护常用算法及微机保护硬件系统；第三～五章主要介绍了低压线路的相间短路保护和接地保护；第六章介绍了输电线路的距离保护，尤其对各种阻抗继电器的动作特性作了较详尽的介绍；第七章介绍了输电线路的差动保护和高频保护，其中对光纤纵联差动保护也进行了介绍；第八章以具体装置为例说明了 220kV 输电线路微机保护配置和保护动作逻辑分析；第九～十一章主要介绍了元件保护，包括变压器保护、发电机保护及母线保护；第十二章主要介绍了厂用电气设备保护。

本书第一、二章由谷水清编写，第三、四、五、八和十一章由王丽君编写，第六章和第十二章由李凤荣编写，第七、九、十章由梁国艳编写，各章例题和习题由张柳编写，全书课件由宛春阳制作，谷水清对全书的章节安排和内容选材进行了整体规划，王丽君进行了全书的最后修改及定稿。全书承北京交通大学高沁翔副教授审阅，并提出许多宝贵意见，在此表示深切的谢意。

由于新技术总在不断地发展，加之作者水平所限，书中难免有不足之处，恳请专家和读者批评指正。

编　者

于沈阳工程学院

本书使用的文字符号、图形符号说明

一、设备文字符号

QF——断路器
QS——隔离开关
G——发电机
TM——电力变压器
TV——电压互感器
TA——电流互感器
T——电压变换器
UR——电抗变压器
UA——中间变流器
K——继电器
KV——电压继电器
KA——电流继电器
KS——信号继电器
KM——中间继电器
KT——时间继电器
KVU——欠电压继电器
KAU——欠电流继电器
KVZ——零序电压继电器
KVN——负序电压继电器
KW——功率方向继电器
KWZ——零序功率方向继电器
KAZ——零序电流继电器
KAN——负序电流继电器
KWN——负序功率方向继电器
KAP——正序电流继电器
KI——阻抗继电器
KST——启动继电器
KCO——出口继电器
KCP——重合闸加速继电器
KCT——跳闸位置继电器
KCX——固定继电器
KRC——自动重合闸继电器
KP——极化继电器
ARD——自动重合闸
U——整流桥
V——二极管、三极管、稳压管
D——数字集成电路和器件

二、系数

K_r——返回系数
K_{rel}——可靠系数
K_{sen}——灵敏系数
K_{br}——分支系数
K_{ast}——自启动系数
K_{co}——配合系数
K_{con}——接线系数
K_{st}——同型系数

三、符号下角注

A、B、C 三相（一次）
a、b、c 三相（二次）
ac——精确
aper——非周期
br——转移
loa——负荷
m——测量
max——最大
res——制动
err——误差
in——输入
k——短路点

min——最小

|0|——故障前瞬间

off——跳闸

on——合闸

op——动作

out——输出

sat——饱和

sen——灵敏

set——整定

osc——振荡

unb——不平衡

unc——非全相

unf——非故障相

e——励磁

per——周期

ph——相

l——线

四、符号上角注

(1)——单相接地

(2)——两相短路

(3)——三相短路

(1，1)——两相接地短路

Ⅰ、Ⅱ、Ⅲ——Ⅰ段、Ⅱ段、Ⅲ段保护

五、图形符号

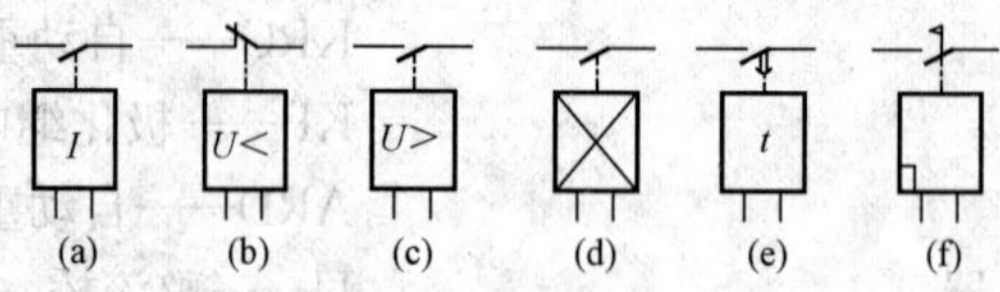

(a) 电流继电器；(b) 低电压继电器；(c) 过电压继电器；(d) 中间继电器；(e) 时间继电器；(f) 信号继电器

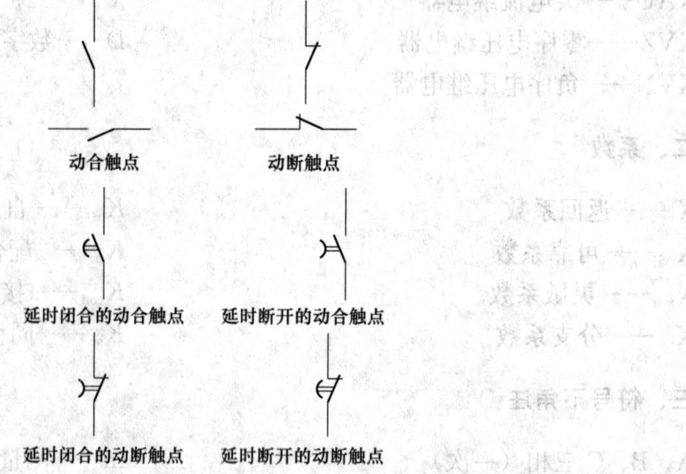

目 录

第一章　继电保护概述

第一节　继电保护的任务

发电—输电—配电—用电构成了一个有机系统。通常把由各种类型的发电厂、输电设施和配电设施以及用电设备组成的电能生产与消费的系统称为电力系统。电力系统的功能是将自然界的一次能源通过发电动力装置转化成电能，再经输电、变电和配电将电能供应到用户。

在电力系统运行中，各种电气设备可能出现故障和不正常运行状态。不正常运行状态是指电力系统中电气元件的正常工作遭到破坏，但没有发生故障的运行状态，如过负荷、过电压、频率降低、系统振荡等。故障主要包括各种类型的短路和断线，如三相短路、两相短路、单相接地短路、两相接地短路、发电机和电动机以及变压器绕组间的匝间短路、单相断线、两相断线等。其中最常见且最危险的是各种类型的短路，电力系统中的短路故障会产生如下后果：

（1）故障点的电弧使故障设备损坏。

（2）比正常工作电流大许多的短路电流产生热效应和电动力效应，使故障回路中的设备损坏。

（3）部分电力系统的电压大幅度下降，使用户的正常工作遭到破坏，影响企业的经济效益和人们的正常生活。

（4）破坏电力系统运行的稳定性，引起系统振荡，甚至使电力系统瓦解，造成大面积停电。

故障或不正常运行状态若不及时正确处理，都可能引发事故。事故是指对用户少送电或停止送电，电能质量降低到不能允许的程度，人身伤亡及电气设备损坏。

为了及时正确处理故障和不正常运行状态，避免事故发生，就产生了继电保护，它是一种重要的反事故措施。继电保护包括继电保护技术和继电保护装置。继电保护装置是完成继电保护功能的核心，是能反应电力系统中电气元件发生故障或出现不正常运行状态，并动作于断路器跳闸或发出信号的一种自动装置。

继电保护的基本任务是：

（1）当电力系统中某电气元件发生故障时，能自动、迅速、有选择地将故障元件从电力系统中切除，避免故障元件继续遭到损坏，使非故障元件迅速恢复正常运行。

（2）当电力系统中电气元件出现不正常运行状态时，能及时反应并根据运行维护条件发出信号或跳闸。

第二节　继电保护的基本原理及分类

一、继电保护的基本原理

为了完成继电保护的任务，就必须能够区别是正常运行还是非正常运行或故障，要想区别这些状态，最关键的就是要检测这些状态下的参量情况，找出其间的差别，从而构成各种不同原理的保护。

在电力系统发生短路故障时，许多参量较正常时都有了变化，有的变化明显，有的变化不够明显。变化明显的参量较适合作为保护判据，用来构成保护。比如：根据短路时电流升高的特点可构成过电流保护；利用短路时母线电压降低的特点可构成低电压保护；利用短路时线路始端测量阻抗降低的特点可构成距离保护；利用电压与电流之间相位差的改变可构成方向保护。除此之外，根据线路内部短路时两侧电流相位差变化，可以构成差动原理的保护。当然还可以根据非电气量的变化来构成某些保护，如反应变压器油在故障时分解产生的气体而构成的瓦斯保护。

原则上只要找出正常运行与故障时系统中电气量或非电气量的变化特征（差别），即可形成某种判据，从而构成某种原理的保护，且差别越明显，保护性能越好。

二、继电保护装置的组成

继电保护装置一般由测量元件、逻辑元件和执行元件三部分组成，如图 1-1 所示。

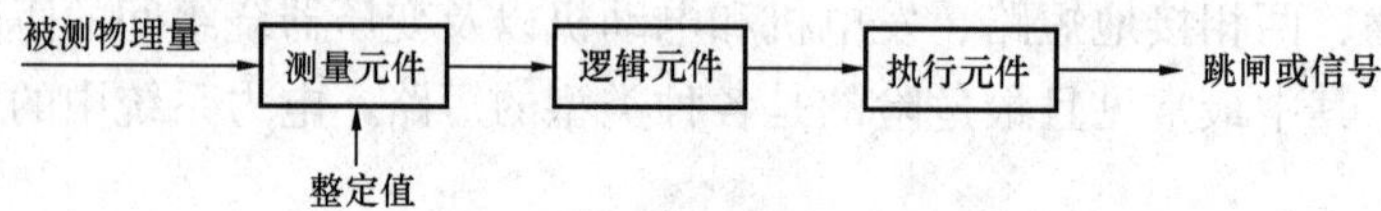

图 1-1　继电保护装置基本组成框图

1. 测量元件

测量元件的作用是测量从被保护对象输入的有关物理量（如电流、电压、阻抗、功率方向等），并与已给定的整定值进行比较，根据比较结果给出“是”“非”“大于”“不大于”等具有“0”或“1”性质的一组逻辑信号，从而判断保护是否应该启动。

2. 逻辑元件

逻辑元件的作用是根据测量部分输出量的大小、性质、输出的逻辑状态、出现的顺序或它们的组合，使保护装置按一定的逻辑关系工作，最后确定是否应使断路器跳闸或发出信号，并将有关命令传给执行元件。

逻辑回路有或、与、非、延时启动、延时返回、记忆等。

3. 执行元件

执行元件的作用是根据逻辑元件传送的信号，最后完成保护装置所担负的任务。例如故障时跳闸，不正常运行时发信号，正常运行时不动作。

三、继电保护的分类

继电保护按其被保护对象、保护原理、保护所反应故障类型、继电保护装置的实现技术、保护所起的作用，有不同的分类方法。

（1）按被保护对象分为输电线路保护、发电机保护、变压器保护、电动机保护、母线保护等。

（2）按保护原理分为电流保护、电压保护、距离保护、差动保护、方向保护、零序保护等。

（3）按保护所反应故障类型分为相间短路保护、接地故障保护、匝间短路保护、断线保护、失步保护、失磁保护及过励磁保护等。

（4）按继电保护的实现技术分为机电型保护（如电磁型保护和感应型保护）、整流型保护、晶体管型保护、集成电路型保护及微机型保护等。

（5）按保护所起的作用分为主保护、后备保护、辅助保护等。

主保护是指满足系统稳定和设备安全要求，能以最快速度有选择地切除被保护元件故障的保护。

后备保护是指当主保护或断路器拒动时用来切除故障的保护。后备保护又分为远后备保护和近后备保护两种。远后备保护是指当主保护或断路器拒动时，由相邻电力设备或线路的保护来实现的后备保护。近后备保护是指当主保护拒动时，由本电气设备或线路的另一套保护来实现的后备保护。

辅助保护是为补充主保护和后备保护的性能或当主保护和后备保护退出运行时而增设的简单保护。

第三节　对继电保护的基本要求

动作于跳闸的继电保护，在技术上一般应满足四个基本要求，即选择性、速动性、灵敏性和可靠性，通常称为保护“四性”要求。

一、选择性

选择性是指电力系统发生故障时，保护仅将故障元件切除，而使非故障元件仍能正常运行，以尽量缩小停电范围的一种性能。

下面以图 1-2 为例，来说明选择性的概念。

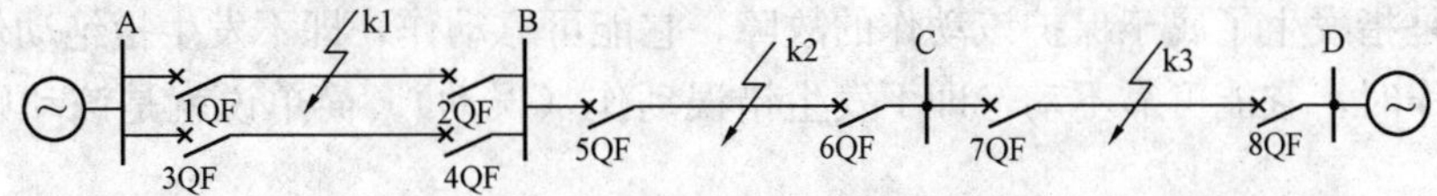

图 1-2　保护动作选择性的说明

在图 1-2 所示的网络中，当 k1 短路时，应该由距故障点最近的保护 1、2 动作，跳开 1QF、2QF，这样既切除了故障线路，又使停电范围最小，因此此时保护 1、2 动作是有选择性的动作，也就是满足了选择性的要求。

同理，当 k2 短路时，保护 5、6 动作跳开 5QF、6QF；当 k3 短路时，保护 7、8 动作跳开 7QF、8QF，都是有选择性的动作。若当 k3 短路时 7QF 拒动，保护 5 动作跳开 5QF 将故障切除，此时停电范围扩大。但是如果保护 5 不动作跳闸，故障线路就无法切除，因此，此时保护 5 的动作也是有选择性的动作，只不过是保护 5 做了保护 7 的远后备保护而已。若 7QF 正确动作于跳闸的同时保护 5 也动作跳开 5QF，则保护 5 的动作是非选择性的动作，称为越级跳闸。

二、速动性

速动性是指保护快速切除故障的性能。故障切除时间包括继电保护动作时间和断路器跳闸时间，即

$$t = t_{op} + t_{QF} \tag{1-1}$$

式中　t——故障切除时间；

t_{op}——保护动作时间；

t_{QF}——断路器跳闸时间。

一般的快速保护动作时间为 0.06～0.12s，最快的可达 0.01～0.04s。一般的断路器动作时间为 0.06～0.15s，最快的可达 0.02～0.06s。

当系统发生故障时，快速切除故障可以提高系统并列运行的稳定性，缩短用户在低电压下的工作时间，减轻故障元件的损坏程度，避免故障进一步扩大。

三、灵敏性

灵敏性是指在规定的保护区内，保护对故障情况的反应能力。满足灵敏性要求的保护应在区内故障时，不论短路点的位置与短路的类型如何，都能灵敏地、正确地反应。

通常，灵敏性用灵敏系数来衡量，并表示为 K_{sen}，也称为灵敏度。任何继电保护装置对规定的保护区内短路故障，都必须具有一定的灵敏度，以保证在考虑了短路电流计算、保护动作值整定试验等误差后，在最不利于保护动作的条件下仍能可靠动作。

在计算保护的灵敏系数时，可按如下原则考虑：

（1）在可能的运行方式下，选择最不利于保护动作的运行方式。

（2）在所保护的短路类型中，选择最不利于保护动作的短路类型。

（3）在保护区内选择最不利于保护动作的点作为灵敏度校验点（计算 K_{sen} 所选的短路点）。

GB/T 14285—2006《继电保护和安全自动装置技术规程》对各类保护的灵敏系数 K_{sen} 的要求都作了具体规定，在具体装置的灵敏度校验时可按照规程规定的灵敏系数来校验。

四、可靠性

可靠性是指发生了属于保护该动作的故障，它能可靠动作，即不发生拒绝动作（拒动）；而在不该动作时，它能可靠不动，即不发生错误动作（误动）。简单说就是该动则动，不该动则不动。

影响保护动作的可靠性有内在的因素和外在的因素。内在的因素主要是装置本身的质量，如保护原理是否成熟、所用元件好坏、结构设计是否合理、制造工艺水平、内外接线情况、触点多少等；外在的因素主要体现在运行维护水平，以及调试和安装是否正确等。

以上讲述了继电保护四项基本要求的含义。但是从一个保护设计与运行的角度上看，很难同时很好地满足这四项基本要求。因此在实际中，对一套继电保护的设计和评价往往是结合具体情况，协调处理各个性能之间的关系，取得合理统一，达到保证电力系统安全运行的目的。

第四节　继电保护技术的发展

继电保护技术随着电力系统、电子技术、计算机技术、通信技术的发展而发展。从继电保护装置结构方面来看，它的发展过程大致可分为五个阶段，即机电型保护阶段、整流型保护阶段、晶体管型保护阶段、集成电路型保护阶段、微机（数字）型保护阶段。从保护构成原理方面来看，一直是随着电力系统发展而不断提出相应的新原理保护，新原理保护又在电力系统运行中不断完善，不断趋向成熟。

随着电子技术、通信技术和计算机技术的不断发展，继电保护技术必将向着综合自动化领域迈进，微机保护已经在全国普遍应用。虽然保护的原理方面仍然没有太大的突破，但是在实现手段上有了根本的变化。与以往的各种类型的继电保护相比，微机保护采用数字计算技术实现各种保护功能。微机保护具有灵活性大、可靠性高、易于获得附加功能和维护调试方便等优点，必将被越来越多地应用，具有很好的发展前途。但是，采用微机保护要求有良好的抗电磁干扰措施和较好的工作环境；同时，微机保护的所有保护功能都是依赖软件实现的，不同保护的硬件电路几乎是一样的，一套硬件电路可以完成多个保护功能，也就给硬件电路提出了更高的要求；另外，由于微机保护采用的硬件芯片发展迅速、更新换代时间短，导致微机保护服役时间比较短。

20 世纪 60 年代末期，国外提出计算机构成继电保护装置的倡议。我国从 20 世纪 70 年代末即开始了计算机继电保护的研究，各高等院校和科研院所起先导作用。1984 年，原华北电力学院研制的输电线路微机保护装置首先通过鉴定，并在系统中获得应用，揭开了我国继电保护发展史上新的一页，为微机保护的推广开辟了道路。随着对微机保护的不断研究，我国在微机保护软件、算法等方面也取得了很多理论成果。可以说从 20 世纪 90 年代开始，我国继电保护技术已进入了微机保护的时代。

(1) 数字化。电力系统对微机保护的要求不断提高，除了保护的基本功能外，还要求大容量的故障信息和数据的长期存放空间，快速的数据处理功能，强大的通信能力，与其他保护或控制装置、调度联网，以及共享全系统数据、信息和网络资源的能力，高级语言的编程等。

(2) 网络化。为了适应智能变电站的要求，微机保护的对外通信能力不断加强，从现场总线到嵌入式以太网的应用，网络技术的发展已跨越了几个阶段。变电站内分布式网络结构的设计，网络可靠性和性能的不断提高，以及方便灵活、扩展性强的网络特点，使微机保护内部网络化的潜在优势日益明显，使网络化硬件设计的思想开始深入到保护装置内部。

(3) 继电保护技术一体化。在实现了继电保护技术的网络化与数字化后，继电保护技术的性能已经变得比较先进，微机保护可以从电力网上获取电力系统运行故障的任何信息和数据，也可将所获得的被保护信息和数据传送给网络中心或任一终端。因此每个微机保护不仅可以完成继电保护功能，而且还可以在无故障运行情况下，做到将测量、控制、数据通信、保护等多个功能结合成为一体。

(4) 智能化。电力系统继电保护的很多研究工作开始转至人工智能的应用。相继出现了人工神经网络模糊理论来实现故障类型的判别、故障距离的确定、方向保护、主设备保护等新方法，出现了用小波理论的数学手段分析故障产生信号的整个频带的信息，并用于实现故障检测的方法。这些人工智能技术的应用不仅提高了故障判断的精确度，而且能够使某些基于单一性好的传统算法难以识别的问题得到解决。然而到目前为止，人工智能的应用还不能够取代传统保护原理，而且这些方法的应用同样受到传感器频宽的限制。对于微机保护，需要我们进行更深入的研究、探索。

习 题

1-1 继电保护的任务是什么？

1-2 继电保护的“四性”是什么？

1-3 简述继电保护装置的基本原理。

1-4 什么是主保护、后备保护、辅助保护？

1-5 请以图 1-3 为例，说明选择性的概念。

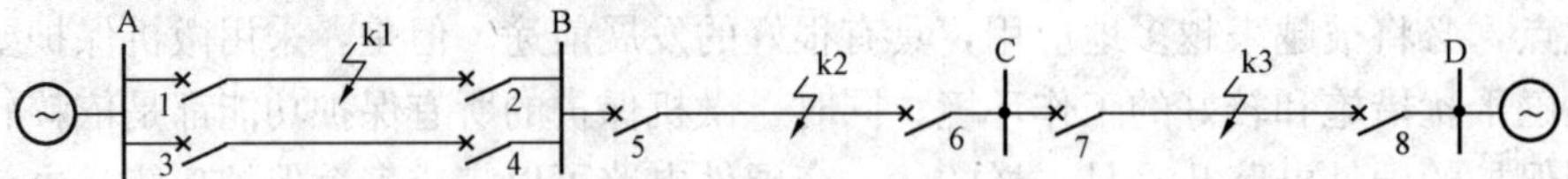

图 1-3 题 1-5 图

1-6 如图 1-4 所示，当线路 CD 的 k3 点发生短路故障时，哪些保护应动作？如果保护 6 和 5 不动作或 6QF 和 5QF 拒动，根据选择性的要求，哪些保护应动作？如果线路 AB 的 k1 点发生短路，根据选择性要求，哪些保护应动作？如果保护 2 不动作或 2QF 拒动，根据选择性要求，哪些保护应动作？

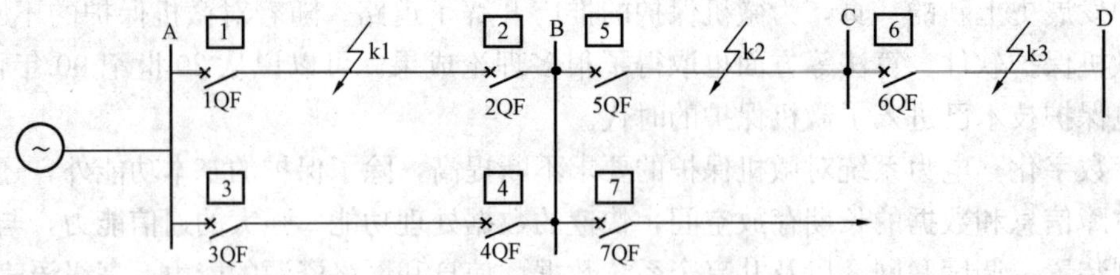

图 1-4 题 1-6 图

第二章　继电保护的基础知识

第一节　电流互感器及电压互感器

一、电流互感器

电流互感器将电力系统的一次电流按一定的变比变换成较小的二次电流，供给测量表计和继电保护装置，同时还可以使二次设备与一次高压隔离，保证人身与设备的安全。电流互感器均为单相式，一次通入电流源，二次接相应负荷。

（一）电流互感器极性及参数

制造厂家常在电流互感器上用 L1 、L2 标记出一次绕组的始端和末端，用 K1、K2 标记二次绕组的始端和末端，如图 2-1（a）所示。一次绕组始端 L1 和二次绕组始端 K1 为同极性端，同理 L2 和 K2 也为同极性端。通常用 * 标记在 L1 和 K1（或 L2 和 K2）上，来表明它们是同极性端，如图 2-1（b）所示。

电流互感器正方向规定如图 2-1（b）所示，等值电路如图 2-2 所示，一次侧电流以流入极性端为正方向，二次侧电流以流出极性端为正方向，一、二次电流相量关系如图 2-1（c）所示。电流互感器规定正方向以后，当忽略励磁电流时，一次电流与二次电流相位相同，便于用相量图分析保护动作行为。

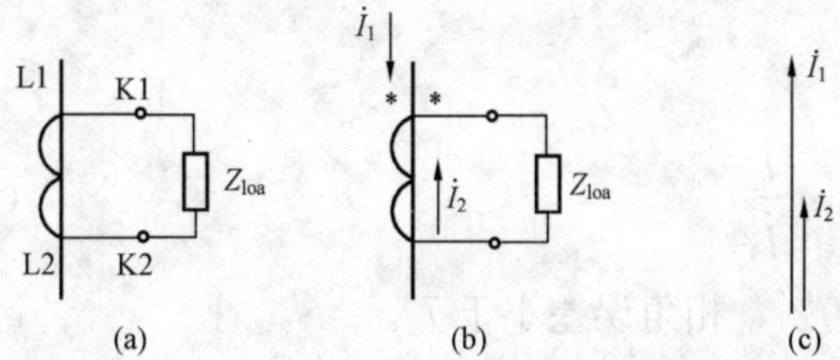

图 2-1　电流互感器极性、正方向规定、电流相量图

（a）电流互感器极性；（b）正方向规定；（c）电流相量图

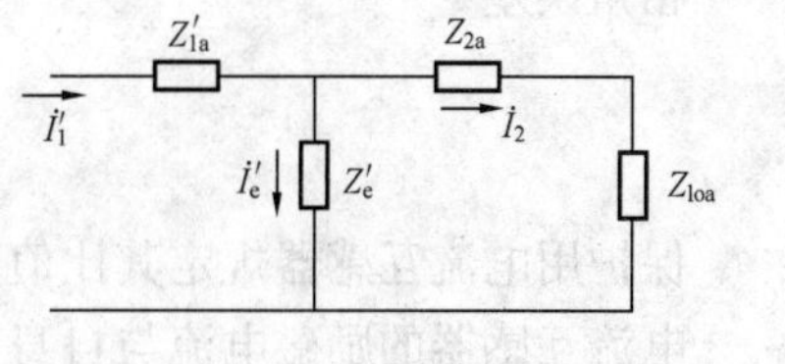

图 2-2　电流互感器等值电路

从电流互感器等值电路可见 $\dot{I}_1' - \dot{I}_e' = \dot{I}_2$。因为电流互感器二次侧所接的负荷阻抗 Z_{loa} 很小，远小于其励磁阻抗 Z_e'，所以它是在二次接近短路状态下运行的。一般情况下，在计算电流互感器二次电流时，往往忽略励磁电流 I_e'，即可近似认为 $\dot{I}_1' = \dot{I}_2$。

根据变压器磁动势平衡原理

$$\dot{I}_1 W_1 = \dot{I}_2 W_2$$

所以

$$\dot{I}_2 = \dot{I}_1 / n_{TA} = \dot{I}_1'$$

$$n_{TA} = W_2 / W_1 = I_{1N} / I_{2N} \tag{2-1}$$

式中　W_1——电流互感器一次绕组匝数；

W_2——电流互感器二次绕组匝数；

n_{TA}——电流互感器变比；

I_{1N}、I_{2N}——电流互感器一、二次侧额定电流，A。

通过电流互感器一、二次绕组不同匝数比的配置，可以将线路电流变换成便于测量的电流值（二次电流额定值一般为5A或1A），电流互感器一次绕组匝数一般只有1～2匝，而其二次绕组匝数可以从几十到几千匝。电流互感器二次电流选择5A时的二次功率损耗，是额定电流为1A时的25倍。

电流互感器的额定容量是指额定输出容量，该容量应大于额定工况下的实际输出容量。额定工况下的输出容量计算方法为

$$S_N = I_{2N}^2 K Z_{loa} \tag{2-2}$$

式中 S_N——额定工况下电流互感器输出容量，VA；

I_{2N}——电流互感器二次额定电流，A；

K——电流互感器的负荷系数；

Z_{loa}——电流互感器的二次负荷阻抗，Ω。

电流互感器额定容量及二次额定电流在设计时已确定，在运行中无法更改，因此Z_{loa}将直接决定实际运行中有没有可能出现容量超过额定的情况。

（二）电流互感器误差

从电流互感器的等值电路可见，由于励磁电流的存在，使$\dot{I}'_1 \neq \dot{I}_2$，即两者大小和相位均不同，也就是说出现了比值误差和相角误差。

比值误差

$$\Delta I = \frac{I_2 - I'_1}{I'_1} \times 100\% \tag{2-3}$$

相角误差

$$\theta = \arg \frac{\dot{I}_2}{\dot{I}'_1} \tag{2-4}$$

保护用电流互感器规定其比值误差小于10%，相角误差小于7°。

电流互感器的励磁电流与自身一次电流大小、二次负荷阻抗大小有关。当一次电流增大时，励磁电流也增大；同时因励磁电流增大，铁芯饱和程度增加，励磁阻抗相应减小，导致励磁电流继续增大。当电流互感器二次负荷阻抗增大时，在同样一次电流情况下，励磁电流增大。这也说明了电流互感器在运行中的误差主要是由电流互感器一次电流大小和二次负荷阻抗大小决定的。一次电流最大值与二次负荷阻抗Z_{loa}之间有一定的关系，这个关系就是电流互感器10%误差曲线。

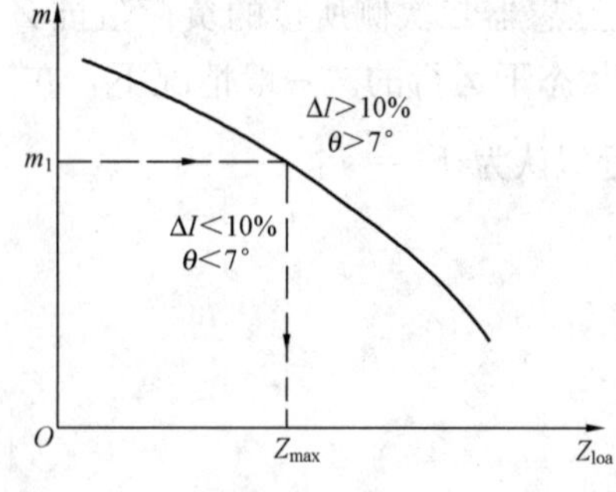

图2-3 电流互感器10%误差曲线

电流互感器10%误差曲线是指电流互感器比值误差为10%，相角误差小于7°，电流互感器一次电流倍数$m\left(m=\frac{I_1}{I_{1N}}\right)$与允许的二次负荷阻抗$Z_{loa}$之间的关系曲线，如图2-3所示。10%误差曲线通常由制造厂家给定或试验测得，它主要用来校验电流互感器是否满足误差要求。校验的步骤是：首先求出电流互感器最

大短路电流相对于额定电流的倍数，如图 2-3 中的 m_1 值，再按图中箭头方向确定最大二次负荷阻抗 Z_{max}。若电流互感器实际接入的二次负荷阻抗小于 Z_{max}，则电流互感器误差满足要求；否则需要减小电流互感器二次负荷阻抗，或采用两个变比相等的电流互感器串联使用来减小电流互感器二次负荷阻抗，以满足电流互感器的误差要求。

（三）减小电流互感器误差的方法

二次负荷阻抗为电流互感器与继电保护装置之间的连接电缆或连接线，以及继电保护装置及相关设备的阻抗值。电流互感器误差不满足要求时可采取如下措施：

（1）增加连接导线的截面积，以减少二次回路总的负荷电阻。

（2）选择变比大的电流互感器以降低二次电流，如二次电流为 1A 的电流互感器。

（3）选择两个变比相等的电流互感器串联使用，以增大输出容量，此时互感器容量增大 1 倍，但变比不变。

（4）采用饱和电流倍数高的电流互感器，其励磁特性曲线高。

（5）将同一电流互感器的两个二次绕组串联。

（6）将不完全星形接线改为完全星形接线，差电流改为完全星形接线。

二、电压互感器

电压互感器将电力系统的一次电压按一定的变比变换成较小的二次电压，供给测量表计和继电保护装置，同时还可以使二次设备与一次高压隔离，保证人身和设备的安全。其工作原理与变压器基本相同。

（一）电磁式电压互感器常用接线方式

电磁式电压互感器常用接线方式有两个单相式电压互感器构成的 V-V 接线、三个单相电压互感器构成的星形接线、三相五柱式电压互感器的接线方式，如图 2-4 所示。

1. 两个单相式电压互感器构成的 V-V 接线

从图 2-4（a）可见，这种接线方式可以获得三个对称的线电压，但不能获得相电压。当自动装置、继电保护装置及测量表计只需要线电压时，可以采用该接线方式。该接线方式的电压互感器变比为 $\frac{U_{1N}}{100V}$（U_{1N} 为电压互感器的一次额定电压）。这种接线方式适用于小接地电流系统。

2. 三个单相电压互感器构成的星形接线

从图 2-4（b）可见，每个单相电压互感器二次侧都有一个主二次绕组和一个辅助二次绕组，一般主二次绕组接成星形接线，辅助二次绕组接成开口三角形接线，这样就可以获得相电压、线电压和零序电压。

开口三角形绕组的输出电压为

$$\dot{U}_{\triangle} = \dot{U}_a + \dot{U}_b + \dot{U}_c = \frac{1}{n_{TV.0}}(\dot{U}_A + \dot{U}_B + \dot{U}_C) = \frac{1}{n_{TV.0}} 3\dot{U}_0 \tag{2-5}$$

式中　$n_{TV.0}$——电压互感器一次绕组对辅助二次绕组的变比。

3. 三相五柱式电压互感器的接线方式

三相五柱式电压互感器是具有 5 个磁柱的铁芯，3 个一次绕组绕在中间的 3 个铁芯柱上。这种接线方式的工作情况与图 2-4（b）类似，只是一般常用于小接地电流系统，用于监视电网对地的绝缘状况和实现单相接地的继电保护，比用三只单相电压互感器节省位置，

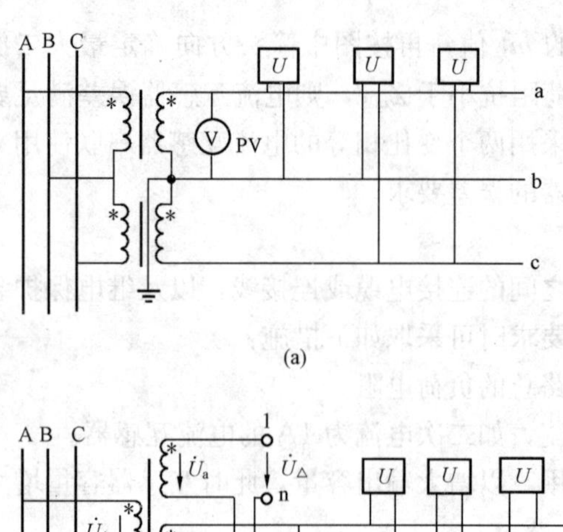

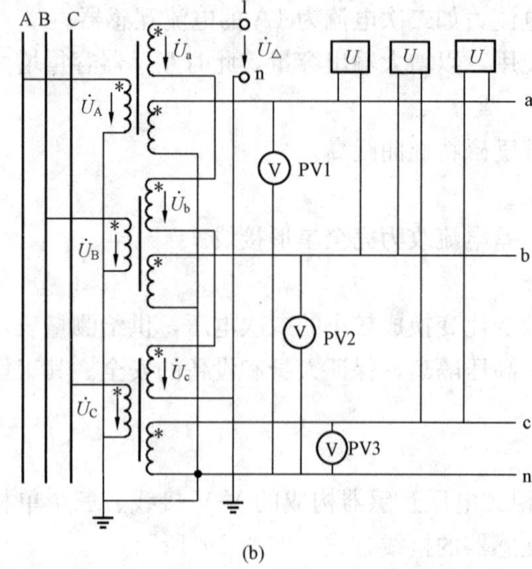

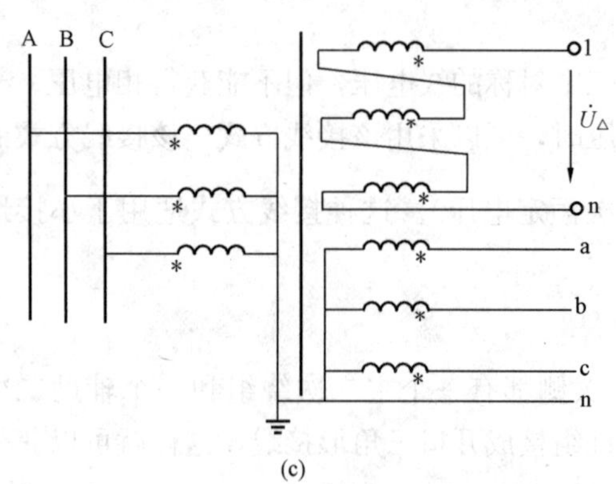

图 2-4　电磁式电压互感器常用接线方式

（a）两个单相式电压互感器构成的 V-V 接线；

（b）三个单相电压互感器构成的星形接线；

（c）三相五柱式电压互感器的接线方式

价格也低廉。因此，在 20kV 以下的屋内配电装置中优先采用这种电压互感器。

（二）电压互感器的变比

对于常用继电保护而言，在正常运行时，当保护测量到各相的二次电压均为 57.7V 时，则代表三相一次电压为满压，即正常的运行状态。在这种情况下，AB、BC、CA 相间电压值均应为 100V。因此，二次侧额定电压为 100V。

电压互感器的变比等于其一次额定电压与二次额定电压的比值，也等于一次绕组匝数与二次绕组匝数或辅助二次绕组匝数之比。

图 2-4（b）、（c）中两种接线的电压互感器，用于大接地电流系统的变比与用于小接地电流系统的变比不同。大接地电流系统的变比是$\frac{U_N}{\sqrt{3}}\Big/\frac{0.1}{\sqrt{3}}\Big/0.1$，小接地电流系统的变比是$\frac{U_N}{\sqrt{3}}\Big/\frac{0.1}{\sqrt{3}}\Big/\frac{0.1}{3}$，其中 U_N 为一次系统的额定电压（线电压）。

当大接地电流系统和小接地电流系统发生接地短路时，一次侧零序电压的大小不同，因此在两个系统中，开口三角形的绕组变比选择不同。由图 2-5（a）、（b）相量分析可见，以 A 相接地为例，在大接地电流系统发生接地短路时，开口三角形所产生的零序电压大小等于相电压；而在小接地电流系统，发生接地短路时，零序电压大小等于 3 倍的相电压，为使开口三角形输出电压不超过 100V，故将变比进行如上设计。

（三）电压互感器误差

电压互感器与电流互感器的等值电路相同，工作时存在励磁电流。同时电压互感器的负荷电流在一次绕组的电阻和二次绕组的电阻、漏抗上形成电压降，也使电压互感器的二次电压与折算到二次侧的一次电压存在大小误差（比值误差）和相角误差。但在继电保护中，电压互感器的比值误差和相角误差在一般情况下可不考虑。

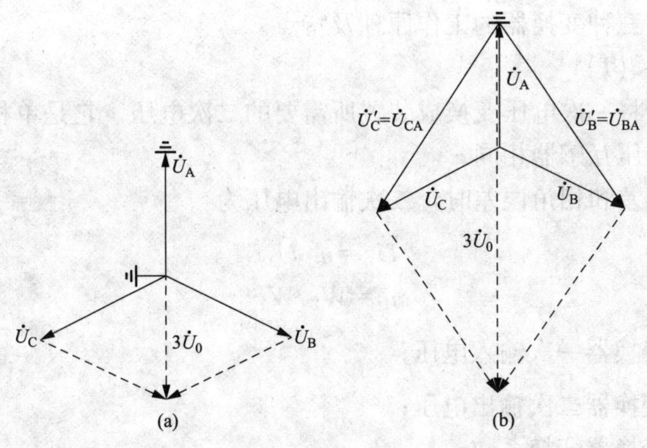

图 2-5　单相接地短路时的零序电压相量分析

(a) 大接地电流系统 A 相接地短路时的零序电压；(b) 小接地电流系统 A 相接地短路时的零序电压

三、电压互感器与电流互感器的工作特点

电压互感器与电流互感器虽然有相同的等值电路，但其工作原理是不同的，这点在使用中要充分引起注意。

(1) 电压互感器一次侧施加的是电压源，而电流互感器一次侧输入的是电流源。因此，电压互感器二次电压可看成是电压源，而电流互感器二次电流可看成是电流源。

(2) 电压互感器的误差主要由负荷电流在其内部阻抗上的电压降引起，而电流互感器的误差主要由励磁电流引起，所以在正常工作情况下电压互感器铁芯的工作磁密比电流互感器高得多。

(3) 电压互感器与电流互感器在正常工作情况下都有较大的励磁阻抗，但是，与二次负荷阻抗相比，两者就不同了。电压互感器二次侧接的负荷阻抗远远大于一、二次绕组的漏阻抗，所以它相当于工作在二次侧开路状态；而电流互感器由于其二次侧接的负荷阻抗很小，所以它相当于工作在二次侧短路状态。

(4) 对继电保护工作者来说，在对继电保护装置进行调试时，一定要注意电流互感器二次不能开路，电流互感器二次绕组与其他二次设备之间连接要可靠，如果必须在电流互感器运行时拆除继电器线圈，也必须首先将电流互感器二次绕组短接，然后再拆除继电器。这是因为如果电流互感器二次开路，则一次电流全部变成励磁电流，将使铁芯中的磁通猛增，在二次绕组中感应出很高的电压，这对工作人员来说很危险，同时电流互感器也会因铁芯过热而烧坏。

第二节　变　换　器

在继电保护装置中，尤其是在晶体管型保护、整流型保护和微机保护中，常用测量变换器（电流变换器、电压变换器、电抗变压器）来完成下述功能：

(1) 按照保护装置构成原理的要求，进行电气量的变换与综合。

(2) 将被保护设备的强电交流二次回路与保护装置的弱电直流回路相隔离。

(3) 利用测量变换器一、二次绕组的屏蔽层，抑制干扰信号的侵入，提高保护装置的抗干扰能力。

下面分别介绍这三种变换器的工作原理及特点。

一、电压变换器（T）

电压变换器用于将一次电压变换成装置所需要的二次电压。它是单相式的，其等值电路和工作原理与单相电压互感器相同。

当忽略其比值误差和相角误差时，二次输出电压为

$$\dot{U}_2 = n_U \dot{U}_1 \tag{2-6}$$
$$n_U = W_2/W_1$$

式中 $\dot{U}_1$——电压变换器一次输入电压；

$\dot{U}_2$——电压变换器二次输出电压；

n_U——电压变换器变换系数；

W_1——电压变换器一次绕组匝数；

W_2——电压变换器二次绕组匝数。

二、电流变换器（TJ）

电流变换器用于将一次电流变换成装置所需要的二次电压。它由一台中间变流器 UA 和并联在二次侧的小电阻组成。

当忽略其比值误差和相角误差时，二次输出电压为

$$\dot{U}_2 = \frac{\dot{I}_1}{n_T} R_2 = n_I \dot{I}_1 \tag{2-7}$$
$$n_T = W_2/W_1$$
$$n_I = \frac{R_2}{n_T}$$

式中 $\dot{I}_1$——电流变换器一次输入电流；

$\dot{U}_2$——电流变换器二次输出电压；

n_T——中间变流器 UA 的变比；

n_I——电流变换器变换系数。

三、电抗变压器（UR）

电抗变压器用于将一次电流变换成装置所需要的二次电压，其原理结构、工作原理图及等值电路如图 2-6 所示。

从电抗变压器原理结构图中可见，其铁芯具有气隙，因此其励磁回路的励磁电抗 X_e 数值很小，相对于负荷阻抗来说，完全可以忽略不计，故一次电流全部作为励磁电流，电抗变压器在工作时，N2 绕组可认为处于开路状态，即

$$\dot{U}_{OC} = \dot{I}_1 (R_m + jX_e) /\!/ (Z'_{3\sigma} + R'_\varphi) \tag{2-8}$$

令

$$Z_{br} = (R_m + jX_e) /\!/ (Z'_{3\sigma} + R'_\varphi) \tag{2-9}$$

式中 $Z'_{3\sigma}$——电抗变压器的漏抗；

R'_φ——改变输入/输出角度的电阻；

R_m——励磁电阻；

X_e——励磁电机；

Z_{br}——电抗变压器的转移阻抗。

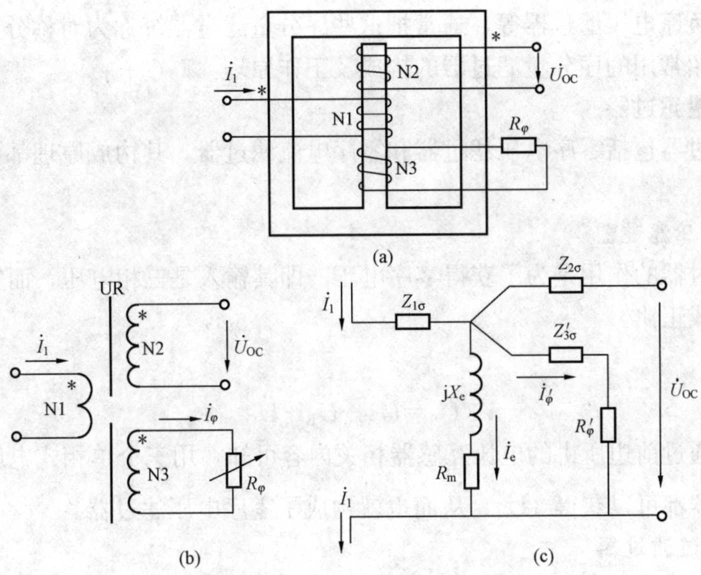

图 2-6 电抗变压器原理结构、工作原理图、等值电路

（a）原理结构；（b）工作原理图；（c）等值电路

则有

$$\dot{U}_{OC}=Z_{br}\dot{I}_1 \tag{2-10}$$

可见，在电抗变压器中，通过调节电抗变压器一、二次绕组的匝数可以改变$\dot{U}_{OC}$的大小；通过调节电抗变压器 N3 绕组所接的电阻 R_φ 可以改变$\dot{U}_{OC}$的角度。

需要说明的是，电流变换器与电抗变压器都是将一次电流成比例地变换成二次电压，但是在应用上有些不同。

电流变换器在磁路未饱和时，励磁电流可以忽略，这样其二次输出电压波形基本保持了一次电流信号的波形。

电抗变压器一次电流全部作为励磁电流，在暂态情况下，忽略铁芯有功损耗，其二次输出电压为

$$u_{OC}=L_e\frac{di_e}{dt}=L_e\frac{di_1}{dt}=\sqrt{2}I_w\omega L_e\sin\omega t-\sqrt{2}I_w\frac{L_e}{T_1}e^{-\frac{t}{T_1}} \tag{2-11}$$

式中 L_e——励磁阻抗；

T_1——基波电流周期；

I_w——输入电流的有效值。

从式（2-11）中可以看出，电抗变压器二次输出电压对一次电流中的谐波成分有放大作用，对一次电流中的非周期电流有抑制作用。

第三节 对称分量滤过器

为了提高保护装置的灵敏度，在构成保护装置时经常采用序分量来作为保护的判据。要获得这些序分量就必须借助于各种序分量滤过器，如零序电流滤过器、零序电压滤过器、负

序电流滤过器、负序电压滤过器等，通常把这些序分量滤过器统称为对称分量滤过器。

本节主要介绍常用的序分量滤过器的构成及工作原理。

一、零序分量滤过器

零序分量滤过器包括零序电压滤过器和零序电流滤过器，其构成原理都以零序分量的定义为依据。

（一）零序电压滤过器

零序电压滤过器的作用是为了获得零序电压，即其输入是三相电压，而输出只与输入电压中的零序电压成正比。

构成依据

$$3\dot{U}_0=\dot{U}_A+\dot{U}_B+\dot{U}_C$$

构成元件：通过前边所讲的电压互感器相关内容可知，用三个单相式电压互感器、三相五柱式电压互感器都可以获得 $3\dot{U}_0$，从而也就构成了零序电压滤过器。

（二）零序电流滤过器

零序电流滤过器的作用是为了获得零序电流，即其输入是三相电流，而输出只与输入电流中的零序电流成正比。

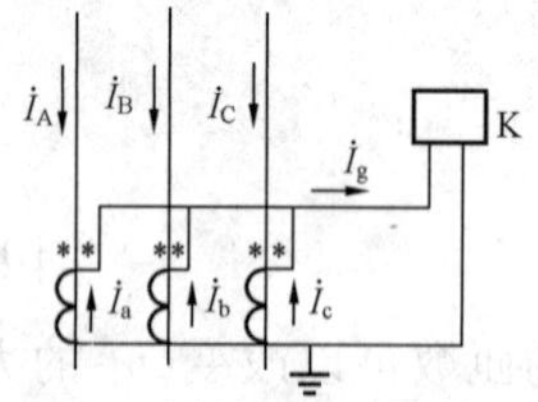

图 2-7　零序电流滤过器原理接线

构成依据

$$3\dot{I}_0=\dot{I}_A+\dot{I}_B+\dot{I}_C$$

构成元件：由三台具有相同型号和变比的电流互感器来构成零序电流滤过器，其原理接线如图 2-6 所示。

由图 2-7 可见，流入继电器 K 的电流为

$$\dot{I}_g=\dot{I}_a+\dot{I}_b+\dot{I}_c=(\dot{I}_A+\dot{I}_B+\dot{I}_C)/n_{TA} \tag{2-12}$$

正常运行时，三相电流对称，当忽略电流互感器励磁电流时，零序电流滤过器的输出电流$\dot{I}_g=0$；若考虑励磁电流，则零序电流滤过器的输出电流为

$$\begin{aligned}\dot{I}_g&=\dot{I}_a+\dot{I}_b+\dot{I}_c=[(\dot{I}_A-\dot{I}_{eA})+(\dot{I}_B-\dot{I}_{eB})+(\dot{I}_C-\dot{I}_{eC})]/n_{TA}\\&=-(\dot{I}_{eA}+\dot{I}_{eB}+\dot{I}_{eC})/n_{TA}\\&=-\dot{I}_{unb}\end{aligned} \tag{2-13}$$

式中　$\dot{I}_{unb}$——不平衡电流。

可见，零序电流滤过器的不平衡电流主要是由于电流互感器励磁特性不同造成的。

需要说明的是，零序电压滤过器也存在不平衡电压的问题，推导过程可参照零序电流滤过器的不平衡电流推导，其不平衡电压大小主要取决于电压互感器的误差。

二、负序分量滤过器

负序分量滤过器包括负序电压滤过器和负序电流滤过器，有单相式的（输出电压是单相电压），也有三相式的（输出电压是三相电压）。它可以由一般的电子元件构成，也可以由运算放大器构成，还可以由软件编程构成。下面主要讲解由阻容元件构成的单相式负序电压滤过器的工作原理。

单相式负序电压滤过器，是指其输出的单相电压只与输入的三相电压中的负序电压成正比的一种装置。

阻容式单相负序电压滤过器原理接线如图 2-8 所示。滤过器输入的是线电压，而线电压中不含有零序电压，故在接线中就保证了其输出也不反应输入电压中的零序电压。

阻容式单相负序电压滤过器的参数关系应满足

$$R_A=\sqrt{3}\frac{1}{\omega C_A}=\sqrt{3}X_A \quad R_C=\frac{1}{\sqrt{3}\omega C_C}=\frac{1}{\sqrt{3}}X_C \tag{2-14}$$

由式（2-14）可见，$\dot{I}_{AB}$超前$\dot{U}_{AB}$30°相角，$\dot{I}_{BC}$超前$\dot{U}_{BC}$60°相角。

从图 2-8 中可见，滤过器的输出电压为

$$\dot{U}_o=\dot{I}_{AB}R_A-j\dot{I}_{BC}X_C \tag{2-15}$$

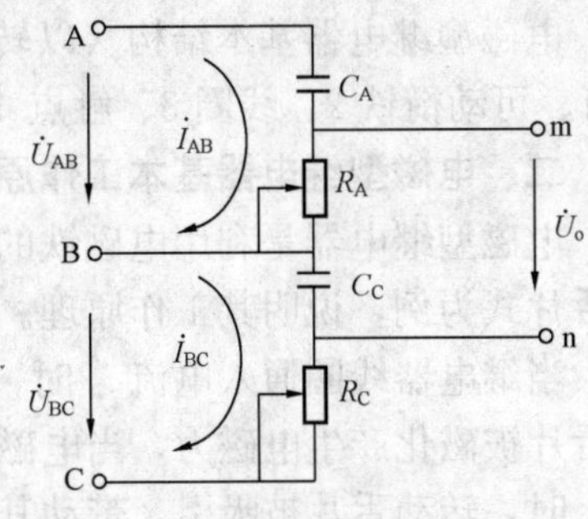

图 2-8　阻容式单相负序电压滤过器原理接线

下面用相量图来分析滤过器的工作原理，首先在滤过器的输入端加入三相对称的正序电压，从图 2-9（a）可见，其输出电压为$\dot{U}_o=\dot{I}_{AB}R_A-j\dot{I}_{BC}X_C=0$；然后在滤过器的输入端加入三相对称的负序电压，从图 2-9（b）可见，其输出电压为

$$\dot{U}_o=\dot{I}_{AB}R_A-j\dot{I}_{BC}X_C=\dot{U}_{A2}\sqrt{3}\cos 30°\times\sqrt{3}e^{j30°}=\frac{3\sqrt{3}}{2}\dot{U}_{A2}e^{j30°} \tag{2-16}$$

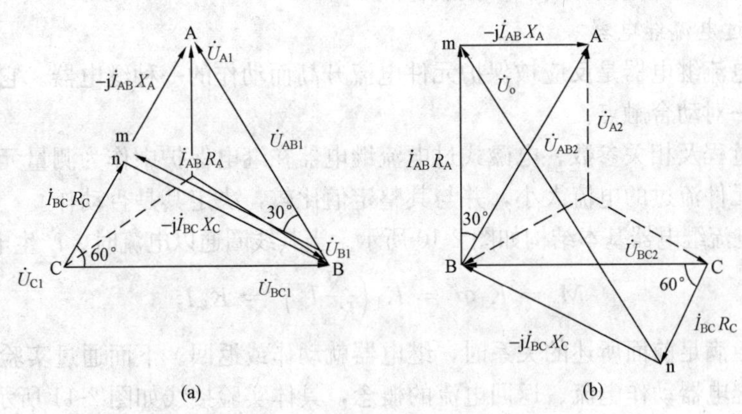

图 2-9　阻容式单相负序电压滤过器相量关系

（a）加入正序电压；（b）加入负序电压

通过相量图的分析可知，当滤过器满足式（2-14）时，就是一个负序电压滤过器。但在实际中，滤过器的参数会因温度等原因而改变，这样，使得滤过器在输入不含有负序分量的电压时，输出也会有较小数值的负序电压，一般把这个较小的负序电压称为不平衡电压，在调试相关继电器时，要给予注意。

第四节　常用电磁型继电器

继电器是一种用于控制电路“通”“断”的部件，当输入的物理量大于（或小于）某个设定的数值（整定值）时，继电器的输出触点闭合，接通外部电路。按照反应的物理量的不同，继电器可分为电流、电压、功率、阻抗、气体等；按照结构不同，可主要分为电磁型、晶体管型、集成电路型及数字式。继电器的种类很多，广泛用于继电保护、自动控制、通

信、遥控等场合。

一、电磁型继电器基本结构

电磁型继电器基本结构（以转动舌片式为例）如图 2-10 所示，其主要构成元件有电磁铁 1、可动衔铁 2、线圈 3、触点 4、反作用弹簧 5 和止挡 6。

二、电磁型继电器基本工作原理

电磁型继电器是利用电磁铁的铁芯与转动舌片间的吸力作用而工作的继电器。下面以转动舌片式为例，说明其工作原理。

当继电器线圈通入电流 i_g 时，产生磁通 Φ。Φ 经电磁铁、转动舌片和气隙形成回路，转动舌片被磁化产生电磁力，当电磁转矩 $M_e \geqslant M_s + M_f$（M_s 是弹簧反作用力矩，M_f 是摩擦力矩）时，转动舌片被吸引，带动其上面的可动触点动作，使继电器动作；当电磁转矩 $M_e \leqslant M_s - M_f$ 时，转动舌片在弹簧的反作用力作用下被拉回原位，使继电器返回。

触点是指在交流或直流电路中用以断开或闭合电路的金属连接点。继电保护装置通过触点可以将本装置的动作信息传递给其他装置。继电器的动作触点按其功能可分为多种，常用的有动合触点（也称常开触点）和动断触点（也称常闭触点）。动合触点是指继电器线圈没带电时打开的触点，动断触点是指继电器线圈没带电时闭合的触点。

三、常用电磁型继电器作用、参数及特点

1. 电磁型过电流继电器

电磁型过电流继电器是反应被保护元件电流升高而动作的一种继电器。它采用转动舌片式结构，具有一对动合触点。

（1）动作过程及相关参数。电磁式过电流继电器在继电保护中作为测量元件，它的作用是测量被保护元件流过的电流大小，并与其整定值比较，决定其是否动作。

电磁型过电流继电器基本结构如图 2-10 所示。当其线圈通以电流时，产生电磁转矩，即

$$M_e = K_1 \Phi^2 = K_1 \left(\frac{N}{R_m} I_g \right)^2 = K_2 I_g^2 \tag{2-17}$$

当电磁转矩满足前面所述的关系时，继电器就动作或返回。下面通过实验的方法来理解电磁型过电流继电器动作电流、返回电流的概念，具体实验接线如图 2-11 所示。

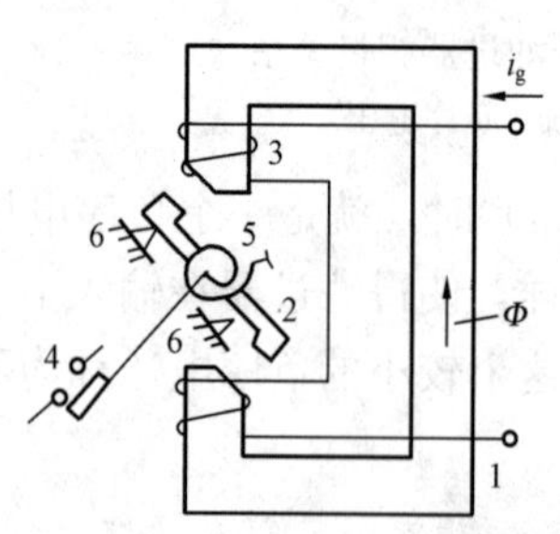

图 2-10 电磁型继电器基本结构（转动舌片式）
1—电磁铁；2—可动衔铁；3—线圈；4—触点；5—反作用弹簧；6—止挡

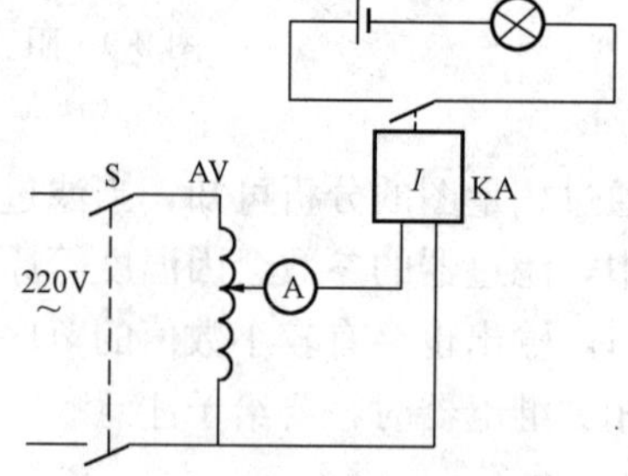

图 2-11 电磁型过电流继电器动作电流、返回电流实验接线

合上电源开关 S，调整自耦调压器 AV，使加入继电器的电流升高，当小灯刚好点亮时，此时正好满足 $M_e = M_s + M_f$，电流表的指示值就是继电器的动作电流；调整自耦调压器，减小加入继电器的电流，当小灯刚好熄灭时，此时正好满足 $M_e = M_s - M_f$，电流表的指示值就

是继电器的返回电流。由此得出动作电流和返回电流的定义如下。

1）动作电流：当电磁转矩 $M_e = M_s + M_f$ 时所对应加入继电器的电流就是过电流继电器的动作电流（$I_{g.op}$），即使电流继电器动合触点闭合的最小电流称为电流继电器的动作电流。

2）返回电流：当电磁转矩 $M_e = M_s - M_f$ 时所对应加入继电器的电流就是过电流继电器的返回电流（$I_{g.r}$），即使电流继电器动合触点打开的最大电流称为电流继电器的返回电流。

3）返回系数：继电器返回电流与动作电流的比值，即

$$K_r = I_{g.r}/I_{g.op} \tag{2-18}$$

由于摩擦力矩和剩余力矩的作用，电磁型过电流继电器的返回系数小于1。

从上面的分析可以看出，电磁型过电流继电器的动作条件为 $I_g \geqslant I_{g.op}$，返回条件为 $I_g \leqslant I_{g.r}$。

（2）继电特性。从电磁型过电流继电器动作过程中可以看出，当 $I_g < I_{g.op}$ 时，过电流继电器不动作；当 $I_g \geqslant I_{g.op}$ 时，过电流继电器迅速动作闭合其动合触点。在过电流继电器动作后，只要保持 $I_g > I_{g.r}$，则过电流继电器一直保持在动作状态；当 $I_g \leqslant I_{g.r}$ 时，过电流继电器迅速返回到原来状态，即动合触点打开。可见继电器无论动作或返回，它从起始位置到最终位置是突发性的，也就是说，它的动作结果不是接通就是断开、不是高电位就是低电位，不可能停留在某个中间位置上。这种特性称为继电特性，也称为开关特性或触发特性。

2. 电磁型电压继电器

电磁型电压继电器分为低电压继电器和过电压继电器。过电压继电器的工作情况及参数与过电流继电器类似，所以在这里不作具体介绍，这里着重介绍低电压继电器。

电磁型低电压继电器是反应被保护元件电压降低而动作的一种继电器。它也采用转动舌片式结构，一般具有一对动合触点和一对动断触点。

电磁型低电压继电器作为测量元件，它的作用是测量被保护元件接入的电压大小，并与其整定值比较，决定其是否动作。

电磁型低电压继电器基本结构如图 2-10 所示。下面也通过实验的方法来理解电磁型低电压继电器动作电压、返回电压的概念，具体实验接线如图 2-12 所示。

合上电源开关 S，调整自耦调压器 AV，使加入继电器的电压升高至额定电压，这时继电器的动断触点打开；然后调整自耦调压器，减小加入继电器的电压，当小灯刚好点亮时（动断触点闭合），电压表的指示值就是继电器的动作电压；再次调整自耦调压器，升高加入继电器的电压，当小灯刚好熄灭时，电压表的指示值就是继电器的返回电压。由此得出动作电压和返回电压的定义如下。

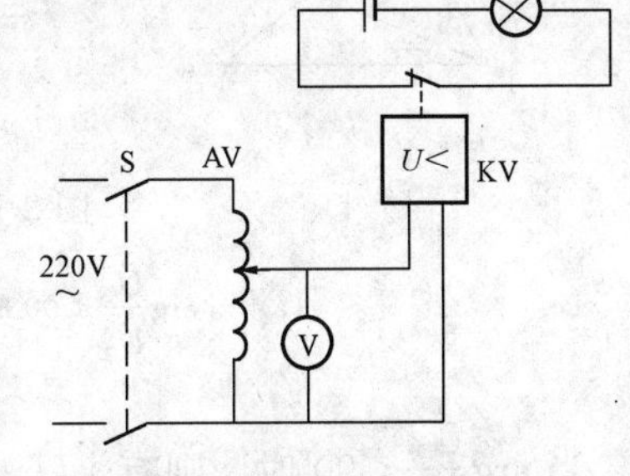

图 2-12　电磁型低电压继电器动作电压、返回电压实验接线

1）动作电压：使低电压继电器动断触点闭合的最大电压称为低电压继电器的动作电压（$U_{g.op}$）。

2）返回电压：使低电压继电器动断触点打开的最小电压称为低电压继电器的返回电压（$U_{g.r}$）。

3）返回系数：继电器返回电压与动作电压的比值，即

$$K_r = U_{g.r}/U_{g.op} \tag{2-19}$$

返回系数 K_r 大于 1。

从上面的分析可以看出，电磁型低电压继电器的动作条件为 $U_g \leqslant U_{g.op}$，返回条件为 $U_g \geqslant U_{g.r}$。

3. 辅助继电器

辅助继电器一般为直流继电器。常用的辅助继电器有：时间继电器，用来建立保护所需要的延时时间；信号继电器，明显标示出继电器或保护装置动作状态，或接通灯、声、光信号电路；中间继电器，用于扩展前级继电器触点对数或触点容量，一般都带有许多对触点，有动合触点也有动断触点，触点的数目多、容量大，一般用作保护逻辑回路和出口回路的继电器。

四、构成继电器的电气量之间的关系

对于通过比较两个电气量而决定是否动作的继电器，既可按幅值比较原理来实现，也可按相位比较原理来实现。所谓幅值比较，就是通过比较两个电压的大小来决定继电器是否动作；所谓相位比较，就是通过比较两个电压的相位来决定继电器是否动作。

幅值比较原理与相位比较原理之间存在某种关系，下面重点分析它们之间的关系。

设幅值比较的两个电压为 $\dot{U}_1$、$\dot{U}_2$，则继电器动作方程为

$$|\dot{U}_1| \geqslant |\dot{U}_2| \tag{2-20}$$

若设相位比较的两个电压为 $\dot{U}_X$、$\dot{U}_Y$，并定义 $\dot{U}_X=\dot{U}_1+\dot{U}_2$，$\dot{U}_Y=\dot{U}_1-\dot{U}_2$，同时假设 $\dot{U}_X$ 为参考相量，$\dot{U}_Y$ 落后 $\dot{U}_X$ 的角度为正角度，则继电器动作方程为

$$-90° \leqslant \arg\frac{\dot{U}_X}{\dot{U}_Y} \leqslant 90° \tag{2-21}$$

用四边形法则来分析它们之间的关系，如图 2-13 所示。

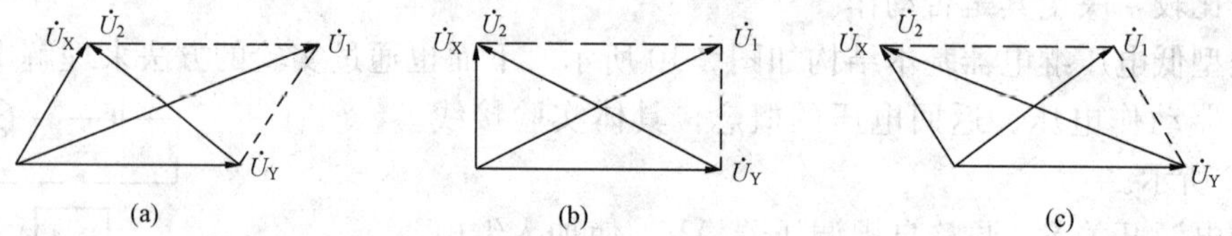

图 2-13 幅值比较与相位比较的关系

(a) 当 $\arg\frac{\dot{U}_X}{\dot{U}_Y}<90°$ 时；(b) 当 $\arg\frac{\dot{U}_X}{\dot{U}_Y}=90°$ 时；(c) 当 $\arg\frac{\dot{U}_X}{\dot{U}_Y}>90°$ 时

当 $\arg\frac{\dot{U}_X}{\dot{U}_Y}<90°$ 时，则有 $|\dot{U}_1|>|\dot{U}_2|$；当 $\arg\frac{\dot{U}_X}{\dot{U}_Y}=90°$ 时，则有 $|\dot{U}_1|=|\dot{U}_2|$；当 $\arg\frac{\dot{U}_X}{\dot{U}_Y}>90°$ 时，则有 $|\dot{U}_1|<|\dot{U}_2|$。可见，幅值比较原理与相位比较原理之间具有互换性。

同理，若设相位比较的两个电压为 $\dot{U}_X$、$\dot{U}_Y$，并定义 $\dot{U}_X=\dot{U}_2+\dot{U}_1$，$\dot{U}_Y=\dot{U}_2-\dot{U}_1$，同样假设 $\dot{U}_X$ 为参考相量，$\dot{U}_Y$ 落后 $\dot{U}_X$ 的角度为正角度，则继电器动作方程为

$$90° \leqslant \arg\frac{\dot{U}_X}{\dot{U}_Y} \leqslant 270° \tag{2-22}$$

第五节 微机继电保护装置

微机继电保护是指以微处理器为技术手段构成的继电保护，也称数字型保护。微机继电保护区别于传统模拟式保护的本质特征在于它是建立在数字技术基础上的。在微机继电保护装置中，各种类型的输入信号（通常包括模拟量、开关量、脉冲量等类型的信号）首先被转化为数字信号，然后通过对这些数字信号的处理来实现继电保护功能。与传统保护装置相比较，微机继电保护装置具有以下显著特点：①维护调试方便；②具有自动检测功能，可靠性高，具有极强的综合分析和判断能力，可实现常规模拟保护很难做到的自动纠错，即自动识别和排除干扰，防止由于干扰造成的误动作；③具有自诊断能力，可自动检测出保护装置本身硬件系统的异常部分，配合多重化配置可有效地防止拒动；④经济性好；⑤可扩展性强，易于获得附加功能；⑥保护装置本身的灵活性大，可灵活地适应于电力系统运行方式的变化；⑦保护装置的性能得到很好的改善，具有较高的运算能力和大容量的存储能力等。

微机继电保护装置主要由两部分构成：微机继电保护装置硬件系统、微机继电保护装置软件系统。

一、微机继电保护装置硬件系统

微机继电保护硬件系统主要包括数据采集系统、数据处理系统（CPU 主系统）、开关量输入/输出回路、人机交互系统、通信接口及电源回路。典型微机继电保护装置的硬件系统结构如图 2-14 所示。

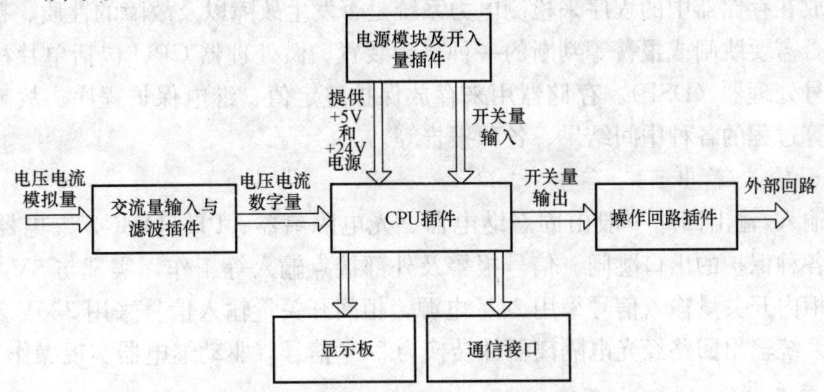

图 2-14 微机继电保护装置的硬件系统结构示意图

1. 数据采集系统

微机继电保护数据采集系统包括电压形成回路、模拟低通滤波回路、采样保持电路和模/数转换。其主要功能是采集由被保护设备的电流、电压互感器输入的模拟信号，并将此信号经过适当的预处理，转换成数字信号，输入给微处理器。

(1) 电压形成回路：由电流、电压互感器和中间变换器组成，用于三相电流（I_A、I_B、I_C）、零序电流（I_0）、三相电压（U_A、U_B、U_C）及线电压（U_l）的输入。

(2) 模拟低通滤波回路：在电力系统发生故障时，故障初瞬电压、电流中往往含有频率很高的分量，为了防止频率混叠，必须选择很高的采样频率，这对硬件有相当高的要求。目前绝大多数微机继电保护的原理都是基于反映工频信号的，因此为了降低采样频率，可在采样之前先用模拟低通滤波器将频率高于 1/2 采样频率的信号滤掉。模拟低通滤波包括有源滤波和无源滤波两种。

（3）采样保持电路：要实现微机继电保护功能必须将测得的模拟信号（电压、电流等）变成数字信号，为达到这一目的，首先要对模拟量进行采样。采样是将一个连续的正弦波时间信号变成离散的采样时间信号。采样信号仅对时间是离散的，其幅值依然连续，因此这里的采样信号是离散时间的模拟量，各个采样点上（0，T_s，$2T_s$，…）的幅值与输入的连续信号的幅值是相同的。在微机继电保护中采样的间隔是均匀的，定义采样间隔 T_s 为采样周期，$f_s=1/T_s$ 为采样频率。

采样频率的选择是数据采集系统中硬件设计的重要内容。若采样频率过低，则采样后的信号不能真实地代表原始信号。例如，一个正弦交流电压周期只采样一次，则从采样值来看，它好像是一个直流电压。采样频率的高限受 CPU 的速度、被采集的模拟信号的路数、A/D 转换后的数据与存储器的数据传送方式的制约。如果采样频率太高，而被采集的模拟信号又特别多，则在一个采样间隔内难以完成对所有采样信号的处理，就会造成数据的积压，导致微机系统无法正常工作。只有采样频率的选择满足采样定理的要求，采样信号才能复现原模拟信号。采样定理：一个有限频带时间信号 $f(t)$，其最高频率为 f_{max}，若以 $f_s \geqslant 2f_{max}$ 的频率进行采样，所得到的采样信号 $f_s(t)$ 将含有原信号 $f(t)$ 的全部信息。

2. 数据处理系统（CPU 主系统）

微机保护装置是以微处理器 CPU 为核心，根据数据采集系统采集到的电力系统实时数据，执行存放在存储器中的程序来检测电力系统是否发生故障以及故障的性质、范围等，并由此做出是否需要跳闸或报警等判断的一种自动装置。微处理器 CPU 包括单片机、工控机及加数字信号处理器（DSP）。存储器用来存放保护整定值、继电保护程序、故障报文、采样数据、计算过程的各种中间结果、各种报告等。

3. 开关量输入/输出回路

开关量输入/输出回路一般由固态继电器、光电隔离器、PHTOMOS 继电器等器件组成，以完成各种保护的出口跳闸、信号报警及外部接点输入等工作，实现与 5V 系统接口。一般而言，柜内开关量输入信号采用 24V 电源，柜间开关量输入信号采用 220V 和 110V 电源。计算机系统输出回路经光电隔离器件转换为 24V 信号，驱动继电器实现操作。

4. 人机交互系统

人机交互系统包括显示器、键盘、各种面板开关、实时时钟、打印电路等，其作用是实现人机对话，如调试、定值调整等。人机交互系统一般采用液晶显示器、报警信号显示灯 LED、光隔离的串行接口、就地/远方选择按钮及就地操作键。

5. 通信接口

通信接口包括通信接口电路及接口，以实现多机通信或联网，它包括维护口、监控系统接口、录波系统接口等，满足各种通信规约，如 IEC 61870-5-103、DNP3.0、IEC 61850 等。

6. 电源系统

电源系统可以采用开关稳压电源或 DC/DC 电源模块，它供给微处理器、数字电路、A/D 转换芯片及继电器所需的电源，提供+5V、+24V、±15V 电源。

二、微机继电保护装置软件系统

微机继电保护软件系统是微机继电保护装置的主要组成部分，它涉及继电保护原理、算法、数字滤波以及计算机程序结构。

1. 微机继电保护的程序结构

典型的微机继电保护程序结构框图如图 2-15 所示。

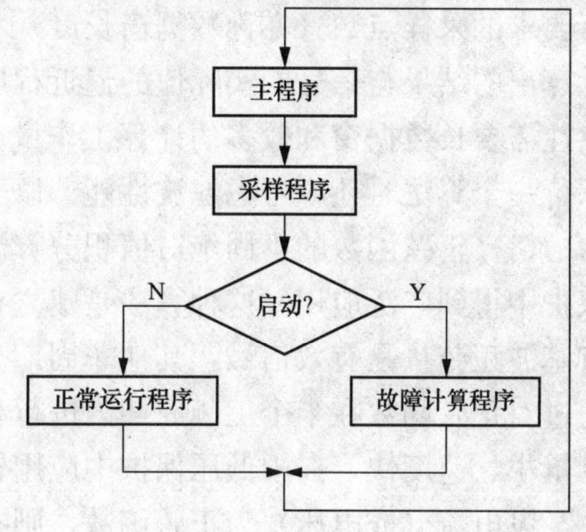

图 2-15　典型微机继电保护程序结构框图

主程序按固定的采样周期接受采样中断进入采样程序，在采样程序中进行模拟量采集与滤波、开关量的采集、装置硬件自检、交流电流断线和启动判据的计算，根据是否满足动作条件而进入正常运行程序或故障计算程序。

正常运行程序中进行采样值自动零漂调整及运行状态检查。运行状态检查包括交流电压断线、检查开关位置状态、重合闸充电等，不正常时发报警信号。报警信号分两种，一种是运行异常报警信号，此时不闭锁保护装置，仅提醒运行人员进行相应处理；另一种为闭锁报警信号，报警的同时将保护装置闭锁，保护退出。故障计算程序中进行各种保护的算法计算、跳闸逻辑判断，以及事故报告、故障报告及波形的整理。

另外，微机继电保护装置软件系统除实现各种继电保护功能外，还具有如下功能。

（1）测量功能：包括相电流、零序电流、线电压、相电压、零序电压、频率、有功、无功、电能和功率因数测量。

（2）控制功能：包括断路器和隔离开关的“就地”和“远方”控制、一次设备的分合控制、可调节设备的状态控制、自动重合闸功能等。

（3）状态监测：包括操作计数、气体压力监测、断路器跳合闸、电气老化监测、断路器运行时间记录、辅助电压监视等。

（4）功能模块：具有独立的输入、输出接口。在参数变化时采用图形化形式显示，简单有效；具有强大的可编程控制器（PLC）功能。

（5）事件记录：包括独立的事件生成、用户定义事件、具有事件过滤功能、事件分辨率为 ms 级，可以记录最近多个事件。

（6）故障录波：采集故障前、故障时刻及跳闸后相关的电流、电压、开关量信号、事件等信息，供继电保护装置事故分析。

（7）通信功能：前面板串行通信口（维护口）用于定值整定及参数设置，背板通信口用于与上位机系统通信。

2. 微机继电保护的算法

微机保护是把经过数据采集系统量化的数字信号，经过数字滤波处理后，进行数学运算、逻辑运算，并进行分析、判断，以决定是否发出跳闸命令和信号，从而实现各种继电保护功能。这种对数据进行处理、分析、判断以实现保护功能的方法称为微机继电保护算法。算法分为两类：一类是根据输入电气量若干点采样值，通过一定的数学式或方程式计算出被测信号的实际值，然后与定值进行比较；另一类算法称为继电保护功能算法，是直接模仿模拟型保护的实现方法，根据继电器的动作特性或继电保护的功能，如相序分量、谐波分量等所拟定的算法。

分析和评价各种不同算法优劣的标准主要是计算速度和计算精度。计算速度取决于算法所要求的采样点数（亦称数据窗长度）和算法的运算工作量。计算精度是指用离散的采样点计算出的结果与信号的实际值的逼近程度。计算的速度和精度总是矛盾的，若要计算精确则往往需要长数据窗和较多的计算工作量。另外，有些算法滤波性能较好，而有些较差，因此评价一个算法时还应考虑滤波性能。以下具体介绍几种常用的微机继电保护算法。

（1）正弦函数的半周绝对值积分算法。在现有的算法中，基于正弦量的算法在微机继电保护中得到广泛应用。这种算法是建立在假定电压和电流波形为纯正弦波的基础之上，故只有基波正弦量是有效信号，其他非周期分量和谐波分量等信号都作为干扰或噪声。半周积分通过对正弦函数在半个工频周期内进行积分运算，由积分值来确定有关参数。由于此算法计算量小、速度快，在中低压保护中应用较多。

设电流（或电压）为正弦函数，则在半周期内的绝对值积分为

$$S = \int_{t_0}^{t_0+T/2} I_{\mathrm{m}} \left| \sin\omega t \right| \mathrm{d}t = 2I_{\mathrm{m}}/\omega \tag{2-23}$$

式（2-23）表明，正弦函数在半个周期内绝对值积分，其绝对值积分 S 与正弦量的有效值（或幅值）成正比，且与积分起始时间无关。由式（2-23）可见，只要求出半个周期内绝对值积分 S，即可求出电流的有效值。绝对值积分 S 可以用梯形法或矩形法近似求出。而在保护中为计算简便，常用半个周期内的采样值累加求和代替积分，即

$$S = \sum_{k=1}^{N/2} \left| i_k \right| \tag{2-24}$$

即

$$S = I_{\mathrm{m}} \sum_{k=1}^{N/2} \left| \sin[\alpha + \omega(k-1)T] \right| \tag{2-25}$$

令

$$k(\alpha) = \sum_{k=1}^{N/2} \left| \sin[\alpha + \omega(k-1)T] \right| \tag{2-26}$$

则

$$S = k(\alpha) I_{\mathrm{m}}$$

式中 N——一个周期内的采样点数；

i_k——第 k 个采样值；

α——初相角；

T——采样周期。

用采样值求和代替积分，总会带来误差，此误差由 $k(\alpha)$ 决定。$k(\alpha)$ 不是一个常数，这点也可由式（2-26）看出。当一个周期内采样点数不变时，$k(\alpha)$ 的值只与初相角 α 有关。设半个周期内采样点数 $N/2=6$，$\omega T=30°$，则 $k(\alpha)$ 随初相角 α 的变化关系见表 2-1。

表 2-1　$k(\alpha)$ 随初相角 α 的变化关系

α	0°	5°	10°	15°	20°	25°	30°
$k(\alpha)$	3.732	3.81	3.85	3.864	3.85	3.81	3.732

由表 2-1 可见，$\alpha=15°$时，$k(\alpha)$ 值最大。为使误差最小，现取表中 $k(\alpha)$ 最大值与最小值的平均值为标准，即 $k(\alpha)=1/2(3.732+3.864)=3.798$，这时按式（2-26）计算的相对误

差最大值为±1.8%。若每半周采样点数 $N/2=10$、$\omega T=18°$，则按式（2-26）计算的相对误差最大值降低为±0.62%。

这种算法简便，且有一定滤除高频分量的能力。因为幅度不大的高频分量在半周积分中其对称的正负半周互相抵消，而剩余部分所占比例就减小了。但这种算法对直流分量则无滤波作用。半周积分法需要较长的数据窗，其数据窗长度为10ms。该算法计算幅值时的精确度受初相角影响较大，因此，对于一些要求不高的电流、电压保护可采用这种算法。必要时可另配一个简单的差分滤波器来抑制电流或电压中的直流分量。

（2）傅氏算法。傅氏算法本身具有较强的滤波作用。这种算法假定被采样的模拟量电压和电流信号是周期性的，若信号满足这一要求，就能准确地求出基波分量。

设模拟电压信号 u 是周期性的，则展开成傅氏级数形式为

$$u=U_0+\sum_{n=1}^{\infty}(U_{an}\cos n\omega_1 t+U_{bn}\sin n\omega_1 t) \tag{2-27}$$

式中 U_0——直流分量；

ω_1——基波角频率；

U_{an}、U_{bn}——谐波分量系数。

其中

$$U_{a1}=2/T_1\int_0^{T_1}u\cos\omega_1 t\mathrm{d}t \tag{2-28}$$

$$U_{b1}=2/T_1\int_0^{T_1}u\sin\omega_1 t\mathrm{d}t \tag{2-29}$$

则基波分量的瞬时值为

$$u_1=U_{a1}\cos\omega_1 t+U_{b1}\sin\omega_1 t \tag{2-30}$$

式（2-30）经三角变换可写为

$$u_1=U_{m1}\sin(\omega_1 t+\varphi_u) \tag{2-31}$$

$$U_{m1}=(U_{a1}^2+U_{b1}^2)^{1/2} \tag{2-32}$$

$$\tan\varphi_u=U_{a1}/U_{b1} \tag{2-33}$$

若想按式（2-32）、式（2-33）求基波幅值和初相角 φ_u，需求出 U_{a1} 和 U_{b1} 这两个系数，这两个系数可按式（2-28）、式（2-29）计算，在计算机上此两积分式常用梯形法作近似计算。设每周采样 N 次，即采样周期 $T=T_1/N$，则式（2-28）和式（2-29）可写为

$$\begin{aligned}U_{a1}=1/N[&u(t_0)\cos\omega t_0+2u(t_0+T)\cos\omega(t_0+T)+\cdots\\&+2u(t_0+T_1-T)\cos\omega(t_0+T_1-T)+u(t_0+T_1)\cos(t_0+T_1)]\end{aligned} \tag{2-34}$$

$$\begin{aligned}U_{b1}=1/N[&u(t_0)\sin\omega t_0+2u(t_0+T)\sin\omega(t_0+T)+\cdots\\&+2u(t_0+T_1-T)\sin\omega(t_0+T_1-T)+u(t_0+T_1)\sin(t_0+T_1)]\end{aligned} \tag{2-35}$$

式（2-34）和式（2-35）右侧方括号中第一项和最后一项相同，故可写为

$$U_{a1}=2/N\sum_{k=1}^{N}u_k\cos(k\times 2\pi/N) \tag{2-36}$$

$$U_{b1}=2/N\sum_{k=1}^{N}u_k\sin(k\times 2\pi/N) \tag{2-37}$$

同样，也可按以上方式分析求出电流及其初相角，也就可以算出相位差和视在阻抗。虽然在电力系统短路后的暂态过程中电压和电流都不是周期性的，还含有按指数衰减的非周期

分量和非基频整倍数的高频分量，但进一步理论分析说明傅氏算法不仅能滤除各种基频整倍数谐波分量和直流，而且对非基频整倍数的谐波分量和非期分量也有一定的抑制作用。

（3）相电流突变量元件。常规的模拟型距离保护振荡闭锁装置的启动元件，常采用相序分量（负序、零序）或增量作为启动元件；而微机型距离保护常采用相电流突变量作为启动元件。相电流突变量计算公式为

$$\Delta i_k = i_k - i_{k-N} \tag{2-38}$$

式中　i_k——k 时刻的电流采样值；

N——一个工频周期内的采样点数，若采样周期 $T_s=1\text{ms}$，则一个工频周期内的采样点数 $N=20$；

i_{k-N}——i_k 前 20ms 的采样值；

Δi_k——k 时刻电流的突变量。

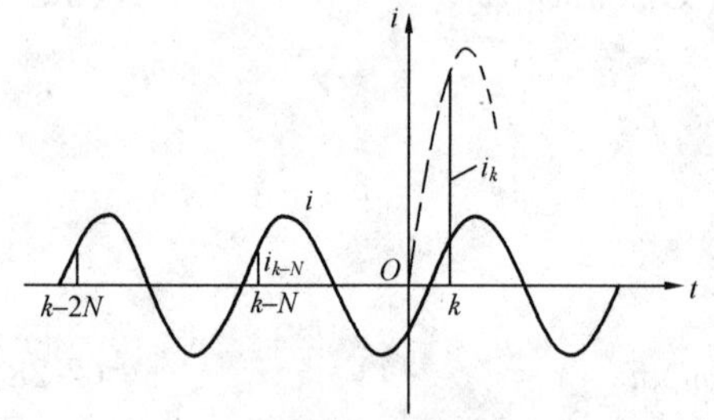

图 2-16　相电流突变量启动元件原理示意图

如图 2-16 所示，系统正常运行时，负荷虽然实时变化，但不会在这样短的一个工频周期内有很大变化，故两采样值 i_k 与 i_{k-N} 应接近相等，即突变量 Δi_k 等于零。

若在某一时刻发生短路故障，则故障相电流突然增大，如图 2-16 中虚线所示。采样值 i_k 中包含负荷分量，但是按式（2-38）计算得到的 i_k 中不包含负荷分量，仅为短路时的故障分量电流，因为负荷分量在式（2-38）中被减去了。显然突变量仅在短路发生后的第一个周期内的各个采样值中存在。

按式（2-38）计算相电流的突变量存在一个问题，系统正常运行时 Δi_k 本应为零，但当电网频率偏离 50Hz 时，会产生一定的不平衡电流，即 Δi_k 不为零。当线路在最大负荷电流时，频率偏离 50Hz 将产生较大不平衡电流，致使启动元件误动作。为消除由于电网频率偏离 50Hz 引起的不平衡电流，相电流突变量计算公式为

$$\Delta i_k = |(i_k - i_{k-N}) - (i_{k-N} - i_{k-2N})| \tag{2-39}$$

若正常运行时，由于频率偏离 50Hz 致使 $i_k - i_{k-N}$ 不为零，但其值必然与 $i_{k-N} - i_{k-2N}$ 相接近，因而式（2-39）等号右侧两项可以得到部分抵消，从而防止了启动元件的误动作。用式（2-39）计算突变量，不仅可以补偿频率偏离产生的不平衡电流，而且可以减弱由于系统静稳破坏而引起的不平衡电流。只有在振荡周期很小时，才会出现较大不平衡电流，造成保护误动作。

习　题

2-1　在带电的电流互感器二次回路上工作时，应采取哪些安全措施？

2-2　电压互感器的二次回路为什么必须接地？

2-3　什么是电流互感器的 10%误差曲线？有何用途？

2-4　当电流互感器不满足 10%误差时，可采取哪些措施？

2-5　电流互感器的极性是如何确定的？

2-6　电压互感器在运行中为什么要严防二次侧短路？

2-7　试述阻容式单相负序电压滤过器的工作原理。

2-8　什么是电抗变换器？它与电流互感器有什么区别？

2-9　什么是电磁型过电流继电器的动作电流、返回电流和返回系数？

2-10　如图 2-17 所示的某种电压滤过器，已知 $R_1=\sqrt{3}\,X_1$，$R_2=X_2/\sqrt{3}$，画出相量图分析该滤过器的工作原理。

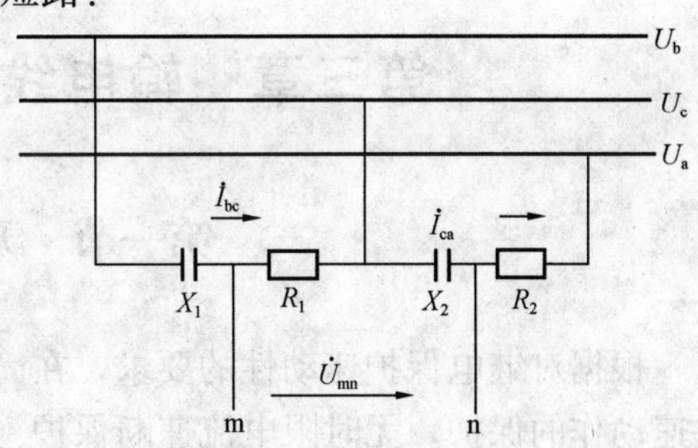

图 2-17　题 2-10 图

2-11　微机保护硬件系统通常包括哪几部分？

第三章　输电线路相间短路的电流保护

第一节　无时限电流速断保护

根据对继电保护速动性的要求，在简单、可靠和保证选择性的前提下，原则上力求装设快速动作的保护。无时限电流速断保护（又称Ⅰ段电流保护）就是这样的保护，它是反应电流升高而不带时限动作的一种电流保护。其工作原理可用图 3-1 所示单侧电源线路无时限电流保护为例来说明。

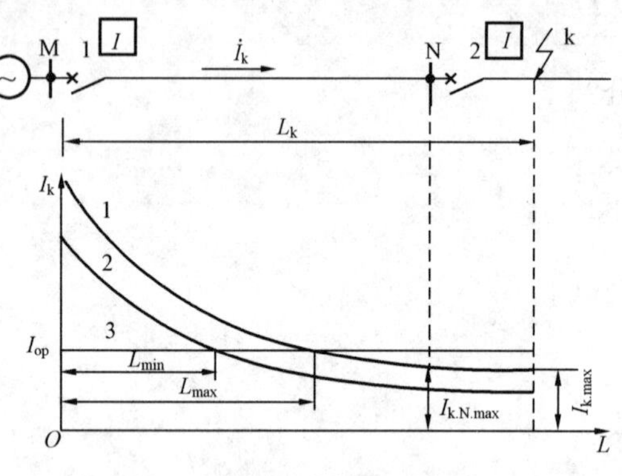

图 3-1　单侧电源线路无时限电流保护工作原理

当线路上发生三相短路时，流过保护 1 的短路电流为

$$I_k^{(3)}=\frac{E_M}{Z_\Sigma}=\frac{E_M}{Z_M+Z_k} \tag{3-1}$$

式中　E_M——系统等效电源的相电动势；

Z_M——系统等效电源到保护安装处之间的正序阻抗；

Z_k——保护安装处至短路点之间的正序阻抗。

由式（3-1）可见，当系统运行方式一定时，E_M 和 Z_M 是常数，则流过保护的三相短路电流是短路点至保护安装处间距离 L 的函数。短路点距电源越远，流过保护的三相短路电流越小。图 3-1 中曲线 1 表示系统在最大运行方式下三相短路时，流过保护的最大三相短路电流 $I_k^{(3)}$ 随 L 的变化曲线；曲线 2 是系统在最小运行方式下两相短路时，流过保护的最小两相短路电流 $I_k^{(2)}$ 随 L 的变化曲线。

对反应电流升高而动作的电流保护装置而言，能使保护装置启动的最小电流称为保护装置的动作电流，以 I_{op} 表示。当流过保护装置的电流达到这个值时，保护装置就能启动。显然，仅当通过被保护线路的电流 $I_k \geqslant I_{op}$ 时，保护装置才会启动。

在图 3-1 中，以 M 处保护为例，当本线路（MN）末端发生短路故障时，希望 M 处无时限电流速断保护能瞬时动作切除故障，而当相邻线路首端（或称出口处）发生短路故障时，按照选择性要求，M 处保护不应动作，应由 N 处保护动作切除故障。但实际上，本线路末端和相邻线路首端发生短路故障时，流经 M 处保护的短路电流是一样的，M 侧保护无法区分这两处的短路故障。为了保证选择性，电流速断保护的动作电流应躲过下一线路首端（或本线路末端）短路故障时流过本保护的短路电流，即取 $I_{op}>I_{k.N.max}$，写成等式则有

$$I_{op}=K_{rel}I_{k.N.max}^{(3)} \tag{3-2}$$

式中　$I_{k.N.max}^{(3)}$——最大运行方式下，被保护线路末端 N 发生金属性三相短路时，流过保护装置的最大短路电流；

K_{rel}——可靠系数，是考虑短路电流计算误差、继电器动作电流误差、短路电流中非周期分量的影响和必要的裕度而引入的大于 1 的系数，一般 K_{rel} 取 1.2～1.3。

在图 3-1 中，通过动作电流画一平行于横坐标的直线 3，此直线 3 与曲线 1 和 2 各有一个交点，在交点至保护安装处的线路上发生短路故障时，由于流经保护的短路电流均大于动作电流，所以保护装置处于动作状态，而在两交点以后位置发生短路时，流经保护的短路电流小于动作电流，保护不动作。对应这两点，保护有最大和最小保护范围，即 L_{max} 和 L_{min}。这说明无时限电流速断保护，不能保护线路全长，且保护范围受运行方式的影响。无时限电流速断保护的选择性是靠动作电流来保证的，灵敏性是用其最小保护范围来衡量的，最小保护范围不应小于线路全长的 15%～20%。

无时限电流速断保护的保护范围可以用解析法求得。忽略系统各元件阻抗的电阻分量，在图 3-1 中直线 3 和曲线 2 的交点处，列出等式为

$$I_{op}=\frac{\sqrt{3}}{2}\times\frac{E_M}{X_{M.max}+X_1L_{min}} \tag{3-3}$$

解得最小保护范围为

$$L_{min}=\frac{1}{X_1}\left(\frac{\sqrt{3}}{2}\times\frac{E_M}{I_{op}}-X_{M.max}\right) \tag{3-4}$$

式中　X_1——被保护线路单位长度的正序电抗；

$X_{M.max}$——M 侧系统等值的最大系统电抗。

无时限电流速断保护单相原理接线如图 3-2 所示，它由电流继电器 KA、中间继电器 KM 和信号继电器 KS 组成。

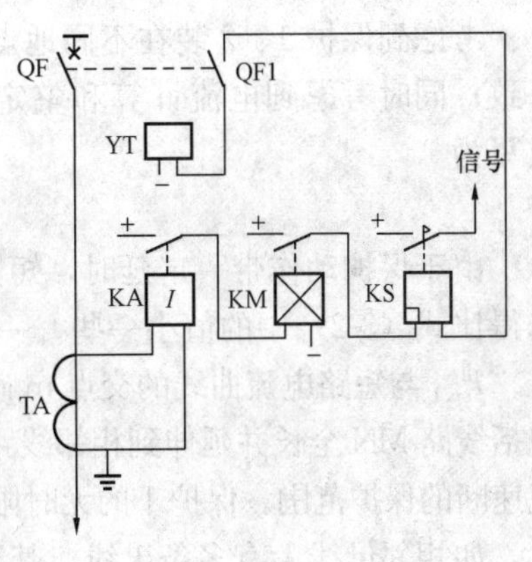

图 3-2　无时限电流速断保护单相原理接线

正常运行时，负荷电流流过线路，反应到电流继电器中的电流小于 KA 的动作电流，KA 不动作，其动合触点是断开的，KM 动合触点也是断开的，信号继电器线圈和跳闸线圈 YT 中无电流，断路器主触头闭合处于正常送电状态。当线路短路时，短路电流超过保护动作电流，KA 动合触点闭合启动中间继电器，中间继电器动合触点闭合将正电源接入 KS 线圈，并通过断路器的动合辅助触点 QF1，接到跳闸线圈 YT 构成通路，断路器跳闸后切除故障线路。

中间继电器的作用，一方面是利用中间继电器的动合触点代替电流继电器小容量触点，接通 YT 线圈；另一方面是利用带有 0.06～0.08s 延时的中间继电器，增大保护的固有动作时间，以躲过管型避雷器放电引起的保护误动作。信号继电器 KS 的作用是指示该保护动作，以便运行人员处理和分析故障。QF1 用以代替中间继电器动合触点，断开跳闸线圈 YT 中的电流，以防 KM 触点因断弧而烧坏。

第二节　限时电流速断保护

由于无时限电流速断保护一般不能保护线路全长，为切除被保护线路无时限电流速断保护范围以外的短路故障，增设第二套电流速断保护，即限时电流速断保护，它的动作范围应包括被保护线路全长。为了获得动作选择性，第二套电流速断保护必须带时限，以便和相邻

线路Ⅰ段电流速断保护相配合，它所带时限通常只比瞬时电流速断保护大一个或两个时限级差 Δt，所以称为限时电流速断保护。此情况下，它的保护范围不超过相邻线路Ⅰ段或Ⅱ段电流保护的保护范围。

一、限时电流速断保护的工作原理和动作电流整定

由于要求限时电流速断保护必须保护线路全长，因此它的保护范围必然延伸到下一条线路。当下一条线路出口处发生短路故障时，保护会启动，若不采取措施，就会失去选择性。为此，必须使保护带有一定时限，此时限的大小与其延伸的范围有关。为尽量缩短这一时限，通常使保护范围不超出相邻线路无时限电流速断保护的保护区，其动作时限则比相邻线路无时限电流速断保护高出一个时间级差。现以图 3-3 所示的保护 1 为例来说明限时电流速断保护的整定方法。

设保护 2 装有无时限电流速断保护，其动作电流为 $I^{\mathrm{I}}_{\mathrm{op.2}}$，由式（3-2）计算而得，它与短路电流变化曲线的交点即确定了保护 2 无时限电流速断保护区。当 n 点发生短路故障时，流过保护 2 的短路电流就是 $I^{\mathrm{I}}_{\mathrm{op.2}}$，保护 2 则刚好动作。如上分析，保护 1 的限时电流速断保护不应超出保护 2 的无时限电流速断保护范围，故在单侧电源情况下，保护 1 的限时电流速断保护的动作电流 $I^{\mathrm{II}}_{\mathrm{op.1}}$ 应满足

$$I^{\mathrm{II}}_{\mathrm{op.1}} > I^{\mathrm{I}}_{\mathrm{op.2}} \tag{3-5}$$

考虑到保护 1、2 装在不同地点，使用的电流互感器及电流继电器不同，其特性也很难一致；同时考虑到电流计算和整定误差等不利因素，故引入可靠系数 K_{rel}，于是式（3-5）改写为

$$I^{\mathrm{II}}_{\mathrm{op.1}} = K_{\mathrm{rel}} I^{\mathrm{I}}_{\mathrm{op.2}} \tag{3-6}$$

由于保护动作带一定延时，短路电流中的非周期分量已经衰减，故此时可靠系数 K_{rel} 可选得比式（3-2）中的值小一些，一般取 1.1～1.2。

$I^{\mathrm{II}}_{\mathrm{op.1}}$ 与短路电流曲线的交点 m 确定了保护 1 的限时电流速断保护的保护区（见图 3-3），它包括线路 MN 全长并延伸到相邻线路 NP 的一部分，其末端在 m 点，不超出保护 2 的无时限电流速断的保护范围。保护 1 的无时限电流速断保护的动作电流 $I^{\mathrm{I}}_{\mathrm{op.1}}$ 仍按式（3-2）计算。

如相邻母线上有多条出线，甚至还有变压器，如图 3-4 所示，在整定保护 1 的限时电流速断保护的动作电流时，仍按式（3-6）计算，只是式中的 $I^{\mathrm{I}}_{\mathrm{op.2}}$ 应取保护 2、3、4 中最大的一个。同时，还应与变压器的瞬时保护相配合。在整定时，可认为其保护范围延伸至变压器的低压母线。因此，保护 1 的限时电流速断保护还应整定为

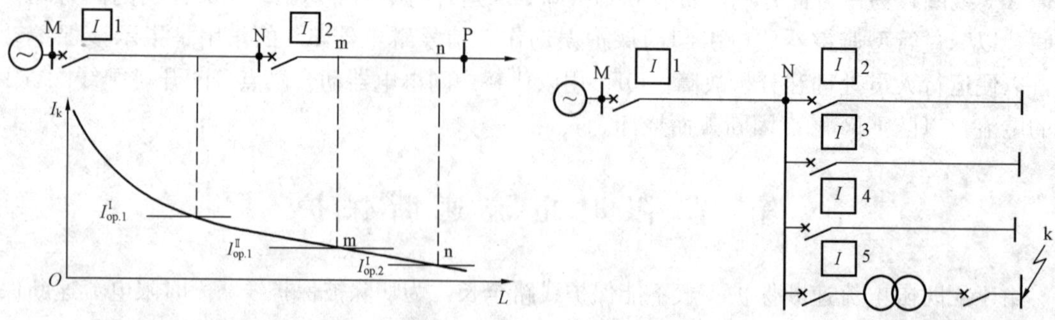

图 3-3　限时电流速断保护工作原理　　　图 3-4　相邻母线上有多条线路或变压器的情况

$$I_{op.1}^{\mathrm{II}} = K_{rel} I_{k.max} \tag{3-7}$$

其中 $I_{k.max}$ 为在最大运行方式下变压器低压侧 k 点发生三相短路故障时，流过保护 1 的短路电流。应取式（3-6）、式（3-7）所得数值较大者作为保护 1 限时电流速断保护的动作电流值。

二、动作时限的选择

在图 3-3 中，保护 1 限时电流速断保护的保护区伸到 m 点，下一线路的 Nm 段上发生短路故障时，保护 1 的限时电流速断和保护 2 的无时限电流速断均会启动。因此，前者动作时间必须比后者高出一个时间级差 Δt，才能保证选择性。保护 1 限时电流速断保护的动作时间应取

$$t_1^{\mathrm{II}} = t_2^{\mathrm{I}} + \Delta t \tag{3-8}$$

其中 t_2^{I} 为保护 2 无时限电流速断保护的动作时限。前面已述，无时限电流速断无时间元件，故 t_2^{I} 为 0；t_1^{II} 为保护 1 限时电流速断保护的动作时限；Δt 为时间级差。就快速性而言，Δt 取值越小越好；但根据选择性，Δt 又不能取得过小。Δt 大小的选取应考虑以下因素：

（1）Δt 应包括故障线路断路器的跳闸时间 t_{off}（从跳闸回路接通到断路器触头间电弧熄灭为止），因为在这段时间里故障并未切除，保护 1 的限时电流速断仍处于启动状态。

（2）Δt 应包括故障线路保护 2（见图 3-3）中时间继电器实际动作时间比整定时间大的差值，即正误差（动得慢）$t_{err.2}$（当保护 2 为无时限电流速断时，不用时间继电器，这一项可以不考虑）。

（3）Δt 应包括保护 1 中时间继电器的实际动作时间比整定时间小的差值，即负误差（动得早）$t_{err.1}$。

（4）考虑一个裕度时间 t_r。于是

$$\Delta t = t_1^{\mathrm{II}} - t_2^{\mathrm{I}} = t_{off} + t_{err.2} + t_{err.1} + t_r \tag{3-9}$$

一般 Δt 在 0.35～0.6s 之间取值，多取 0.5s。

限时电流速断保护按上述原则整定的时限特性，如图 3-5 所示。在保护 2 的无时限电流速断保护区发生短路故障，将以 t_2^{I} 时限（固有动作时间）切除，此时保护 1 的限时电流速断保护虽启动，但因 t_1^{II} 比 t_2^{I} 大一个 Δt，故障切除后，已启动的保护 1 将返回，从而保证了选择性。若短路故障发生在保护 1 的无时限电流速断保护区内，则以 t_1^{I} 时限切除。若故障仍在本线路上，但不在保护 1 的无时限电流速断保护区内，则以 t_1^{II} 时限切除故障。由此可见，线路上装设了无时限电流速断保护和限时电流速断保护以后，两者配合工作，可以保证在全线路范围内任一点发生短路故障时都能在 0.5s 内予以切除，在一般情况下都能够满足速动性要求，两者配合可作为线路的主保护。

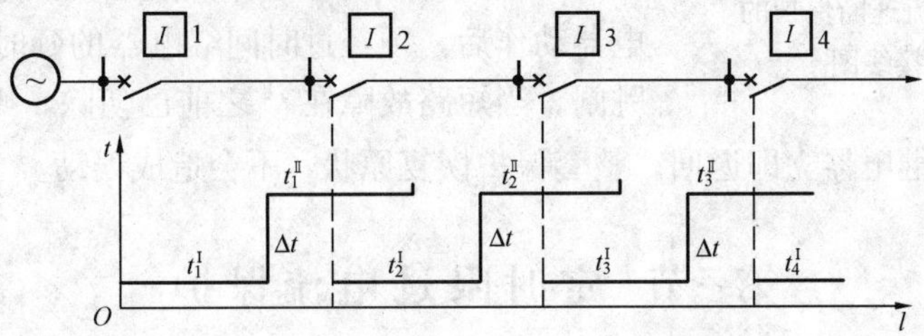

图 3-5　限时电流速断保护的时限特性

由以上分析可见，限时电流速断保护的选择性是靠动作电流和时限特性的配合来保证的。

三、灵敏度校验

按照上述原则，整定限时电流速断保护的动作电流和动作时限，使之满足选择性要求，但其是否能在任何情况下都能保护线路的全长，还需进行校验。为了保护线路全长，限时电流速断保护必须在最小运行方式下，被保护线路末端发生两相短路时，具有足够的灵敏度，通常用灵敏系数 K_{sen} 来表示，计算公式为

$$K_{sen}=\frac{I_{k.min}}{I_{op}^{\mathrm{II}}} \tag{3-10}$$

式中 $I_{k.min}$——在最小运行方式下被保护线路末端发生两相金属性短路故障时流经保护的电流。

为保证线路末端短路故障时，保护装置一定能够动作，规定灵敏系数 $K_{sen}\geqslant1.3\sim1.5$，此规定范围是考虑到实际上可能会出现下列不利于保护启动的因素：

(1) 由于计算误差及过渡电阻影响，实际的短路电流可能比计算值小，不利于保护启动；

(2) 由于电流互感器一般都具有负误差，实际流入保护装置的电流小于按额定变比计算的值；

(3) 保护装置测量元件的实际动作值可能有正误差（实际动作值比整定值大）。

若灵敏系数小于规定值，则意味着在被保护线路末端短路故障时，由于上述不利因素的影响，保护可能启动不了，达不到保护线路全长的目的。为提高灵敏度，通常采取降低动作电流值，使保护范围进一步延伸的措施。具体整定原则是与下一线路的限时电流速断保护配合，其保护范围不超过下一线路限时电流速断保护的保护范围；其动作时限也应该与下一线路的限时电流速断保护配合，在下一线路限时电流速断保护动作时限基础上增加 Δt。于是式 (3-6)、式 (3-8) 将变为

$$I_{op.1}^{\mathrm{II}}=K_{rel}I_{op.2}^{\mathrm{II}} \tag{3-11}$$

$$t_1^{\mathrm{II}}=t_2^{\mathrm{II}}+\Delta t \tag{3-12}$$

显然，保护范围的伸长必然导致动作时限的增加。

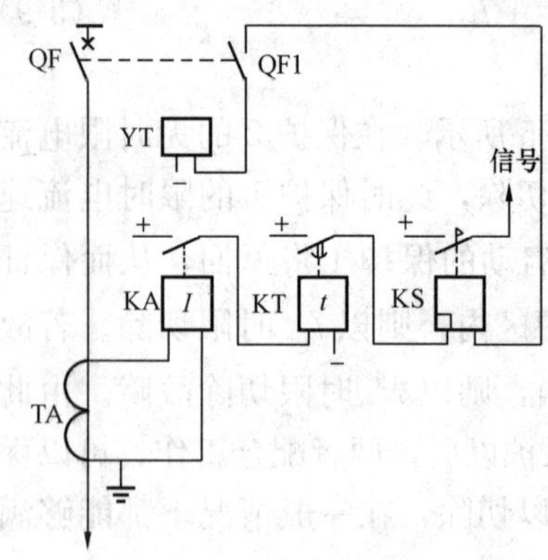

图 3-6 限时电流速断保护的单相原理接线图

四、原理接线

用电磁型继电器构成的限时电流速断保护的单相原理接线如图 3-6 所示。它与无时限电流速断保护接线的主要区别是将中间继电器换成了时间继电器。当电流继电器动作后，须经过时间继电器的延时 t^{II}，才能动作于跳闸。当短路故障在 t^{II} 之前已切除，则已动作的电流继电器返回，使时间继电器立即返回，整套保护恢复原状，不会造成误动。

第三节 定时限过电流保护

限时电流速断保护虽能保护线路的全长，但不能作为下一线路保护的后备。而定时限过

电流保护不仅能保护本线路全长，还能保护相邻线路的全长，可以起到后备保护的作用。这是因为过电流保护不是按躲过某一短路电流，而是按躲过最大负荷电流来整定的，故它的动作电流值较低，灵敏度较高，保护范围大。

与限时电流速断保护一样，定时限过电流保护也是靠适当选取动作电流和动作时限来获得选择性的。

一、定时限过电流保护动作电流的整定

定时限过电流保护动作电流的整定要考虑以下两个条件：

(1) 为确保过电流保护在正常运行情况下不动作，保护装置的动作电流应整定得大于该线路上可能出现的最大负荷电流 $I_{L.max}$，即

$$I_{op} > I_{L.max} \tag{3-13}$$

(2) 在外部短路故障切除后，已动作的电流继电器能可靠返回。

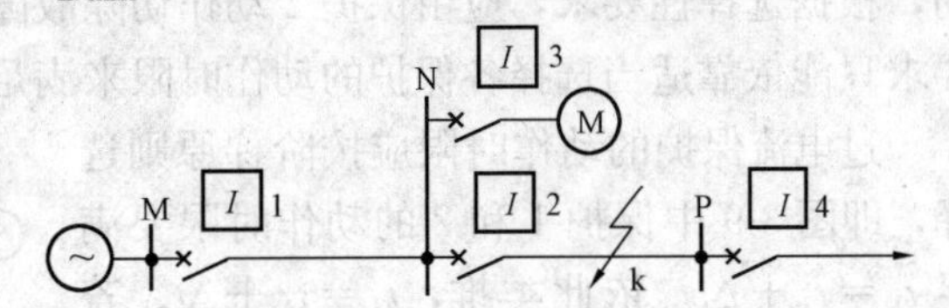

图 3-7　定时限过电流保护动作电流整定说明图

如图 3-7 所示，当 k 点发生短路故障时，短路电流将流经保护 1 和 2，它们都要启动。但按选择性要求应由保护 2 动作切除故障，然后保护 1 由于电流已减小而立即返回。实际上，短路故障时，变电站 N 母线上所接负荷的电动机被制动，而在故障切除后电压恢复时，电动机有一自启动过程，流经保护的电动机自启动电流要大于正常工作的负荷电流。最大自启动电流 $I_{ast.max}$ 与正常运行时最大负荷电流的关系为

$$I_{ast.max} = K_{ast} I_{L.max} \tag{3-14}$$

式中　K_{ast}——自启动系数，其值大于 1，由网络具体接线和负荷性质确定。

根据选择性的要求，保护 1 在 $I_{ast.max}$ 下也应可靠返回。因此，保护装置的返回电流必须大于 $I_{ast.max}$，引入可靠系数 K_{rel}，有

$$I_r = K_{rel} K_{ast} I_{L.max} \tag{3-15}$$

综合考虑以上两个条件，引入返回系数 K_r，则保护装置的动作电流为

$$I_{op} = \frac{K_{rel} K_{ast}}{K_r} I_{L.max} \tag{3-16}$$

式中　K_{rel}——可靠系数，一般取 1.15～1.25；

K_r——电流继电器的返回系数，一般取 0.85。

由式 (3-16) 可见，K_r 越小，保护装置动作电流越大，其灵敏性就越差，故要求电流继电器应有较高的返回系数。

确定最大负荷电流 $I_{L.max}$ 时，必须考虑实际可能的最严重情况。例如对于图 3-8 (a)所示的平行双回线路，必须考虑其中一条线路断开时，另一条线路承担的最大负荷电流。在装有备用电源自动投入装置 AAT 的情况下，如图 3-8 (b)所示，必须考虑其中一条线路断开，AAT 动作，将断路器 5QF 接通时的另一条线路承担的最大负荷电流。对于环网，要考虑开环情况下的最大负荷电流，与平行线情况相似。

二、定时限过电流保护动作时限的整定

在图 3-9 中，假定各线路上均装有定时限过电流保护，各保护的动作电流均按照躲过经

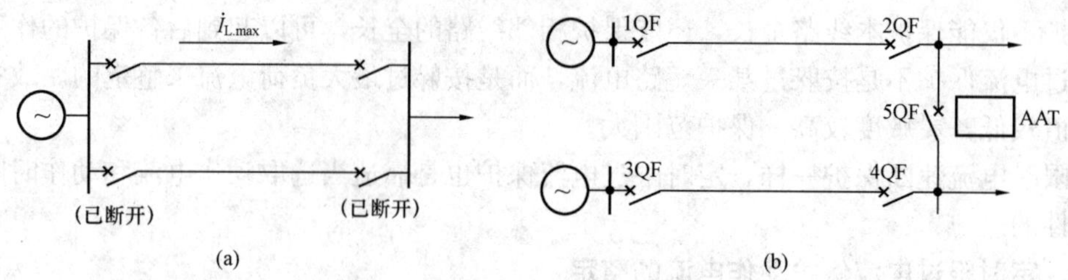

图 3-8　最大负荷电流的确定

(a) 平行双回线路情况；(b) 备用电源自动投入装置动作后情况

过各自的最大负荷电流整定。当 k1 点短路故障时，保护 1、2 在同一短路电流作用下都启动，根据选择性要求，应由保护 2 动作切除故障，而保护 1 在故障切除后应立即返回。这一要求只能依靠适当选择各保护的动作时限来满足。

过电流保护的动作时限应按阶梯原则选择，即图 3-9 中保护 1 和 2 的动作时限要满足 $t_1=t_2+\Delta t$。依此类推，$t_3=t_4+\Delta t$。若 $t_3>t_5$，则$t_2=t_3+\Delta t$。一般情况下，上一级保护 n 的时限与下一级保护 $n+1$ 的时限，应按式（3-17）选择，即

$$t_n=t_{(n+1)\max}+\Delta t \tag{3-17}$$

从网络的最末一级开始，保护的动作时限向电源方向逐级增加至少一个 Δt，如图 3-9 所示。

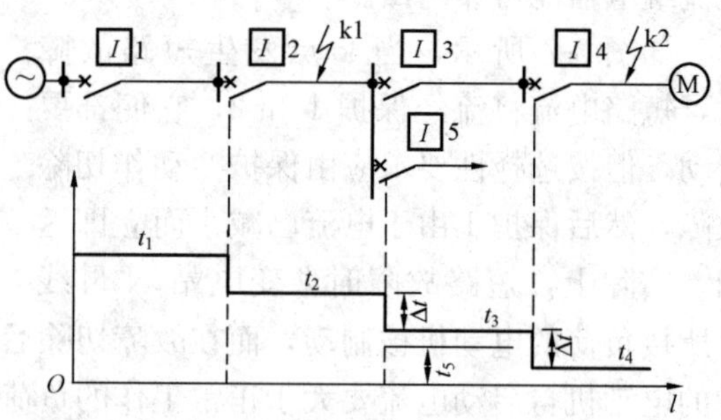

图 3-9　过电流保护的阶梯时限特性

这种保护的动作时限，经整定后由专门的时间继电器实现，其动作时限与短路电流的大小无关，故称定时限过电流保护。

保护 4 位于电网最末端，只要电动机故障，它就可以瞬时动作予以切除，无须专门的时间元件，t_4 为保护装置固有动作时间。保护 4 可以作为电动机的主保护，无须再设电流速断保护。

由以上分析可见，定时限过电流保护切除故障的时限越靠近电源越长，这是定时限过电流保护的主要缺点。正是由于这个原因，在电网中采用无时限和限时电流速断保护作为线路的主保护，以快速切除故障，而用定时限过电流保护来作为本线路和相邻元件的后备保护。

三、定时限过电流保护灵敏度校验

整定了定时限过电流保护的动作电流后，尚需对其进行灵敏度校验，看其是否能在保护区内短路故障时可靠动作。其灵敏度计算式与式（3-10）相同，只是将动作电流改为定时限过电流保护的动作电流，灵敏度校验应按如下两种情况分别考虑：

（1）当定时限过电流保护作为本线路的近后备保护时，其校验点应选在本线路末端，要求$K_{sen}>1.3\sim1.5$；

（2）当定时限过电流保护作为相邻元件的远后备保护时，其校验点应选在相邻线路（元件）末端，要求 $K_{sen}\geq1.2$。

当定时限过电流保护的灵敏度不能满足要求时，应采取性能更好的保护方式。

定时限过电流保护的单相原理接线与图 3-6 相同。

第四节 电流保护的接线方式

一、三种基本接线方式

电流保护的接线方式指的是电流继电器与电流互感器二次绕组之间的连接方式，主要有以下三种：

(1) 三相三继电器完全星形接线，如图 3-10 (a)所示。将三个电流互感器的二次侧和三个电流继电器的电流线圈分别按相连接在一起，均接成星形。

(2) 两相两继电器不完全星形接线，如图 3-10 (b) 所示。将装设在 AC 相上的两个电流互感器和两个电流继电器分别按相连在一起，与完全星形接线的主要区别是 B 相上不装设电流互感器和电流继电器。

(3) 两相电流差接线，如图 3-10 (c) 所示。只有一个电流继电器，反应 AC 两相电流差。

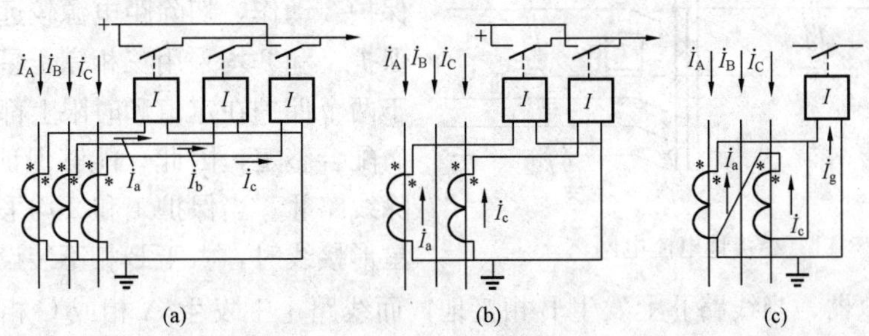

图 3-10 三种基本接线方式

(a) 完全星形接线；(b) 不完全星形接线；(c) 两相电流差接线

完全星形接线和不完全星形接线都能反应各种相间短路故障。所不同的是，在大接地电流系统中完全星形接线还可以反应各种单相接地短路，不完全星形接线不能反应无电流互感器那一相（B 相）的单相接地短路。

在两相电流差接线中，通过继电器的电流为两相电流之差，即 $\dot{I}_g=\dot{I}_a-\dot{I}_c$。在对称运行和三相短路情况下，$I_g=\sqrt{3}I_a=\sqrt{3}I_c$；在 AC 两相短路时，$I_g=2I_a$；在 AB 或 BC 两相短路时，$I_g=I_a$ 或 $I_g=I_c$。由此看出，在不同短路类型和短路相别下，通过继电器的电流 I_g 和电流互感器二次电流之比是不同的。因此，在保护装置整定计算中，引入一个接线系数，定义为流入继电器的电流 I_g 与电流互感器二次电流 I_2 之比，以 K_{con}表示，$K_{con}=\dfrac{I_g}{I_2}$。

在完全星形和不完全星形接线中，$K_{con}=1$。而在两相电流差接线中，对于不同类型的故障和不同的故障相别，K_{con}有不同的数值。引入接线系数后，保护装置的一次动作电流 I_{op}与继电器的动作电流 $I_{g.op}$之间的关系为

$$I_{g.op}=K_{con}\frac{I_{op}}{n_{TA}} \tag{3-18}$$

由于两相电流差接线方式的接线系数随短路类型的不同而不同，性能较差，所以仅在 10kV 及以下线路保护和电动机保护中使用。

二、各种接线方式的性能分析

1. 对相间短路故障的反应能力

完全星形和不完全星形接线都能正确反应被保护线路不同相别的相间短路故障，只是动作的继电器数目不同而已。两相不完全星形接线方式在AB和BC相间短路故障时只有一个继电器动作；三相完全星形接线方式在各种相间短路故障时，至少有两个继电器动作，动作可靠性较高。

2. 对小接地电流电网中两点异地接地的反应能力

在小接地电流电网中，发生单相接地故障时，流过接地点的电流仅为零序电容电流，相间电压仍然对称，对负荷没有影响。为提高供电可靠性，允许小接地电流电网带一点接地继续运行一段时间。故在这种电网中，在不同地点发生两点接地短路时，要求保护动作只切除一个接地故障点，以提高供电可靠性。

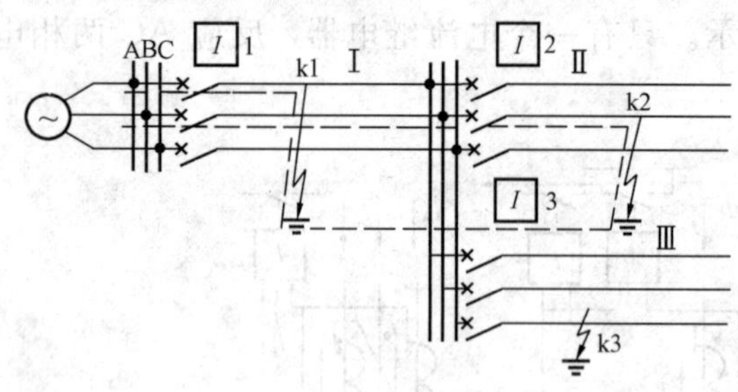

图3-11 小接地电流电网

在图3-11所示的网络中，当在两条串联线路中发生k1、k2两点接地时，只希望保护2动作，切除距电源较远的线路Ⅱ。当保护1和2均采用三相完全星形接线时，由于两个保护在定值和时限上都按选择性要求而配合整定，因此，能够保证100%地只切除线路Ⅱ。当保护1和2均采用两相不完全星形接线时，由于B相不装设电流互感器和相应的电流继电器，当线路Ⅱ上发生B相接地，而线路Ⅰ上发生A相或C相接地时，保护2不能动作，只能由保护1动作切除线路Ⅰ，扩大了停电范围。这种接线方式在不同相别的两点接地组合中，只能保证$\frac{2}{3}$的机会有选择性地切除一条线路。

对于图3-11中的两条并列线路的两点k2、k3接地，同样只希望切除其中一条线路。设两条线路的保护动作时限相同，则当保护2和3均采用三相星形接线时，两套保护将同时动作，切除两条线路；当采用两相星形接线时，显然，保护3动作，只切除线路Ⅲ。表3-1给出了不完全星形接线方式在两条并列线路上不同相两点接地时保护动作情况，可见，采用不完全星形接线方式，能保证有$\frac{2}{3}$的机会只切除一条线路。

表3-1 不完全星形接线方式在两条并列线路上不同相两点接地时保护动作情况

线路Ⅱ故障相别	A	A	B	B	C	C
线路Ⅲ故障相别	B	C	A	C	A	B
保护2动作情况	√	√	×	×	√	√
保护3动作情况	×	√	√	√	√	×
$t_2=t_3$时切除线路数	1	2	1	1	2	1

注 √为动作；×为不动作。

需要指出的是，当采用不完全星形接线时，为保证在不同线路上发生两点或多点接地时能切除故障，电流互感器必须均装在同名的两相上，一般装在A、C相上。

三相星形接线需要三个电流互感器、三个电流继电器和四根二次电缆，相对于两相星形接线，其经济性较差，接线较复杂。在中性点直接接地电网中，三相完全星形接线能反应单相接地故障，两相不完全星形接线不能反应B相接地故障。实际上，单相接地是采用专门的零序电流保护来切除的，因此，完全星形接线方式的这种优越性没有多大实际意义。

综上所述，由于不完全星形接线（包括两相三继电器接线）较为简单经济；同时，在中性点非直接接地电网中，发生在并列线路（如图3-11中线路Ⅱ、Ⅲ）上的两点接地比串联线路（如图3-11中线路Ⅰ、Ⅱ）上的两点接地故障概率大得多，采用不完全星形接线方式可以保证有2/3的机会只切除一条线路，这一点比完全星形接线优越。因此，不完全星形接线方式广泛用于反应相间短路故障的电流保护中，完全星形接线方式广泛应用于发电机、变压器等大型电气设备的保护中，以提高保护动作的可靠性和灵敏性。此外，完全星形接线方式还广泛应用于线路的复杂保护中。

3. 对YNd11接线变压器二次侧两相短路的反应能力

当过电流保护接于变压器的一侧，作为变压器及另一侧线路故障的后备保护时，保护的接线将直接影响保护对某些故障的反应能力或灵敏性。在图3-12（a)中，当YNd11接线变压器的低压侧（d侧）发生a、b两相短路故障时，d侧电流相量如图3-12（b)所示，经过转换后，YN侧电流相量如图3-12（c)所示。由相量图可得变压器的d侧和YN侧各相电流之间的关系为（设变压器变比为1）

$$\left.\begin{aligned} &I_{a1} = I_{a2} \\ &I_{k}^{(2)} = I_{a} = I_{b} = \sqrt{3} I_{a1} \\ &I_{c} = 0 \end{aligned}\right\} \tag{3-19}$$

$$\left.\begin{aligned} &I_{A} = I_{C} = I_{a1} = \frac{1}{\sqrt{3}} I_{k}^{(2)} \\ &I_{B} = 2I_{A} = \frac{2}{\sqrt{3}} I_{k}^{(2)} \end{aligned}\right\} \tag{3-20}$$

由式（3-20）可见，d侧a、b两相发生短路时，YN侧A相和C相中的电流只为B相电流的一半。分析结果表明，若在d侧其他两相发生短路时，总有一相电流比另两相电流大一倍。用同样的方法可分析在YN侧发生各种相别的两相短路时，d侧电流的分布，也会得出相同结论。总之，当YNd11接线变压器后发生某种相别的两相短路时，另一侧中有两相的电流只为第三相的一半。

当采用变压器高压侧（YN侧）的过电流保护作为变压器保护的后备保护时，若保护采用三相完全星形接线，则接于B相的电流继电器灵敏度最高，是其他两相电流继电器的两倍。当采用两相不完全星形接线时，因B相上没有电流继电器，所以不能反应B相的最大电流，故灵敏度只有三相完全星形接线时的一半。为克服这一缺点，可在不完全星形接线的中性线上接入一个电流继电器，如图3-12所示，流过这个继电器的电流大小与B相电流相等。因此，利用这个继电器可以提高YNd11变压器二次侧两相短路故障时的灵敏度，使之与三相短路故障时的灵敏度相同。这种接线也称为两相三继电器接线。

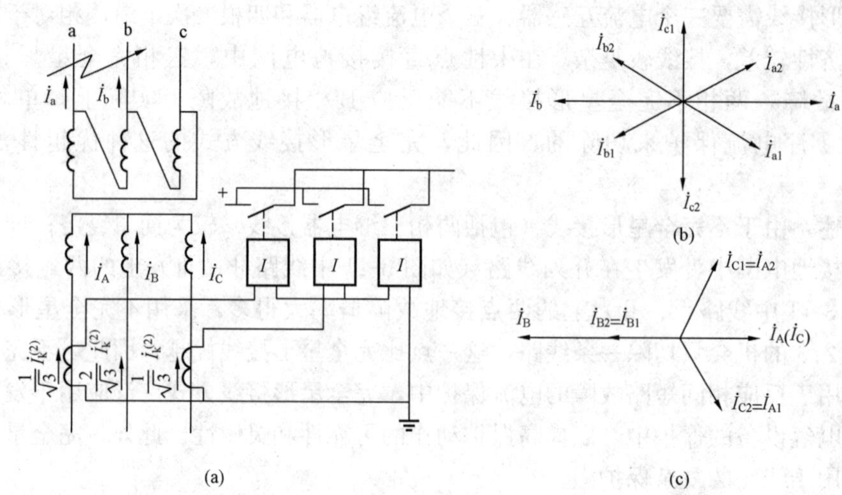

图 3-12 YNd11 接线变压器后两相接地时的电流分布

（a）接线图；（b）△侧电流相量图；（c）Y 侧电流相量图

第五节 阶段式电流保护及评价

一、装置构成

在我国，110kV 以下电压等级的电网主要承担供、配电任务，发生单相接地后为保证继续供电，中性点采用非直接接地方式；为了便于继电保护的整定配合，通常采用双电源互为备用、正常时单侧电源供电的运行方式。其保护一般由阶段式动作特性的电流保护担任。

无时限电流速断保护虽然能迅速切除短路故障，但不能保护线路全长；限时电流速断保护虽能保护全长，却不能作为相邻线路的后备；而过电流保护可保护本线路及相邻线路全长，但作为本线路的主保护时，往往动作时间较长。为了保证迅速可靠地切除故障，常常将无时限电流速断保护、限时电流速断保护及定时限过电流保护组合在一起，构成一整套保护，使之相互补充和配合，称为三段式电流保护，并通常将无时限电流速断保护称为Ⅰ段，限时电流速断保护称为Ⅱ段，定时限过电流保护称为Ⅲ段。Ⅰ段和Ⅱ段保护共同组成线路的主保护，Ⅲ段保护作为本线路Ⅰ、Ⅱ段保护的近后备，也作为下一线路保护的远后备。

图 3-13 为电磁型三段式电流保护接线图。保护采用不完全星形接线，Ⅰ段保护由电流继电器 1KA、2KA 和信号继电器 1KS 组成；Ⅱ段保护由电流继电器 3KA、4KA 和时间继电器 1KT 及信号继电器 2KS 组成；Ⅲ段保护由电流继电器 5KA、6KA、7KA 和时间继电器 2KT 及信号继电器 3KS 组成。为了在 Yd 接线变压器后两相短路时，提高Ⅲ段保护的灵敏性，采用了 7KA 电流继电器。为了便于分析故障，各段均有信号继电器，任一段保护动作都作用于同一出口继电器 KCO 跳三相。保护中各段是独立工作的，可以通过连接片投用或停用其中的某段。

继电保护接线图一般可以用原理接线图和展开图两种形式来表示。原理接线图如图 3-13（a）所示，每个继电器的线圈和触点都画在一个图形内，所有元件都用设备文字符号标注。原理接线图对整个保护的工作原理能给出一个完整的概念，使初学者容易理解，但交、直流回路合在一张图上，有时难以进行回路的分析和检查。

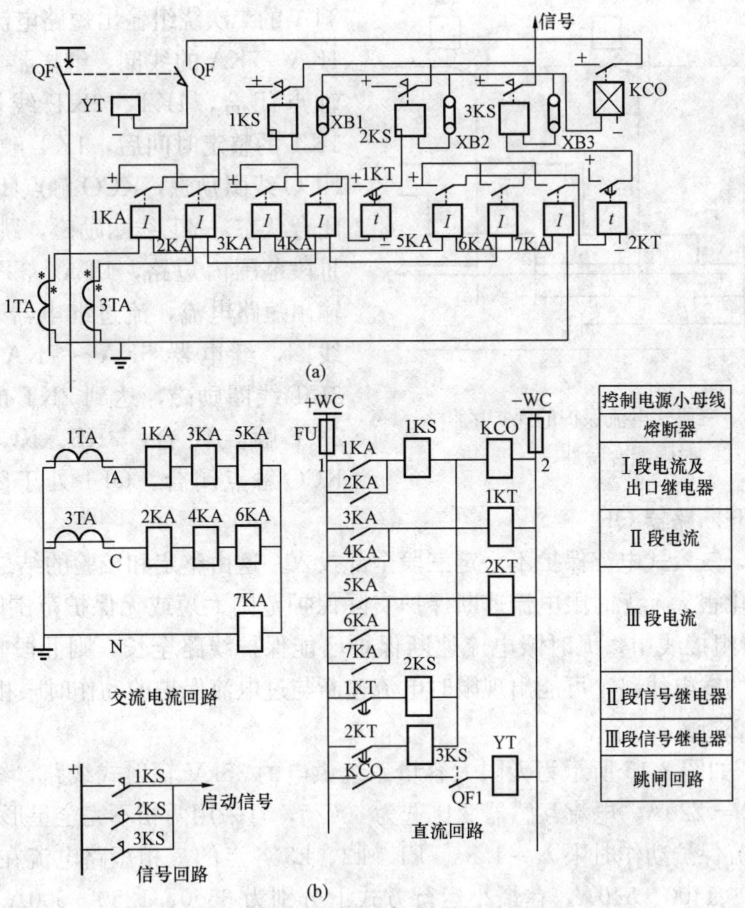

图 3-13　电磁型三段式电流保护接线图

(a) 原理接线图；(b) 展开图

展开图中将交、直流回路分开表示，如图 3-13 (b)所示。其特点是每个继电器的线圈和触点根据实际动作的回路情况分别画在图中不同的回路上，但仍然用相同的符号标注，以便查对。展开图中，继电器线圈和触点的连接尽量按照故障后动作的顺序，自左而右、自上而下地依次排列。展开图接线简单，层次清楚，阅读和查对十分方便，对于较复杂的保护，更显示出其优越性，因此在生产实际中得到了广泛的应用。

二、动作行为分析

三段式电流保护各段参数的整定方法如前所述，其保护区和动作时限的配合情况，如图 3-14 所示。由图可见，线路首端附近发生的短路故障，由Ⅰ段切除，线路末端附近发生的短路故障，由Ⅱ段切除，Ⅲ段只起后备作用。因此，输电线路任何处发生的短路故障，一般可在 0.5s 时限内有选择性地被切除。

下面结合图 3-13 的展开图分别分析在保护Ⅰ、Ⅱ、Ⅲ段的保护范围内发生三相短路时保护的动作过程。Ⅰ段范围内短路，1TA、3TA 的二次绕组输出短路电流，流过继电器 1KA～7KA 的线圈，继电器 1KA～7KA 的触点闭合，1KS、KCO、1KT、2KT 线圈励磁，KCO 触点闭合，QF1 处于闭合状态，YT 线圈励磁，跳开断路器 QF；Ⅱ段范围内短路，1TA、

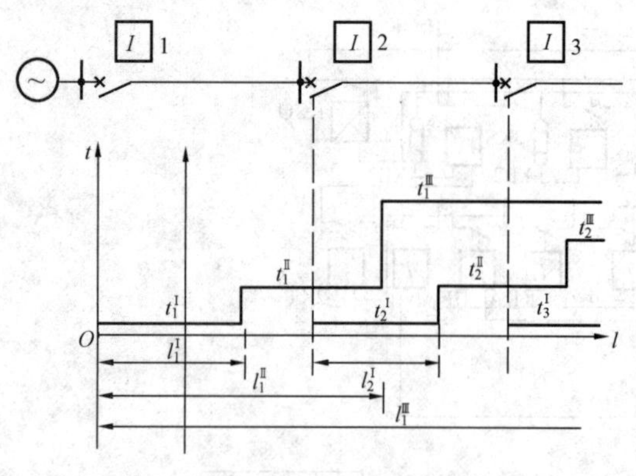

图 3-14 三段式电流保护的保护区和时限配合特性

3TA 的二次绕组输出短路电流，流过继电器 1KA～7KA 的线圈，继电器 3KA～7KA 的触点闭合，1KT、2KT 线圈励磁，达到 1KT 的整定时间后，1KT 触点闭合，2KS、KCO 线圈励磁，KCO 触点闭合，QF1 处于闭合状态，YT 线圈励磁，跳开断路器 QF；Ⅲ段范围内短路，1TA、3TA 的二次绕组输出短路电流，流过继电器 1KA～7KA 的线圈，继电器 5KA～7KA 的触点闭合，2KT 线圈励磁，达到 2KT 的整定时间后，2KT 触点闭合，3KS、KCO 线圈励磁，KCO 触点闭合，QF1 处于闭合状态，YT 线圈励磁，跳开断路器 QF。

最后指出，三段式电流保护不一定三段全部投入，这由整定和校验的结果来决定。当系统运行方式变化很大，无时限电流速断保护实际保护范围太短或无保护范围时，可不投入；在线路-变压器组接线中，无时限电流速断保护已能保护线路全长，则Ⅱ段也可以不投入；处在电网末端的输电线路，可能出现限时电流速断与过电流保护的动作时限相等的情况，此时，Ⅱ段也不必投入。

【例 3-1】 如图 3-15 所示为无限大容量系统供电的 35kV 辐射式线路，线路 L1 上最大负荷电流 $I_{L.max}=220A$，电流互感器变比选为 300/5，且采用两相不完全星形接线，线路 L2 上定时限过电流保护动作时限 $t_2=1.8s$。k1、k2、k3 各点的三相短路电流在最大运行方式下分别为 4000、1400、540A，在最小运行方式下分别为 3500、1250、500A。拟在线路 L1 上装设三段式电流保护，试计算线路 L1 各段动作电流、动作时间及灵敏度校验。($K_{rel}^{Ⅰ}=1.3, K_{rel}^{Ⅱ}=1.15, K_{rel}=1.2; K_r=0.85; K_{ast}=1.5$)。

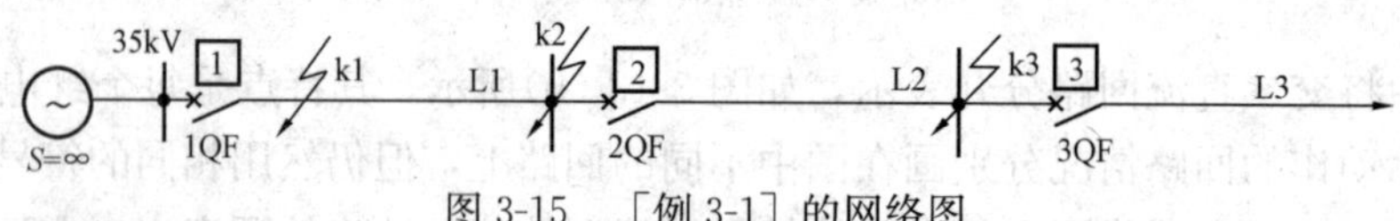

图 3-15 ［例 3-1］的网络图

本题的重点是对三段式电流保护动作电流、继电器动作电流、动作时间和灵敏系数校验计算公式的掌握。

解 (1) 线路 L1 无时限电流速断保护的整定计算。

保护 1 的一次侧动作电流为

$$I_{op.1}^{Ⅰ}=K_{rel}I_{k2.max}^{(3)}=1.3\times1400=1820(A)$$

保护 1 的二次侧（继电器中）动作电流为

$$I_{g.op.1}^{Ⅰ}=\frac{K_{con}}{n_{TA}}I_{op.1}^{Ⅰ}=\frac{1\times1820}{300/5}=30.5(A)$$

动作时限

$$t_1^{\mathrm{I}} = 0\mathrm{s}$$

(2) 线路 L1 限时电流速断保护整定。

保护 1 的Ⅱ段动作电流要和保护 2 的Ⅰ段动作电流相配合，故先求保护 2 的Ⅰ段动作电流，即

$$I_{\mathrm{op.2}}^{\mathrm{I}} = K_{\mathrm{rel}}^{\mathrm{I}} I_{\mathrm{k_3.max}}^{(3)} = 1.3 \times 540 = 702(\mathrm{A})$$

$$I_{\mathrm{op.1}}^{\mathrm{II}} = K_{\mathrm{rel}}^{\mathrm{II}} I_{\mathrm{op.2}}^{\mathrm{I}} = 1.15 \times 702 = 807.3(\mathrm{A})$$

继电器动作电流为

$$I_{\mathrm{g.op.1}}^{\mathrm{II}} = \frac{K_{\mathrm{con}}}{n_{\mathrm{TA}}} I_{\mathrm{op.1}}^{\mathrm{II}} = \frac{1}{300/5} \times 807.3 = 13.46(\mathrm{A})$$

动作时限为

$$t_1^{\mathrm{II}} = t_2^{\mathrm{I}} + \Delta t = 0 + 0.5 = 0.5(\mathrm{s})$$

灵敏系数校验

$$K_{\mathrm{sen}}^{\mathrm{II}} = \frac{I_{\mathrm{k2.min}}^{(2)}}{I_{\mathrm{op.1}}^{\mathrm{II}}} = \frac{1250 \times \sqrt{3}/2}{807.3} = 1.56 > 1.3 \quad \text{合格}$$

(3) 线路 L1 定时限过电流保护整定。

保护 1 的定时限过电流保护动作电流为

$$I_{\mathrm{op.1}}^{\mathrm{III}} = \frac{K_{\mathrm{rel}} K_{\mathrm{ast}}}{K_{\mathrm{r}}} I_{\mathrm{L.max}}$$

取 $K_{\mathrm{rel}}=1.2$，$K_{\mathrm{ast}}=1.5$，$K_{\mathrm{r}}=0.85$，则

$$I_{\mathrm{op.1}}^{\mathrm{III}} = \frac{1.2 \times 1.5}{0.85} \times 220 = 465.9(\mathrm{A})$$

继电器动作电流为

$$I_{\mathrm{g.op.1}}^{\mathrm{III}} = \frac{1}{300/5} \times 465.9 = 7.76(\mathrm{A})$$

动作时限按阶梯型时限特性整定为

$$t_1^{\mathrm{III}} = t_2^{\mathrm{III}} + \Delta t = 1.8 + 0.5 = 2.3(\mathrm{s})$$

灵敏度校验：

作本线路近后备保护

$$K_{\mathrm{sen}} = \frac{I_{\mathrm{k2.min}}^{(2)}}{I_{\mathrm{op.1}}^{\mathrm{III}}} = \frac{1250 \times \sqrt{3}/2}{465.9} = 2.3 > 1.5 \quad \text{合格}$$

作 L2 线路远后备保护

$$K_{\mathrm{sen}} = \frac{I_{\mathrm{k3.min}}^{(2)}}{I_{\mathrm{op.1}}^{\mathrm{III}}} = \frac{500 \times \sqrt{3}/2}{465.9} = 0.93 < 1.2 \quad \text{不合格}$$

三、评价

1. 选择性

无时限电流速断保护依靠选择动作电流的方法来获得选择性，定时限过电流保护主要依靠选择动作时间的方法来获得选择性，而限时电流速断保护则同时依靠选择动作电流和动作时间的方法来获得选择性。这三种保护用在单电源辐射形网络中具有良好的选择性，但在单

电源环网和多电源网络中，只有在某些特殊情况下才能满足选择性要求。

2. 速动性

无时限电流速断保护无时间元件，只有保护本身继电器的固有动作时间，一般为0.06～0.1s，所以动作迅速。限时电流速断保护的动作时限一般为0.5～1s。动作较快，是电流速断保护的主要优点。定时限过电流保护的动作时间一般较长，特别是靠近电源的保护，按阶梯原则整定后有时可长达几秒，速动性差是其主要缺点。

3. 灵敏性

电流保护的灵敏度（或保护范围）受系统运行方式变化的影响。当系统运行方式变化很大时，无时限电流速断保护的保护范围可能很短，有时甚至没有保护区；对于限时电流速断保护，灵敏度也可能下降以至于不能满足要求。

由于定时限过电流保护是按负荷电流整定的，受系统运行方式的影响程度比电流速断保护小，其灵敏度一般是能够满足要求的。但在长距离、重负荷的输电线路上，由于短路电流与负荷电流可能相差很小，定时限过电流保护的灵敏度往往难以满足要求。当相邻线路是长线路或变压器等大阻抗元件时，定时限过电流保护作为下一元件的后备保护，其灵敏度也往往不够。

4. 可靠性

电流保护所采用的都是简单的继电器且数量少、接线简单，整定计算和调整试验也较简单、不易出错。因此，电流保护是继电保护中最简单、最可靠的保护。

根据以上分析，电流保护多用在35kV及以下的单电源辐射网络中，有时也可用于110kV线路。在某些特殊情况下，电流速断保护也可用于两端供电线路。除用作线路保护，电流保护还广泛用于电动机和容量较小的变压器上。

习题

3-1 何谓三段式电流保护？其各段是怎样获得动作选择性的？

3-2 无时限电流速断保护为什么有时需要采用带延时的中间继电器？

3-3 为什么过电流保护的整定值要考虑继电器的返回系数，而无时限电流速断保护则不需要考虑？

3-4 什么是电流保护的接线系数？接线系数有什么作用？

3-5 比较电流保护Ⅰ、Ⅱ、Ⅲ段的灵敏系数，哪一段保护的灵敏系数最高和保护范围最长？为什么？

3-6 试说明电流保护整定计算时，所用各种系数K_{rel}、K_r、K_{con}、K_{ast}、K_{sen}的意义和作用。

3-7 对于图3-16（a）、（b）所示两种接线，若电流互感器变比为200/5，一次侧负荷电流I_{loa}=180A，则在正常情况下流过电流继电器的电流分别是多少？如C相电流互感器极性接反，此时各继电器中电流又是多少？

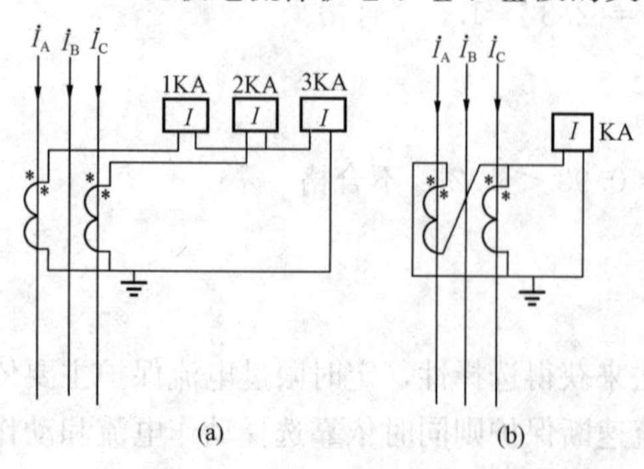

图3-16 题3-7图

3-8 图3-17中，电流保护装置1的过电流保护采用不完全星形接线，当作为本线路及下一元件后备保护时，灵敏度各为多少？若灵敏度不够，提出合理的接线方式。已知过电流保护一次整定值为350A，三相短路电流值均已归算到35kV侧。

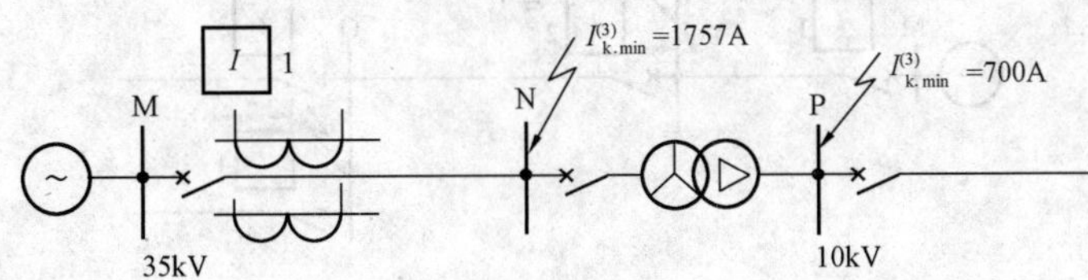

图3-17　题3-8图

3-9　接线为YNd11的升压变压器，若在高压侧（YN侧）发生BC及AB相间短路，试用相量图分析d侧各相电流的特点，并说明对d侧电流保护接线方式的要求。

3-10　如图3-18所示，35kV电网线路1的保护拟定为三段式电流保护，已知线路1最大负荷电流为90A、$n_{TA}=200/5$，在最大及最小运行方式下各点短路电流见表3-2。线路L2定时限过流保护动作时限为1.5s。试对线路L1三段式电流保护进行整定计算。

表3-2　　**短路电流值**

短路点	k1	k2	k3
最大运行方式下三相短路电流（A）	3520	740	310
最小运行方式下两相短路电流（A）	2420	690	300

3-11　图3-19所示为35kV单电源辐射线路，L1装设三段式电流保护，已知L1最大负荷电流为151A，电流互感器变比为300/5，短路点最大及最小短路电流见表3-3。保护2定时限过电流保护动作时间为2s，保护3定时限过电流保护动作时间为2.5s，试对L1所装的定时限过电流保护进行整定计算。（$K_{rel}=1.2$；$K_{r}=0.85$；$K_{ast}=1.5$）

表3-3　　**短路电流值**

短路点	k1	k2	k3
$I^{(3)}_{k.max}$ (A)	1310	520	510
$I^{(2)}_{k.min}$ (A)	1100	470	465

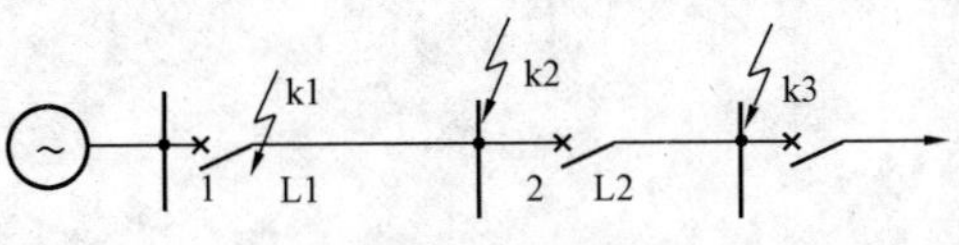

图3-18　题3-10图

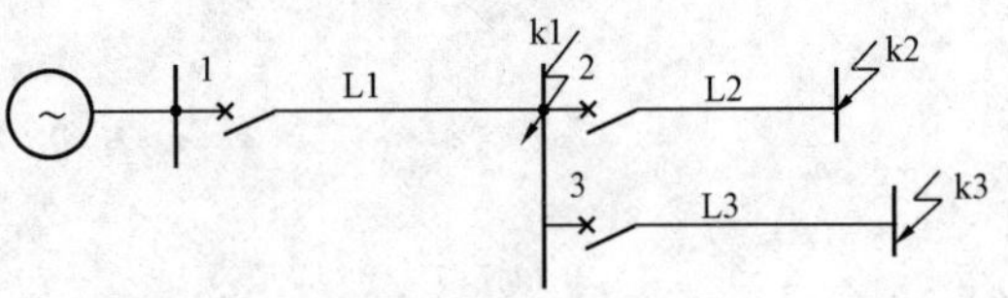

图3-19　题3-11图

3-12　在图3-20所示的单侧电源辐射网中，线路MN的保护方案拟订为三段式电流保护，采用两相不完全星形接线。已知线路MN的最大负荷电流为300A，电流互感器变比为400/5，在最大和最小运行方式下，k1、k2及k3点发生三相短路时的电流值见表3-4（均已折算到电源侧）。保护3、4、7的过电流保护的动作时间分别为1.5、2、0.7s。试计算保护1各段的动作电流及动作时间，校验保护的灵敏度并选择保护装置主要继电器。

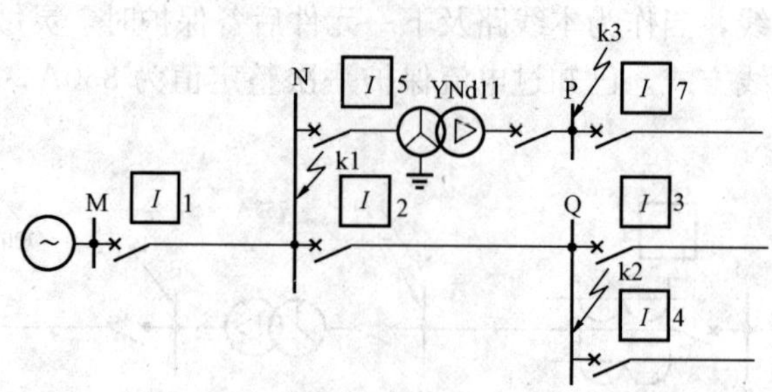

图 3-20　题 3-12 的网络图

表 3-4　　**短 路 电 流 值**

短路点	k1	k2	k3
最大运行方式下三相短路电流（A）	5300	1820	800
最小运行方式下三相短路电流（A）	4700	1700	770

第四章　输电线路相间短路的方向电流保护

第一节　方向问题的提出及方向电流保护

一、方向问题的提出

随着电力工业的发展和用户对连续供电的要求，电网由原来的单侧电源供电的辐射形电网，发展为两侧供电的辐射形电网或单电源的环形电网，如图 4-1 所示。在这种电网中，为了提高供电可靠性，在线路两侧都装设断路器和保护装置，以便在线路发生故障时，两侧断路器跳闸切除故障。当在图 4-1（a）、（b）中的 k1 点发生相间短路时，要求保护 3 和 4 动作，断开 3QF 和 4QF 两个断路器；当在 k2 点发生相间短路时，则要求保护 5 和 6 动作，断开 5QF 和 6QF 两个断路器，即可切除故障元件，保证非故障设备继续运行，这就提高了供电可靠性。在这种电网中，如果还采用一般的电流保护作为相间短路保护，则往往满足不了选择性要求。

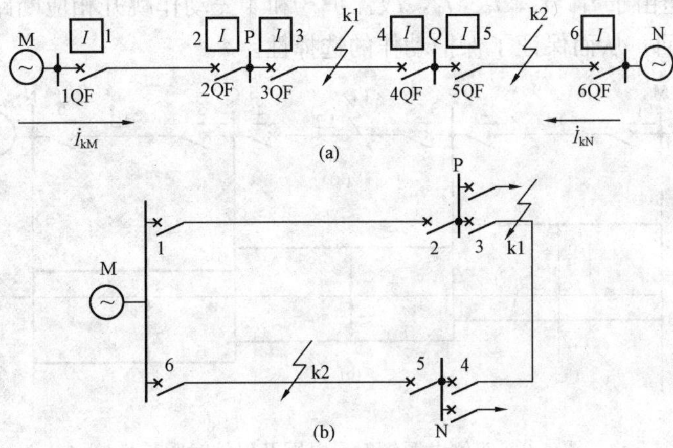

图 4-1　供电网络

（a）双电源辐射形电网；（b）单电源的环形电网

当图 4-1（a）中保护 3 的Ⅰ段范围内 k1 点短路时，M 侧电源供给的短路电流为 I_{kM}，N 侧电源供给的短路电流为 I_{kN}，若 $I_{kM}>I_{op.2}$，则保护 2 和 3 的无时限电流速断保护同时动作，错误地将断路器 2QF 跳开，造成变电站 P 全部停电。所以对电流速断保护来说，在双电源线路上难以满足选择性的要求。对电流保护Ⅲ段而言，k1 点短路故障时，为保证选择性，要求保护 5 的时限大于保护 4 的时限，即 $t_5>t_4$；而当 k2 点短路故障时，又要求 $t_4>t_5$，显然这是矛盾的，无法整定。采用相同的分析方法，分析图 4-1(b)位于母线两侧的保护，也可得出如上结论。

二、解决问题的措施

要解决上述问题，应在 k1 点短路故障时，保护 2、5 不反应，而在 k2 点短路故障时，保护 4 不反应。如何实现保护的这种不反应呢？首先规定电流由母线流向输电线路时，功率方向为正。根据k1、k2点短路故障时，流经保护的短路功率方向不同判断保护是否动作。当k1点发生短路故障时，流经保护2、5的短路功率是从被保护线路流向母线，功率方向为负，保护不应动作；而流经保护3、4的短路功率是从母线流向被保护线路，功率方向为正，保护应动作。同样，当k2点发生短路故障时，流经保护4的短路功率是从被保护线路流向母线，功率方向为负，保护不应动作；而流经保护5的短路功率是从母线流向被保护线路，功率方向为正，保护应动作。由此可知，若在一般过电流保护2、3、4、5上各加一方向元件，即功率方向继电器，则只有当短路功率是由母线到线路时，才允许保护动作，反之不动作。这样，就解决了保护动作的选择性问题。这种在电流保护基础上加一方向元件的保护称为方向电流保护。

图4-2所示为一双侧电源辐射形电网，电网中装设了方向过电流保护，图中所示箭头方向，即为各保护的动作方向，这样就可将两个方向的保护拆开看成两个单电源辐射形电网的保护。其中，保护1、3、5为一组，保护2、4、6为另一组，如各同方向保护的时限仍按阶梯原则来整定，它们的时限特性如图4-2(b)所示。当k1点发生短路时，保护2和5处的短路功率方向为由线路流向母线，与保护正方向相反，即功率为负，保护不动作。而保护1、3、4、6处的短路功率方向为由母线流向线路，与保护正方向相同，即功率为正，故保护1、3、4、6都启动，但由于$t_1>t_3$，$t_6>t_4$，故保护3和4先动作跳开相应断路器，短路故障消除，保护1和6返回，从而保证了保护动作的选择性。

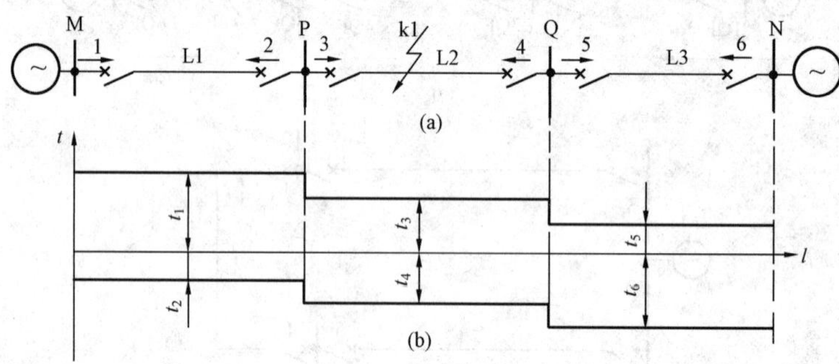

图4-2　双侧电源辐射形电网及保护时限特性

(a)网络图；(b)保护时限特性

三、方向电流保护单相原理接线图

图4-3为方向电流保护单相原理接线图。图中电流继电器KA为电流测量元件，用来判别短路故障是否在保护区内；功率方向继电器KW，用来判别短路故障方向；时间继电器KT，用来建立过电流保护动作时限。

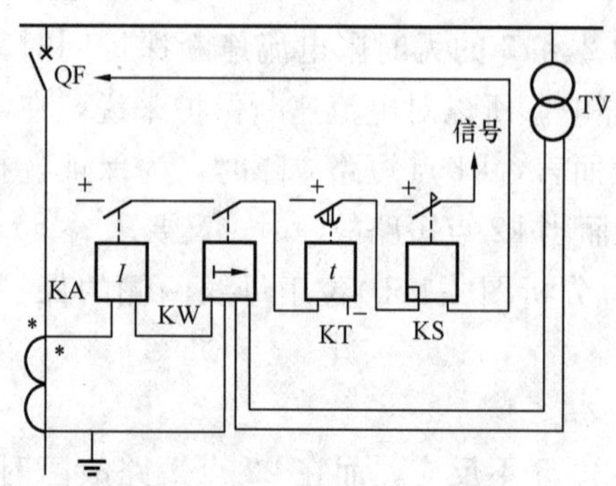

图4-3　方向电流保护原理接线图

四、方向元件的装设原则

应当指出，方向电流保护的各段有时不需采用方向元件，同样能保证选择性，这对提高保护可靠性是有利的。

下面根据图4-4分析双电源网络方向元件的装设原则。

1. 电流速断保护装设方向元件的原则

图 4-4(a)给出了双电源线路网络，图 4-4(b)给出了不同地点短路故障时 M、N 两侧供给的最大短路电流曲线及各保护Ⅰ段的动作电流。由图可见，在线路 MP 上发生短路故障时，流经保护 3 的短路电流 I_{kN}小于其动作电流 $I_{op.3}^{\mathrm{I}}$，所以保护 3 的Ⅰ段不会因反向故障而误动，故可不必装设方向元件。而当线路 QN 发生出口短路故障时，流经保护 4 的短路电流 I_{kM}大于其Ⅰ段动作值 $I_{op.4}^{\mathrm{I}}$，故保护 4 的Ⅰ段应装设方向元件。归纳起来，接于同一变电站母线的各有电源线路的电流速断保护，电流整定值能够大于反方向故障时流过的短路电流，可以不加方向元件；同一母线两侧的保护，电流整定值小于反方向故障时流过的短路电流，需装设方向元件。

2. 定时限过电流保护装设方向元件的原则

对于定时限过电流保护，要根据它们的动作时限来判断是否装设方向元件。图 4-4(c)示出了两个方向的定时限过电流保护的时限特性。对保护 4 和 5 来说，Ⅲ段的动作时限分别为 t_4 和 t_5，因 t_4 大于 t_5 至少 Δt，所以在线路 QN 上短路故障时，保护 5 先于保护 4 动作出口，因而保护 4 的Ⅲ段不必装设方向元件，而保护 5 的Ⅲ段应装设方向元件。归纳起来，接于同一变电站母线的各电源线路的定时限过电流保护，时限大者(至少一个 Δt)，可不装设方向元件；时限小者，应装设方向元件；时限相等者(指时限差在一个 Δt 内)，都应装设方向元件。

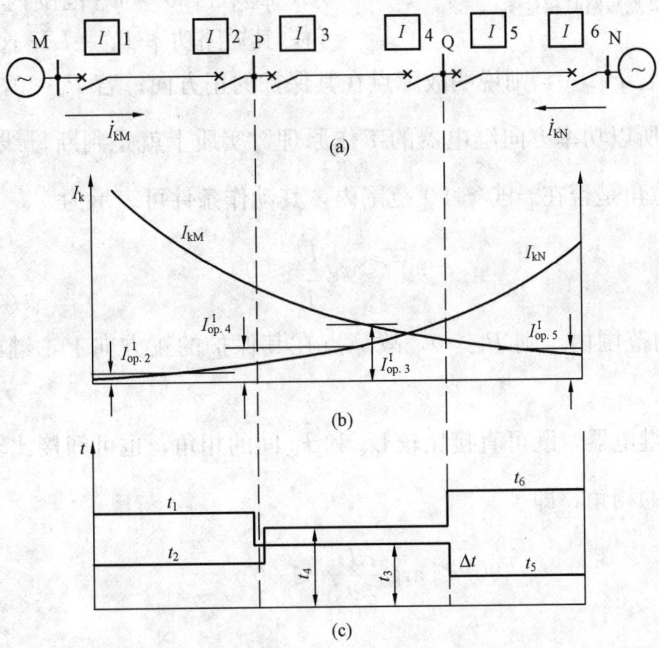

图 4-4　有些保护段不必装设方向元件的图示

(a)网络图；(b)无时限电流速断保护的动作电流；(c)定时限过电流保护的时限特性

第二节　功率方向继电器

一、功率方向继电器工作原理

功率方向继电器既可按相位比较原理(比相原理)构成，也可按幅值比较原理(比幅原理)

构成。

1. 按相位比较原理构成的功率方向继电器

现以图 4-5(a)所示系统为例，说明判断功率方向继电器正、反方向故障的工作原理。

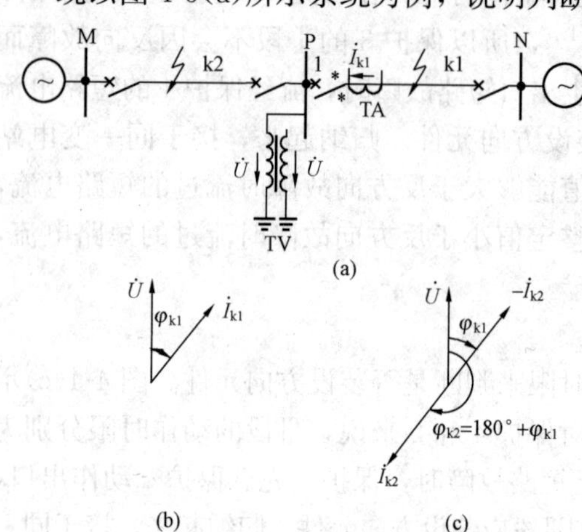

图 4-5 功率方向继电器工作原理说明
(a) 网络接线；(b) k1 点短路时相量图；
(c) k2 点短路时相量图

以装于线路 PN 上的 P 侧方向过电流保护 1 中方向继电器为例，它通过电压互感器 TV 和电流互感器 TA 分别取得电压 $\dot{U}_g$ 和电流 $\dot{I}_g$。电流以由母线流向线路作为假定正方向，而电压以母线高于地为假定正方向，如图 4-5(a)所示。设电流互感器和电压互感器的变比都为 1，当正方向 k1 点发生三相短路时，电流、电压相量如图 4-5(b)所示，φ_{k1} 在 $0\sim\frac{\pi}{2}$ 范围内变化，即 φ_{k1} 为锐角，其短路功率 $P_{k1}=UI_{k1}\cos\varphi_{k1}>0$；当反方向 k2 点发生三相短路时，电流、电压相量如图 4-5(c)所示，φ_{k2} 在 $180°+\varphi_{k1}$ 范围内变化，即 φ_{k2} 为钝角，其短路功率 $P_{k2}=UI_{k2}\cos(180°+\varphi_{k1})<0$。由上述分析可知：若 $P_k>0$，则说明故障点在其保护的正方向；若 $P_k<0$，则说明故障点在其保护的反方向。所以功率方向继电器的工作原理，实质上就是判断母线电压 $\dot{U}$ 和流入线路电流 $\dot{I}_k$ 间的相位角是否在 $-90°\sim90°$ 范围内，其动作条件可表示为

$$-90°\leqslant\arg\frac{\dot{U}}{\dot{I}_k}\leqslant90° \tag{4-1}$$

若相角在式(4-1)的范围内，则 $P_k>0$，故障点在其保护的正方向上，继电器动作；否则，不动作。

构成功率方向继电器，既可直接比较 $\dot{U}_g$ 和 $\dot{I}_g$ 间的相角，也可间接比较电压 $\dot{U}_X=K\dot{U}_g$ 和 $\dot{U}_Y=Z_{br}\dot{I}_g$ 之间的相角，即

$$\left.\begin{aligned}-90°\leqslant\arg\frac{K\dot{U}_g}{Z_{br}\dot{I}_g}\leqslant90°\\ -90°-\alpha\leqslant\arg\frac{\dot{U}_g}{\dot{I}_g}\leqslant90°-\alpha\end{aligned}\right\} \tag{4-2}$$

其中

$$\alpha=\arg\frac{K}{Z_{br}}=90°-\varphi_{br}$$

式中 K——电压变换器变比；

$\dot{U}_g$——输入到功率方向继电器的电压；

$\dot{I}_g$——输入到功率方向继电器的电流；

Z_{br}——电抗变压器的转移阻抗(变比)；

α——继电器内角，即 K 超前 Z_{br} 的角度。

根据前面所讲的比相与比幅的关系，按式(4-2)比较 $\dot{U}_X$ 和 $\dot{U}_Y$ 间相位原理构成的功率方向继电器，可转换为比较 $\dot{U}_1$ 和 $\dot{U}_2$ 幅值原理构成的功率方向继电器。

若比较相位的两相量为 $\dot{U}_X$ 和 $\dot{U}_Y$，则比较幅值的两相量可写为

$$\left.\begin{aligned}\dot{U}_1=K\dot{U}_g+Z_{br}\dot{I}_g\\ \dot{U}_2=K\dot{U}_g-Z_{br}\dot{I}_g\end{aligned}\right\} \tag{4-3}$$

2. 环流法幅值比较回路

广泛采用的幅值比较回路是将 $\dot{A}$ 和 $\dot{B}$ 分别进行整流后，通过执行元件进行幅值比较。此处仅介绍执行元件采用极化继电器 KP 构成的环流法整流型幅值比较回路，如图 4-6 所示，动作量 $\dot{A}$ 经整流后得到电流 I_a，由"＊"端流入极化继电器 KP，产生动作力矩；制动量 $\dot{B}$ 经整流后得到电流 I_b，由非"＊"端流入 KP，产生制动力矩。当 I_a-I_b 大于或等于 KP 的动作电流 I_0 时，继电器动作，动作条件为

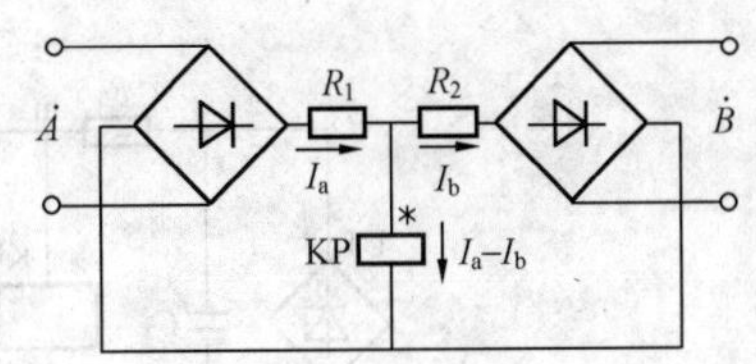

图 4-6　环流法幅值比较回路

$$I_a-I_b\geqslant I_0 \tag{4-4}$$

二、整流型功率方向继电器

下面以 LG-11 型功率方向继电器为例进行介绍。

1. LG-11 型功率方向继电器的构成和动作条件

整流型功率方向继电器一般按幅值比较原理构成，其原理接线如图 4-7 所示。它由电抗变压器 UR1、电压变换器 T2 及环流法比较电路组成。电抗变压器有两个完全相同的二次绕组 N2、N3，每个二次绕组与一次绕组间的转移阻抗为 Z_{br}，Z_{br} 的阻抗角 φ_{br} 由 $R_{\varphi1}$ 或 $R_{\varphi2}$ 调定。电压变换器 T2 的一次绕组与电容 C_1 串联，构成工频串联谐振回路，为使该回路处于谐振状态，一次绕组备有分接头，供调节时选用；为使绕组电抗接近常数，T2 铁芯带有空气隙，T2 的二次有两个完全相同的绕组。图 4-7 给出了电压变换器电流、电压的相量关系。因一次回路处于工频谐振状态，所以 $\dot{I}_U$ 与 $\dot{U}_g$ 同相；二次绕组上电压超前 $\dot{I}_U$ 90°，可表示为 $jK\dot{U}_g$，其中 K 为电压变换器变比。

U1 为环流法比较电路中的动作整流桥，U2 为制动整流桥。按图 4-7 中的连接方式，加于 U1 上的动作电压为 $jK\dot{U}_g+\dot{I}_gZ_{br}$，加于 U2 上的制动电压为 $jK\dot{U}_g-\dot{I}_gZ_{br}$。当动作回路与制动回路参数平衡时，在不计极化继电器动作电压条件下(即 $U_{mn}\geqslant0$ 时，KP 动作)，功率方向继电器的动作条件为

$$|\,jK\dot{U}_g+\dot{I}_gZ_{br}\,|\geqslant|\,jK\dot{U}_g-\dot{I}_gZ_{br}\,| \tag{4-5}$$

根据幅值比较和相位比较的互换关系有

$$-90^\circ\leqslant\arg\frac{jK\dot{U}_g}{\dot{I}_gZ_{br}}\leqslant90^\circ \tag{4-6}$$

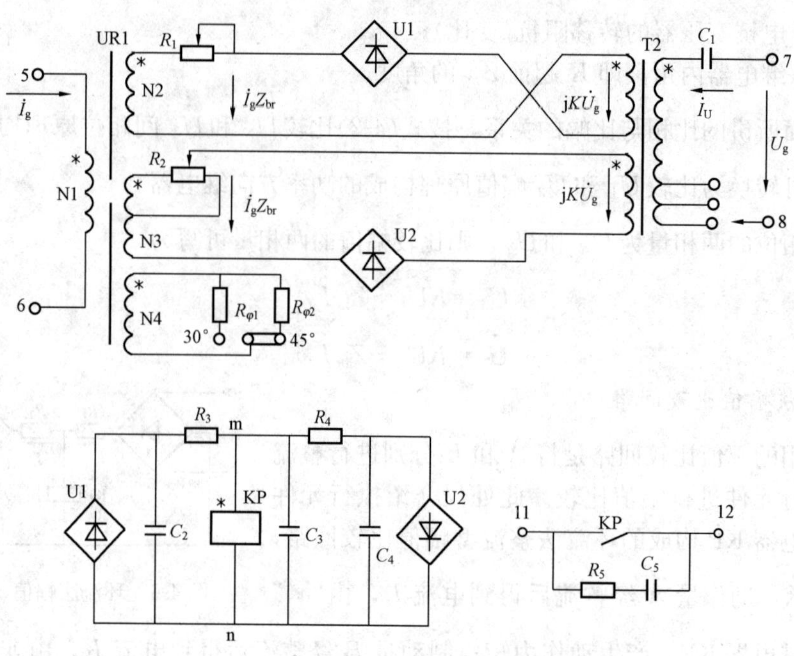

图 4-7　LG-11 型功率方向继电器原理接线图

或
$$-90°-\alpha \leqslant \arg\frac{\dot{U}_g}{\dot{I}_g} \leqslant 90°-\alpha \tag{4-7}$$

2. LG-11 型功率方向继电器的动作区和灵敏角

由式(4-7)可见，当加到继电器端子上的电压 $\dot{U}_g$ 和继电器电流 $\dot{I}_g$ 的相角 φ_g 在$-(90°+\alpha)\sim(90°-\alpha)$之间时，继电器处于动作状态（$\dot{U}_g$ 超前 $\dot{I}_g$ 时 φ_g 为正）。若以电压 $\dot{U}_g$ 为参考相量，可作出 $\dot{I}_g$ 动作范围，如图 4-8 所示，带阴影线区域为 $\dot{I}_g$ 的动作区，理想的动作范围为 180°。考虑到执行元件有一定的动作电压，实际上的动作区小于 180°。

当 $\varphi_g=-\alpha$ 时，$jK\dot{U}_g$与 $\dot{I}_g Z_{br}$同相，由图 4-9 可见，动作量 $jK\dot{U}_g+\dot{I}_g Z_{br}$最大，制动量

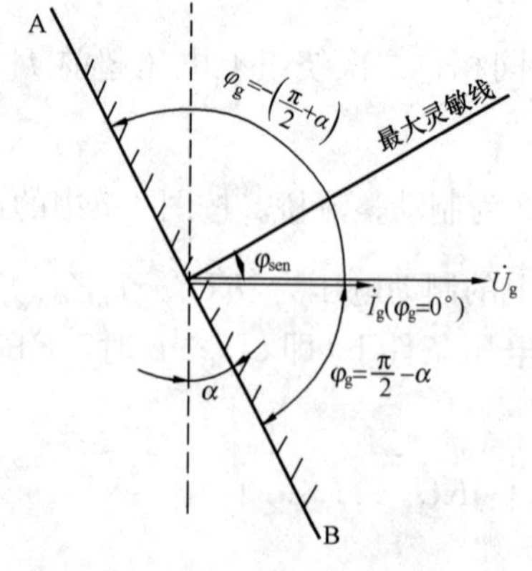

图 4-8　LG-11 型功率方向继电器动作范围和最大灵敏线

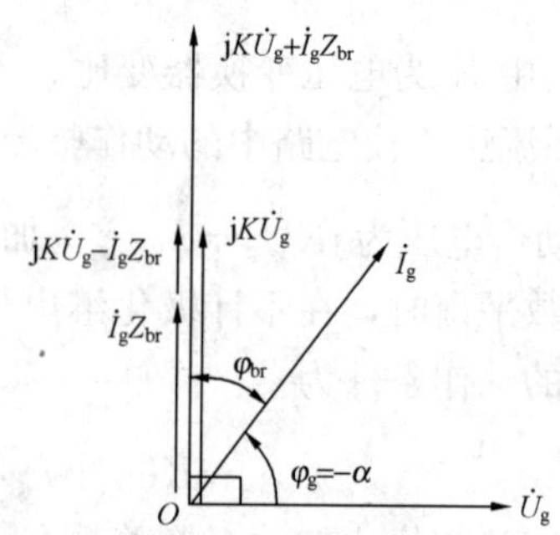

图 4-9　$\varphi_g=-\alpha$ 时各电压量之间的相位关系

$jK\dot{U}_g-\dot{I}_gZ_{br}$最小，方向继电器最灵敏，故称$-\alpha$为功率方向继电器的最大灵敏角，用$\varphi_{sen}$表示，即$\varphi_{sen}=-\alpha$。图4-8中的$\varphi_g=\varphi_{sen}=-\alpha$线，垂直于动作边界线，称为方向继电器的最大灵敏线。其含义是，当$\dot{I}_g$落在该线上时，继电器最灵敏。为使在各种相间短路时，故障相继电器都能动作，继电器内角α应在30°～60°之间取值，所以当图4-7中UR1的N4绕组接$R_{\varphi1}$时，$\alpha=30°$；接$R_{\varphi2}$时，$\alpha=45°$。

三、功率方向继电器的死区及其消除措施

当在保护安装处正方向出口的一定范围内发生金属性三相短路，母线电压(即保护安装处电压)降低到零或很小值，加到继电器上的电压$\dot{U}_g=0$或者小于继电器动作所需的最小电压时，无论功率方向继电器是根据比幅原理还是比相原理构成的，均不能动作。发生此情况的一定范围，称为功率方向继电器的死区。

1. 产生死区的原因

对于幅值比较式功率方向继电器，其动作条件为式(4-5)。当$\dot{U}_g=0$时，该式变为$|Z_{br}\dot{I}_g|\geqslant|-Z_{br}\dot{I}_g|$，即进行比较幅值的两个量$\dot{U}_1$和$\dot{U}_2$大小相等，此时继电器处于动作边界，应该刚好能够启动。但实际上由于继电器执行元件动作需要消耗一定的功率，例如晶体管放大器也需要一定的输入信号才能动作。因此在$\dot{U}_1$和$\dot{U}_2$相等的情况下，继电器并不能动作。

对于相位比较式的方向阻抗继电器，其动作条件为式(4-7)。当$\dot{U}_g=0$时，由于进行相位比较的两个电压中的$\dot{U}_X$为零，所以比相回路无法进行相位比较，继电器同样也不能动作。

2. 消除死区的方法

采用记忆回路，记忆回路就是由L、C组成的一个工频串联谐振电路，如图4-7电压变换器T2输入端绕组与电容C_1(为消除死区装设)所示。对于50Hz的工频电流，$\omega L=\frac{1}{\omega C_1}$，当保护安装处附近发生金属性短路时，$\dot{U}_g$突降到零，此时由于$L$、$C$回路处于对50Hz的谐振状态，$\dot{I}_U$不会立即降为零，电压变换器T2二次侧输出电压$jK\dot{U}_g$也要经过几个周期之后才衰减到零，因此，该回路被称为记忆回路。利用这一电压在继电器中迅速地进行比相或比幅，保证正方向出口短路时继电器无死区，反方向出口故障时不失方向性。

四、功率方向继电器的潜动问题

从理论角度上讲，当加入继电器的电流$\dot{I}_g=0$或电压$\dot{U}_g=0$时，继电器都不可能动作。但实际上，当只加电流$\dot{I}_g$或只加电压$\dot{U}_g$时，极化继电器KP线圈两端可能有电压，使KP制动或动作，这种现象称为潜动。只加电压时的潜动，称为电压潜动；只加电流时的潜动，称为电流潜动。KP线圈上出现使KP动作的电压，称为正潜动；出现使KP制动的电压，称为负潜动。无论是电流潜动还是电压潜动，严重时都会造成误动、拒动或灵敏度降低。产生潜动现象的原因是动作回路和制动回路的参数不平衡，一般通过调节回路中的电阻使两回路参数平衡来消除潜动。图4-7中，R_1用来消除电流潜动，R_2用来消除电压潜动。

第三节 功率方向继电器的接线方式

一、功率方向继电器 90°接线

功率方向继电器的接线方式是指它与电流互感器、电压互感器之间的连接方式，即加到继电器上的电压 $\dot{U}_g$ 和电流 $\dot{I}_g$ 如何选取的问题。在考虑接线方式时，应满足以下要求：

(1)必须保证功率方向继电器具有良好的方向性，即正方向发生任何类型的短路故障时，继电器都能动作，而反方向发生短路故障时不动作。

(2)尽量使功率方向继电器在正向短路故障时具有较高的灵敏性，即故障后加入继电器的电压 $\dot{U}_g$ 和电流 $\dot{I}_g$ 应尽可能大，并使 φ_g 尽可能接近于最大灵敏角 φ_{sen}。

对于相间短路保护用的功率方向继电器，为满足上述要求，广泛采用 90°接线方式。这种接线方式的各功率方向继电器，所加电流 $\dot{I}_g$ 和电压 $\dot{U}_g$ 见表 4-1。

表 4-1　功率方向继电器的接线方式

继电器	$\dot{I}_g$	$\dot{U}_g$
1KW	$\dot{I}_a$	$\dot{U}_{bc}$
2KW	$\dot{I}_b$	$\dot{U}_{ca}$
3KW	$\dot{I}_c$	$\dot{U}_{ab}$

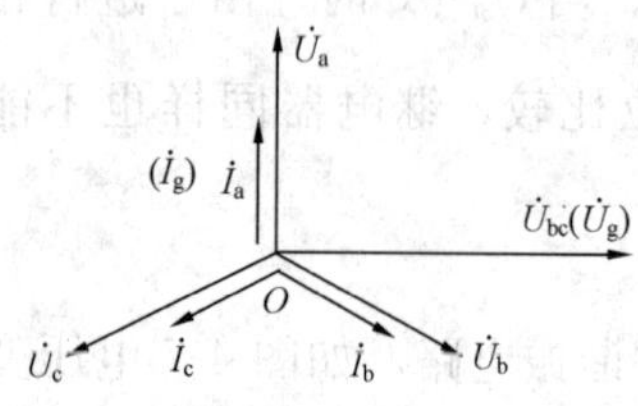

图 4-10　接入 1KW 的电流、电压间的相量关系

所谓 90°接线，是指在三相对称且功率因数 $\cos\varphi=1$ 的情况下，加入各相功率方向继电器的电压 $\dot{U}_g$ 和电流 $\dot{I}_g$ 间的相角差为 90°，如图 4-10 所示。图 4-11 给出了功率方向继电器采用 90°接线方式时，三相式方向电流保护的原理接线 。

电流继电器和功率方向继电器的触点采用按相启动接线。按相启动接线系指同名相(如 A 相)的电流测量元件和功率方向继电器的触点直接串联，即构成“与”门，而后启动保护。当电网中发生不对称短路时，非故障相中仍有电流流过，此电流称为非故障相电流；而非故障相功率方向继电器不能判别故障方向(即有可能误动作)，处于动作状态还是制动状态，完全由负荷电流性质确定。保护采用按相启动接线后，当反方向发生不对称短路故障时，因非故障相的电流元件不会动作，所以保护不会误启动。

必须特别注意的是，功率方向继电器电流线圈和电压线圈的对应端，在图 4-7 中的 UR1 和 T2 的一次绕组同名端都标有“＊”，在将继电器分别接入电流互感器和电压互感器二次侧时，必须注意正确连接，否则不能正确判断功率方向。

二、相间短路功率方向继电器动作行为分析

（一）正方向发生三相短路

正方向发生三相短路时的相量图如图 4-12 所示，$\dot{U}_a$、$\dot{U}_b$、$\dot{U}_c$（该电压已归算到电压互感器的二次值）表示保护安装地点的母线电压，$\dot{I}_a$ 为 A 相的短路电流，电流滞后 A 相电压的角度为线路阻抗角 φ_k。

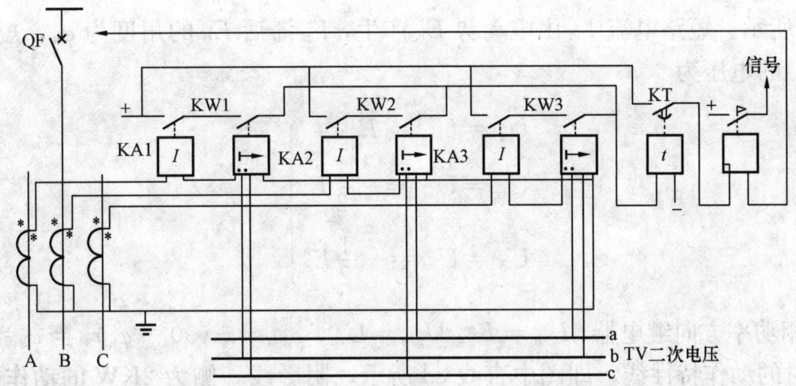

图 4-11　功率方向继电器采用 90°接线方式时，方向电流保护原理接线图

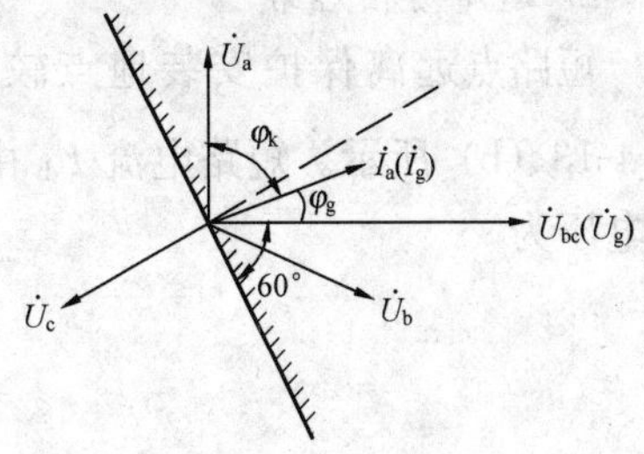

图 4-12　三相短路时保护处电流电压相量图及 1KW 动作行为

因三相短路是对称短路，三只功率方向继电器都处在相同条件下，故只取其中一只功率方向继电器进行分析。以 A 相继电器 1KW 为例，接入继电器的电流、电压分别为 $\dot{I}_{g}=\dot{I}_{a}$、$\dot{U}_{g}=\dot{U}_{bc}$，其动作行为如图 4-12 所示。由图可知

$$\varphi_{g}=-(90^{\circ}-\varphi_{k})$$

式中 φ_{g} 取负值，是因为电流超前于电压。

设 $\varphi_{k}=70^{\circ}$，则 $\varphi_{g}=-20^{\circ}$，取 $\alpha=30^{\circ}$就可以使继电器处于最灵敏状态附近，如图 4-12 所示（图中带阴影线的直线为 $\alpha=30^{\circ}$时的 A 相功率方向继电器的动作特性）。

（二）正方向发生两相短路

对图 4-13 所示的 BC 两相短路功率方向继电器的动作行为进行分析。

1. 近处两相短路

短路点位于保护安装地点附近，BC 两相短路时，保护安装处的电流、电压相量如

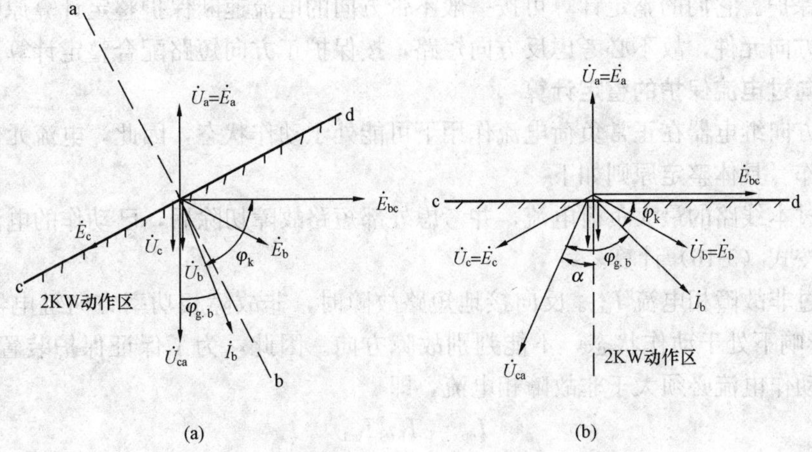

图 4-13　两相短路时功率方向继电器行为分析

（a）近处两相短路；（b）远处两相短路

图 4-13（a）所示。短路电流 $\dot{I}_{kb}$ 由电动势 $\dot{E}_{bc}$ 产生，$\dot{I}_{kb}$ 滞后 $\dot{E}_{bc}$ 的角度为 φ_k，短路点（即保护安装地点）的电压为

$$\left.\begin{aligned}\dot{U}_a &= \dot{U}_{ka} = \dot{E}_a\\ \dot{U}_b &= \dot{U}_{kb} = -\frac{1}{2}\dot{E}_a\\ \dot{U}_c &= \dot{U}_{kc} = -\frac{1}{2}\dot{E}_a\end{aligned}\right\} \tag{4-8}$$

对于 B 相功率方向继电器，$\dot{I}_{g.b} = \dot{I}_{kb}$，$\dot{U}_{g.b} = \dot{U}_{ca}$，$\varphi_{g.b} = -(90° - \varphi_k)$。当 $\varphi_k = 70°$ 左右时，做出 $\alpha = 30°$ 时的动作特性线，即图中直线 cd 所示，阴影线一侧为 2KW 的动作区，直线 ab 为最大灵敏线。

2. 远处两相短路

短路点远离保护安装地点较远，BC 两相短路时，保护安装处的电流、电压相量如图 4-13（b）所示。短路电流 $\dot{I}_{kb}$ 由电动势 $\dot{E}_{bc}$ 产生，$\dot{I}_{kb}$ 滞后 $\dot{E}_{bc}$ 的角度为 φ_k，保护安装地点的电压为

$$\left.\begin{aligned}\dot{U}_a &= \dot{E}_a\\ \dot{U}_b &= \dot{U}_{kb} + \dot{I}_{kb}Z_k \approx \dot{E}_b\\ \dot{U}_c &= \dot{U}_{kc} + \dot{I}_{kc}Z_k \approx \dot{E}_c\end{aligned}\right\} \tag{4-9}$$

对于 B 相功率方向继电器，$\dot{I}_{g.b} = \dot{I}_{kb}$，$\dot{U}_{g.b} = \dot{U}_{ca} \approx \dot{E}_{ca}$，$\varphi_{g.b} = -(120° - \varphi_k)$。当 $\varphi_k = 70°$ 左右时，做出 $\alpha = 30°$ 时的动作特性线，即图中直线 cd 所示，阴影线一侧为 2KW 的动作区。

第四节 方向电流保护的整定计算

一、方向电流速断保护整定计算

在两端供电的辐射网或单电源环网中，同样也可构成无时限方向电流速断保护和限时方向电流速断保护。它们的整定计算可按一般不带方向的电流速断保护整定计算原则进行。由于它装设了方向元件，故不必考虑反方向短路，按保护正方向短路配合整定计算。

二、方向过电流保护的整定计算

因功率方向继电器在正常负荷电流作用下可能处于动作状态，因此，电流元件在正常运行时不应动作。具体整定原则如下：

（1）躲过本线路的最大负荷电流，并考虑外部短路故障切除后，已动作的电流继电器可靠返回，即按式（3-16）计算。

（2）躲过非故障相电流 I_{unf}。反向接地短路故障时，非故障相功率方向继电器在非故障相电流 I_{unf} 影响下处于动作状态，不能判别故障方向。因此，为了保证保护装置不误动作，电流元件的动作电流必须大于非故障相电流，即

$$I_{op} = K_{rel} I_{unf} \tag{4-10}$$

（3）同方向的保护，它们的灵敏度应相互配合，即同方向保护的动作电流应从距电源最远的保护开始，向着电源逐级增大。以图 4-14 所示的单电源环网为例，各保护的方向如图

中箭头所示。保护 1、3、5 为同一方向组，保护 2、4、6 为另一方向组。当 k 点短路故障时，若 $I_{op.4} < I''_k < I_{op.2}$，则保护 2 不动作，而保护 4 误动作将断路器 4QF 跳开。为了避免这种无选择性动作，同一方向组线路保护的动作电流必须有如下配合关系

$$I_{op.1} > I_{op.3} > I_{op.5}$$

$$I_{op.6} > I_{op.4} > I_{op.2}$$

即
$$I_{op.3} = K_{co} I_{op.5} \tag{4-11}$$

式中　K_{co}——配合系数，一般取 1.1。

方向过电流保护的动作电流应同时满足以上三个条件，同方向保护应取上述计算结果中最大者作为方向过电流保护的动作电流整定值。

三、保护的相继动作和灵敏度校验

在图 4-14 所示的环网中，当线路 MN 出口附近 k 点短路时，几乎全部短路电流经过 1QF 流向故障点，而经过 6QF～2QF 流向故障点的电流值很小，可能有 $I''_k < I_{op.2}$，保护 2 不能动作，而 I'_k 却很大，保护 1 作用于断路器 1QF 跳闸。断路器 1QF 跳开后，I''_k 立即增大，使保护 2 动作，跳开断路器 2QF。保护的这种现象称为相继动作，能产生相继动作的某段区域称为相继动作区。

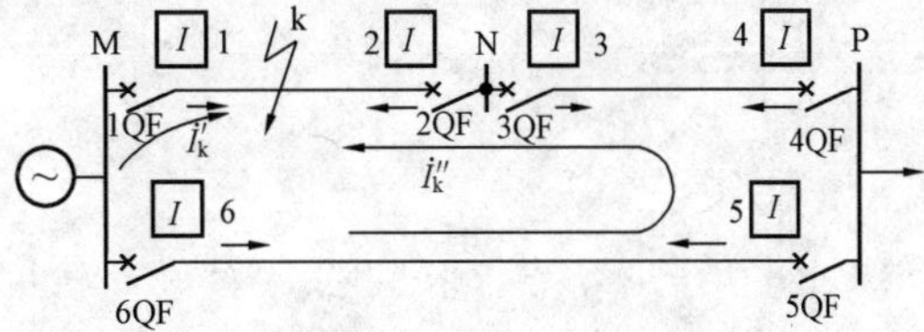

图 4-14　单电源环网中各保护间的配合

方向过电流保护的灵敏度取决于电流元件的灵敏度，其校验方法与不带方向的过电流保护相同，但在环网中允许用相继动作的短路电流来校验灵敏度。即在校验保护 2 的灵敏度时，可以考虑用断路器 1QF 跳开后流经保护 2 的短路电流 I''_k 来校验。

习　题

4-1　何谓按相启动？方向过电流保护为什么要采用按相启动？

4-2　电流保护各段在什么情况下需经方向元件闭锁？

4-3　反应相间短路的功率方向继电器采用 90°接线方式有什么好处？

4-4　实现某方向电流保护时，不慎将 B 相功率方向继电器（$\alpha = 30°$）的电压极性接反，试分析在保护正方向出口发生 AB 两相短路故障时，该方向元件的动作行为。

4-5　试分析 90°接线时某相间短路功率方向元件电流极性接反时，正方向发生三相短路时的动作情况。

4-6　在图 4-15 所示的网络中，各断路器处均有定时限过电流保护，保护 7 的动作时间

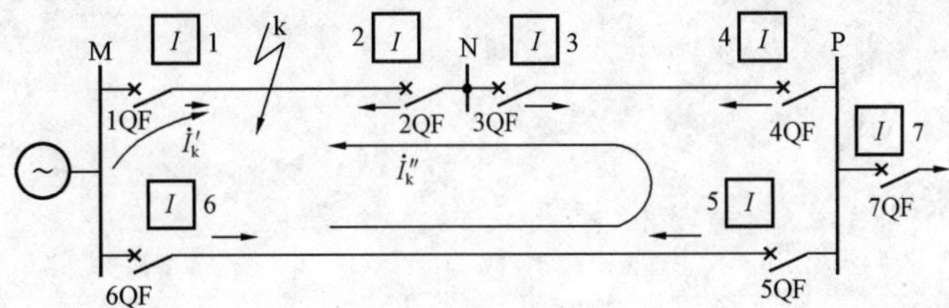

图 4-15　题 4-6 图

为 $t_7=0.5s$，试确定保护 1～6 的动作时限，并指出哪些保护需要加设方向元件。

4-7 输电线路方向电流保护的功率方向继电器为 LG-11 型，采用 90°接线方式，且功率方向继电器内角为 45°，在保护安装处正方向出口发生 AC 两相相间短路，短路阻抗角为 70°。对 A 相功率方向继电器，试回答下列问题：

（1）功率方向继电器的电流、电压线圈接入的是什么量？

（2）写出功率方向继电器动作范围表达式。

（3）通过相量图分析功率方向继电器的动作行为。

第五章　输电线路的接地保护

电力系统中性点工作方式是综合考虑了供电的可靠性、过电压、系统绝缘水平、继电保护的要求、对通信线路的干扰以及系统稳定的要求等因素而确定的。我国采用的中性点工作方式有中性点直接接地系统和中性点非直接接地系统两种。

在中性点直接接地系统中，当发生一点接地故障时，即构成单相接地短路，这时所产生的故障电流很大，所以又称中性点直接接地系统为大接地电流系统。我国 110kV 及以上电压等级的电力系统，均属于大接地电流系统。根据运行统计，在这种系统中，单相接地故障占总故障的 80%～90%，甚至更高。前述电流保护，当采用完全星形接线方式时，也能保护单相接地短路，但灵敏度常常不能满足要求。因此，为了反应接地短路，必须装设专用的接地短路保护，并作用于跳闸。

在中性点非直接接地系统中，发生单相接地故障时，由于故障点电流很小，往往比负荷电流小得多，所以又称中性点非直接接地系统为小接地电流系统，包括中性点不接地、中性点经消弧线圈接地、中性点经高电阻接地三种工作方式。我国 66kV 及以下电压等级的电力系统，均属于小接地电流系统。

第一节　中性点直接接地系统中单相接地故障的保护

在大接地电流系统中发生非对称接地故障时，系统中将出现零序电流、零序电压，利用零序电流、零序电压构成大接地电流系统的接地保护，具有显著的优点。

一、接地故障时零序分量的分布特点

在中性点直接接地系统中发生接地故障时，可以利用对称分量法将电流、电压分解成各序分量，并用复合序网表示各序分量的关系。如图 5-1（a）所示为 k 点发生单相接地故障时

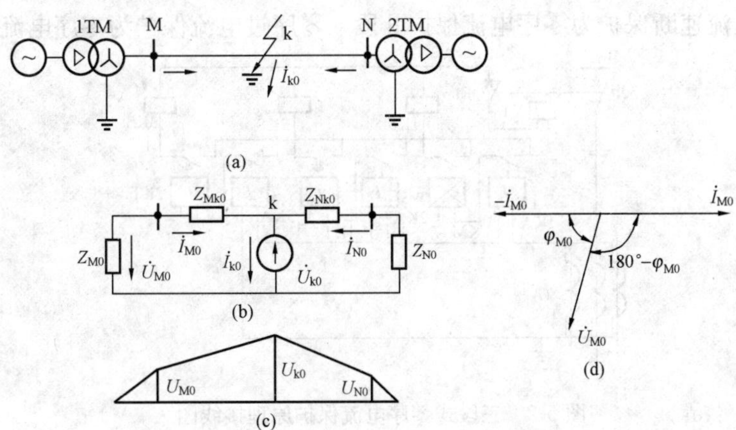

图 5-1　单相接地短路时零序分量特点

（a）网络图；（b）k 点故障时等效零序网络；（c）零序电压分布；（d）相量图

系统的网络图，其等效零序网络如图 5-1（b）所示。图中 Z_{Mk0} 和 Z_{Nk0} 分别为故障点两侧线路零序阻抗，Z_{M0} 和 Z_{N0} 为两侧变压器零序阻抗，零序电流可以看成是在故障点出现一个零序电动势 $\dot{U}_{k0}$ 而产生，它只在中性点接地的变压器之间流动。

根据零序网络可写出故障点处、母线 M 和 N 处的零序电压为

$$\left.\begin{aligned}\dot{U}_{k0} &= -\dot{I}_{M0}(Z_{M0}+Z_{Mk0})\\ \dot{U}_{M0} &= -\dot{I}_{M0}Z_{M0}\\ \dot{U}_{N0} &= -\dot{I}_{N0}Z_{N0}\end{aligned}\right\} \tag{5-1}$$

式中 $\dot{I}_{M0}$、$\dot{I}_{N0}$——分配到两侧的零序电流分量。

当 k 点发生单相接地短路时，故障点处的零序电流为

$$\dot{I}_{k0} = \frac{-\dot{U}_{k0}}{Z_{\Sigma 0}} \tag{5-2}$$

式中 $Z_{\Sigma 0}$——故障点的综合零序阻抗。

由等效零序网络可见，零序电压、零序电流的分布具有如下特点：

（1）故障点处的零序电压最高，变压器中性点接地处的零序电压为零。零序电压由故障点到接地中性点按线性分布，如图 5-1（c）所示。

（2）零序电流由故障点处零序电压产生，只在故障点与中性点接地的变压器之间流动，并经由大地构成回路。零序电流比正序电流、负序电流流动范围小。零序电流的分布仅取决于零序网络。所以，为充分发挥零序电流保护的作用，应尽量保持零序网络的稳定。

（3）零序或负序功率方向与正序功率方向相反，即正序功率方向为由母线指向故障点，而零序功率方向却由故障点指向母线。

二、零序电流保护的组成及多段式零序电流保护

根据系统发生接地故障出现零序电流这一特点，构成零序电流保护，它反应零序电流增大而动作。从原理上讲，零序电流保护与相间电流保护完全相同，也可构成阶段式保护，不同的是零序电流保护只反应电流的一个分量。它们的整定原则、校验方法也基本相似。图 5-2 所示为三段式零序电流保护原理接线。无时限零序电流速断保护为零序电流保护Ⅰ段，限时零序电流速断保护为零序电流保护Ⅱ段，零序过电流保护为零序电流保护Ⅲ段。

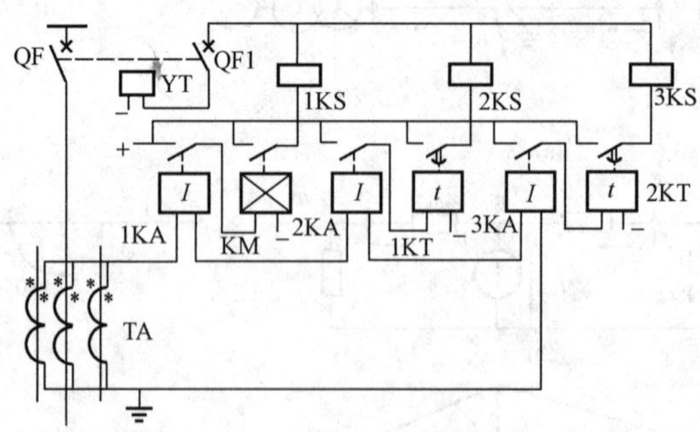

图 5-2 三段式零序电流保护原理接线图

（一）无时限零序电流速断保护

无时限零序电流速断保护的工作原理和整定原则，与相间无时限电流速断保护类似，其

动作电流的整定可用图 5-3 来说明。图中曲线 1 为线路 MN 发生接地故障时流过 M 侧保护的最大零序电流与故障点位置的关系曲线。

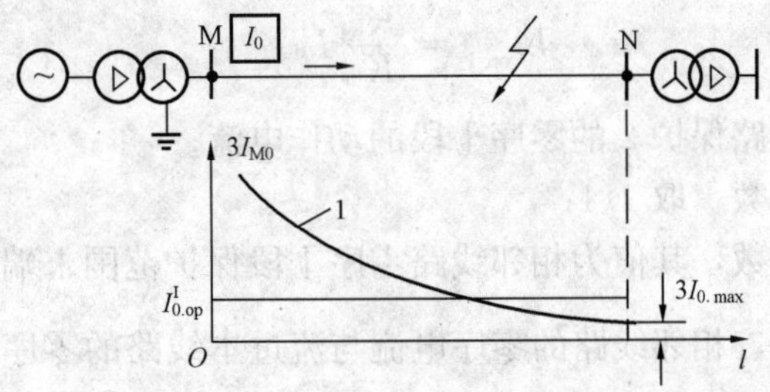

图 5-3　无时限零序电流速断保护的整定说明图

为了保证保护的动作选择性，M 处无时限零序电流速断保护动作电流应按如下条件来整定。

（1）躲过被保护线路末端接地短路故障时，流过本保护的最大零序电流

$$I^{\mathrm{I}}_{0.\mathrm{op}} = K_{\mathrm{rel}} \times 3I_{0.\max} \tag{5-3}$$

式中　$I_{0.\max}$——N 处发生接地故障时，流过 M 处保护的最大零序电流；

K_{rel}——可靠系数，一般取 1.25～1.3。

（2）躲过断路器三相触头不同时合闸时，流过保护的最大零序电流

$$I^{\mathrm{I}}_{0.\mathrm{op}} = K_{\mathrm{rel}} \times 3I_{0.\mathrm{ust}} \tag{5-4}$$

式中　K_{rel}——可靠系数，一般取 1.1～1.2；

$I_{0.\mathrm{ust}}$——三相触头不同时合闸时出现的最大零序电流。

$I_{0.\mathrm{ust}}$ 只在不同时合闸期间存在，所以持续时间较短。若保护动作时间大于断路器三相不同期时间，则可不考虑这个整定条件。

（3）当被保护线路采用单相自动重合闸时，保护还应躲过单相重合闸过程中出现非全相运行又伴随振荡时的零序电流，即

$$I^{\mathrm{I}}_{0.\mathrm{op}} = K_{\mathrm{rel}} \times 3I_{0.\mathrm{unc}} \tag{5-5}$$

式中　K_{rel}——可靠系数，一般取 1.1～1.2；

$I_{0.\mathrm{unc}}$——非全相振荡时的零序电流。

零序电流保护Ⅰ段的动作电流取上述三个条件计算结果的最大值。

按照上述条件整定可能使动作值太高，难以满足灵敏度要求，通常采取如下措施：

1）断路器三相触头不同时接通所引起的零序电流持续时间短，一般引入 0.1s 延时即可躲过，这样整定动作电流时不必考虑此项。

2）通常按式（5-5）整定的动作值较高，这意味着零序Ⅰ段的保护区较短。为不使保护区缩短，充分发挥零序Ⅰ段保护的作用，通常设置两个零序Ⅰ段保护：一个是按条件（1）或（2）整定（一般称为灵敏Ⅰ段），它主要是对全相运行状态下的接地故障起保护作用，定值较小，具有较大的保护范围，而当单相重合闸时，为防止误动，则将其自动闭锁，待恢复全相运行时才重新投入；另一个按条件（3）整定（称为不灵敏Ⅰ段），用于在单相重合闸过程中其他两相又发生接地故障时的保护。

（二）限时零序电流速断保护

限时零序电流速断保护的工作原理与相间短路电流保护Ⅱ段的工作原理类似，其作用与

相间短路的限时电流速断保护作用相同。其动作电流、动作时限与相邻线路零序Ⅰ段配合。

在图 5-4 中，保护 1 的零序Ⅱ段电流保护一次整定值为

$$I_{0.op.1}^{\mathrm{II}}=\frac{K_{rel}}{K_{br}}I_{0.op.2}^{\mathrm{I}} \tag{5-6}$$

式中　$I_{0.op.2}^{\mathrm{I}}$ ——相邻线路保护 2 的零序Ⅰ段的动作电流；

K_{rel} ——可靠系数，取 1.1；

K_{br} ——分支系数，其值为相邻线路零序Ⅰ段保护范围末端（图 5-4 中 k 点）接地故障时，相邻线路的零序电流与流过本线路的零序电流之比，$K_{br}=\frac{I_{N0}}{I_{M0}}$，取最小值。

如果相邻线路有两个零序Ⅰ段，则式（5-6）中的 $I_{0.op.2}^{\mathrm{I}}$ 应为不灵敏Ⅰ段的动作电流。

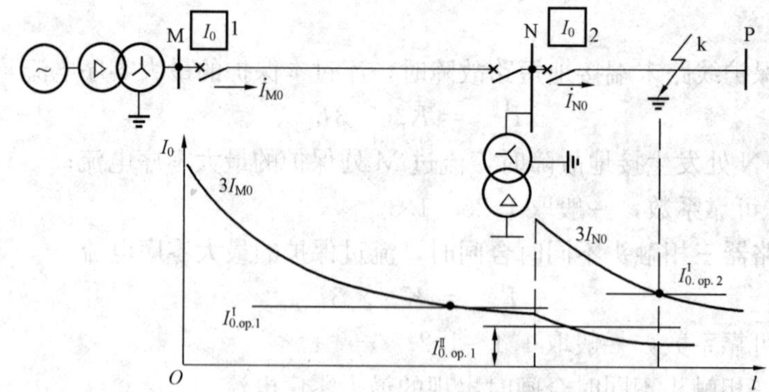

图 5-4　限时零序电流速断保护与相邻线路零序Ⅰ段配合图

零序Ⅱ段的灵敏度应按被保护线路末端接地故障时流过保护的最小 3 倍零序电流来校验，要求 $K_{sen}\geqslant 1.3\sim 1.5$。当被保护线路较长或系统运行方式变化较大时，灵敏度往往不够，可以采取以下措施：

（1）零序Ⅱ段动作电流可按与相邻线路零序Ⅱ段配合整定，其动作时限应比相邻线路零序Ⅱ段时限大一时间级差，即

$$\left.\begin{aligned}I_{0.op.1}^{\mathrm{II}}&=\frac{K_{rel}}{K_{br}}I_{0.op.2}^{\mathrm{II}}\\t_{0.1}^{\mathrm{II}}&=t_{0.2}^{\mathrm{II}}+\Delta t\end{aligned}\right\} \tag{5-7}$$

（2）保留 0.5s 的零序Ⅱ段，同时增加一个按上述原则与相邻线路零序Ⅱ段配合的 1s 的零序Ⅱ段。0.5s 的Ⅱ段定值大，能在较大的运行方式下以较短的时限切除本线路上的接地故障；1s 的Ⅱ段定值小，可以保证在各种运行方式下线路末端接地故障时有足够的灵敏度。

（3）从电网全局考虑，改用接地距离保护。

（三）零序过电流保护

零序过电流保护工作原理与反应相间短路的过电流保护工作原理相似，它可作为接地短路故障的后备保护，也可以作为中性点直接接地电网终端线路上的主保护。零序过电流保护整定原则如下。

（1）按躲过相邻线路出口处发生三相短路时，流过保护的最大不平衡电流，即

$$I_{0.op.1}^{\text{Ⅲ}} = K_{rel} I_{unb.max} \tag{5-8}$$

式中　K_{rel}——可靠系数，取1.2～1.3；

$I_{unb.max}$——相邻线路出口处发生三相短路时，零序电流滤过器所输出的最大不平衡电流。

$I_{unb.max}$计算公式为

$$I_{unb.max} = K_{aper} K_{st} K_{err} I_{k.max}^{(3)} \tag{5-9}$$

式中　K_{aper}——非周期分量系数，$t=0$s时取1.5～2，$t \geqslant 0.5$s时取1；

K_{st}——电流互感器同型系数，三相同型时取0.5，不同型时取1；

K_{err}——电流互感器10%误差，取0.1；

$I_{k.max}^{(3)}$——相邻线路出口处三相短路时，流经保护安装点的最大短路电流。

(2) 与相邻线路Ⅲ段零序电流保护的灵敏度取得配合。为了获得动作的选择性，零序过电流保护动作电流的整定计算，必须按逐级配合的原则来考虑，就是本线路Ⅲ段零序电流保护的保护范围不能超过相邻线路Ⅲ段零序电流保护的保护范围。图5-4中保护1的Ⅲ段零序电流保护定值为

$$I_{0.op.1}^{\text{Ⅲ}} = \frac{K_{rel}}{K_{br}} I_{0.op.2}^{\text{Ⅲ}} \tag{5-10}$$

以零序过电流保护作为本线路后备保护时，应按本线路末端发生接地短路时流经保护的最小零序电流来校验，要求$K_{sen} \geqslant 1.3 \sim 1.5$；当作为相邻元件后备保护时，应按相邻元件末端发生接地短路时流过保护的最小零序电流来校验，要求$K_{sen} \geqslant 1.2$。

按上述原则整定的零序过电流保护，其动作电流都很小，故在系统发生接地短路时，同一电压等级内各零序过电流保护都可能启动。为保证动作的选择性，各零序过电流保护动作时限应按阶梯原则整定，如图5-5所示。变压器2TM的零序过电流保护3可以是无延时的，因为在变压器低压三角形接线侧接地短路时，没有零序电流通过保护。为了便于比较，在图5-5中还给出了相间短路过电流保护的时限特性。从图中可见，同一线路上的零序过电流保护的动作时限小于相间短路过电流保护的动作时限。

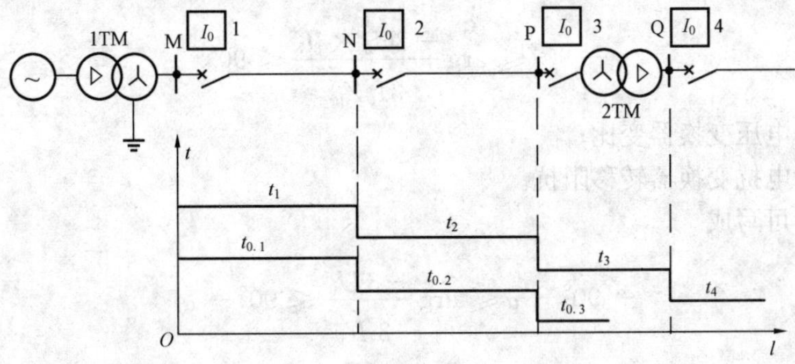

图5-5　零序过电流保护的时限特性

三、零序方向电流保护

（一）增设方向元件的必要性

在零序电流保护正方向有中性点接地的变压器的情况下，无论被保护线路对侧有无电源，当保护反方向发生非对称接地故障时，就有零序电流通过保护安装点。如图5-6所示，

当在线路MN或NP上发生接地短路时，都有零序电流流过位于母线N两侧的保护2和3，当k点发生接地故障时，对保护3来说为反方向故障。对于零序过电流保护，若 $t_{0.3}<t_{0.2}$，则保护3的零序过电流保护要先于保护2的零序过电流保护动作；对于零序电流速断保护，若 $I_{0.PN}$ 高于保护3零序Ⅰ段的动作值，则保护3的零序Ⅰ段将动作，造成无选择性动作。因此，当零序电流速断保护不能躲过反方向接地故障时流过本保护的最大零序电流，或零序过电流保护时限不配合时，需加设方向元件构成零序方向电流保护，以保证选择性。

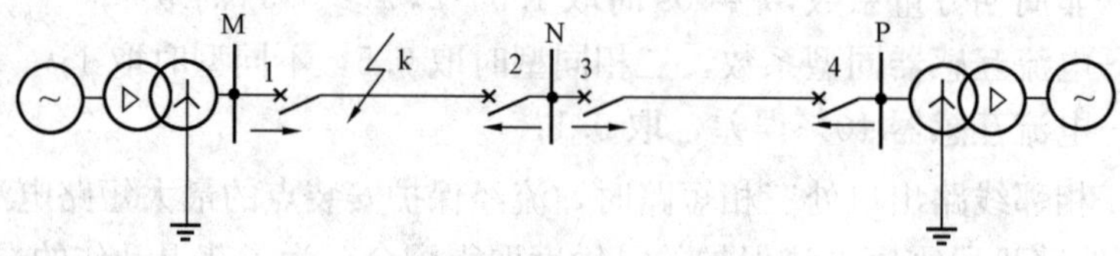

图5-6 两侧都有中性点接地变压器的网络

（二）正向故障时，保护安装点零序电压与零序电流的相位关系

如图5-1（a）所示系统，当MN线路的M侧保护正向k点发生非对称接地故障时，等效零序网络如图5-1（b）所示。取保护安装点零序电流 $\dot{I}_{M0}$ 的参考方向为由母线指向线路，零序电压 $\dot{U}_{M0}$ 的参考方向为由母线指向地，由图可知，$\dot{U}_{M0}$、$\dot{I}_{M0}$ 的关系可表示为

$$\dot{U}_{M0}=-\dot{I}_{M0}Z_{M0} \tag{5-11}$$

式中 Z_{M0}——保护背后系统的等值零序阻抗。

由式（5-11）可绘出正向故障时，保护安装点零序电压 $\dot{U}_{M0}$ 和零序电流 $\dot{I}_{M0}$ 的相位关系，如图5-1（d）所示，图中 φ_{M0} 为 Z_{M0} 的阻抗角。由图可知，正向故障时，保护安装点零序电流 $\dot{I}_{M0}$ 超前保护安装点零序电压 $\dot{U}_{M0}$ 一个角度，这个角度为保护背后系统零序阻抗角的补角，约110°。

（三）零序功率方向继电器

参照相间功率方向继电器，零序功率方向继电器比相动作方程如下

$$-90^\circ\leqslant\arg\frac{-3\dot{U}_0\times \mathrm{j}K}{3\dot{I}_0Z_{br}}\leqslant 90^\circ \tag{5-12}$$

式中 K——电压变换器变比；

Z_{br}——电抗变换器转移阻抗。

式（5-12）可写成

$$-90^\circ-\alpha\leqslant\arg\frac{-3\dot{U}_0}{3\dot{I}_0}\leqslant 90^\circ-\alpha \tag{5-13}$$

其中

$$\alpha=\arg\frac{\mathrm{j}K}{Z_{br}}$$

式中 α——零序功率方向继电器内角，一般取−70°。

最灵敏角 $\varphi_{sen}=-\alpha$，即70°，则比相动作方程变为

$$-20^\circ\leqslant\arg\frac{-3\dot{U}_0}{3\dot{I}_0}\leqslant 160^\circ \tag{5-14}$$

零序功率方向继电器动作特性如图 5-7 所示。

可见，要使得零序功率方向继电器最灵敏，零序电压与零序电流需有一个反极性接入。一般零序功率方向继电器的实际接线，以$-3\dot{U}_0$、$3\dot{I}_0$接入，或以$3\dot{U}_0$、$-3\dot{I}_0$接入。

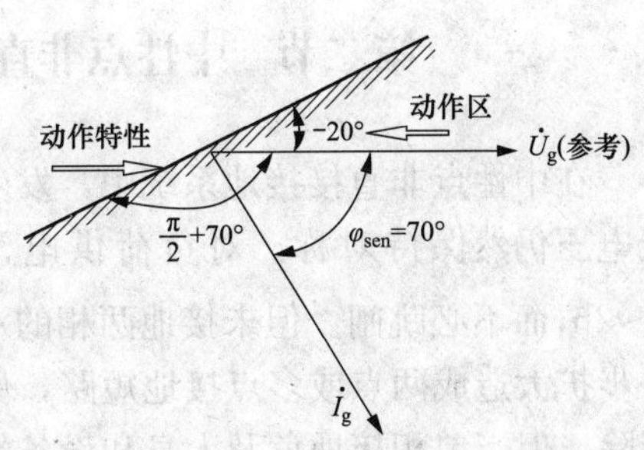

图 5-7　零序功率方向继电器动作特性图

接地故障点越靠近保护安装点，保护测量到的$3\dot{U}_0$越高，因此零序方向元件没有电压死区。当故障点离保护安装点很远时，由于保护安装点$3\dot{U}_0$很小，零序方向元件的灵敏度下降，极端情况下有可能不启动。所以，必须校验方向元件的灵敏系数。

常规保护中零序功率方向元件为了实现其正确动作，常把$-3\dot{U}_0$作为接入电压，即把 TV 开口三角形电压端子与保护零序电压端子异极性相接，其目的是移相简便。而微机保护的零序功率方向元件移相是靠软件实现，没有必要反极性接入。

四、大接地电流系统零序保护的评价

带方向和不带方向的零序电流保护是简单而有效的接地保护方式，它与采用完全星形接线方式的相间短路电流保护兼作接地短路保护比较，具有如下特点。

1. 灵敏度高

过电流保护按最大负荷电流整定，继电器动作电流一般为 5～7A；而零序过电流保护按躲过最大不平衡电流整定，继电器动作电流一般为 2～4A。因此，零序过电流保护的灵敏度高。

由于零序阻抗远比正序阻抗、负序阻抗大，故线路始端与末端接地短路时，零序电流变化显著，曲线较陡，因此，零序Ⅰ段和零序Ⅱ段保护范围较大，其保护范围受系统运行方式影响较小。

2. 动作迅速

零序过电流保护的动作时限，不必与 Yd 接线的降压变压器后的线路保护动作时限相配合，因此，其动作时限比相间过电流保护动作时限短。

3. 不受系统振荡和过负荷的影响

当系统发生振荡和对称过负荷时，三相是对称的，反应相间短路的电流保护都受其影响，可能误动作。而零序电流保护则不受其影响，因为振荡及对称过负荷时，无零序分量。

4. 接线简单、经济、可靠

零序电流保护反应单一的零序分量，故用一只测量继电器就可反应三相中任意一相的接地短路，使用继电器的数量少。所以，零序电流保护接线简单、经济，调试维护方便，动作可靠。

随着电压等级的不断提高，电网结构日趋复杂，特别是在 500kV 超高压输电系统及 220kV 短线路的环网中，零序电流保护在整定配合上，根本无法在保证系统安全稳定运行的允许时间内，同时满足灵敏度和选择性的要求。为克服这一缺点，必要时可采用接地距离保护。

第二节 中性点非直接接地系统中单相接地故障的保护

在中性点非直接接地系统中，发生单相接地故障时，由于故障点电流很小，三相之间的线电压仍然保持对称，对负荷供电没有影响，因此，在一般情况下都允许再继续运行1～2h，而不必跳闸。但未接地两相的对地电压要升高到正常状态的$\sqrt{3}$倍，为了防止故障进一步扩大造成两点或多点接地短路，保护装置应及时发出信号，以便运行人员采取措施予以消除。但当单相接地危及人身和设备的安全时，则应动作于跳闸。

一、中性点不接地系统单相接地故障的特点和保护方式

（一）单相接地故障的特点

图5-8为中性点不接地的简单系统。在正常运行情况下，电网各相对地电容为C_0，各相电容C_0在三相对称电压作用下，产生的三相电容电流也是对称的，并超前相应电压90°，三相电容电流之和等于零。

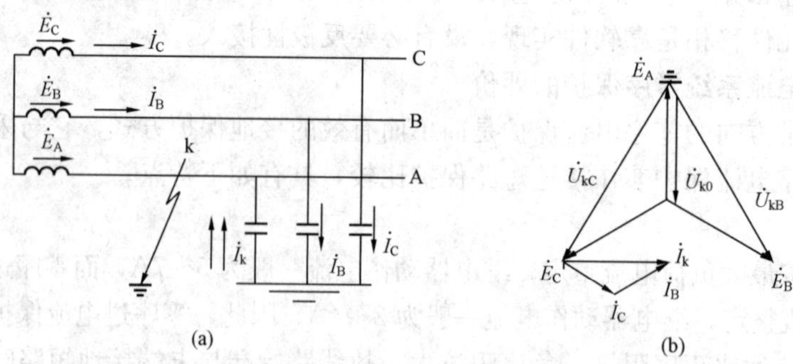

图5-8 中性点不接地的简单系统

（a）系统图；（b）接地故障时的相量图

当A相线路发生单相接地时，A相对地电容C_0被短接，电容电流为零，在接地点处A相对地电压为零，其他两相的对地电压要升高到正常状态的$\sqrt{3}$倍，相量关系如图5-8（b）所示。假设电网负荷为零，并忽略电源和线路上的压降，故障点处各相对地电压为

$$\left.\begin{aligned}\dot{U}_{kA}&=0\\ \dot{U}_{kB}&=\dot{E}_B-\dot{E}_A=\sqrt{3}\dot{E}_A e^{-j150^\circ}\\ \dot{U}_{kC}&=\dot{E}_C-\dot{E}_A=\sqrt{3}\dot{E}_A e^{j150^\circ}\end{aligned}\right\}\tag{5-15}$$

故障点k的零序电压为

$$\dot{U}_{k0}=\frac{1}{3}(\dot{U}_{kA}+\dot{U}_{kB}+\dot{U}_{kC})=-\dot{E}_A\tag{5-16}$$

保护安装点各相电流和故障点零序电流分别为

$$\left.\begin{aligned}\dot{I}_B&=j\omega C_0\dot{U}_{kB}\\ \dot{I}_C&=j\omega C_0\dot{U}_{kC}\\ \dot{I}_A&=-(\dot{I}_B+\dot{I}_C)=-j\omega C_0(\dot{U}_{kB}+\dot{U}_{kC})\\ \dot{I}_{k0}&=\dot{I}_B+\dot{I}_C=j\omega C_0(\dot{U}_{kB}+\dot{U}_{kC})\end{aligned}\right\}\tag{5-17}$$

式（5-17）说明，两非故障相出现超前相电压 90°的电容电流，流向故障点的电流，即为两非故障相零序电容电流之和。

图 5-9 为一单电源多线路中性点不接地系统。线路Ⅰ、Ⅱ和发电机的各相对地电容分别为 $C_{0\text{Ⅰ}}$、$C_{0\text{Ⅱ}}$、C_{0G}。当在线路Ⅱ上 k 点发生 A 相接地故障后，系统中 A 相电容被短接，因而各元件 A 相对地电容电流为零。各元件的 B 相和 C 相对地电容电流，都要通过大地、故障点、电源和本元件构成的回路，如图 5-9 所示。

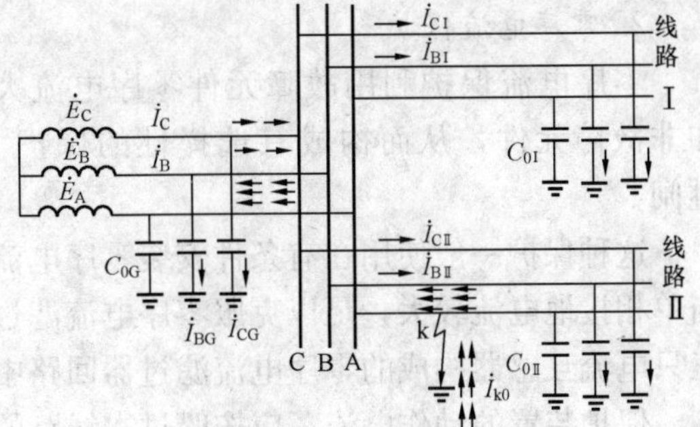

图 5-9　单相接地时，用三相系统表示的电容电流分布图

故障线路Ⅰ保护安装处流过的零序电流为

$$3\dot{I}_{0\text{Ⅰ}}=\dot{I}_{B\text{Ⅰ}}+\dot{I}_{C\text{Ⅰ}}=\text{j}3\dot{U}_{k0}\omega C_{0\text{Ⅰ}} \tag{5-18}$$

而发电机保护安装处流过的零序电容电流为

$$3\dot{I}_{0G}=\dot{I}_{BG}+\dot{I}_{CG}=\text{j}3\dot{U}_{k0}\omega C_{0G} \tag{5-19}$$

故障线路Ⅱ保护安装处流过的零序电容电流，仍以由母线流向线路作为假定正方向时，则

$$\begin{aligned}3\dot{I}_{0\text{Ⅱ}}&=(\dot{I}_{B\text{Ⅱ}}+\dot{I}_{C\text{Ⅱ}})-(\dot{I}_{B\text{Ⅰ}}+\dot{I}_{C\text{Ⅰ}})-(\dot{I}_{B\text{Ⅱ}}+\dot{I}_{C\text{Ⅱ}})-(\dot{I}_{BG}+\dot{I}_{CG})\\&=-(\dot{I}_{B\text{Ⅰ}}+\dot{I}_{C\text{Ⅰ}}+\dot{I}_{BG}+\dot{I}_{CG})\\&=-\text{j}3\dot{U}_{k0}\omega(C_{0\text{Ⅰ}}+C_{0G})\end{aligned} \tag{5-20}$$

综上所述，可得如下结论：

（1）发生接地后，全系统出现零序电压和零序电流。非故障相电压升高至原来的$\sqrt{3}$倍，电源中性点对地电压与故障相电动势的相量大小相等、方向相反。

（2）非故障线路保护安装处，流过本线路的零序电容电流。容性无功功率是由母线指向非故障线路。

（3）故障线路保护安装处，流过的是所有非故障元件的零序电容电流之和。而容性无功功率是由故障线路指向母线，即其功率方向与非故障线路功率方向相反。

（二）中性点不接地系统单相接地故障的保护方式

根据单相接地故障的特点，在中性点不接地系统中，单相接地故障的保护方式主要有以下几种。

1. 无选择性绝缘监视装置

由以上分析可知，中性点不接地系统正常运行时无零序电压，一旦发生单相接地故障，就会出现零序电压。因此，可利用有无零序电压来实现无选择性的绝缘监视装置。

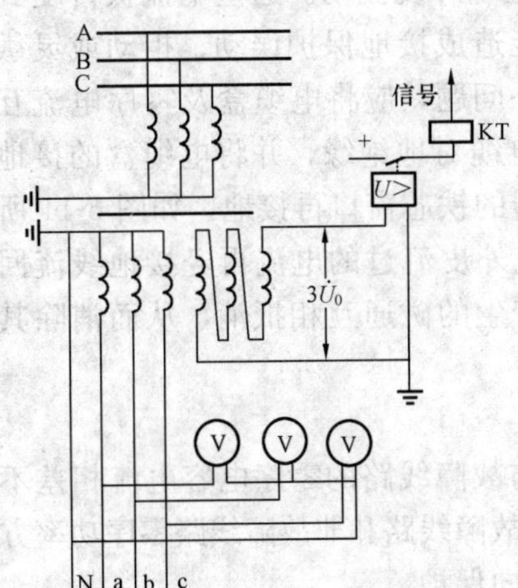

图 5-10　绝缘监视装置原理接线图

绝缘监视装置原理接线如图 5-10 所示，在发电厂或变电站的母线上装设一台三相五柱式电压互感器，在其星形接线的二次侧接入三只电压表，用以测量各相对地电压，在开口三角侧接入一只过电压继电器，带延时

动作于信号。因装置给出的信号没有选择性，故运行人员只能根据信号和三只电压表的指示情况判别故障相，而选不出故障线路。如要查寻故障线路，还需运行人员依次短时断开各条线路，根据零序电压信号是否消失来确定出故障线路。

显然，这种方式只适用于比较简单并且允许短时停电的线路。

2. 零序电流保护

零序电流保护利用故障元件零序电流大于非故障元件零序电流的特点，区分出故障和非故障元件，从而构成有选择性的保护。根据需要保护可动作于信号，也可动作于跳闸。

这种保护一般使用在有条件安装零序电流互感器的电缆线路或经电缆引出的架空线上。当单相接地电流较大，足以克服零序电流滤过器中的不平衡电流影响时，保护装置可接于由三只电流互感器构成的零序电流滤过器回路中。

保护装置的动作电流，应按躲过本线路的对地电容电流整定，即

$$I_{op} = K_{rel} \times 3\omega C_0 U_{ph} \tag{5-21}$$

式中　U_{ph}——相电压有效值；

C_0——本线路每相对地电容；

K_{rel}——可靠系数，它的大小与动作时间有关，若保护为瞬时动作，为防止对地电容电流暂态分量的影响，一般取 4～5，若保护为延时动作，可取 1.5～2.0。

保护的灵敏度，应按在被保护线路上发生单相接地故障时，流过保护的最小零序电流校验，灵敏系数为

$$K_{sen} = \frac{3U_{ph}\omega(C_{0\Sigma} - C_0)}{K_{rel} \times 3U_{ph}\omega C_0} = \frac{C_{0\Sigma} - C_0}{K_{rel} C_0} \tag{5-22}$$

式中　$C_{0\Sigma}$——在最小运行方式下，各线路每相对地电容之和。

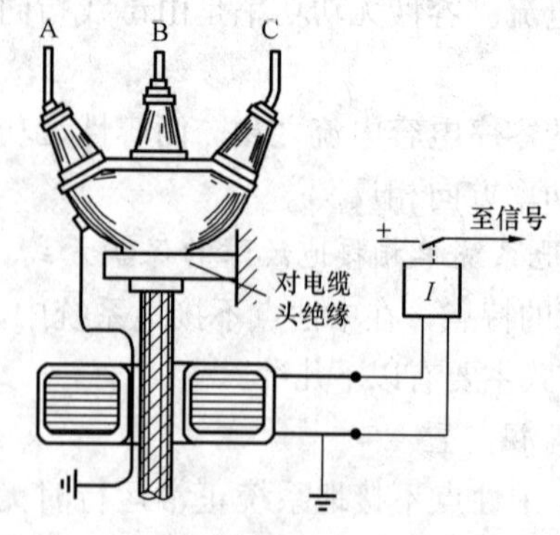

图 5-11　利用零序电流互感器构成的接地保护

利用零序电流互感器构成的接地保护如图 5-11 所示。在具体实施这种保护时，应该指出的是接地故障电流或其他杂散电流，可能在大地中流动，也可能沿故障或非故障线路导电的电缆外皮流动。这些电流被传变到电流继电器中，就可能造成接地保护误动、拒动或灵敏度降低。为了解决这一问题，应将电缆盒及零序电流互感器到电缆盒的一段电缆对地绝缘，并将电缆盒的接地线穿回零序电流互感器的铁芯窗口再接地，如图 5-11 所示。这样，可使经电缆外皮流过的电流再经接地线流回大地，使其在铁芯中产生的磁通互相抵消，从而消除其对保护的影响。

3. 零序功率方向保护

在出线较少的情况下，非故障线路的零序电容电流与故障线路的零序电容电流相差不大，采用零序电流保护，其灵敏度很难满足要求，可利用故障线路和非故障线路零序功率方向的不同，区分出故障线路，从而构成有选择性的零序方向保护。

二、中性点经消弧线圈接地系统单相接地故障的特点和保护方式

由图 5-9 可见，当中性点不接地系统中发生单相接地故障时，流过接地故障点的电流为全系统零序电容电流的总和。如果此电流较大，就会在接地点产生电弧，引起间歇性弧光过电压，造成非故障相绝缘破坏，从而发展为两点或多点接地短路，使事故扩大。为解决这一问题，通常在中性点接入一个电感线圈（消弧线圈），如图 5-12 中虚线所示。当系统发生单相接地后，其中零序电容电流的分布与图 5-12 相同，所不同的是在零序电压作用下消弧线圈有一电感电流 $\dot{I}_L$ 经接地点流回消弧线圈。此时，流过接地点的电流除全系统零序电容电流 $\dot{I}_{k0}$ 之外，还有消弧线圈的电感电流 $\dot{I}_L$。电感电流 $\dot{I}_L$ 补偿了接地故障点的总电容电流 $\dot{I}_{k0}$，因此，接地点流回的总电流为 $\dot{I}_k = \dot{I}_L + \dot{I}_{k0}$，因 $\dot{I}_L$ 与 $\dot{I}_{k0}$ 相位相反，$\dot{I}_{k0}$ 受到补偿而减小，其零序电流分布如图 5-12 所示。

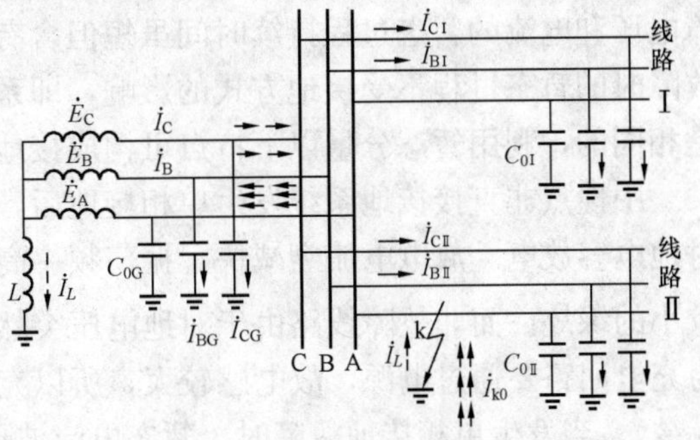

图 5-12　中性点经消弧线圈接地系统单相接地时电流分布图

根据对电容电流的补偿程度分为三种补偿方式：当 $\dot{I}_L = \dot{I}_{k0}$ 时，称为完全补偿；当 $\dot{I}_L < \dot{I}_{k0}$ 时，称为欠补偿；当 $\dot{I}_L > \dot{I}_{k0}$ 时，称为过补偿。为防止消弧线圈与三相对地电容形成串联谐振，通常不采取完全补偿。欠补偿方式也不宜采用，因为欠补偿时接地点的电流仍为容性，一旦因运行方式改变或因某些线路检修切除后，电网对地电容电流减小，同样会出现串联谐振情况，从而造成过电压。实际上常用的是过补偿方式，其补偿度一般不大于 10%，计算方法如下

$$p = \frac{|\dot{I}_L| - |\dot{I}_{k0}|}{|\dot{I}_{k0}|} \tag{5-23}$$

由此可见，在中性点经消弧线圈接地系统中，当采用过补偿方式时，流经故障线路和非故障线路保护安装处的电流，是容性电流，其容性无功功率方向都是由母线流向线路，故无法利用功率方向来判别是故障线路还是非故障线路。当过补偿度不大时，也很难利用电流大小判别出故障线路。

对中性点经消弧线圈接地系统，根据运行要求有时采用消弧线圈并（串）电阻运行的派生接地方式，有时采用自动跟踪补偿消弧线圈。

由上述可见，在中性点经消弧线圈接地系统中，要实现有选择性的保护是很困难的，这类电网可采用无选择性的绝缘监视装置。除此之外，还可采用零序电流有功分量法、稳态高次谐波分量法、暂态零序电流首半波法、注入信号法、小波法等保护原理。

1. 反应稳态 5 次谐波分量的接地保护

在发电机制造中虽已采用短节矩线圈，以消除 5 次谐波，但经过变压器后（由于变压器铁芯工作在近于饱和点），还会在变压器高压侧产生高次谐波，其中以 3 次、5 次谐波为主要成分。消弧线圈的作用是对基波而言的，5 次谐波的补偿作用仅相当于工频时的 1/25，5 次谐波电流的分布基本不受影响，与中性点不接地系统分布规律一样。仍可利用 5 次谐波电流构成有选择性的保护。同样，也可利用 5 次谐波功率方向构成有选择性的保护。

2. 反应暂态零序电流的保护

前面所述有关零序电流的特点，指的都是稳态电流值。实际上，在发生单相接地时，故障电压和电流的暂态过程持续时间虽短但含有丰富的故障信息，比稳态值大很多倍，又因为故障时的暂态过程不受接地方式的影响，即系统不接地和系统经消弧线圈接地时的暂态过程是相同的，利用暂态分量以下特点可构成接地保护。

中性点非直接接地系统发生单相接地后，故障相对地电压突然降低为零，并引起故障相对地电容放电。放电电流衰减快、振荡频率高达几千赫兹，这是由于放电回路电阻和电感都较小的缘故。而非故障线路由于对地电压突然升高到原来的$\sqrt{3}$倍，从而引起充电电流。因为充电回路要通过电源，故电感较大，所以充电电流衰减较慢，且振荡频率也较低（仅几百赫兹）。当发生单相接地故障时，暂态电流波形如图 5-13 所示。

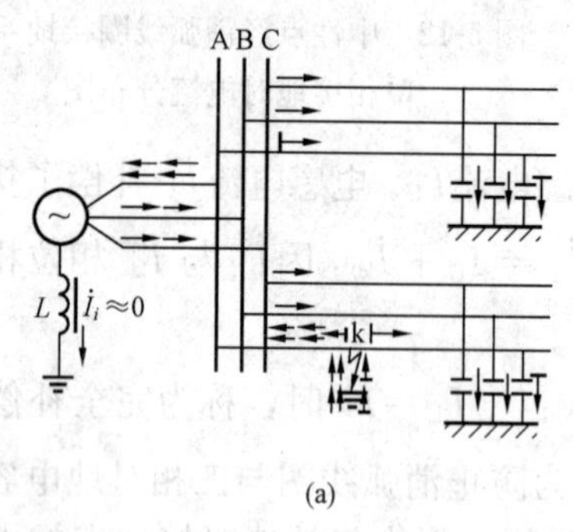

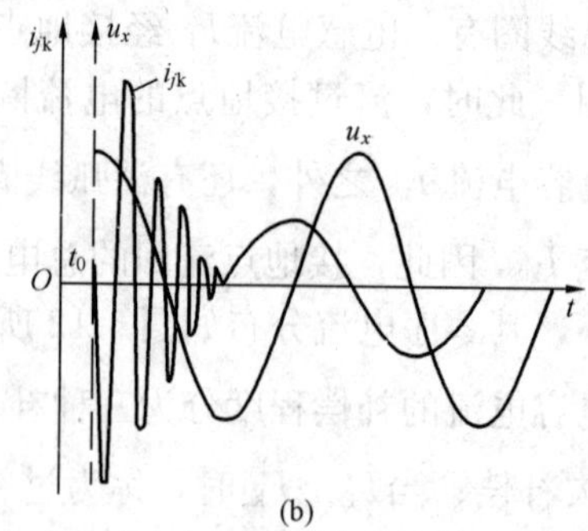

图 5-13　单相接地时暂态电流

(a) 暂态电流分布；(b) 暂态电流波形图

(1) 反应零序电流首半波的保护。理论计算和实践经验证明，在接地故障发生后，故障线路暂态零序电流第一个周期的首半波比非故障线路保护安装处的暂态零序电流大得多，且方向相反。故可利用这些特点构成有选择性的接地保护。

(2) 反应小波变换的保护。小波变换是在傅里叶变换基础上发展起来的一种现代信号处理理论与方法，是一种信号的时间—频率分析方法，它具有多分辨率分析的特点，而且时频两域都具有表征信号局部性的能力。反应小波变换的保护原理就是把测得的暂态零序电流的信息进行小波分析处理获得小波系数、小波突变信号、小波突变量等特征量来选择故障线路。

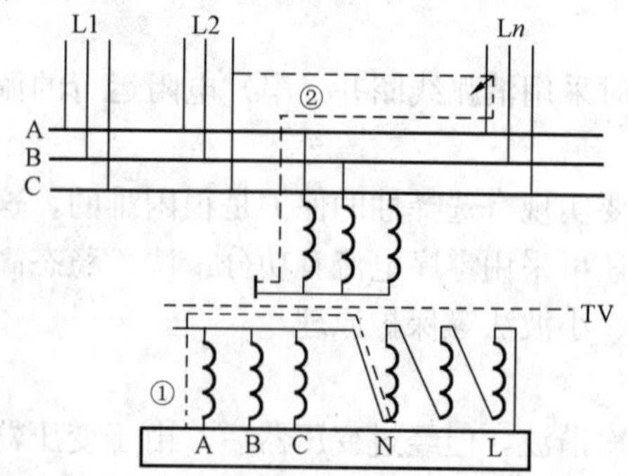

图 5-14　注入信号法原理

3. 注入信号法

首先定出故障的相别，然后向 TV 接地相二次侧注入信号电源，其频率取在各次谐波之间，使其不反应工频分量及高次谐波。故障时接地相的 TV 一次侧处于被短接的状态，由二次侧感应来的信号电流沿接地线路的接地相流动并经接地点入地。用信号电流探测器在开关柜后对每一条出线进行探测，探测到注入信号的线路即为故障线路，该方法利用处于不工作状态的接地相 TV 注入信号，不增加一次设备，不影响系统运行，其保护原理如图 5-14 所示。假设线路 Ln 的 A 相发生单相接地短路，在 TV 二次侧注入频率为 f_0

(220Hz) 的信号电流，见图中虚线 1，一次侧感应电流见虚线 2。

三、中性点经电阻接地单相接地故障的特点和保护方式

中性点经电阻接地方式是在变压器中性点接电阻或接一个单相辅助变压器，在其二次侧接电阻。其零序等效网络及相量图如图 5-15 所示，R_N 为中性点电阻。由图可知流过非故障线路Ⅰ、Ⅱ首端的电流为本线路的对地电容电流，见式 (5-24)，流过故障线路Ⅲ首端的零序电流为

$$3\dot{I}_{0Ⅲ}=-\dot{I}_{RN}-3(\dot{I}_{0Ⅰ}+\dot{I}_{0Ⅱ})=-\dot{U}_0\left[\frac{1}{R_N}+j3\omega(C_{0Ⅰ}+C_{0Ⅱ})\right] \tag{5-24}$$

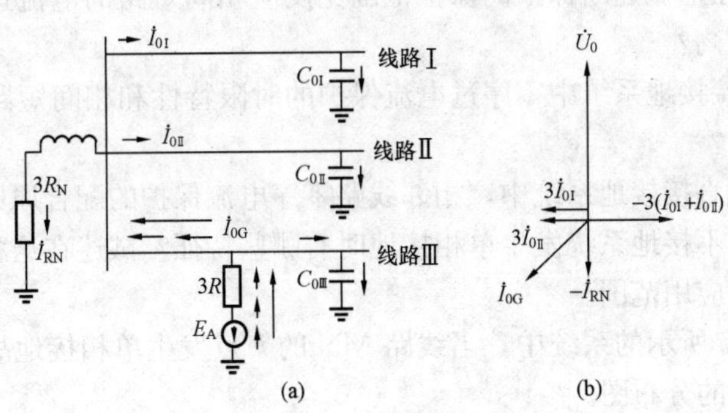

图 5-15　中性点经电阻接地系统零序等效网络及相量图

(a) 零序等效网络图；(b) 零序电压和零序电流相量图

可见，流过故障线路Ⅲ始端的零序电流可分为两部分：中性点电阻 R_N 产生的有功电流 $-I_{RN}$，其相位与零序电压差 180°；非故障线路零序电流之和 $-3(I_{0Ⅰ}+I_{0Ⅱ})$，相位滞后零序电压 90°。流过非故障线路的零序电流只有由本支路对地电容产生的容性电流，相位超前零序电压 90°。

由于有功电流只流过故障线路，与非故障线路无关，因此，只要以零序电压作为参考相量，将此有功电流取出，就可实现接地保护。在中性点经消弧线圈接地系统中，由于消弧线圈本身含有较大的电阻或中性点采用消弧线圈并联电阻、串联电阻的接地方式，故此种保护原理也适用。

以上介绍了几种小接地电流系统的接地保护原理，还有一些故障选线方法正在试运行中，如电流突变量法、网络化选线方法等。应当指出，上述各种保护方式均有一定的适用条件和局限性。由于计算机技术和通信技术的迅速发展，小接地电流系统的接地保护原理和故障选线技术也得到了快速发展，已经生产出了集各种保护原理于一身的微机保护装置。该装置将各种选线判据有机地集成为充分判据，并与多种数据处理算法和各种选线方法融为一体，构成了各种判据有效域优势互补，能适应变化多端的单相接地故障形态的多层次全方位的智能化选线系统，大大提高了选择故障线路的可靠性。

习　题

5-1　零序电流保护的整定值为什么不需要避开负荷电流？

5-2　大接地电流系统中发生接地短路时，零序电流的分布与什么有关？

5-3　为什么大接地电流系统不利用三相相间电流保护兼作零序电流保护，而要单独采用零序电流保护？

5-4　何谓中性点非直接接地系统？在此种系统中发生单相接地故障时，出现的零序电压和零序电流有什么特点？它与中性点直接接地系统中发生单相接地故障时出现的零序电压和零序电流在大小、分布及相位上都有什么不同？

5-5　为什么反应接地短路的保护一般要利用零序分量而不是其他分量？

5-6　作为零序电流保护Ⅰ段，其动作电流如何整定？

5-7　零序过电流保护与反应相间短路的过电流保护相比有哪些优点？

5-8　为什么零序电流速断保护的保护范围比反应相间短路的电流速断保护的保护范围长且稳定、灵敏系数高？

5-9　中性点直接接地系统中零序过电流保护的时限特性和相间短路过电流保护时限特性有何不同？为什么？

5-10　在中性点直接接地系统中，相邻线路零序电流保护的配合原则是什么？

5-11　在中性点不接地系统发生单相接地时有哪些特征？试述在这种系统中实现单相接地保护的不同方案及应用范围。

5-12　在图5-16所示的系统中，当线路MN的k点发生单相接地故障时，分别作出故障相电压、零序电压的分布图。

5-13　图5-17所示为中性点直接接地系统零序电流保护的原理接线图，已知正常时线路上流过的一次负荷电流为450A，电流互感器的变比为600/5，零序电流继电器的动作电流$I_{0.op}=3A$。

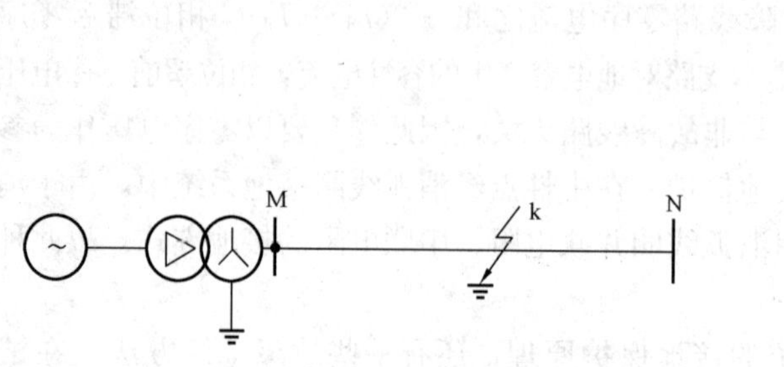

图5-16　题5-12系统图

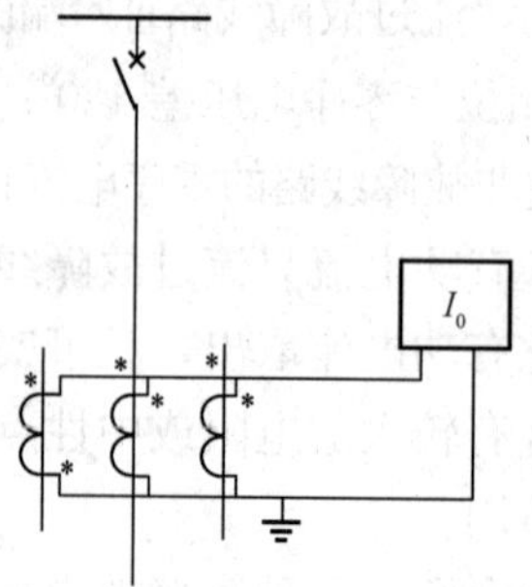

图5-17　题5-13原理接线图

(1) 正常运行时，若电流互感器的极性有一个接反，保护会不会误动作？为什么？

(2) 若零序电流滤过器的三个电流互感器中有一个互感器的二次侧断线，在正常负荷情况下，保护会不会误动作？为什么？

5-14　在图5-18所示系统中，拟定在断路器1QF～5QF上装设反应相间短路的过电流

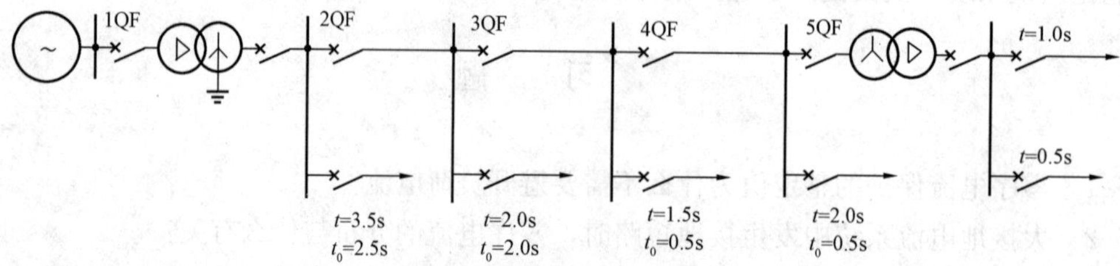

图5-18　题5-14网络图

保护及反应接地短路的零序过电流保护，取 $\Delta t=0.5\mathrm{s}$。

（1）确定相间短路过电流保护的动作时限。

（2）确定零序过电流保护的动作时限。

（3）绘出这两种保护的时限特性。

第六章　输电线路的距离保护

第一节　距离保护的基本工作原理及组成元件

一、距离保护的基本工作原理

电流、电压保护的主要优点是简单、经济及工作可靠，但是由于这种保护装置的定值选择、保护范围及灵敏系数等方面都直接受电网接线方式及系统运行方式的影响，所以在35kV以上电压等级的复杂电网中，常常不能满足选择性、灵敏性及快速切除故障的要求。为此，在结构复杂的高压电网中就必须采用性能更加完善的保护装置，距离保护就是其中之一。

距离保护是通过测量被保护线路始端电压和线路电流的比值而动作的一种保护，这个比值被称为测量阻抗 Z_m，用来完成这一测量任务的元件称为阻抗继电器KI。线路正常运行时的测量阻抗称为负荷阻抗，其值较大；当发生短路时，测量阻抗等于保护安装点到短路点之间的线路阻抗或与线路阻抗成正比，其值较正常运行时小，而且故障点越靠近保护安装处，其值越小。当测量阻抗小于预先规定的整定阻抗 Z_{set} 时，保护动作。因为短路时的测量阻抗反映了短路点到保护安装点之间距离的长短，所以称这种原理的保护为距离保护，有时也称为阻抗保护。

二、距离保护的时限特性

距离保护的动作时间与保护安装点到短路点之间距离的关系为 $t=f(l)$，称为距离保护的时限特性。为了满足速动性、选择性和灵敏性的要求，广泛采用具有三段动作范围的阶梯型时限特性，如图6-1所示，分别称为距离保护的Ⅰ、Ⅱ、Ⅲ段，基本上与三段式电流保护相似。

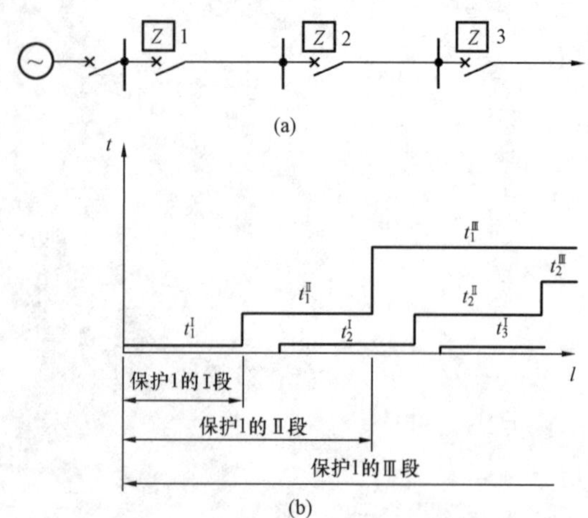

图6-1　距离保护的时限特性
(a) 网络接线图；(b) 时限特性

三、距离保护的主要组成元件

三段式距离保护装置的组成及其逻辑关系如图6-2所示。

1. *启动元件*

启动元件的主要作用是在发生故障的瞬间启动整套保护，并和阻抗测量元件（Z^{I}、Z^{II}、Z^{III}）组成与门，启动出口回路动作于跳闸，以提高保护装置动作的可靠性。启动元件可由过电流继电器、低阻抗继电器或反应于负序和零序电流的继电器构成。

2. *阻抗测量元件*

阻抗测量元件的作用是测量短路点到保护安装点之间的阻抗（即距离），它是距离保护中的核心元件，一般由阻抗继电器来担任。通常 Z^{I} 和 Z^{II} 采用带有方向性的方向阻抗继电器，Z^{III} 采用偏移特性阻抗继电器。

3. 时间元件

时间元件用以建立保护动作所必需的延时，根据测量元件的动作结果以相应的不同时间去发出跳闸脉冲，以保证保护动作的选择性。时间元件一般由时间继电器担任。

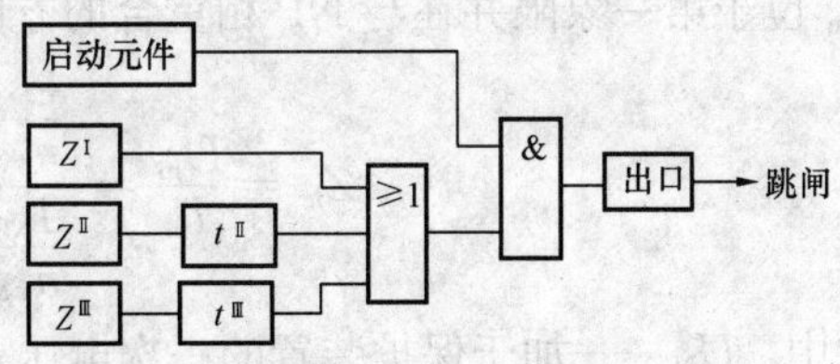

图 6-2　三段式距离保护装置逻辑框图

4. 出口执行元件

保护装置在动作后由出口执行元件去跳闸并且发出保护动作信号。

由图 6-2 所示逻辑框图可知保护装置的动作情况如下：正常运行时，启动元件不动作，保护装置处于被闭锁状态；当正方向发生短路故障时，启动元件动作，如果故障位于距离Ⅰ段范围内，则 Z^{I} 动作，并与启动元件一起经与门瞬时作用于出口跳闸回路；如果故障位于距离Ⅱ段范围内，则 Z^{I} 不动作而 Z^{II} 动作，随即启动Ⅱ段的时间元件 t^{II}，待 t^{II} 延时到达后，通过与门启动出口回路动作于跳闸；如果故障位于距离Ⅲ段范围内，则 Z^{III} 动作后启动 t^{III}，在 t^{III} 的延时内，若故障未被其他的保护动作切除，则在 t^{III} 延时到达后，仍然通过与门和出口回路动作于跳闸，起到后备保护的作用。

第二节　阻抗继电器

一、阻抗继电器的动作特性

阻抗继电器是距离保护装置的核心元件，其主要作用是测量短路点到保护安装点之间的阻抗，并与整定阻抗值进行比较，以确定保护装置是否应该动作。

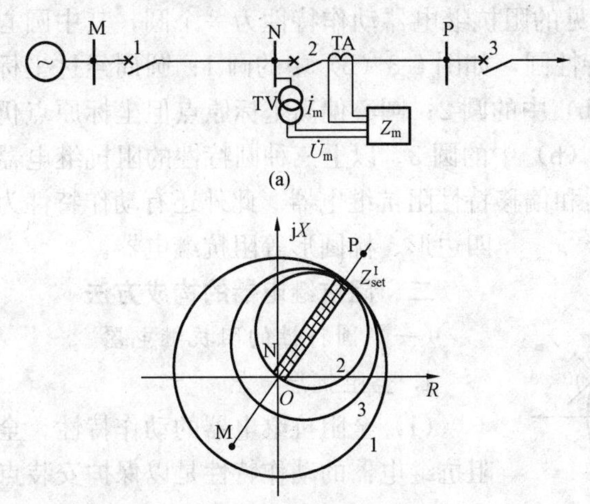

图 6-3　用复平面分析阻抗继电器的动作特性

（a）网络接线；（b）阻抗继电器的测量阻抗及其动作特性

阻抗继电器按其构成方式可分为单相补偿式和多相补偿式两种，本节只介绍前者。单相补偿式阻抗继电器是指加入继电器的只有一个电压 $\dot{U}_{\mathrm{m}}$（可以是相电压或线电压）和一个电流 $\dot{I}_{\mathrm{m}}$（可以是相电流或两相电流之差）的阻抗继电器。$\dot{U}_{\mathrm{m}}$ 和 $\dot{I}_{\mathrm{m}}$ 的比值称为阻抗继电器的测量阻抗 Z_{m}，即

$$Z_{\mathrm{m}}=\frac{\dot{U}_{\mathrm{m}}}{\dot{I}_{\mathrm{m}}} \tag{6-1}$$

由于 Z_{m} 可以写成 $R+\mathrm{j}X$ 的复数形式，所以可以利用复数平面来分析阻抗继电器的动作特性，并用几何图形把它表示出来。现以图 6-3（a）中线路 NP 的 N 侧保护的距离Ⅰ段为例，将阻抗继电器的测量阻抗画在复平面上，如图 6-3（b）所示。

线路始端 N 位于坐标原点，若该距离Ⅰ段的保护范围整定为线路 NP 全长的 85%，则保护的启动阻抗（一次侧值）为 $Z_{\mathrm{op}}^{\mathrm{I}}=0.85Z_{\mathrm{NP}}$。假定接入继电器的电流 $\dot{I}_{\mathrm{m}}$ 的正方向为由母

线指向被保护线路，则当线路正方向 $0.85Z_{NP}$ 处发生金属性短路时，阻抗继电器的测量阻抗 Z_m 位于第一象限并在与 NP 相重合的方向上，可表示为

$$Z_m=\frac{U_m}{I_m}=\frac{\frac{U_N}{n_{TV}}}{\frac{I_{NP}}{n_{TA}}}=\frac{U_N}{I_{NP}}\frac{n_{TA}}{n_{TV}}=0.85Z_{NP}\frac{n_{TA}}{n_{TV}}$$

式中 U_N——加于保护装置的一次电压，即母线 N 的电压；

I_{NP}——接入保护装置的一次电流，即从 N 流向 P 的电流；

n_{TV}——电压互感器的变比；

n_{TA}——电流互感器的变比；

Z_{NP}——线路 NP 的阻抗（一次侧值）。

此测量阻抗称为Ⅰ段阻抗继电器的整定阻抗，用 Z_{set}^{I} 表示，即

$$Z_{set}^{I}=Z_{op}\frac{n_{TA}}{n_{TV}} \tag{6-2}$$

当线路正方向发生金属性短路且短路点在Ⅰ段保护范围内时，测量阻抗 Z_m 落在 Z_{set}^{I} 相量以内；当线路正方向发生短路但短路点在Ⅰ段的保护范围外时，测量阻抗 Z_m 落在第一象限但在 Z_{set}^{I} 相量以外；当反方向发生短路时，测量阻抗 Z_m 将位于第三象限并且在 Z_{set}^{I} 相量以外。由此可见，相量 Z_{set}^{I} 决定了阻抗继电器的动作特性，如图 6-3（b）中阴影线所示，即如果测量阻抗落在 Z_{set}^{I} 相量以内，则阻抗继电器动作；反之则不动作。

然而，由于过渡电阻及互感器误差的影响，在保护范围内发生短路时，测量阻抗可能偏离 Z_{set}^{I} 的方向，如果阻抗继电器的动作特性是线段 Z_{set}^{I}，则继电器可能拒动；同时考虑到继电器的接线应尽量简化并且便于制造和调试，所以阻抗继电器的动作特性应该是包含线段 Z_{set}^{I} 在内的某些简单图形，如圆或多边形。常见的阻抗继电器动作特性为一个圆，其中圆心位于复阻抗平面坐标原点的圆，称为全阻抗特性圆，如图 6-3（b）中的圆 1；圆周经过坐标原点的圆，称为方向阻抗特性圆，如图 6-3（b）中的圆 2；圆心偏离坐标原点但坐标原点仍在圆内的圆，称为偏移特性阻抗圆，如图 6-3（b）中的圆 3。以上三种圆特性的阻抗继电器相应地被称为全阻抗继电器、方向阻抗继电器和偏移特性阻抗继电器。此外还有动作特性为四边形、椭圆形等阻抗继电器。

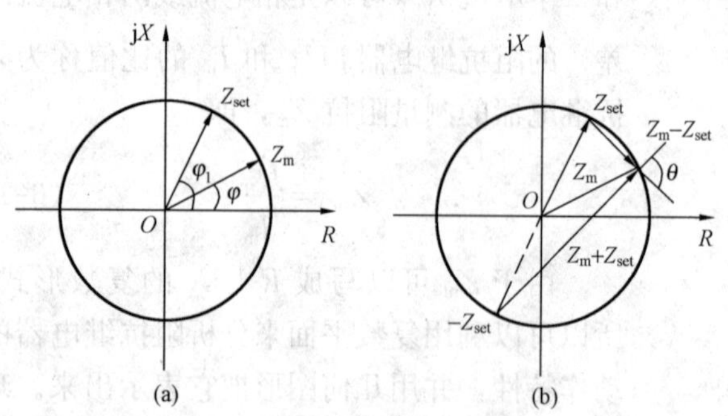

图 6-4　全阻抗继电器的动作特性

（a）比幅式；（b）比相式

二、阻抗继电器的构成方法

（一）圆特性的阻抗继电器

1. 全阻抗继电器

（1）全阻抗继电器的动作特性。全阻抗继电器的动作特性是以保护安装点为圆心、以整定阻抗 Z_{set} 为半径所作的一个圆，如图 6-4 所示。圆内为动作区，圆外为非动作区，圆周是动作边界。即当测量阻抗 Z_m 落在圆内时，继电器动作；当测量阻抗 Z_m 落在圆外时，继电器不动作；当测量阻抗 Z_m 落在圆周上时，继电器刚好动作，对应此时的测量阻抗

称为继电器的启动阻抗，用 Z_{st} 表示。由图 6-4 可见，全阻抗继电器具有以下特点：

1）无论阻抗角多大，启动阻抗 Z_{st} 在数值上都等于圆的半径，也就是等于整定阻抗 Z_{set}，即 $|Z_{st}|=|Z_{set}|$。

2）全阻抗继电器在阻抗复平面四个象限的动作面积相同，当保护反方向短路，测量阻抗落在第三象限并且在圆内时，全阻抗继电器会误动作，即全阻抗继电器没有方向性。因此，若距离保护采用全阻抗继电器，还需增设功率方向元件以防止反方向短路时保护误动作。

（2）全阻抗继电器的动作方程。单相补偿式圆特性及其他特性的阻抗继电器的构成方式有两种：对两个电气量的幅值进行比较和对两个电气量的相位进行比较，根据前者构成的阻抗继电器称为比幅式阻抗继电器，后者称为比相式阻抗继电器，如图 6-4 所示。图中 φ_1 为线路阻抗的阻抗角。

1）比幅式全阻抗继电器。由图 6-4（a）可知，当测量阻抗 Z_m 落在圆内时，$|Z_m|<|Z_{set}|$，阻抗继电器能够动作；当测量阻抗落在圆周上时，$|Z_m|=|Z_{set}|$，阻抗继电器刚好动作；当测量阻抗落在圆外时，$|Z_m|>|Z_{set}|$，阻抗继电器不动作。因此，全阻抗继电器的动作条件可用阻抗的幅值表示为

$$|Z_m|\leqslant|Z_{set}| \tag{6-3}$$

式（6-3）两端同时乘以电流 $\dot{I}_m$，因 $\dot{I}_m Z_m=\dot{U}_m$，便得到

$$|\dot{U}_m|\leqslant|\dot{I}_m Z_{set}| \tag{6-4}$$

式（6-4）可看作两个电压幅值的比较，式中 $\dot{U}_m$ 为电压互感器的二次电压，$\dot{I}_m Z_{set}$ 表示电流在某一个恒定阻抗 Z_{set} 上的电压降落，可利用电抗变压器或其他补偿方式获得。

2）比相式全阻抗继电器。由图 6-4（b）可知，当测量阻抗 Z_m 落在圆周上时（继电器刚好动作），相量 Z_m+Z_{set} 与相量 Z_m-Z_{set} 的夹角 $\theta=90°$；当测量阻抗落在圆内时（继电器能够动作），$\theta>90°$；当测量阻抗落在圆外时（继电器不动作），$\theta<90°$。因此，全阻抗继电器的动作条件又可用比较阻抗相量 Z_m+Z_{set} 和 Z_m-Z_{set} 的相位关系表示，即

$$270°\geqslant\arg\frac{Z_m+Z_{set}}{Z_m-Z_{set}}\geqslant 90° \tag{6-5}$$

式中，$\theta\leqslant 270°$对应 Z_m 超前于 Z_{set}的情况，此时 θ 为负值。

将式（6-5）中的阻抗相量乘以电流 $\dot{I}_m$，即可得到用两个电压相位关系表示的全阻抗继电器的动作条件，即

$$270°\geqslant\arg\frac{\dot{U}_m+\dot{I}_m Z_{set}}{\dot{U}_m-\dot{I}_m Z_{set}}\geqslant 90° \tag{6-6}$$

式中，$\arg\frac{\dot{U}_m+\dot{I}_m Z_{set}}{\dot{U}_m-\dot{I}_m Z_{set}}$ 表示相量 $\dot{U}_m+\dot{I}_m Z_{set}$ 超前相量 $\dot{U}_m-\dot{I}_m Z_{set}$ 的角度。此时继电器的动作条件只与这两个电压的相位差有关。

上述动作条件在其他书中也常表示为

$$90°\geqslant\arg\frac{\dot{U}_m+\dot{I}_m Z_{set}}{\dot{I}_m Z_{set}-\dot{U}_m}\geqslant -90°$$

（3）全阻抗继电器交流回路原理接线。根据比幅原理构成的全阻抗继电器的交流回路的

原理接线如图 6-5（a）所示。通过电抗变压器 UR 可得到 $\dot{U}_1=\dot{I}_m Z_{set}$，从整定电压变换器 T 的二次侧可得到 $\dot{U}_2=\dot{U}_m$，通过调节 T 的二次输出电压，可以改变阻抗继电器的整定值。

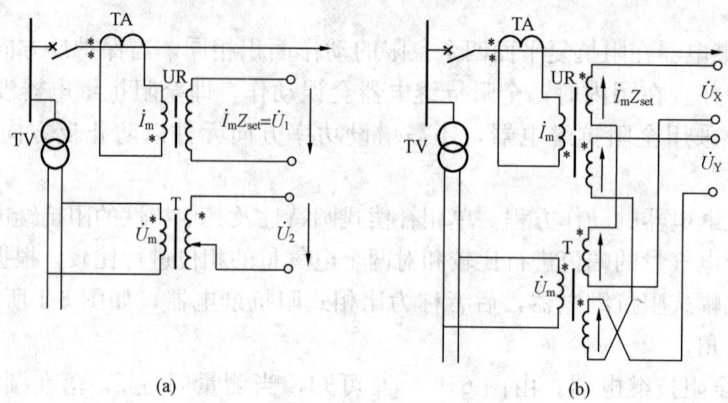

图 6-5 全阻抗继电器的比较电压

（a）比辐式的 $\dot{U}_1$ 和 $\dot{U}_2$；（b）比相式的 $\dot{U}_X$ 和 $\dot{U}_Y$

根据比相原理构成的全阻抗继电器的交流回路的原理接线要复杂一些，因为它们都是由两部分组成的，其接线方式如图 6-5（b）所示，将 UR 和 T 的二次回路都做成有两组独立的线圈，在连接时，使一组回路为两线圈的极性相加，另一组回路为两线圈的极性相减，这样就可以获得彼此独立的 $\dot{U}_X$ 和 $\dot{U}_Y$。

2. 方向阻抗继电器

（1）方向阻抗继电器的动作特性。方向阻抗继电器的动作特性是以整定阻抗为直径并且圆周经过坐标原点的一个圆，圆内为动作区，圆外为非动作区，圆周是动作边界，如图 6-6 所示。

由图 6-6 可见，方向阻抗继电器具有如下特点：

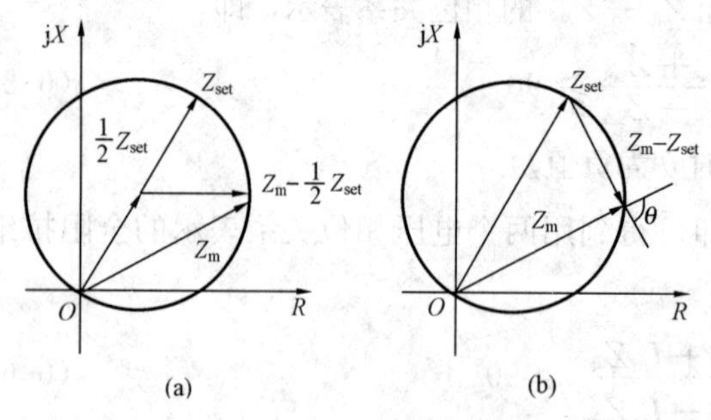

图 6-6 方向阻抗继电器的动作特性

（a）比幅式；（b）比相式

1）当测量阻抗 Z_m 的阻抗角 φ 不同时，方向阻抗继电器的启动阻抗也不相同。当 φ 等于整定阻抗的阻抗角 φ_{set} 时，继电器的启动阻抗最大，等于圆的直径，此时阻抗继电器的保护范围最大，工作最灵敏，因此这个角度称为方向阻抗继电器的最大灵敏角，用 $\varphi_{sen.max}$ 表示。当保护范围内部发生金属性短路故障时，$\varphi=\varphi_l$（被保护线路的阻抗角），因此应调整继电器的最大灵敏角 $\varphi_{sen.max}=\varphi_l$，以使继电器工作在最灵敏的条件下。

2）方向阻抗继电器在第三象限无动作区。这样当反方向发生短路时，测量阻抗落在第三象限，继电器便不能动作，即继电器本身具有方向性，因此称为方向阻抗继电器。

（2）方向阻抗继电器的动作方程。方向阻抗继电器也可由比幅式和比相式两种原理构成，现分别分析如下。

1）比幅式方向阻抗继电器。若用 r 表示方向阻抗继电器动作特性圆的半径，则 $r=\left|\frac{1}{2}Z_{\mathrm{set}}\right|$。由图 6-6（a）可知，当测量阻抗落在圆周上时，继电器刚好动作，此时相量 $Z_{\mathrm{m}}-\frac{1}{2}Z_{\mathrm{set}}$ 的值等于圆的半径 r；当测量阻抗落在圆内时，继电器能够动作，此时相量 $Z_{\mathrm{m}}-\frac{1}{2}Z_{\mathrm{set}}$ 小于圆的半径 r；当测量阻抗落在圆外时，继电器不动作，此时相量 $Z_{\mathrm{m}}-\frac{1}{2}Z_{\mathrm{set}}$ 大于圆的半径 r。所以，继电器的动作条件可用比较两个阻抗的幅值表示为

$$\left|Z_{\mathrm{m}}-\frac{1}{2}Z_{\mathrm{set}}\right| \leqslant \left|\frac{1}{2}Z_{\mathrm{set}}\right| \tag{6-7}$$

式（6-7）两边均乘以电流 $\dot{I}_{\mathrm{m}}$，即得到比较两个电压幅值的表达式为

$$\left|\dot{U}_{\mathrm{m}}-\frac{1}{2}\dot{I}_{\mathrm{m}}Z_{\mathrm{set}}\right| \leqslant \left|\frac{1}{2}\dot{I}_{\mathrm{m}}Z_{\mathrm{set}}\right| \tag{6-8}$$

2）比相式方向阻抗继电器。由图 6-6（b）可见，当测量阻抗落在圆周上时，阻抗 Z_{m} 与 $Z_{\mathrm{m}}-Z_{\mathrm{set}}$ 之间的相位差 θ 为 90°，与对全阻抗继电器的分析相似，继电器的动作条件为

$$270^\circ \geqslant \arg\frac{Z_{\mathrm{m}}}{Z_{\mathrm{m}}-Z_{\mathrm{set}}} \geqslant 90^\circ \tag{6-9}$$

将式（6-9）中的 Z_{m} 和 $Z_{\mathrm{m}}-Z_{\mathrm{set}}$ 均乘以电流 $\dot{I}_{\mathrm{m}}$，即得到比较两个电压相位的表达式为

$$270^\circ \geqslant \arg\frac{\dot{U}_{\mathrm{m}}}{\dot{U}_{\mathrm{m}}-\dot{I}_{\mathrm{m}}Z_{\mathrm{set}}} \geqslant 90^\circ \tag{6-10}$$

3. 偏移特性阻抗继电器

（1）偏移特性阻抗继电器的动作特性。偏移特性阻抗继电器的动作特性是当正方向的整定阻抗为 Z_{set} 时，同时向反方向偏移一个 αZ_{set}（α 称为偏移率），其中 $0<\alpha<1$，如图 6-7 所示，圆内为动作区，圆外为非动作区，圆周是动作边界。由图可见，若以 d 表示圆的直径，r 表示圆的半径，Z_0 表示圆心坐标，则

$$d=|(1+\alpha)Z_{\mathrm{set}}|$$

$$r=\frac{1}{2}|(1+\alpha)Z_{\mathrm{set}}|$$

$$Z_0=\frac{1}{2}(1-\alpha)Z_{\mathrm{set}}$$

由图 6-7 可见，偏移特性阻抗继电器具有如下特点：

1）其动作特性介于方向阻抗继电器和全阻抗继电器之间，当采用 $\alpha=0$ 时，即为方向阻抗继电器；当采用 $\alpha=1$ 时，则为全阻抗继电器。其启动阻抗 Z_{st} 随阻抗角的不同而不同。

2）其在第三象限的动作范围与偏移率 α 的大小有关，一般取 $\alpha=0.1\sim0.2$，以便消

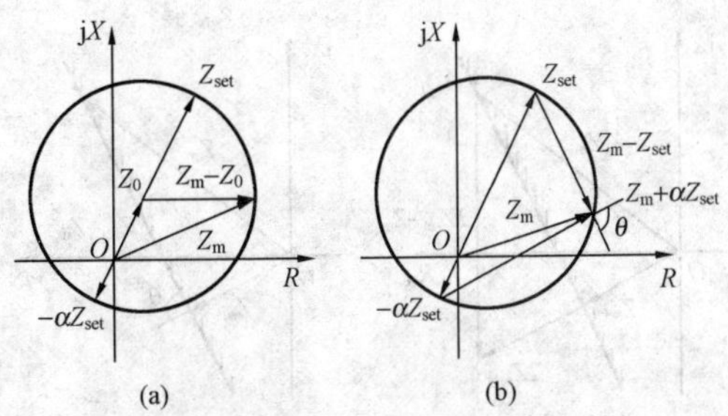

图 6-7　偏移特性阻抗继电器的动作特性

（a）比幅式；（b）比相式

除方向阻抗继电器的死区。由于偏移特性阻抗继电器在第三象限有一个小的动作区域，所以它没有完全的方向性。

（2）偏移特性阻抗继电器的动作方程。现对偏移特性阻抗继电器的两种构成方式进行分析。

1）比幅式偏移特性阻抗继电器。由图 6-7（a）可知，当测量阻抗落在圆周上时，$|Z_m-Z_0|=\frac{1}{2}|(1+\alpha)Z_{set}|=r$；当测量阻抗落在圆内时，$|Z_m-Z_0|<\frac{1}{2}|(1+\alpha)Z_{set}|$；当测量阻抗落在圆外时，$|Z_m-Z_0|>\frac{1}{2}|(1+\alpha)Z_{set}|$。因此继电器的动作条件可表示为

$$|Z_m-Z_0|\leqslant\frac{1}{2}|(1+\alpha)Z_{set}| \tag{6-11}$$

或

$$\left|Z_m-\frac{1}{2}(1-\alpha)Z_{set}\right|\leqslant\frac{1}{2}|(1+\alpha)Z_{set}| \tag{6-12}$$

式（6-12）两边均乘以电流 $\dot{I}_m$，即得到比较两个电压幅值的表达式，即

$$\left|\dot{U}_m-\frac{1}{2}\dot{I}_m(1-\alpha)Z_{set}\right|\leqslant\frac{1}{2}|\dot{I}_m(1+\alpha)Z_{set}| \tag{6-13}$$

2）比相式偏移特性阻抗继电器。由图 6-7（b）可知，当测量阻抗落在圆周上时，相量 $Z_m+\alpha Z_{set}$ 与 Z_m-Z_{set} 之间的相位差 θ 为 90°，与对全阻抗继电器的分析相似，可以证明偏移特性阻抗继电器的动作条件为 $270°\geqslant\theta\geqslant90°$，即

$$270°\geqslant\arg\frac{Z_m+\alpha Z_{set}}{Z_m-Z_{set}}\geqslant90° \tag{6-14}$$

将 $Z_m+\alpha Z_{set}$ 和 Z_m-Z_{set} 均乘以电流 $\dot{I}_m$，即得到比较两个电压相位的表达式，即

$$270°\geqslant\arg\frac{\dot{U}_m+\alpha\dot{I}_m Z_{set}}{\dot{U}_m-\dot{I}_m Z_{set}}\geqslant90° \tag{6-15}$$

上述三种圆特性的阻抗继电器，式（6-6）、式（6-10）和式（6-15）中分母上的电压通常称为阻抗继电器的补偿电压，分子上的电压称为阻抗继电器的极化电压。继电器可以看成是以极化电压作为参考向量来测定故障时补偿电压的相位，从而判断是否应当动作。

（二）直线特性的阻抗继电器

当要求继电器的动作特性为任一直线时，如图 6-8 所示，直线的左侧为动作区，右侧为非动作区。由 O 点作动作特性边界线的垂线，此相量即为整定阻抗 Z_{set}。

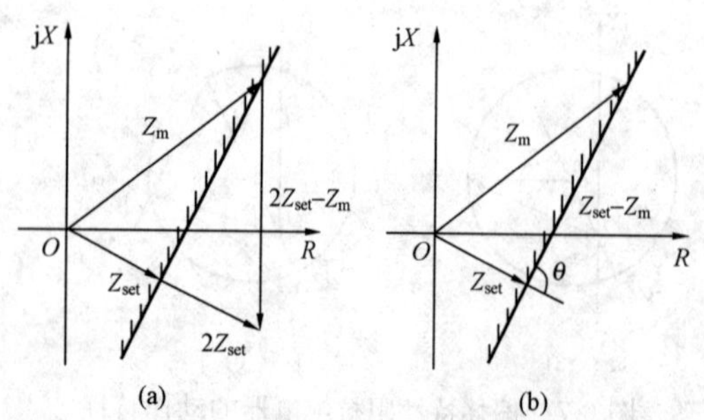

图 6-8 直线特性的阻抗继电器
（a）比幅式；（b）比相式

1. 比幅式直线特性阻抗继电器

当利用幅值比较原理构成继电器时，如图 6-8（a）所示，其动作条件可表示为

$$|Z_m|\leqslant|2Z_{set}-Z_m| \tag{6-16}$$

式（6-16）两端均乘以电流 $\dot{I}_m$，则变为比较两个电压幅值的表达式，即

$$|\dot{U}_m|\leqslant|2\dot{I}_m Z_{set}-\dot{U}_m| \tag{6-17}$$

2. 比相式直线特性阻抗继电器

当利用相位比较原理构成继电器时，如

图 6-8（b）所示，当相量 Z_{set} 和 $Z_m - Z_{set}$ 之间的相位差 θ 为 $270° \geqslant \theta \geqslant 90°$ 时，继电器动作。所以其动作条件可表示为

$$270° \geqslant \arg \frac{Z_{set}}{Z_m - Z_{set}} \geqslant 90° \tag{6-18}$$

将式（6-18）中的 Z_{set} 和 $Z_m - Z_{set}$ 均乘以电流 $\dot{I}_m$，则得到用电压形式表示的动作条件，即

$$270° \geqslant \arg \frac{\dot{I}_m Z_{set}}{\dot{U}_m - \dot{I}_m Z_{set}} \geqslant 90° \tag{6-19}$$

在以上直线特性阻抗继电器中，如果取 $Z_{set} = jX_{set}$，则其动作特性变为图 6-9 所示形式，即为电抗型继电器，此时只要测量阻抗 Z_m 的电抗部分小于 X_{set}，继电器就可以动作，而与电阻部分的大小无关。

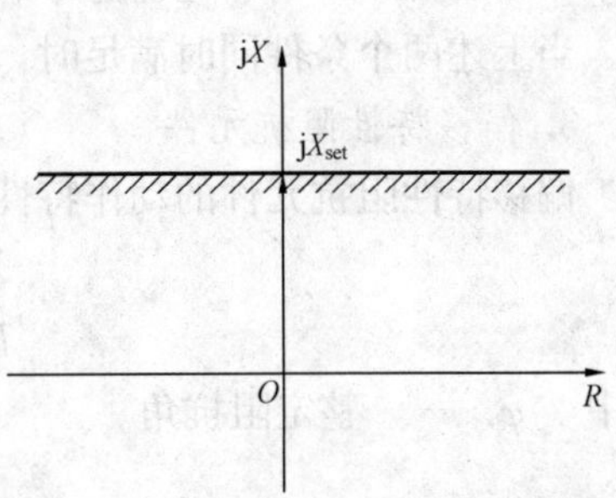

图 6-9　电抗型继电器动作特性

现将以上各种阻抗继电器的两种构成方式汇总于表 6-1 中。

表 6-1　　**各种阻抗继电器的构成方式**

所需电压 / 继电器特性	比较其幅值的两个电压		比较其相位的两个电压	
	$\dot{U}_1$	$\dot{U}_2$	$\dot{U}_X = \dot{U}_2 + \dot{U}_1$	$\dot{U}_Y = \dot{U}_2 - \dot{U}_1$
全阻抗继电器	$\dot{I}_m Z_{set}$	$\dot{U}_m$	$\dot{U}_m + \dot{I}_m Z_{set}$	$\dot{U}_m - \dot{I}_m Z_{set}$
方向阻抗继电器	$\frac{1}{2}\dot{I}_m Z_{set}$	$\dot{U}_m - \frac{1}{2}\dot{I}_m Z_{set}$	$\dot{U}_m$	$\dot{U}_m - \dot{I}_m Z_{set}$
偏移特性阻抗继电器	$\dot{I}_m (Z_{set} - Z_0)$	$\dot{U}_m - \dot{I}_m Z_0$	$\dot{U}_m + \alpha \dot{I}_m Z_{set}$	$\dot{U}_m - \dot{I}_m Z_{set}$
直线特性阻抗继电器	$2\dot{I}_m Z_{set} - \dot{U}_m$	$\dot{U}_m$	$\dot{I}_m Z_{set}$	$\dot{U}_m - \dot{I}_m Z_{set}$
电抗型继电器	$2\dot{I}_m (jX_{set}) - \dot{U}_m$	$\dot{U}_m$	$\dot{I}_m (jX_{set})$	$\dot{U}_m - \dot{I}_m (jX_{set})$

（三）多边形特性的阻抗元件

1. 四边形特性阻抗元件

四边形特性阻抗元件的动作特性如图 6-10 所示，其动作条件为

$$\left.\begin{array}{l} X_{set.1} \leqslant X_m \leqslant X_{set.2} \\ R_{set.1} \leqslant R_m \leqslant R_{set.2} \end{array}\right\} \tag{6-20}$$

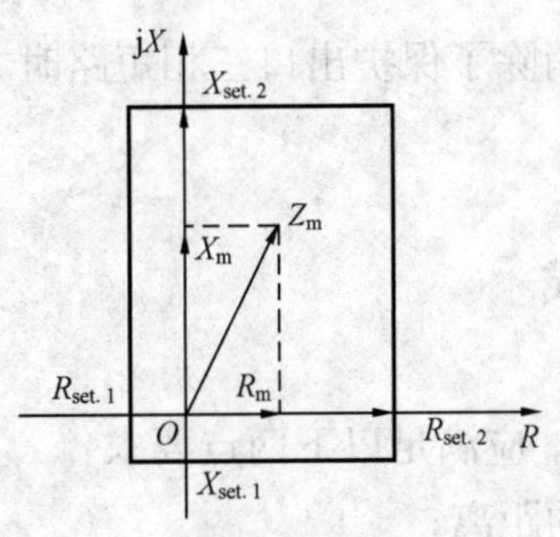

图 6-10　四边形特性阻抗元件的动作特性

式中　X_m、R_m——测量阻抗中的电抗和电阻分量；

$X_{set.1}$、$X_{set.2}$——整定的电抗值；

$R_{set.1}$、$R_{set.2}$——整定的电阻值。

当上述两个条件同时满足时，阻抗元件动作。

2. 方向多边形特性阻抗元件

当要求阻抗元件对故障点的方向具有选择性时，常采用图 6-11 所示的动作特性，其动作判据为

$$\left.\begin{array}{l}R_{m}\tan\theta_{1}\leqslant X_{m}\leqslant X_{set}\\ X_{m}\cot\theta_{2}\leqslant R_{m}\leqslant R_{set}+X_{m}\cot\theta_{3}\end{array}\right\}\tag{6-21}$$

式中 θ_1、θ_2、θ_3 ——事先整定好的参数。

当上述两个条件同时满足时，阻抗元件动作。

3. 偏移特性阻抗元件

偏移特性阻抗元件的动作特性如图 6-12 中的 $ABCD$ 所示，其动作条件为

$$\left.\begin{array}{l}X_{set.1}\leqslant X_{m}\leqslant X_{set.2}\\ R_{set.1}\leqslant R_{m}\leqslant R_{set.2}\cot\varphi_{set}\end{array}\right\}\tag{6-22}$$

式中 φ_{set} ——整定阻抗角。

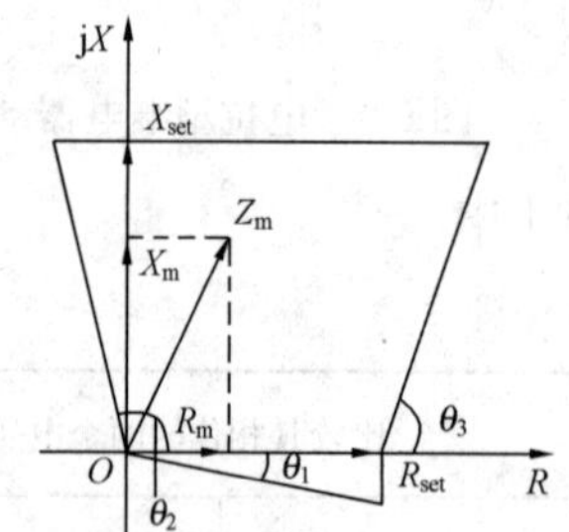

图 6-11 方向多边形特性阻抗元件的动作特性

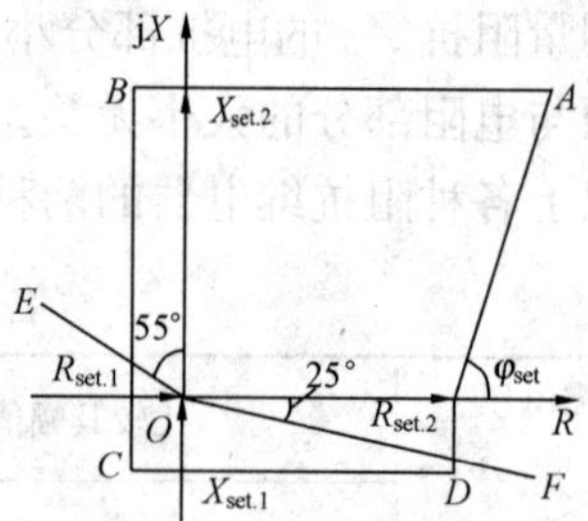

图 6-12 偏移特性阻抗元件的动作特性

在图 6-10 和图 6-12 所示的两种动作特性中，当正、反方向出口相间短路（包括三相短路）时，$X_m\approx 0$、$R_m\approx 0$，式（6-20）和式（6-22）动作判据满足，阻抗将处于动作状态。为保证保护在正方向短路时可靠动作而在反方向短路时不误动作，必须采用方向元件判别故障方向，方向元件的动作边界为图 6-12 中的 EOF，其动作判据为

$$-25^{\circ}\leqslant \arg\frac{\dot{U}_{l1}}{\dot{I}_{l}}\leqslant 145^{\circ}\tag{6-23}$$

式中 $\dot{U}_{l1}$ ——保护安装处线电压（相间电压）的正序分量，l=AB、BC、CA；

$\dot{I}_{l}$ ——保护安装处流向被保护线路的线电流（相电流差），l=AB、BC、CA。

当正、反方向出口两相短路时，因正序电压 $\dot{U}_{l1}$ 较高，所以方向元件有明确的方向性；当正、反方向出口三相短路时，三相电压均很低，为使方向元件仍具有明确的方向性，式（6-23)中的 $\dot{U}_{l1}$ 采用故障前的电压并将动作方向固定，从而消除了保护出口三相短路时方向元件的死区。

第三节 阻抗继电器的接线方式

根据距离保护的工作原理，加入继电器的电压 $\dot{U}_m$ 和电流 $\dot{I}_m$ 应满足以下两点要求：

（1）继电器的测量阻抗应正比于短路点到保护安装点之间的距离；

（2）继电器的测量阻抗应与故障类型无关，即保护范围应不随故障类型改变而变化。

为了满足上述要求，对于反应相间短路的单相式阻抗继电器，可以采用 0°、+30°接线

和－30°接线方式；对于反应单相接地短路的阻抗继电器，可采用具有零序电流补偿的接线方式。下面主要介绍相间短路阻抗继电器的0°接线方式和接地短路阻抗继电器的接线方式。

一、相间短路阻抗继电器的0°接线方式

类似于对功率方向继电器接线方式的定义，当功率因数等于1时，接入继电器的电压与电流的夹角为0°，因此将这种接线方式称为“0°接线”，其关系见表6-2，这是距离保护中广泛应用的一种接线方式。

表6-2　阻抗继电器采用0°接线方式时，接入的电压和电流的关系

阻抗继电器标号	$\dot{U}_m$	$\dot{I}_m$
KI1	$\dot{U}_{AB}$	$\dot{I}_A-\dot{I}_B$
KI2	$\dot{U}_{BC}$	$\dot{I}_B-\dot{I}_C$
KI3	$\dot{U}_{CA}$	$\dot{I}_C-\dot{I}_A$

现对各种相间短路时阻抗继电器的测量阻抗进行分析，为分析方便，假设电流互感器和电压互感器的变比为1，即阻抗继电器的测量阻抗用系统一次阻抗表示，同时假设所有短路均为金属性短路。

（一）三相短路

如图6-13所示，由于三相短路时三相是对称的，三个阻抗继电器KI1、KI2和KI3的工作情况完全相同，所以只分析其中一个阻抗继电器，便可知其他两个阻抗继电器的情况，现以KI1为例进行分析。

设短路点到保护安装处的距离为l，线路每千米的正序阻抗为Z_1，则保护安装处的电压$\dot{U}_{AB}$应为

$$\dot{U}_{AB}=\dot{U}_A-\dot{U}_B=\dot{I}_AZ_1l-\dot{I}_BZ_1l=(\dot{I}_A-\dot{I}_B)Z_1l \tag{6-24}$$

阻抗继电器KI1的测量阻抗为

$$Z_{KI1}^{(3)}=\frac{\dot{U}_{AB}}{\dot{I}_A-\dot{I}_B}=Z_1l \tag{6-25}$$

由式（6-25）可见，在三相短路时，三个阻抗继电器的测量阻抗均等于短路点到保护安装点之间的线路阻抗，当短路点在其保护范围内时，三个阻抗继电器均能够动作。

（二）两相短路

如图6-14所示，以AB相间短路为例，此时三相电压和电流的关系为

$$\left.\begin{aligned}\dot{I}_A&=-\dot{I}_B\\\dot{I}_C&=0\\\dot{U}_A&=\dot{I}_AZ_1l+\dot{U}_{kA}\\\dot{U}_B&=\dot{I}_BZ_1l+\dot{U}_{kB}\\\dot{U}_C&=\dot{E}_C\end{aligned}\right\} \tag{6-26}$$

式中　$\dot{U}_A$、$\dot{U}_B$、$\dot{U}_C$——保护安装处的A、B、C三相电压；

$\dot{U}_{kA}$、$\dot{U}_{kB}$——短路点的 A、B 两相电压；

$\dot{E}_C$——电源 C 相的相电动势。

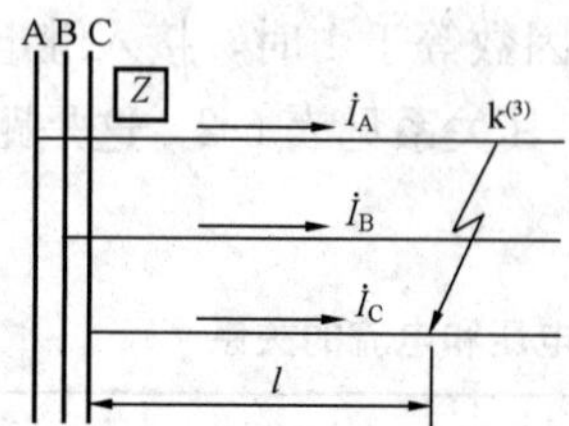

图 6-13　三相短路时测量阻抗的分析

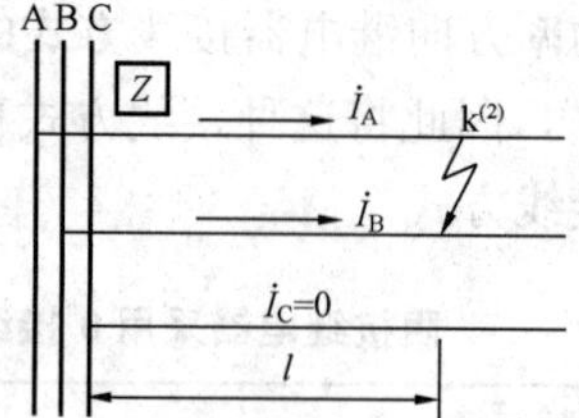

图 6-14　AB 两相短路时测量阻抗的分析

所以，三个阻抗继电器在 AB 两相短路时的测量阻抗分别为

$$\left.\begin{aligned} Z_{KI.1}^{(2)} &= \frac{\dot{U}_{AB}}{\dot{I}_A-\dot{I}_B} = \frac{(\dot{I}_A-\dot{I}_B)Z_1 l}{\dot{I}_A-\dot{I}_B} = Z_1 l \\ Z_{KI.2}^{(2)} &= \frac{\dot{U}_{BC}}{\dot{I}_B-\dot{I}_C} = \frac{\dot{I}_B Z_1 l+\dot{U}_{kB}-\dot{E}_C}{\dot{I}_B} = Z_1 l+\frac{\dot{U}_{kB}-\dot{E}_C}{\dot{I}_B} \\ Z_{KI.3}^{(2)} &= \frac{\dot{U}_{CA}}{\dot{I}_C-\dot{I}_A} = \frac{\dot{E}_C-(\dot{I}_A Z_1 l+\dot{U}_{kA})}{-\dot{I}_A} = Z_1 l+\frac{\dot{U}_{kA}-\dot{E}_C}{\dot{I}_A} \end{aligned}\right\} \tag{6-27}$$

由式（6-27）可见，KI1 的测量阻抗和三相短路时相同，因此在 AB 两相短路时，若短路点在其保护范围内，KI1 能正确动作；对于继电器 KI2 和 KI3，由于所加电压为非故障相间的电压，数值比 U_{AB} 高，而电流又只有一个故障相的电流，数值比 $\dot{I}_A-\dot{I}_B$ 小，因此，其测量阻抗必然大于 KI1 的测量阻抗，也就是说它们不能正确地测量短路点到保护安装点之间的阻抗，可能不会启动。

由上述分析可见，在 AB 两相短路时，只有 KI1 能准确测量短路阻抗而动作。同理可知，在 BC 和 CA 两相短路时，相应地只有 KI2 和 KI3 能动作，这就是为什么要用三个阻抗继电器并分别接于不同的相间。

（三）中性点直接接地电网的两相接地短路

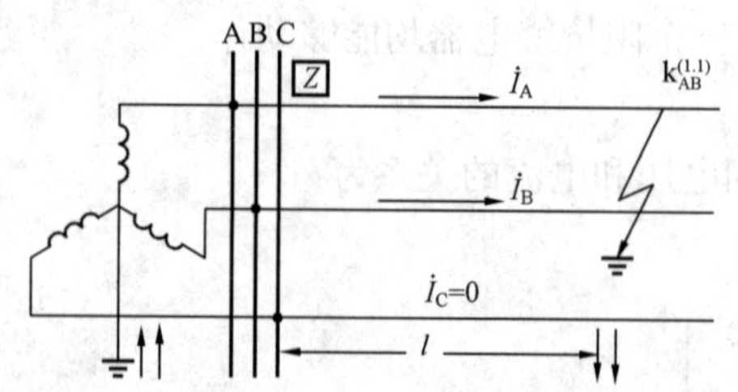

图 6-15　AB 两相接地短路时测量阻抗的分析

如图 6-15 所示，仍以 AB 两相接地短路为例，与两相短路不同的是大地中有电流流回，因此，$\dot{I}_A \neq -\dot{I}_B$。

此时，把 A 相和 B 相看成两个“导线—地”的送电线路并由互感耦合在一起，若用 Z_L 表示输电线路每千米的自感阻抗、Z_M 表示每千米的互感阻抗，则保护安装点的故障相电压为

$$\left.\begin{aligned} \dot{U}_A &= \dot{I}_A Z_L l+\dot{I}_B Z_M l \\ \dot{U}_B &= \dot{I}_B Z_L l+\dot{I}_A Z_M l \end{aligned}\right\} \tag{6-28}$$

因此，继电器 KI1 的测量阻抗为

$$Z_{KI.1}^{(1,1)}=\frac{\dot{U}_{AB}}{\dot{I}_A-\dot{I}_B}=\frac{(\dot{I}_A-\dot{I}_B)(Z_L-Z_M)l}{\dot{I}_A-\dot{I}_B}=Z_1l \tag{6-29}$$

由此可见，当发生AB两相接地短路时，KI1的测量阻抗与两相短路时相同，保护能够正确动作。

由上述分析可知，0°接线方式在各种金属性相间短路时，至少有一个阻抗继电器的测量阻抗等于保护安装点到故障点之间的线路阻抗，能满足对距离保护的要求，因此这种接线方式在相间距离保护中获得了广泛的应用。

二、接地短路阻抗继电器的接线方式

在中性点直接接地系统中，当零序电流保护不能满足要求时，一般考虑采用接地距离保护，它的主要任务是正确反应系统中的接地短路。因此，对于应用在接地距离保护中的阻抗继电器的接线方式需要作进一步的讨论。

在单相接地短路时，只有故障相的电压降低、电流增大，而任何相间电压都很高。因此，从原则上看，应该将故障相的电压和电流都加入继电器中。例如，对A相阻抗继电器采用$\dot{U}_m=\dot{U}_A$和$\dot{I}_m=\dot{I}_A$，至于这种接线方式能否满足要求，现分析如下：

假设A相发生金属性接地故障，首先将故障点的A相电压$\dot{U}_{kA}$和电流$\dot{I}_A$分解为对称分量

$$\left.\begin{aligned}\dot{I}_A&=\dot{I}_1+\dot{I}_2+\dot{I}_0\\ \dot{U}_{kA}&=\dot{U}_{k1}+\dot{U}_{k2}+\dot{U}_{k0}=0\end{aligned}\right\} \tag{6-30}$$

按照各序的等效网络，在保护安装点母线上各对称分量的电压与短路点的各对称分量的电压应具有如下关系

$$\left.\begin{aligned}\dot{U}_1&=\dot{U}_{k1}+\dot{I}_1Z_1l\\ \dot{U}_2&=\dot{U}_{k2}+\dot{I}_2Z_1l\\ \dot{U}_0&=\dot{U}_{k0}+\dot{I}_0Z_0l\end{aligned}\right\} \tag{6-31}$$

因此，保护安装点母线上的A相电压应为

$$\begin{aligned}\dot{U}_A&=\dot{U}_{A1}+\dot{U}_{A2}+\dot{U}_{A0}=Z_1l\left(\dot{I}_1+\dot{I}_2+\dot{I}_0\frac{Z_0}{Z_1}\right)\\ &=Z_1l\left(\dot{I}_A-\dot{I}_0+\dot{I}_0\frac{Z_0}{Z_1}\right)\\ &=Z_1l\left(\dot{I}_A+\dot{I}_0\frac{Z_0-Z_1}{Z_1}\right)\end{aligned} \tag{6-32}$$

如果采用$\dot{U}_m=\dot{U}_A$和$\dot{I}_m=\dot{I}_A$的接线方式，则继电器的测量阻抗为

$$Z_{KI}=\frac{\dot{U}_A}{\dot{I}_A}=Z_1l+\frac{\dot{I}_0}{\dot{I}_A}(Z_0-Z_1)l \tag{6-33}$$

此测量阻抗的值与$\dot{I}_0/\dot{I}_A$的比值有关，而这个比值因受中性点接地数目与分布的影响，并不等于常数，所以继电器不能准确地测量短路点到保护安装点间的阻抗。

为了使继电器的测量阻抗在单相接地时不受$\dot{I}_0$的影响，根据以上分析，应给阻抗继电器加入如下电压和电流

$$\left.\begin{aligned}&\dot{U}_{m}=\dot{U}_{A}\\&\dot{I}_{m}=\dot{I}_{A}+\dot{I}_{0}\frac{Z_{0}-Z_{1}}{Z_{1}}=\dot{I}_{A}+K\times3\dot{I}_{0}\\&K=\frac{Z_{0}-Z_{1}}{3Z_{1}}\end{aligned}\right\}\tag{6-34}$$

一般可近似认为零序阻抗角和正序阻抗角相等，因而 K 是一个实数，称为零序补偿系数，这样阻抗继电器的测量阻抗将是

$$Z_{KI}=\frac{\dot{U}_{m}}{\dot{I}_{m}}=\frac{Z_{1}l(\dot{I}_{A}+K\times3\dot{I}_{0})}{\dot{I}_{A}+K\times3\dot{I}_{0}}=Z_{1}l\tag{6-35}$$

此测量阻抗能正确反映短路点到保护安装点之间的阻抗，并与相间短路阻抗继电器的测量阻抗为同一数值。这种接线方式称为具有零序电流补偿的相电流接线方式，在接地距离保护中得到了广泛的应用。

为了反应任一相的单相接地短路，接地距离保护也必须采用三个阻抗继电器，采用相电压和具有 $K\times3\dot{I}_{0}$ 补偿的相电流接线方式时接入的电压和电流的关系见表 6-3。

表 6-3　阻抗继电器采用相电压和具有 $K\times3\dot{I}_0$ 补偿的相电流接线方式时接入的电压和电流的关系

阻抗继电器标号	$\dot{U}_{m}$	$\dot{I}_{m}$
KI1	$\dot{U}_{A}$	$\dot{I}_{A}+3K\dot{I}_{0}$
KI2	$\dot{U}_{B}$	$\dot{I}_{B}+3K\dot{I}_{0}$
KI3	$\dot{U}_{C}$	$\dot{I}_{C}+3K\dot{I}_{0}$

这种具有 $K\times3\dot{I}_{0}$ 补偿的相电流接线方式同样能够反应两相接地短路和三相短路，此时接于故障相的阻抗继电器的测量阻抗也为 $Z_{1}l$ 。

三、工频变化量的阻抗继电器

工频变化量阻抗继电器的理论基础是叠加原理。图 6-16 所示为两端电源供电系统。在正常运行状态下，线路中的电流和保护安装处的电压用 $\dot{I}_{M|0|}$ 和 $\dot{U}_{M|0|}$ 表示，如图 6-16（a）所示。当线路 k 点发生金属性短路时，故障前 k 点的电压用 $\dot{U}_{k|0|}$ 表示，故障后 k 点的电压用 $\dot{U}_{k}$ 表示。对于 $\dot{U}_{k}$ 可理解为单相式阻抗元件接线方式确定的电压，单相接地短路时 $\dot{U}_{k}$ 为故障相电压，$\dot{U}_{k}=\dot{U}_{ph}=0$；相间短路时 $\dot{U}_{k}$ 为故障相间电压，$\dot{U}_{k}=\dot{U}_{l}=0$。故障后的网络可用图 6-16（b）表示。

根据叠加原理，图 6-16（b）又可分解为图 6-16（c）、（d）两个等效网络。图 6-16（c）对应的是正常运行时的网络，由于在短路前后两侧电源电动势 $\dot{E}_{M}$ 和 $\dot{E}_{N}$ 是不变的，所以图 6-16（c）中的 $\dot{E}_{M}$ 和 $\dot{E}_{N}$ 是短路前的电动势，$\dot{U}_{k|0|}$ 是短路前 k 点的电压。如果短路前系统是正常运行方式，则图 6-16（c）就是短路前的正常负荷状态。图 6-16（d）为故障附加网络，在短路附加状态中的电气量都加一个“Δ”来表示。根据故障附加网络计算得到的各个量，统称为故障分量。

由叠加原理可知，短路后保护安装处的电压 $\dot{U}_{M}$ 是图 6-16（c）和图 6-16（d）中相应点

的电压 $\dot{U}_{M|0|}$ 和 $\Delta\dot{U}_M$ 之和，电流 $\dot{I}_M$ 是图 6-16（c）和图 6-16（d）中相应支路中的电流 $\dot{I}_{M|0|}$ 和 $\Delta\dot{I}_M$ 之和。即

$$\begin{cases}\dot{U}_M = \dot{U}_{M|0|} + \Delta\dot{U}_M \\ \dot{I}_M = \dot{I}_{M|0|} + \Delta\dot{I}_M\end{cases} \tag{6-36}$$

$$\begin{cases}\Delta\dot{U}_M = \dot{U}_M - \dot{U}_{M|0|} \\ \Delta\dot{I}_M = \dot{I}_M - \dot{I}_{M|0|}\end{cases} \tag{6-37}$$

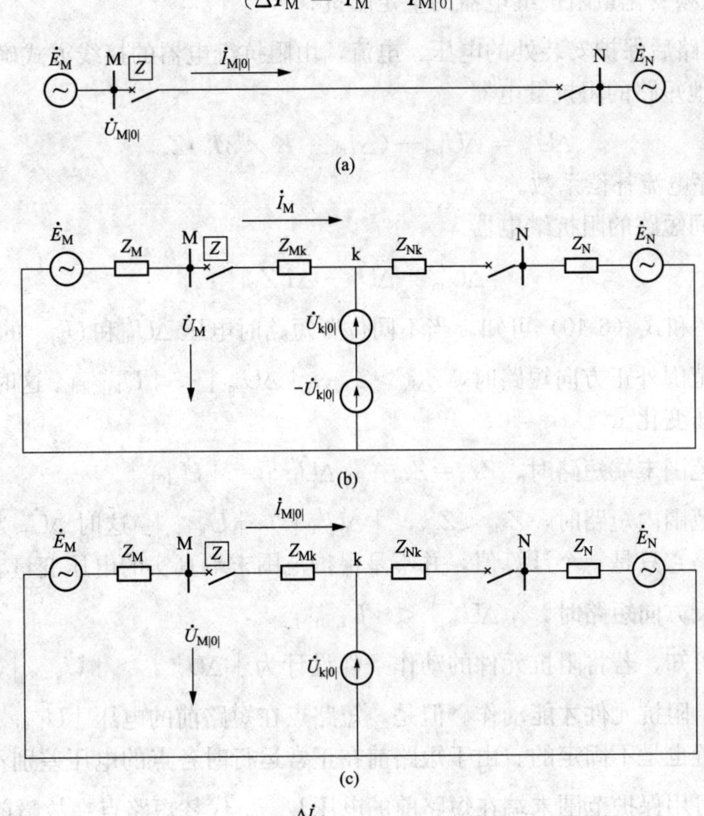

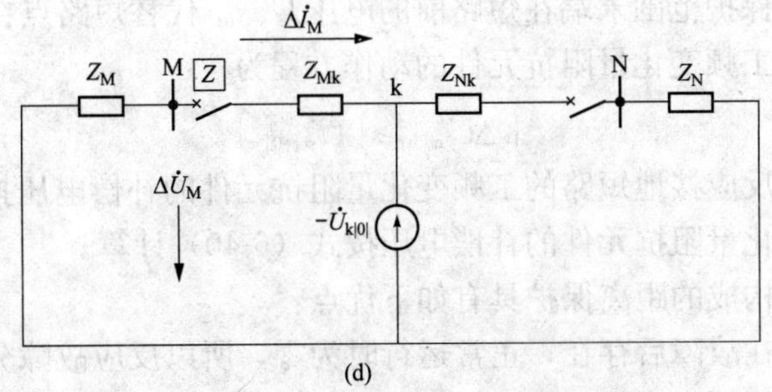

图 6-16　叠加原理示意图

（a）正常运行时的系统图；（b）故障等效网络；

（c）正常运行等效网络；（d）故障附加网络

通过对式（6-37）中 $\Delta\dot{U}_M$ 和 $\Delta\dot{I}_M$ 计算构成的保护，称为变化量保护。如果通过滤波只取其中的工频量，这种保护就称为工频变化量保护。在微机保护中，一般用当前的采样值减

去1～3个周波前的采样值来获得工频变化量，这样在短路进入稳态时的工频变化量就是零，所以工频变化量保护在短路初期才能动作，是一种快速保护，无法用它来构成带时限的保护。

设短路后保护测量电压的变化量为 $\Delta\dot{U}_{m}$，电流的变化量为 $\Delta\dot{I}_{m}$，工频变化量阻抗继电器的补偿电压为 $\Delta\dot{U}'_{m}$。$\Delta\dot{U}'_{m}$的物理概念是保护范围末端电压的变化量，计算方法为

$$\Delta\dot{U}'_{m}=\Delta(\dot{U}_{m}-\dot{I}_{m}Z_{set})=\Delta\dot{U}_{m}-\Delta\dot{I}_{m}Z_{set} \tag{6-38}$$

式中 Z_{set}——工频变化量阻抗继电器的整定阻抗；

$\dot{U}_{m}$、$\dot{I}_{m}$——短路后保护安装处的电压、电流，由阻抗继电器的接线方式确定。

对于反应接地短路的阻抗继电器

$$\Delta\dot{U}'_{m}=\Delta\dot{U}_{ph}-(\Delta\dot{I}_{ph}+K\times 3\dot{I}_{0})Z_{set} \tag{6-39}$$

式中 K——零序电流补偿系数。

对于反应相间短路的阻抗继电器

$$\Delta\dot{U}'_{m}=\Delta\dot{U}_{l}-\Delta\dot{I}_{l}Z_{set} \tag{6-40}$$

由式（6-39）和式（6-40）可知，当不同位置短路时电压 $\Delta\dot{U}'_{m}$和 $\dot{U}_{k|0|}$ 的关系如下：

（1）当保护范围外正方向短路时，$Z_{Mk}>Z_{set}$，$|\Delta\dot{U}'_{m}|<|\dot{U}_{k|0|}|$。这时 $\Delta\dot{U}'_{m}$为保护范围末端真实的电压变化量。

（2）当保护范围末端短路时，$Z_{Mk}=Z_{set}$，$|\Delta\dot{U}'_{m}|=|\dot{U}_{k|0|}|$。

（3）当保护范围内短路时，$Z_{Mk}<Z_{set}$，$|\Delta\dot{U}'_{m}|>|\dot{U}_{k|0|}|$。这时 $\Delta\dot{U}'_{m}$为保护范围末端电压变化量，但是它只是一个计算值，并不是保护范围末端真实的电压变量。

（4）当保护反方向短路时，$|\Delta\dot{U}'_{m}|<|\dot{U}_{k|0|}|$。

由上述分析可知，若将阻抗元件的动作条件设计为 $|\Delta\dot{U}'_{m}|>|\dot{U}_{k|0|}|$，只有当保护范围内发生短路时，阻抗元件才能动作。但是，短路点在短路前的电压 $|\dot{U}_{k|0|}|$ 是未知的，而且短路点 k 的位置也是不固定的。由于短路前在正常运行时各点的电压差别不大，都在额定电压附近，因此可用保护范围末端在短路前的电压 $\dot{U}_{set|0|}$ 代替短路点在故障前的电压 $\dot{U}_{k|0|}$。

综上所述，可得工频变化量阻抗元件的动作方程为

$$|\Delta\dot{U}'_{m}|\geqslant|\dot{U}_{set|0|}| \tag{6-41}$$

在实际应用中，反应接地短路的工频变化量阻抗元件的补偿电压按式（6-39）计算，反应相间短路的工频变化量阻抗元件的补偿电压按式（6-40）计算。

利用工频变化量构成的距离保护具有如下优点：

（1）故障分量仅在故障后存在，正常运行时为零，所以反应故障分量的保护在正常运行时不会启动，因此定值可以取得较小，保护动作灵敏。

（2）故障点的故障分量电压最大，系统中性点的故障分量电压最小，因此利用故障分量构成的保护可以消除保护出口附近短路时的动作死区。

（3）当正方向发生短路时，故障分量电压和电流的相位关系，取决于保护安装处背后系统的阻抗角，与两侧系统的电动势夹角、故障点远近以及是否有过渡电阻无关。

工频变化量阻抗继电器详细的构成原理及动作特性请参阅其他文献。

第四节　方向阻抗继电器的特殊问题

一、方向阻抗继电器的死区及其消除措施

(一) 方向阻抗继电器的死区

当在保护安装处正方向出口的一定范围内发生金属性相间短路，母线电压（即保护安装处电压）降低到零或很小值，加到继电器上的电压 $\dot{U}_m = 0$ 或者小于继电器动作所需的最小电压时，无论方向阻抗继电器是根据比幅原理还是比相原理构成，均不能动作。发生此情况的一定范围，称为方向阻抗继电器的死区。

现将产生死区的原因分析如下：

(1) 对于幅值比较式方向阻抗继电器，由式（6-8）可知，其动作条件为 $\left|\dot{U}_m - \frac{1}{2}\dot{I}_m Z_{set}\right| \leqslant \left|\frac{1}{2}\dot{I}_m Z_{set}\right|$。当 $\dot{U}_m = 0$ 时，该式变为 $\left|-\frac{1}{2}\dot{I}_m Z_{set}\right| = \left|\frac{1}{2}\dot{I}_m Z_{set}\right|$，即进行幅值比较的两个量 $\dot{U}_1$ 和 $\dot{U}_2$ 大小相等，此时继电器处于动作边界，应该刚好能够启动。但实际上由于继电器执行元件动作需要消耗一定的功率，例如机电式继电器具有弹簧反作用力矩和摩擦力矩，晶体管放大器也需要一定的输入信号才能动作。因此在 $\dot{U}_1$ 和 $\dot{U}_2$ 相等的情况下，继电器并不能动作。

(2) 对于相位比较式方向阻抗继电器，由式（6-10）可知，其动作条件为 $270° \geqslant \arg\frac{\dot{U}_m}{\dot{U}_m - \dot{I}_m Z_{set}} \geqslant 90°$。当 $\dot{U}_m = 0$ 时，由于进行相位比较的两个电压中的 $\dot{U}_X$ 为零，所以比相回路无法进行相位比较，继电器同样也不能动作。

(二) 消除方向阻抗继电器死区的措施

为了消除方向阻抗继电器的死区，通常在比幅式方向阻抗继电器的两个比较量中引入相等的插入电压 $\dot{U}_{in}$，在比相式方向阻抗继电器中引入极化电压 $\dot{U}_{po}$。为了使方向阻抗继电器的动作特性不受影响，$\dot{U}_{in}$ 和 $\dot{U}_{po}$ 应满足以下要求：

(1) $\dot{U}_{in}$ 和 $\dot{U}_{po}$ 应与 $\dot{U}_m$ 同相；

(2) 当保护安装处出口发生短路时，$\dot{U}_{in}$ 和 $\dot{U}_{po}$ 应不为零或能保持一段时间逐渐衰减到零。

现以比相式方向阻抗继电器为例，介绍得到极化电压 $\dot{U}_{po}$ 的两种常用方法。

1. 记忆回路

记忆回路就是由 R、L、C 组成的一个工频串联谐振电路，如图 6-17 所示。对于 50Hz 的工频电流，$\omega L = \frac{1}{\omega C}$，该电路呈电阻性，电路中的电流 $\dot{I}_U$ 及其在电阻 R 上产生的电压降 $\dot{U}_R$ 与 $\dot{U}_m$ 同相位，因此用 $\dot{U}_R$ 代替 $\dot{U}_m$ 作为极化电压（或插入电压）供给方向阻抗继电器，继电器的特性不会受到影响。

当保护安装处附近发生金属性短路时，$\dot{U}_m$ 突降到零，此时由于 R、L、C 回路处于对 50Hz 的谐振状态，$\dot{I}_U$ 不会立即降为零，要按回路的自由振荡频率经过几个周波以后才逐渐

衰减到零。因此由电阻 R 上得到的极化电压 $\dot{U}_{po}(=\dot{U}_R)$ 同样也经过几个周波之后才衰减到零，其波形如图 6-18 所示。因此，这个电压又称为记忆电压，该回路称为记忆回路。利用这一电压在继电器中迅速地进行比相或比幅，保证正方向出口短路时继电器无死区，反方向出口故障时不失方向性。

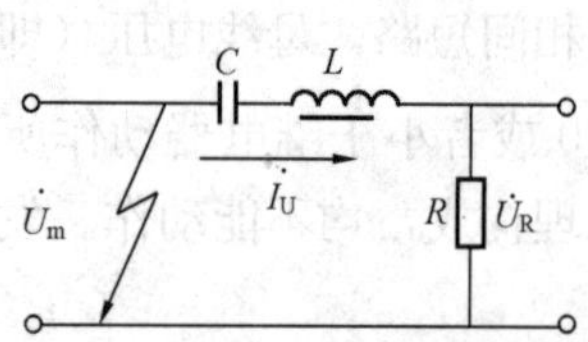

图 6-17　记忆回路的原理接线图

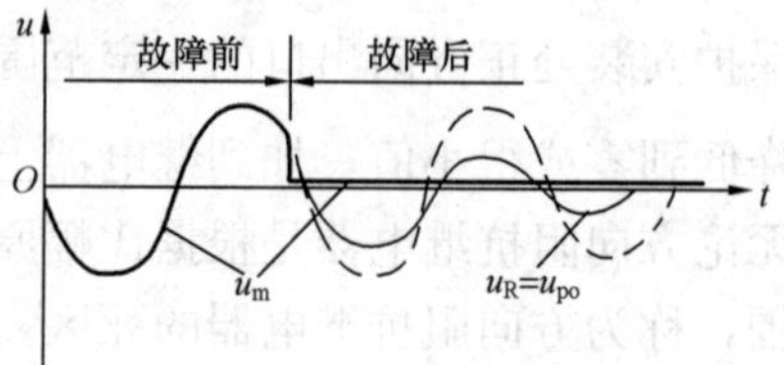

图 6-18　记忆回路中电压变化曲线

应当注意的是，实际上由于记忆回路中有电阻 R，使回路的自由振荡角频率为

$$\omega_0=\sqrt{\frac{1}{LC}-\frac{R^2}{4L^2}} \tag{6-42}$$

如果式（6-42）中 L 和 C 是按 $\omega L=\dfrac{1}{\omega C}$ 的条件选择的（ω 为工频角频率），则故障后的自由振荡频率 ω_0 将小于工频振荡频率 ω，其结果会导致在故障后的暂态过程中，$\dot{U}_{po}$ 或 $\dot{U}_R$ 相位逐渐远离故障前 $\dot{U}_m$ 的相位，显然这将影响方向阻抗继电器的正确动作。

若要保证故障衰减过程中 $\dot{U}_{po}$ 与 $\dot{U}_m$ 同相位，则应满足 $\omega=\omega_0$ 的条件。但这样在稳态时，又会使 $\dfrac{1}{\omega C}=\omega L-\dfrac{R^2}{4\omega L}$，$R$、$L$、$C$ 电路呈容性，$\dot{I}_U$ 超前 $\dot{U}_m$ 5°～8°，从而使 $\dot{U}_{po}$ 超前 $\dot{U}_m$ 的角度为 5°～8°，造成方向阻抗继电器的动作特性随之发生变化。

由此可见，记忆电路稳态时的谐振角频率与暂态时的自由振荡角频率不可能相等，通常对于快速动作的方向阻抗继电器，按 $\omega L=\dfrac{1}{\omega C}$ 的条件选择记忆回路元件的参数；而对于动作较慢的保护，则按 $\omega=\omega_0=\sqrt{\dfrac{1}{LC}-\dfrac{R^2}{4L^2}}$ 的条件来选择。

2. 引入非故障相电压

记忆回路只能保证方向阻抗继电器在暂态过程中正确动作，且其作用时间是有限的。为克服这一缺点，再引入非故障相电压。因为在各种两相短路时，只有故障相间的电压降低到零，而非故障相间的电压仍然很高，因此在继电器的接线方式上可以考虑直接利用或部分利用非故障相的电压来消除两相短路时的死区。图 6-19（a）所示为在接于 AB 相的方向阻抗继电器中引入第三相（C 相）电压，并将第三相电压和记忆回路并用的等值电路，它将 C 相电压通过一高值电阻 R_h 接到记忆回路中 C 和 L 的连接点上。

正常运行时，由于电压 $\dot{U}_{ab}$ 较高且 L、C 处于工频谐振状态，而电阻 R_h 的值又很大，使得作用在 R 上的电流主要来自 $\dot{U}_{ab}$ 且是电阻性的，第三相电压 $\dot{U}_C$ 基本上不起作用。当系统 AB 相发生突然短路时，$\dot{U}_{ab}$ 降为零，此时由于记忆回路的作用可使继电器得到一个和故障前 $\dot{U}_m$ 相位相同的极化电压 $\dot{U}_{po}$，但它在几个周波之后将逐渐衰减到零，此时第三相电压的作用将表现出来。

由图 6-19（a）可见，当 AB 两相短路后，c 相与 a、b 相直接构成回路并有 $\dot{U}_{ac}$（等于 1.5 倍相电压）作用于该回路上，于是有

$$\dot{I}=\dot{I}_{L}+\dot{I}_{C}=\frac{\dot{U}_{ac}}{R_{h}+(R-jX_{C})//jX_{L}}$$

而

$$\dot{I}_{C}=\dot{I}\frac{jX_{L}}{R-jX_{C}+jX_{L}}$$

由于回路调谐使 $X_{C}=X_{L}$，而所选 $R_{h}\gg(R-jX_{C})//jX_{L}$，所以

$$\dot{I}_{C}\approx\dot{I}\frac{jX_{L}}{R}=j\frac{X_{L}}{R_{h}R}\dot{U}_{ac}$$

$$\dot{U}_{po}=\dot{U}_{R}=\dot{I}_{C}R\approx j\frac{X_{L}}{R_{h}}\dot{U}_{ac}$$

由此可见，$\dot{U}_{po}$ 超前于 $\dot{U}_{ac}$ 90°，也就是和故障前的 $\dot{U}_{m}$（$=\dot{U}_{ab}$）同相位，如图 6-19（b）所示。因此当两相短路时，第三相电压可以在继电器中产生和故障前电压 $\dot{U}_{m}$ 同相的、不衰减的极化电压 $\dot{U}_{po}$，以保证方向阻抗继电器的正确动作。

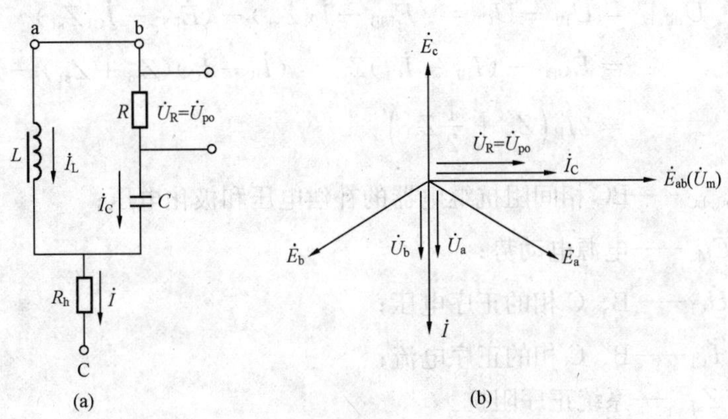

图 6-19　引入第三相电压产生极化电压的原理图

（a）保护出口 AB 两相短路时的等值电路；（b）相量图

二、引入正序电压作为极化电压后方向阻抗继电器的动作特性

比较式（6-6）、式（6-10）和式（6-15）可以发现，三种圆特性的阻抗继电器具有相同的补偿电压，即分母 $\dot{U}_{m}-\dot{I}_{m}Z_{set}$，而其极化电压（分子）不同，所以动作特性不同。为消除方向阻抗继电器的死区，保护中常采用以下两种电压作为极化电压。

（一）以正序电压作为阻抗继电器的极化电压

正序电压在系统中的分布特点为：电源处的正序电压最高，短路点的正序电压最低，但只要系统发生不对称短路，即使是短路点，其正序电压也是比较高的。例如，保护正方向出口发生 A 相金属性接地短路时，A 相电压等于零，但是 A 相的正序电压不等于零，而且数值很大。因此，当发生不对称短路时，无论短路点远近，保护安装处的正序电压都不为零，以正序电压作为极化电压，方向阻抗继电器能进行正常的比相和动作。但在保护出口发生三相金属性短路时，保护安装处的正序电压也等于零，方向阻抗继电器仍然有死区。

以正序电压为极化电压的方向阻抗继电器的动作方程为

$$270^\circ \geqslant \arg \frac{\dot{U}_{m1}}{\dot{U}_m - \dot{I}_m Z_{set}} \geqslant 90^\circ \tag{6-43}$$

式中 $\dot{U}_{m1}$——保护测量的正序电压（作为极化电压）。

$\dot{U}_{m1}$、$\dot{U}_m$ 与 $\dot{I}_m$ 所取的电压和电流由表 6-2 和表 6-3 确定。

下面分别分析正方向和反方向短路时，以正序电压为极化电压的方向阻抗继电器的动作特性。

1. 正方向短路

图 6-20（a）为一个单侧电源系统，假设不计负荷电流的影响，下面分别分析当保护正方向 k 点发生不同类型的短路时，阻抗继电器的动作特性。

（1）正方向两相短路时。以 BC 两相短路为例，分析 BC 相间阻抗继电器的补偿电压和极化电压。对于反应相间短路的阻抗继电器，其 $\dot{U}_m$ 与 $\dot{I}_m$、$\dot{U}_{m1}$ 所取的电压和电流均按表 6-2确定。补偿电压和极化电压为

$$\dot{U}'_{m.BC} = \dot{U}_{BC} - (\dot{I}_B - \dot{I}_C)Z_{set} = (\dot{I}_B - \dot{I}_C)(Z_m - Z_{set}) = 2\dot{I}_B(Z_m - Z_{set}) \tag{6-44}$$

$$\begin{aligned} \dot{U}_{m1.BC} &= \dot{U}_{B1} - \dot{U}_{C1} = (\dot{E}_{MB} - \dot{I}_{B1}Z_{s1}) - (\dot{E}_{MC} - \dot{I}_{C1}Z_{s1}) \\ &= \dot{E}_{MBC} - (\dot{I}_{B1} - \dot{I}_{C1})Z_{s1} = (\dot{I}_B - \dot{I}_C)(Z_m + Z_{s1}) - \dot{I}_B Z_{s1} \\ &= 2\dot{I}_B\left(Z_m + \frac{1}{2}Z_{s1}\right) \end{aligned} \tag{6-45}$$

式中 $\dot{U}'_{m.BC}$、$\dot{U}_{m1.BC}$——BC 相间阻抗继电器的补偿电压和极化电压；

$\dot{E}_{MB}$、$\dot{E}_{MC}$——电源电动势；

$\dot{U}_{B1}$、$\dot{U}_{C1}$——B、C 相的正序电压；

$\dot{I}_{B1}$、$\dot{I}_{C1}$——B、C 相的正序电流；

Z_{s1}——系统正序阻抗。

在上式计算中，用到了两相短路时的特点：$\dot{I}_B = -\dot{I}_C$，$\dot{I}_{B1} - \dot{I}_{C1} = \dot{I}_B$。

将式（6-44）和式（6-45）代入式（6-43）并消去分子、分母中的 $2\dot{I}_B$ 可得

$$270^\circ \geqslant \arg \frac{Z_m + \frac{1}{2}Z_{s1}}{Z_m - Z_{set}} \geqslant 90^\circ \tag{6-46}$$

总结式（6-6）、式（6-10）和式（6-15）及其所对应的动作特性圆可知，如果阻抗继电器的动作边界角分别为 90°和 270°，则阻抗继电器以 Z_m 为自变量的动作特性是以两个端点的连线为直径的圆。这两个端点由分子、分母各决定一个点，其值为分子和分母上除测量阻抗 Z_m 外的其他阻抗的负值。因此，可以画出式（6-46）所对应的动作特性圆如图 6-20（b）中圆 1 所示，是以 Z_{set} 和 $-\frac{1}{2Z_{s1}}$ 两点的连线为直径的圆，该圆向第Ⅲ象限带有偏移，由于坐标原点位于圆内，所以在正方向出口两相短路时没有死区。

（2）正方向三相短路时。由于三相短路时三相对称，反应相间短路的阻抗继电器和反应接地短路的阻抗继电器动作特性相同，下面以 A 相接地阻抗继电器为例进行分析。加入接

地短路的 A 相阻抗继电器的 $\dot{U}_m$ 与 $\dot{I}_m$、$\dot{U}_{m1}$ 由表 6-3 确定，其补偿电压和极化电压为

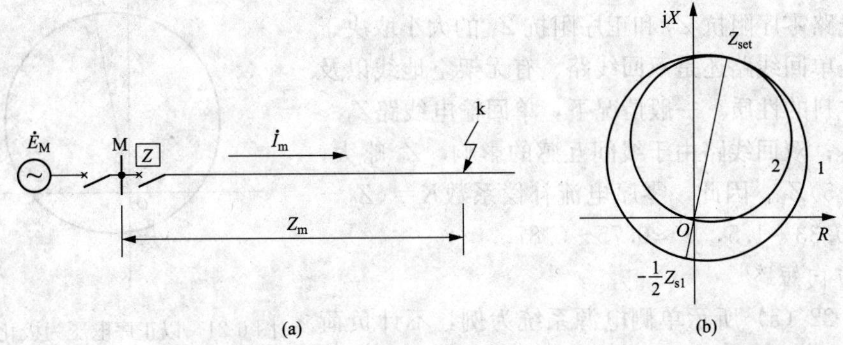

图 6-20　以正序电压为极化电压的阻抗继电器，在正方向两相和三相短路时的动作特性
(a) 正方向短路系统图；(b) 正方向两相和三相短路时的动作特性

$$\dot{U}'_{m.A}=\dot{U}_A-\dot{I}_A Z_{set}=\dot{I}_A(Z_m-Z_{set}) \tag{6-47}$$

$$\dot{U}_{m1.A}=\dot{U}_{A1}=\dot{I}_A Z_m \tag{6-48}$$

将式（6-47）和式（6-48）代入式（6-43）并消去分子和分母中的 $\dot{I}_A$ 可得

$$270^\circ \geqslant \arg\frac{Z_m}{Z_m-Z_{set}} \geqslant 90^\circ \tag{6-49}$$

其动作特性如图 6-20（b）中圆 2 所示。该圆是以 Z_{set} 和坐标原点两点连线为直径的圆，由于动作特性经过坐标原点，所以在正方向出口三相短路时仍有死区。

(3) 正方向发生单相接地短路时：以 A 相接地为例，分析 A 相接地阻抗继电器的补偿电压和极化电压。加入接地短路的 A 相阻抗继电器的 $\dot{U}_m$ 与 $\dot{I}_m$、$\dot{U}_{m1}$ 由表 6-3 确定，其补偿电压和极化电压为

$$\begin{aligned}\dot{U}'_{m.A}&=\dot{U}_A-\dot{I}_A Z_{set}=(\dot{I}_A+K\times 3\dot{I}_0)Z_m-(\dot{I}_A+K\times 3\dot{I}_0)Z_{set}\\&=(\dot{I}_A+K\times 3\dot{I}_0)(Z_m-Z_{set})\end{aligned} \tag{6-50}$$

$$\begin{aligned}\dot{U}_{m1.A}&=\dot{U}_{A1}=\dot{E}_{MA}-\dot{I}_{A1}Z_{s1}=(\dot{I}_A+K\times 3\dot{I}_0)(Z_m+Z_{s1})-\dot{I}_{A1}Z_{s1}\\&=(\dot{I}_A+K\times 3\dot{I}_0)(Z_m+k'Z_{s1})\end{aligned} \tag{6-51}$$

式中　$\dot{E}_{MA}$——电源 A 相电动势。

$$k'=1-\frac{\dot{I}_{A1}}{\dot{I}_A+K\times 3\dot{I}_0}=1-\frac{\dot{I}_{A1}}{\dot{I}_{A1}+\dot{I}_{A2}+\dot{I}_{A0}+K\times 3\dot{I}'_0} \tag{6-52}$$

考虑到在单相接地短路时，$\dot{I}_{A1}=\dot{I}_{A2}=\dot{I}_{A0}$，所以

$$k'=\frac{2+3K}{3+3K} \tag{6-53}$$

将式（6-50）和式（6-51）的 $\dot{U}'_{m.A}$ 和 $\dot{U}_{m1.A}$ 代入式（6-43）并消去分子、分母中 $\dot{I}_A+K\times 3\dot{I}_0$，可得

$$270^\circ \geqslant \arg\frac{Z_m+k'Z_{s1}}{Z_m-Z_{set}} \geqslant 90^\circ \tag{6-54}$$

如图 6-21 所示，由于坐标原点位于特性圆内，所以在正方向出口单相接地短路时阻抗继电器没有死区。

输电线路零序阻抗 Z_0 和正序阻抗 Z_1 的大小取决于输电线路是单回线路还是双回线路、有无架空地线以及架空地线材料的性质。一般情况下，单回输电线路$Z_0 \approx (2\sim3.5)Z_1$；双回线路由于线间互感的影响，$Z_0$ 略大，$Z_0 \approx (3\sim5.5)Z_1$。因此，零序电流补偿系数$K=(Z_0-Z_1)/3Z_1 \approx 0.33\sim1.5$，$k' \approx 0.75\sim0.87$。

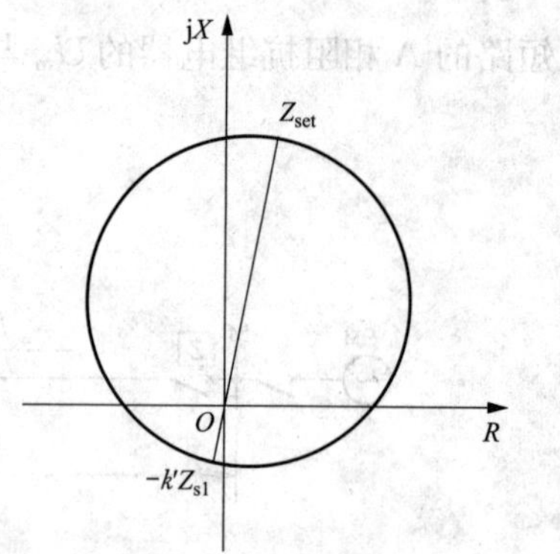

图 6-21　以正序电压为极化电压的阻抗继电器，在正方向单相接地短路时的动作特性

2. 反方向短路

以图 6-22（a）所示单侧电源系统为例，不计负荷电流的影响，当保护反方向 k 点发生不同类型的短路时，分析以正序电压为极化电压的阻抗继电器的动作特性。

（1）反方向两相短路时。以 BC 两相短路为例，分析 BC 相间阻抗继电器的动作特性。补偿电压和极化电压中的$\dot{U}_m$ 与 $\dot{I}_m$、$\dot{U}_{m1}$ 由表 6-2 确定，其补偿电压和极化电压为

$$\dot{U}'_{m.BC}=\dot{U}_{BC}-(\dot{I}_B-\dot{I}_C)Z_{set}=(\dot{I}_B-\dot{I}_C)(Z_m-Z_{set})=2\dot{I}_B(Z_m-Z_{set}) \tag{6-55}$$

$$\begin{aligned}\dot{U}_{m1.BC}&=\dot{U}_{B1}-\dot{U}_{C1}=(\dot{E}_{NB}+\dot{I}_{B1}Z'_{s1})-(\dot{E}_{NC}+\dot{I}_{C1}Z'_{s1})\\&=\dot{E}_{NBC}+(\dot{I}_{B1}-\dot{I}_{C1})Z'_{s1}=-(\dot{I}_B-\dot{I}_C)(-Z_m+Z'_{s1})-\dot{I}_BZ'_{s1}\\&=2\dot{I}_B\left(Z_m-\frac{1}{2}Z'_{s1}\right)\end{aligned} \tag{6-56}$$

式中　$\dot{E}_{NB}$、$\dot{E}_{NC}$——N 侧电源电动势。

将式（6-55）和式（6-56）的 $U'_{m.BC}$和 $\dot{U}_{m1.BC}$代入式（6-43）并消去分子、分母中 $2\dot{I}_B$，可得

$$270^\circ \geqslant \arg\frac{Z_m-\frac{1}{2}Z'_{s1}}{Z_m-Z_{set}} \geqslant 90^\circ \tag{6-57}$$

其动作特性如图 6-22（b）圆 1 所示，该圆在第Ⅰ象限上抛，远离了坐标原点。当反方向短路时，测量阻抗落在第Ⅲ象限，所以反方向两相短路时阻抗继电器具有良好的方向性。

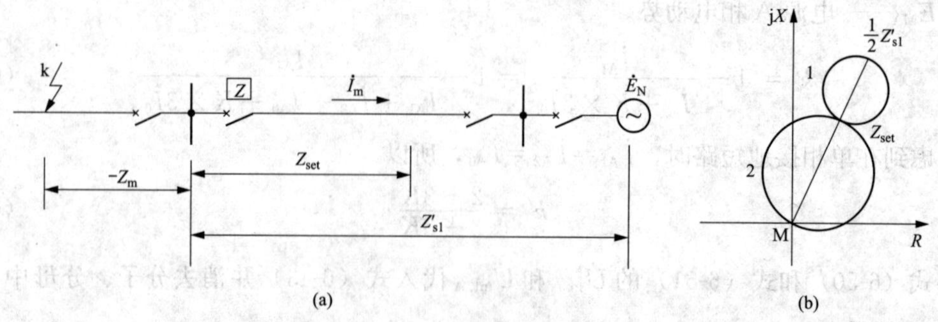

图 6-22　以正序电压为极化电压的阻抗继电器，在反方向两相和三相短路时的动作特性
（a）反方向短路系统图；（b）反方向两相和三相短路时的动作特性

（2）反方向三相短路时。因为三相对称，各阻抗继电器的动作特性相同，仍以 A 相接地阻抗继电器进行分析，补偿电压和极化电压中的 $\dot{U}_{\mathrm{m}}$ 与 $\dot{I}_{\mathrm{m}}$、$\dot{U}_{\mathrm{m1}}$ 由表 6-3 确定。其补偿电压和极化电压为

$$\dot{U}'_{\mathrm{m.A}} = \dot{U}_{\mathrm{A}} - \dot{I}_{\mathrm{A}} Z_{\mathrm{set}} = \dot{I}_{\mathrm{A}}(Z_{\mathrm{m}} - Z_{\mathrm{set}}) \tag{6-58}$$

$$\dot{U}_{\mathrm{m1.A}} = \dot{U}_{\mathrm{A1}} = \dot{I}_{\mathrm{A}} Z_{\mathrm{m}} \tag{6-59}$$

将式（6-58）、式（6-59）代入式（6-43）可得

$$270^\circ \geqslant \arg \frac{Z_{\mathrm{m}}}{Z_{\mathrm{m}} - Z_{\mathrm{set}}} \geqslant 90^\circ \tag{6-60}$$

其动作特性如图 6-22（b）圆 2 所示，该圆与正方向三相短路时的动作特性相同。在反方向出口或母线上发生三相短路时，尤其是安装在受电端的阻抗继电器，由于过渡电阻的附加阻抗是阻容性的，阻抗继电器可能会误动作。

（3）反方向单相接地短路时。以保护反方向 A 相接地为例，分析 A 相接地阻抗继电器的动作特性。其补偿电压和极化电压为

$$\begin{aligned}\dot{U}'_{\mathrm{m.A}} &= \dot{U}_{\mathrm{A}} - \dot{I}_{\mathrm{A}} Z_{\mathrm{set}} = [-(\dot{I}_{\mathrm{A}} + K \times 3\dot{I}_0)(-Z_{\mathrm{m}})] - (\dot{I}_{\mathrm{A}} + K \times 3\dot{I}_0) Z_{\mathrm{set}} \\ &= (\dot{I}_{\mathrm{A}} + K \times 3\dot{I}_0)(Z_{\mathrm{m}} - Z_{\mathrm{set}})\end{aligned} \tag{6-61}$$

$$\begin{aligned}\dot{U}_{\mathrm{m.A}} &= \dot{U}_{\mathrm{A1}} = \dot{E}_{\mathrm{NA}} + \dot{I}_{\mathrm{A1}} Z'_{\mathrm{s1}} = [-(\dot{I}_{\mathrm{A}} + K \times 3\dot{I}_0)(Z'_{\mathrm{s1}} - Z_{\mathrm{m}})] + \dot{I}_{\mathrm{A1}} Z'_{\mathrm{s1}} \\ &= (\dot{I}_{\mathrm{A}} + K \times 3\dot{I}_0)(Z_{\mathrm{m}} - Z'_{\mathrm{s1}}) + \dot{I}_{\mathrm{A1}} Z'_{\mathrm{s1}} \\ &= (\dot{I}_{\mathrm{A}} + K \times 3\dot{I}_0)(Z_{\mathrm{m}} - k' Z'_{\mathrm{s1}})\end{aligned} \tag{6-62}$$

将式（6-61）和式（6-62）代入式（6-43）可得

$$270^\circ \geqslant \arg \frac{Z_{\mathrm{m}} - k' Z'_{\mathrm{s1}}}{Z_{\mathrm{m}} - Z_{\mathrm{set}}} \geqslant 90^\circ \tag{6-63}$$

其动作特性如图 6-23 所示。该圆是以 Z_{set} 和 $k' Z'_{\mathrm{s1}}$ 两点连线为直径的圆，该圆向第Ⅰ象限上抛，远离了坐标原点，所以在反方向单相接地短路时具有良好的方向性。

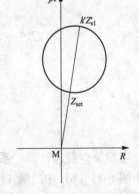

图 6-23　以正序电压为极化电压的阻抗继电器，在反方向单相接地短路时的动作特性

（二）以故障前电压为极化电压的阻抗继电器

由前面分析可见，以正序电压为极化电压的方向阻抗阻抗继电器，在出口三相短路时仍有可能拒动或误动，为此可采用故障前的电压作为极化电压，即用故障时刻前 1～3 个周波的电压 $\dot{U}_{\mathrm{m}|0|}$ 或 $\dot{U}_{\mathrm{m1}|0|}$（故障前的正序电压）作为极化电压。这样，在短路初始的一段时间内，前一个周波或两个周波是短路前的正常运行时刻，该电压是正常运行时的相电压（接地阻抗继电器）或相间电压（相间阻抗继电器），其值不为零，因此能使阻抗继电器在出口短路时正确比相和动作。

用故障前的电压 $\dot{U}_{\mathrm{m}|0|}$ 或 $\dot{U}_{\mathrm{m1}|0|}$ 作为极化电压，方向阻抗继电器的动作方程为

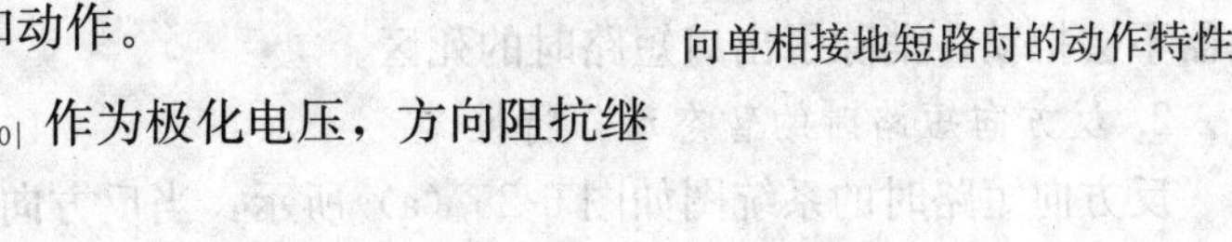

$$270^\circ \geqslant \arg \frac{\dot{U}_{\mathrm{m}|0|}}{\dot{U}_{\mathrm{m}} - \dot{I}_{\mathrm{m}} Z_{\mathrm{set}}} \geqslant 90^\circ \tag{6-64}$$

$$270^\circ \geqslant \arg \frac{\dot{U}_{m1|0|}}{\dot{U}_m - \dot{I}_m Z_{set}} \geqslant 90^\circ \tag{6-65}$$

在微机保护中进行式（6-64）和式（6-65）动作方程的计算时，用短路后的电压、电流求得补偿电压（式中的分母）与用短路前的电压、电流求得的极化电压（式中的分子）作相位比较。在短路初始的一段时间内，补偿电压是由短路后的电压、电流求得的，而极化电压是由短路前的电压、电流求得的，所以这段时间内对应的动作特性是暂态动作特性；当短路持续一段时间后，前1～3个周波的电压、电流也变成短路后的电压、电流，这时补偿电压和极化电压都是由短路后的采样数据计算得到的，其动作特性是稳态动作特性。所以，在短路过程中，式（6-64）和式（6-65）对应的动作特性是从短路初始的暂态动作特性逐渐过渡到稳态动作特性。

下面分析在正方向三相短路和反方向三相短路时，以故障前电压为极化电压的阻抗继电器的暂态动作特性。因为短路前正常运行的电压只有正序电压，即 $\dot{U}_{m|0|} = \dot{U}_{m1|0|}$，所以式（6-64）和式（6-65）两个动作方程对应的暂态动作特性是相同的。

1. 正方向短路时的暂态动作特性

在图6-24（a）所示系统中，当保护正方向k点短路时，阻抗继电器的测量阻抗为 Z_m，等于短路点到保护安装处的短路阻抗。补偿电压为

$$\dot{U}'_{m.A} = \dot{U}_m - \dot{I}_m Z_{set} = \dot{I}_m (Z_m - Z_{set}) = \frac{\dot{E}_M}{Z_m + Z_s}(Z_m - Z_{set}) \tag{6-66}$$

式中 Z_s——保护安装处背后系统的阻抗。

将式（6-66）代入式（6-64）可得

$$270^\circ \geqslant \arg \frac{\dot{U}_{m|0|}}{\dot{E}_M} \frac{Z_m + Z_s}{Z_m - Z_{set}} \geqslant 90^\circ \tag{6-67}$$

即

$$270^\circ + \arg \frac{\dot{E}_M}{\dot{U}_{m|0|}} \geqslant \arg \frac{Z_m + Z_s}{Z_m - Z_{set}} \geqslant 90^\circ + \arg \frac{\dot{E}_M}{\dot{U}_{m|0|}} \tag{6-68}$$

$$270^\circ + \theta \geqslant \arg \frac{Z_m + Z_s}{Z_m - Z_{set}} \geqslant 90^\circ + \theta \tag{6-69}$$

其中

$$\theta = \arg \frac{\dot{E}_M}{\dot{U}_{m|0|}}$$

当系统空载运行时，系统各点的电压都等于电源电动势，$\dot{U}_{m|0|} = \dot{E}_M$，$\theta=0^\circ$，其动作特性为图6-24（b）中的圆1；当M侧系统为送电侧时，$\theta>0^\circ$，其动作特性为图6-24（b）中的圆2；当M侧系统为受电侧时，$\theta<0^\circ$，其动作特性为图6-24（b）中的圆3。由图6-24（b）可见，正方向短路时的暂态动作特性包含了坐标原点，所以正方向出口短路时阻抗继电器不会拒动，消除了出口短路时的死区。

2. 反方向短路时的暂态动作特性

反方向短路时的系统图如图6-25（a）所示，当反方向k点发生短路时，补偿电压为

$$\dot{U}'_{m.A} = \dot{U}_m - \dot{I}_m Z_{set} = \dot{I}_m (Z_m - Z_{set}) = -\frac{\dot{E}_N}{Z'_s - Z_m}(Z_m - Z_{set})$$

$$= \frac{\dot{E}_N}{Z_m - Z'_s}(Z_m - Z_{set}) \tag{6-70}$$

式中　Z'_s——保护安装处正方向总的系统阻抗。

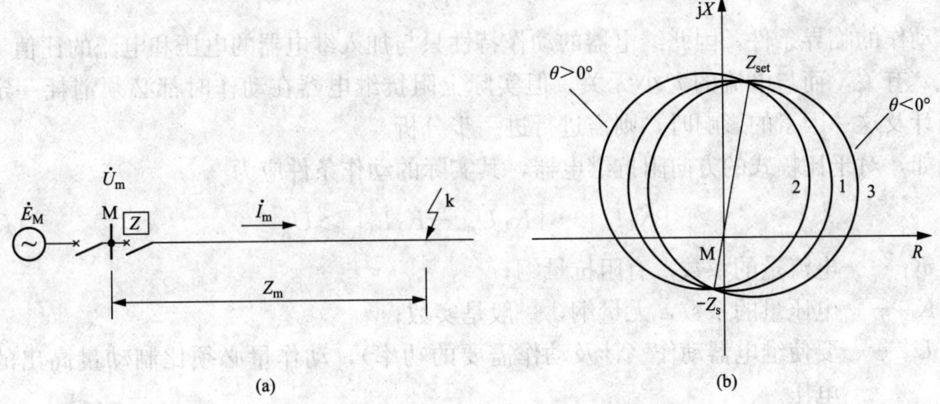

图 6-24　以故障前电压为极化电压的阻抗继电器，在正方向短路时的暂态动作特性
(a) 正方向短路系统图；(b) 正方向短路时的暂态动作特性

将式（6-70）代入式（6-64）可得

$$270° \geqslant \arg \frac{\dot{U}_{m|0|}}{\dot{E}_N} \frac{Z_m - Z'_s}{Z_m - Z_{set}} \geqslant 90° \tag{6-71}$$

即

$$270° + \arg \frac{\dot{E}_N}{\dot{U}_{m|0|}} \geqslant \arg \frac{Z_m - Z'_s}{Z_m - Z_{set}} \geqslant 90° + \arg \frac{\dot{E}_N}{\dot{U}_{m|0|}} \tag{6-72}$$

当系统空载运行时，$\arg \frac{\dot{E}_N}{\dot{U}_{m|0|}} = 0°$，阻抗继电器的暂态动作特性如图 6-25（b）所示，该圆是在第Ⅰ象限的上抛圆。由于反方向短路时，测量阻抗位于第Ⅲ象限，所以以故障前电压为极化电压的阻抗继电器不会误动作，具有明确的方向性。

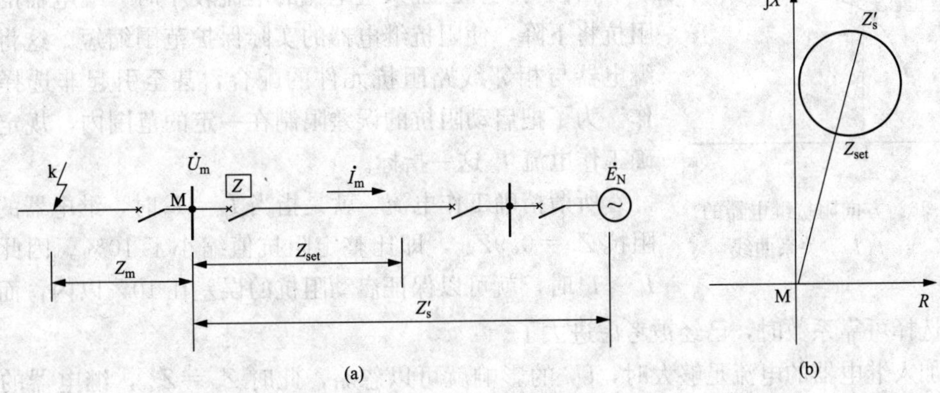

图 6-25　以故障前电压为极化电压的阻抗继电器，在反方向短路时的暂态动作特性
(a) 反方向短路系统图；(b) 反方向短路时的暂态动作特性

三、阻抗继电器的精确工作电流

以上分析阻抗继电器的动作特性时，都是从理想的条件出发，即认为比相回路（或幅值比较回路中的执行元件）的灵敏度很高，当 $\arg\dfrac{\dot{U}_X}{\dot{U}_Y}=90°$（或 $270°$）或 $|\dot{U}_1|=|\dot{U}_2|$ 时，为继电器动作的临界条件，因此继电器的动作特性只与加入继电器的电压和电流的比值（即测量阻抗）有关，而与电流的大小无关。但实际上阻抗继电器在动作时都必须消耗一定的功率，当计及这一因素的影响时，则需进行进一步分析。

例如，对于比幅式的方向阻抗继电器，其实际的动作条件应为

$$|\dot{K}_I\dot{I}_m|-|K_U\dot{U}_m-\dot{K}_I\dot{I}_m|\geqslant U_0 \tag{6-73}$$

式中 $\dot{K}_I$——电流量的系数，有阻抗量纲；

K_U——电压量的系数，无量纲，一般是实数；

U_0——要使继电器动作（计及动作需要的功率），动作量必须比制动量高出的门槛电压。

将式（6-73）与式（6-8）相比，可知在方向阻抗继电器中，$\dot{K}_I=\dfrac{1}{2}Z_{set},K_U=1$ 。调节 K_U 的大小可改变继电器的定值。

所以，继电器实际的临界动作条件应为

$$|\dot{K}_I\dot{I}_m|-|K_U\dot{U}_m-\dot{K}_I\dot{I}_m|=U_0 \tag{6-74}$$

当 $\varphi_m=\varphi_{sen}=\varphi_l$ 时，式（6-74）中的各相量间的关系就变成了代数关系，因此可得

$$2K_I I_m-K_U U_m=U_0 \tag{6-75}$$

因在临界动作时 $Z_m=\dfrac{U_m}{I_m}=Z_{op}$，又计及 $\dfrac{2K_I}{K_U}=Z_{set}$ ，所以可得继电器的实际启动阻抗为

$$Z_{st}=Z_{set}-\frac{U_0}{K_U I_m} \tag{6-76}$$

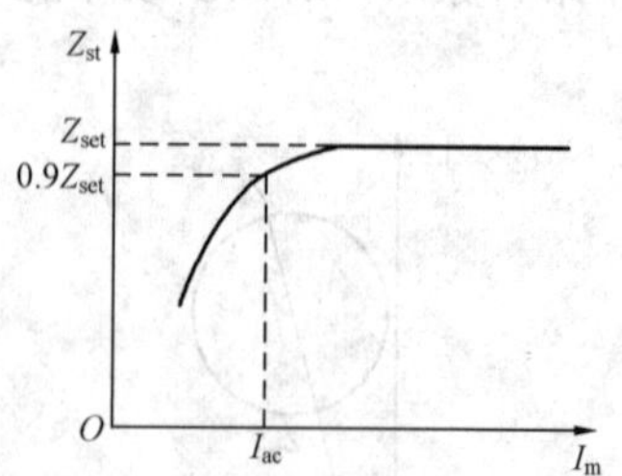

图 6-26 方向阻抗继电器的 $Z_{st}=f(I_m)$ 关系曲线

图 6-26 绘出了式（6-76）所表示的 $Z_{st}=f(I_m)$ 关系曲线。

由图可见，当加入继电器的电流较小时，继电器的启动阻抗将下降，使阻抗继电器的实际保护范围缩短。这将影响继电器与相邻线路阻抗元件的配合，甚至引起非选择性动作。为了把启动阻抗的误差限制在一定的范围内，规定了精确工作电流 I_{ac} 这一指标。

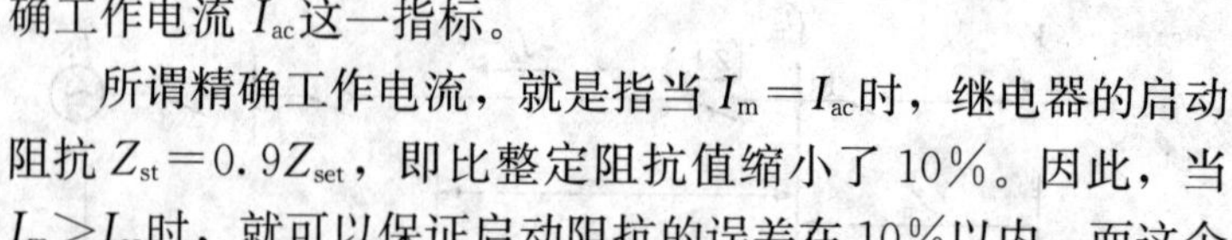

所谓精确工作电流，就是指当 $I_m=I_{ac}$ 时，继电器的启动阻抗 $Z_{st}=0.9Z_{set}$，即比整定阻抗值缩小了 10%。因此，当 $I_m>I_{ac}$ 时，就可以保证启动阻抗的误差在 10%以内，而这个误差在选择可靠系数时，已经被考虑进去了。

当加入继电器的电流足够大时，U_0 的影响就可以忽略，此时 $Z_{st}=Z_{set}$，继电器的动作特性才与电流无关。但当短路电流过大时，可能会造成电抗变换器或中间变流器的饱和，使继电器的启动阻抗又将随着 I_m 的继续增大而减小，这也是不允许的，因此在电抗变换器或

中间变流器的设计中，应注意对饱和电流倍数的要求。

第五节 影响距离保护正确工作的因素

在电力系统正常运行及故障情况下，有一些因素可能会影响阻抗的正确测量，造成距离保护不能正确工作。例如，保护安装点和故障点之间的分支线和短路点过渡电阻会影响阻抗继电器的测量值，电力系统的振荡、电压互感器和电流互感器的测量误差、极化电压与工作电压相位不一致等均会影响阻抗的正确测量。本节主要讨论分支线、过渡电阻、系统振荡、电压回路断线及串联补偿电容对距离保护的影响。

一、保护安装点和故障点之间的分支线对距离保护的影响

在高压电网中，通常由母线将相邻输电线路分隔开来，在母线上连接电源线路、负载或平行线路等，形成分支线。在考虑分支线对距离保护的影响时，通常只考虑对Ⅱ段的影响。

图 6-27（a）为具有电源分支线的系统接线图。当 BC 线路上 k 点发生金属性短路故障时，对于装在 AB 线路 A 侧的距离保护装置，由电源 $\dot{E}_2$ 供给的短路电流 $\dot{I}_{DB}$ 流向故障点但不经过保护装置，此时阻抗继电器的测量阻抗为（假设电压互感器和电流互感器变比等于1，即测量阻抗为一次侧数值。在本节中若无特别说明，以下分析均按此考虑）

$$Z_m = \frac{\dot{I}_k Z_1 l_k + \dot{I}_{AB} Z_1 l_{AB}}{\dot{I}_{AB}} = Z_1 l_{AB} + \frac{\dot{I}_k}{\dot{I}_{AB}} Z_1 l_k = Z_1 l_{AB} + K_{br} Z_1 l_k \tag{6-77}$$

$$K_{br} = \frac{\dot{I}_k}{\dot{I}_{AB}} = \frac{\dot{I}_{AB} + \dot{I}_{DB}}{\dot{I}_{AB}} > 1$$

式中 Z_1——线路单位长度的正序阻抗；

K_{br}——分支系数，一般情况下可认为 K_{br} 为一实数。

由于电流 $\dot{I}_{DB}$ 的存在，使 AB 线路 A 侧阻抗继电器的测量阻抗增大，这意味着其保护范围将会缩短。所以又将电流 $\dot{I}_{DB}$ 称为助增电流，K_{br} 称为助增系数。

另外，分支系数 K_{br} 的大小与系统运行方式有关，在保护的整定计算中应取较小的分支系数，以保证选择性。因为当出现较大的分支系数时，只会使测量阻抗增大，保护范围缩短，而不会造成保护非选择性动作；但若在整定计算中取较大的分支系数，则当运行中出现较小的分支系数时，将造成测量阻抗减小，保护区延长，可能造成保护失去选择性。

图 6-27（b）为具有汲出分支线的系统接线图。当 k 点发生金属性短路时，对于装在 AB 线路 A 侧的距离保护装置，由于 $\dot{I}_{k2}$ 的存在，使得 $I_{k1} < I_{AB}$，阻抗继电器的测量阻抗为

$$\begin{aligned} Z_m &= \frac{\dot{I}_{k1} Z_1 l_k + \dot{I}_{AB} Z_1 l_{AB}}{\dot{I}_{AB}} = Z_1 l_{AB} + \frac{\dot{I}_{k1}}{\dot{I}_{AB}} Z_1 l_k \\ &= Z_1 l_{AB} + K_{br} Z_1 l_k \end{aligned} \tag{6-78}$$

$$K_{br} = \frac{\dot{I}_{k1}}{\dot{I}_{AB}} = \frac{\dot{I}_{AB} - \dot{I}_{k2}}{\dot{I}_{AB}} < 1$$

显然，由于电流 $\dot{I}_{k2}$ 的存在，阻抗继电器的测量阻抗减小，保护范围延长，所以又将 $\dot{I}_{k2}$ 称

为外汲电流，K_{br}称为外汲系数。外汲电流的存在，可能造成保护无选择性动作。

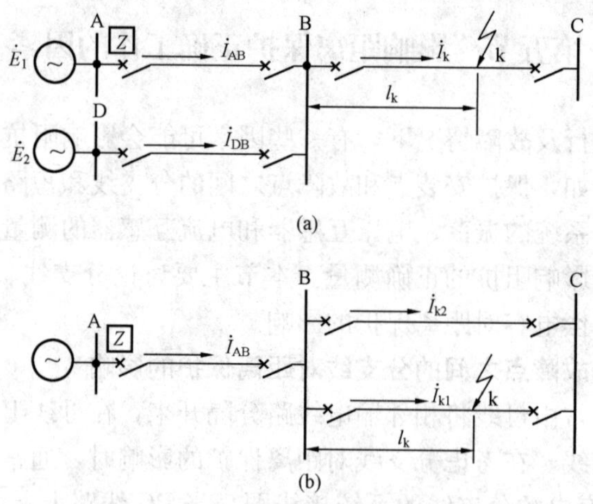

图 6-27 分支线对距离保护影响

(a) 助增（$K_{br}>1$）；(b) 外汲（$K_{br}<1$）

同样，外汲系数K_{br}的大小与系统运行方式有关，在整定计算中仍应取较小的外汲系数，因为当运行中出现较大的外汲系数时，只会使测量阻抗增大，保护范围缩短，而不会造成保护非选择性动作。

需要指出的是，负荷电流也属于外汲电流，但与故障电流相比，其影响较小，因此一般不予考虑。

二、短路点过渡电阻对距离保护的影响

短路点的过渡电阻R_g是指当相间短路或接地短路时，短路电流从一相流到另一相或从相导线流入地的途径中所经过的物质的电阻，包括电弧电阻、中间物质的电阻、相导线与地之间的接触电阻及金属杆塔的接地电阻等。由于短路点过渡电阻的存在，也会使距离保护的测量阻抗发生变化，造成距离保护的非选择性动作。现对过渡电阻的性质及其对距离保护的影响进行讨论。

（一）短路点过渡电阻的特性

根据国外进行的一系列实验，当短路电流相当大（数百安以上）时，电弧上的电压梯度几乎与电流无关，可取弧长为1.4～1.5kV/m（最大值）。根据这些数据可知电弧实际上呈现的有效电阻，其值为

$$R_g = 1050\frac{l_g}{I_g} \tag{6-79}$$

式中 I_g——电弧电流的有效值，A；

l_g——电弧长度，m。

一般在短路的初瞬间，电弧电流I_g最大，弧长l_g最短，电弧电阻R_g最小；经过几个周期后，在风吹、空气对流及电动力的作用下，电弧逐渐伸长，电弧电阻有急剧增大之势。

在相间短路时，过渡电阻主要由电弧电阻构成，其值可按式（6-79）估计。在导线对杆塔放电的接地短路时，铁塔及其接地电阻是构成过渡电阻的主要部分。铁塔的接地电阻与大地的导电率有关，对于跨越山区的高压线路，铁塔的接地电阻可达数十欧姆，此外当线路通

过树木或其他物体对地短路时，过渡电阻更高，难以准确计算。我国对 500kV 线路接地短路的最大过渡电阻按 300Ω 估计；对 220kV 线路，则按 100Ω 估计。

（二）过渡电阻对单侧电源线路的影响

图 6-28（a）为一单侧电源供电系统接线。当线路 BC 的始端经电阻 R_g 短路时，保护 2 的测量阻抗 $Z_{m2}=R_g$，保护 1 的测量阻抗 $Z_{m1}=Z_{AB}+R_g$，如图 6-28（b）所示。Z_{m1} 是 Z_{AB} 和 R_g 的相量和，因此其数值比无 R_g 时增大不多，即测量阻抗受 R_g 影响较小。当 R_g 较大时，可能出现 Z_{m2} 已经超出保护 2 的Ⅰ段特性圆的范围，而 Z_{m1} 仍位于保护 1 的Ⅱ段特性圆以内的情况，此时两个保护将同时以Ⅱ段的时限动作，从而失去选择性。但是当保护 2 的Ⅰ段极化电压具有记忆回路时，则仍可保证动作的选择性。

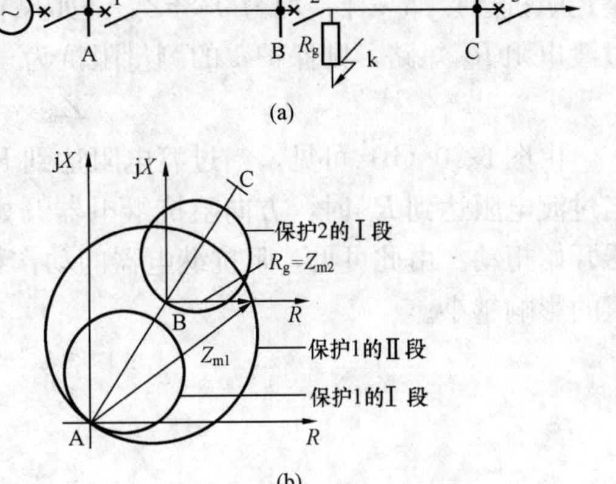

图 6-28　过渡电阻对单侧电源线路的影响

（a）系统接线图；（b）保护动作情况分析

由上述分析可见，在单侧电源供电系统中，短路点的过渡电阻总是使继电器的测量阻抗增大，使其保护范围缩短，由于过渡电阻对不同安装地点的保护影响不同，所以可能导致保护无选择性动作。另外，当保护安装点距短路点越近时，受过渡电阻的影响越大；同时保护装置的整定值越小，则相对地受过渡电阻的影响也越大。因此，对短距离的线路应特别注意过渡电阻对其的影响。

（三）过渡电阻对双侧电源线路的影响

在图 6-29 所示的双侧电源线路上，短路点的过渡电阻还可能造成某些保护的测量阻抗减小。如在线路 BC 的始端经过渡电阻 R_g 短路时，$\dot{I}_{k1}$ 和 $\dot{I}_{k2}$ 分别为两侧电源供给的短路电流，则流经 R_g 的电流 $\dot{I}_k=\dot{I}_{k1}+\dot{I}_{k2}$，此时变电站 B 和 A 母线上的残余电压为

$$\left.\begin{aligned}\dot{U}_B&=\dot{I}_kR_g\\\dot{U}_A&=\dot{I}_kR_g+\dot{I}_{k1}Z_{AB}\end{aligned}\right\}\tag{6-80}$$

则保护 2 和保护 1 的测量阻抗分别为

$$\left.\begin{aligned}Z_{m2}&=\frac{\dot{U}_B}{\dot{I}_{k1}}=\frac{\dot{I}_k}{\dot{I}_{k1}}R_g=\frac{I_k}{I_{k1}}R_g\mathrm{e}^{\mathrm{j}\alpha}\\Z_{m1}&=\frac{\dot{U}_A}{\dot{I}_{k1}}=Z_{AB}+\frac{I_k}{I_{k1}}R_g\mathrm{e}^{\mathrm{j}\alpha}\end{aligned}\right\}\tag{6-81}$$

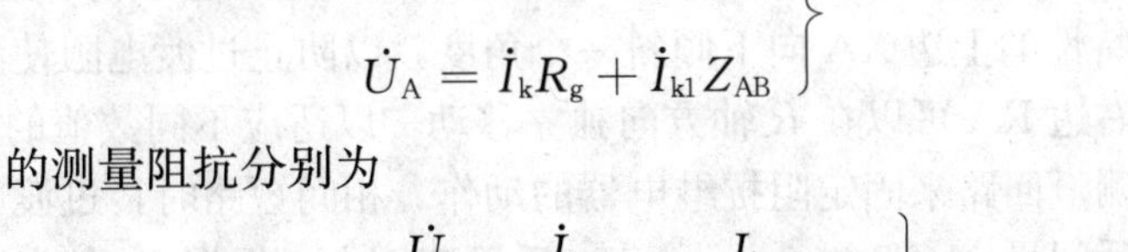

图 6-29　双侧电源经过渡电阻短路的接线图

式中，α 表示 $\dot{I}_k$ 超前于 $\dot{I}_{k1}$ 的角度。当 α 为正时，测量阻抗的电抗部分增大；当 α 为负时，测量阻抗的电抗部分减小。在后一种情况下，可能引起某些保护的无选择性动作。

（四）过渡电阻对不同动作特性阻抗元件的影响

在图 6-30（a）所示网络中，假定保护 1 的距离Ⅰ段采用不同特性的阻抗元件，它们的整定阻抗选择都一样，均为 $0.85Z_{AB}$。如果在保护 1 的距离Ⅰ段保护范围内阻抗为 Z_k 处经过渡电阻 R_g 短路，则保护 1 的测量阻抗为

$$Z_{m1} = Z_k + R_g \tag{6-82}$$

由图 6-30（b）可见，当过渡电阻达到 R_{g1} 时，具有透镜型特性的阻抗继电器开始拒动；当过渡电阻达到 R_{g2} 时，方向阻抗继电器开始拒动；而当过渡电阻达到 R_{g3} 时，全阻抗继电器开始拒动。由此可见，阻抗继电器的动作特性在 $+R$ 轴方向所占的面积越大，则受过渡电阻的影响越小。

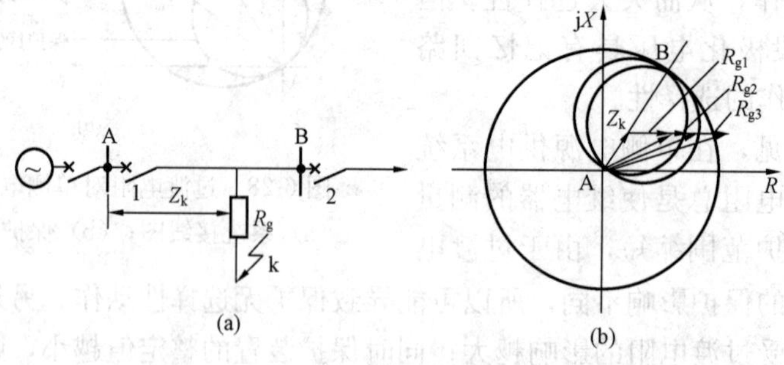

图 6-30 过渡电阻对不同动作特性阻抗元件影响的比较

（a）网络接线；（b）不同动作特性阻抗元件的比较

（五）防止和减小过渡电阻影响的方法

（1）根据图 6-30 分析所得的结论，采用能容许较大的过渡电阻而不致拒动的阻抗继电器，可防止过渡电阻对继电器工作的影响。

例如，对于过渡电阻只能使测量阻抗的电阻部分增大的单侧电源线路，可采用不反应电阻部分增大的电抗型继电器。在双侧电源线路上，可采用多边形动作特性的继电器，如图 6-31所示，动作特性的上边 XA 向下倾斜一个角度，以防止过渡电阻使测量电抗减小时阻抗继电器的超越；右边 RA 可以在 R 轴方向独立移动，以适应不同数值的过渡电阻。

（2）利用瞬时测量回路来固定阻抗继电器的动作。相间短路时，过渡电阻主要是电弧电阻，其数值在短路瞬间最小，经过 0.1～0.15s 后迅速增大。根据 R_g 的上述特点，通常距离保护的Ⅱ段可采用瞬时测量回路，以便将短路瞬间的测量阻抗固定下来，使 R_g 的影响减至最小。瞬时测量回路的原理接线如图 6-32 所示，在发生短路瞬间，启动元件 KA 和距离Ⅱ段阻抗元件动作后，启动中间继电器 KM。KM 启动后，即通过 KA 的触点自保持，而与 KI 的触点位置无关，这样当Ⅱ段的整定时限到达时，时间继电器 KT 动作，通过 KM 的动合触点去跳闸，在此期间，即使由于电弧电阻增大而使Ⅱ段的阻抗元件 KI 返回，保护也能正确动作。显然，这种方法只能用于反应相间短路的阻抗继电器。在接地短路情况下，电弧电阻只占过渡电阻的很小一部分，这种方法不会起太大的作用。

三、电力系统振荡对距离保护的影响及振荡闭锁回路

当电力系统发生振荡或异步运行时，各点的电压、电流及功率的幅值和相位都将发生周

期性的变化，反应电压与电流之比的阻抗继电器的测量阻抗也将随之周期性变化，当测量阻抗进入继电器的动作区域内时，保护将发生误动作。因此，对于距离保护，必须考虑电力系统同步振荡或异步运行（以下简称系统振荡）对其工作的影响。

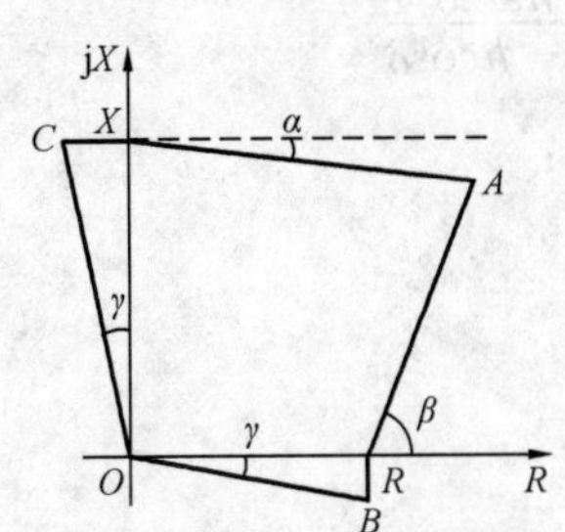

图 6-31　阻抗继电器的多边形动作特性

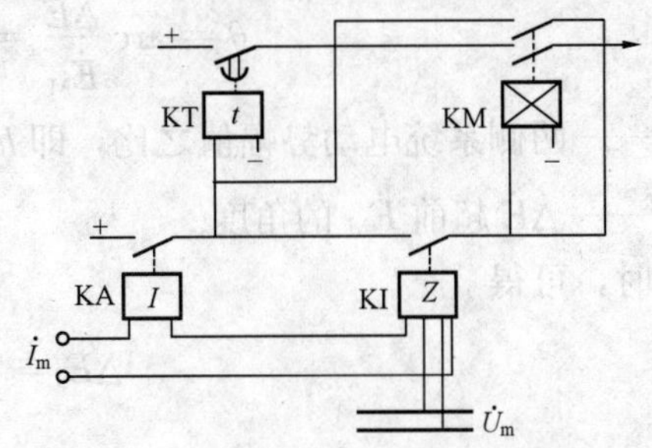

图 6-32　瞬时测量回路的原理接线图

（一）系统振荡时电流、电压的分布与变化

在电力系统中，由于输电线路输送功率过大而超过稳定极限、无功功率不足，引起系统电压降低、短路故障切除缓慢，或由于采用非同期自动重合闸不成功时，都有可能引起系统振荡。

现以图 6-33（a）所示双侧电源网络为例，分析系统振荡时各种电气量的变化。假定在系统全相运行时发生振荡，由于三相总是对称的，所以可按单相系统来分析。

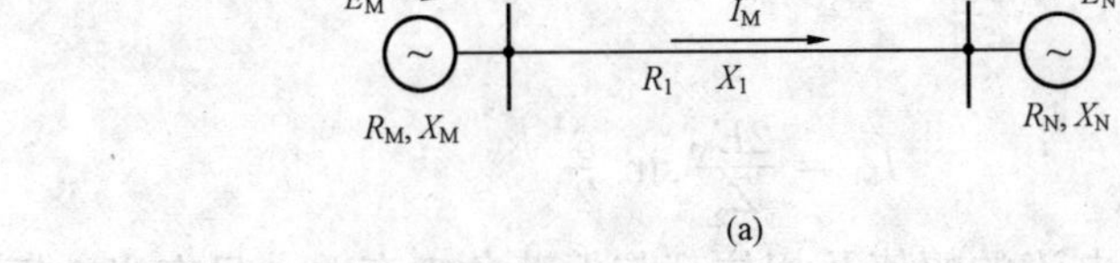

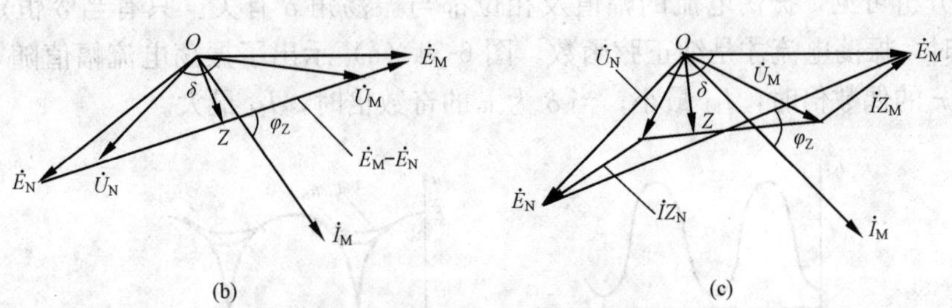

图 6-33　两侧电源系统中的振荡

（a）系统接线；（b）系统阻抗角和线路阻抗角相等时的相量图；

（c）系统阻抗角和线路阻抗角不等时的相量图

1. 系统振荡时电流的变化特点

图 6-33（a）中给出了系统和线路的参数以及电压、电流的假定正方向。若以电动势 $\dot{E}_M$ 为参考相量，使其相位角为零，则 $\dot{E}_M = E_M$ 。在系统振荡时，可认为 N 侧系统等值电动势 $\dot{E}_N$ 围绕 $\dot{E}_M$ 旋转或摆动，所以 $\dot{E}_N$ 落后于 $\dot{E}_M$ 的角度 δ 在 0°～360°之间变化，即

$$\dot{E}_N = E_M e^{-j\delta} \tag{6-83}$$

在任意一个角度 δ 时，两侧电源的电动势差可表示为

$$\Delta \dot{E} = \dot{E}_M - \dot{E}_N = E_M\left(1-\frac{E_N}{E_M}e^{-j\delta}\right) = E_M(1-he^{-j\delta}) = E_M\sqrt{1+h^2-2h\cos\delta}e^{-j\theta} \tag{6-84}$$

其中
$$\theta = \arc\frac{\Delta\dot{E}}{\dot{E}_M} = \arctan\frac{h\sin\delta}{1-h\cos\delta}$$

式中 h——两侧系统电动势幅值之比，即 $h=E_N/E_M$；

θ——$\Delta\dot{E}$ 超前 $\dot{E}_M$ 的角度。

当 $h=1$ 时，可得

$$\Delta E = 2E_M\sin\frac{\delta}{2} \tag{6-85}$$

由电动势差 $\Delta\dot{E}$ 产生的由 M 侧流向 N 侧的电流（又称为振荡电流）$\dot{I}_M$ 为

$$\dot{I}_M = \frac{\Delta\dot{E}}{Z_M+Z_L+Z_N} = \frac{E_M}{Z_\Sigma}(1-he^{-j\delta}) \tag{6-86}$$

此电流落后于 $\Delta\dot{E}$ 的角度为系统总阻抗 Z_Σ 的阻抗角 φ_Z，即

$$\varphi_Z = \arctan\frac{X_M+X_L+X_N}{R_M+R_L+R_N} = \frac{X_\Sigma}{R_\Sigma} \tag{6-87}$$

因此振荡电流一般可表示为

$$\dot{I}_M = \frac{\Delta\dot{E}}{Z_\Sigma} = \frac{E_M}{Z_\Sigma}\sqrt{1+h^2-2h\cos\delta}e^{j(\theta-\delta)} \tag{6-88}$$

当 $h=1$ 时，则有

$$I_M = \frac{2E_M}{Z_\Sigma}\sin\frac{\delta}{2} \tag{6-89}$$

由上述分析可见，振荡电流的幅值及相位都与振荡角 δ 有关。只有当 δ 恒定不变，I_M 和 θ 为常数时，振荡电流才是纯正弦函数。图 6-34（a）示出了振荡电流幅值随 δ 的变化关系，当 δ 为 π 的偶数倍时，I_M 最小；当 δ 为 π 的奇数倍时，I_M 最大。

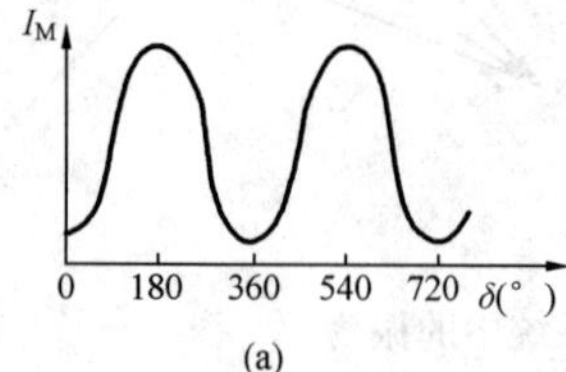

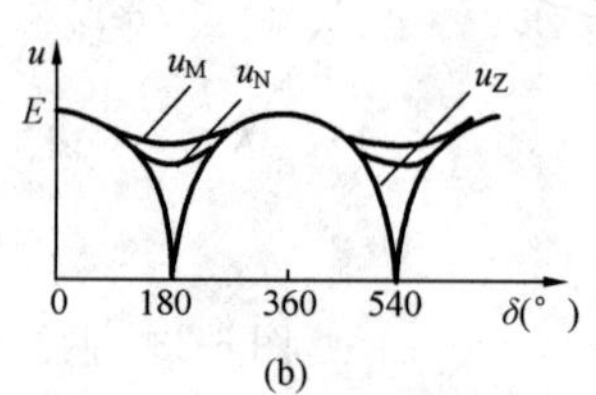

图 6-34　系统振荡时电流、电压的变化（全系统阻抗角相等，$h=1$）
（a）振荡电流的变化；（b）各点电压的变化

2. 系统振荡时各点电压的变化特点

在系统发生振荡时，中性点的电位仍保持为零，故线路两侧母线的电压 $\dot{U}_M$ 和 $\dot{U}_N$ 为

$$\dot{U}_M = \dot{E}_M - \dot{I}_M Z_M \tag{6-90}$$

$$\dot{U}_N = \dot{E}_M - \dot{I}_M(Z_M+Z_L) = \dot{E}_N + \dot{I}_M Z_N \tag{6-91}$$

此时输电线路上的电压降为

$$\dot{U}_{MN}=\dot{U}_M-\dot{U}_N=\dot{I}_M Z_L \tag{6-92}$$

(1) 当全系统的阻抗角相等且 $h=1$ 时。按照上述关系可画出相量图，如图 6-33 (b) 所示，以 $\dot{E}_M$ 为实轴，$\dot{E}_N$ 落后于 $\dot{E}_M$ 的角度为 δ，电流 $\dot{I}_M$ 落后于电动势差 $\dot{E}_M-\dot{E}_N$ 的角度为 φ_Z。则系统中各点电压具有以下特点：

1) 由于系统阻抗角等于线路阻抗角，也就是总阻抗角，所以 $\dot{U}_M$ 和 $\dot{U}_N$ 的矢端必然落在直线 $\dot{E}_M-\dot{E}_N$ 上。

2) 相量 $\dot{U}_M-\dot{U}_N$ 代表输电线上的电压降，如果输电线是均匀的，则输电线上各点电压相量的矢端沿着 $\dot{U}_M-\dot{U}_N$ 移动，即从原点与此直线上任意一点连线所作成的相量便为输电线上该点的电压。

3) 若从原点作直线 $\dot{U}_M-\dot{U}_N$ 的垂线，则垂足 z 所代表的输电线上的那一点的电压最低，该点称为系统在振荡角度为 δ 时的电气中心或振荡中心，此电气中心不随 δ 的改变而移动，始终位于系统纵向总阻抗 $Z_M+Z_L+Z_N$ 的中点。

4) 当 $\delta=180°$ 时，振荡中心的电压将降至零。从电压和电流的数值来看，这和在此点发生三相短路无异，但是系统振荡属于不正常运行状态而非故障，所以继电保护不应该动作切除振荡中心所在的线路。因此继电保护装置必须具备区别三相短路和系统振荡的能力，才能保证在系统振荡状态下的正确工作。

图 6-34 (b) 为 M、N 和 Z 点的电压幅值随 δ 变化的典型曲线。

(2) 当系统阻抗角和线路阻抗角不相等时。如图 6-33 (c) 所示，在此情况下，电压 $\dot{U}_M$ 和 $\dot{U}_N$ 的矢端不会落在直线 $\dot{E}_M-\dot{E}_N$ 上。如果线路阻抗是均匀的，则线路上任意一点的电压相量的矢端将落在代表线路电压降落的直线 $\dot{U}_M-\dot{U}_N$ 上，从原点作直线 $\dot{U}_M-\dot{U}_N$ 的垂线即可找到振荡中心的位置及其电压。不难看出，在此情况下，振荡中心的位置将随 δ 的变化而变化。

对于系统各部分阻抗角不同的一般情况，也可用类似的图解法进行分析。

（二）系统振荡对距离保护的影响

1. 系统振荡时距离保护测量阻抗的变化

如图 6-35 所示，设距离保护安装在线路 MN 的 M 侧。当系统振荡时，根据式 (6-86) 和式 (6-90)，安装于 M 点的阻抗继电器的测量阻抗 Z_m 应为

$$\begin{aligned}Z_m&=\frac{\dot{U}_M}{\dot{I}_M}=\frac{\dot{E}_M-\dot{I}_M Z_M}{\dot{I}_M}=\frac{\dot{E}_M}{\dot{I}_M}-Z_M\\&=\frac{\dot{E}_M}{\dot{E}_M-\dot{E}_N}Z_\Sigma-Z_M\\&=\frac{1}{1-he^{-j\delta}}Z_\Sigma-Z_M\end{aligned} \tag{6-93}$$

(1) 当系统阻抗角和线路阻抗角相等且 $h=1$ 时。在近似计算中，假定 $h=1$，系统和线路的阻抗角相等，则继电器测量阻抗 Z_m 随 δ 的变化关系为

$$Z_m=\frac{1}{1-e^{-j\delta}}Z_\Sigma-Z_M=\frac{1}{2}Z_\Sigma\left(1-\mathrm{j}\cot\frac{\delta}{2}\right)-Z_M$$

$$= \left(\frac{1}{2}Z_{\Sigma} - Z_{M}\right) - j\,\frac{1}{2}Z_{\Sigma}\cot\frac{\delta}{2} \tag{6-94}$$

由式（6-94）可知，当$\delta=0°$时，$Z_{m}=\infty$；当$\delta=180°$时，$Z_{m}=\frac{1}{2}Z_{\Sigma}-Z_{M}$，即等于保护安装点到振荡中心的阻抗；当$\delta$由0°变化到360°时，阻抗相量$Z_{m}$的矢端将在$Z_{\Sigma}$的垂直平分线上移动。

将上述继电器的测量阻抗随δ变化的关系，画在以保护安装点M为原点的复阻抗平面上，则如图6-35所示。

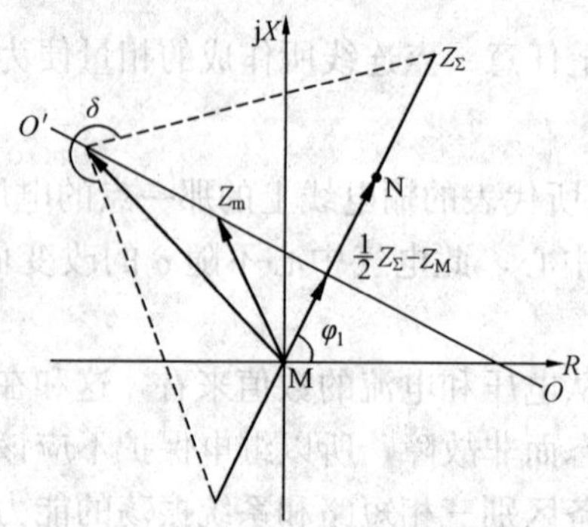

图6-35　系统振荡时测量阻抗的变化
（$h=1$且系统阻抗角和线路阻抗角相同）

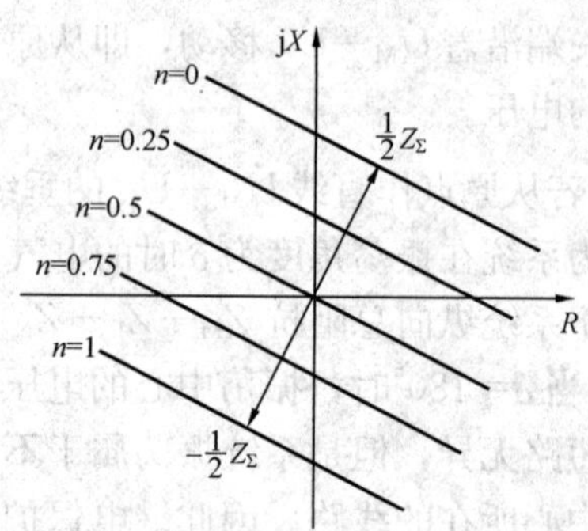

图6-36　系统振荡时不同安装地点距离保护测量阻抗的变化

在系统振荡时，为了求出不同安装地点距离保护测量阻抗的变化规律，将式（6-94）中的Z_{M}用Z_{Σ}代替，并假定$n=Z_{M}/Z_{\Sigma}$，n为小于1的变数，则式（6-94）可改写为

$$Z_{m}=\left(\frac{1}{2}-n\right)Z_{\Sigma}-j\,\frac{1}{2}Z_{\Sigma}\cot\frac{\delta}{2} \tag{6-95}$$

当n为不同数值时，测量阻抗的变化轨迹应是与图6-35直线OO'平行的一直线族，如图6-36所示。当$n=\frac{1}{2}$时，特性直线通过坐标原点，相当于保护装置安装在振荡中心处；当$n<\frac{1}{2}$时，直线族与$+jX$轴相交，此时振荡中心位于保护范围的正方向；而当$n>\frac{1}{2}$时，直线族与$-jX$轴相交，此时振荡中心位于保护范围的反方向。

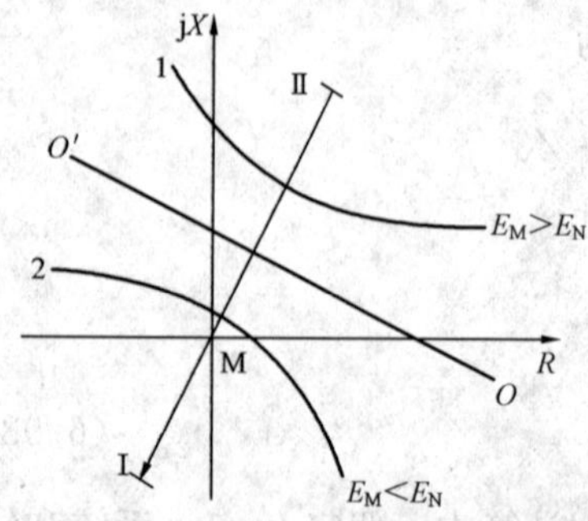

图6-37　当$h\neq1$时测量阻抗的变化

（2）当系统阻抗角和线路阻抗角相等但$h\neq1$时。当两侧系统电动势$E_{M}\neq E_{N}$，即$h\neq1$时，继电器测量阻抗的变化将具有更复杂的形式。根据对式（6-93）进行分析的结果表明，此复杂函数的轨迹应是位于直线OO'某一侧的一个圆，如图6-37所示。当$h<1$时，为位于OO'上面的圆周1；当$h>1$时，则为OO'下面的圆周2。

在这种情况下，当$\delta=0°$时，由于两侧电动势不相等而产生一个环流，因此测量阻抗Z_{m}不等于∞，而是一个位于圆周上的有效数值。

2．系统振荡对距离保护的影响

如仍以线路MN的M侧距离保护为例，其距离Ⅰ段的启动阻抗整定为$0.85Z_{MN}$，在

图 6-38中以线段 MA 表示，由此可以画出各种继电器的动作特性曲线，其中圆周 1 为透镜型继电器特性，圆周 2 为方向阻抗继电器特性，圆周 3 为全阻抗继电器特性。

当系统振荡时，测量阻抗的变化如图 6-38 所示（$h=1$ 的情况），找出各种动作特性与直线 OO'交点，其所对应的角度为 δ'和 δ''，则当测量阻抗落在这两个交点的范围以内时，继电器就要动作，即在这段范围内，距离保护受振荡的影响可能误动作。

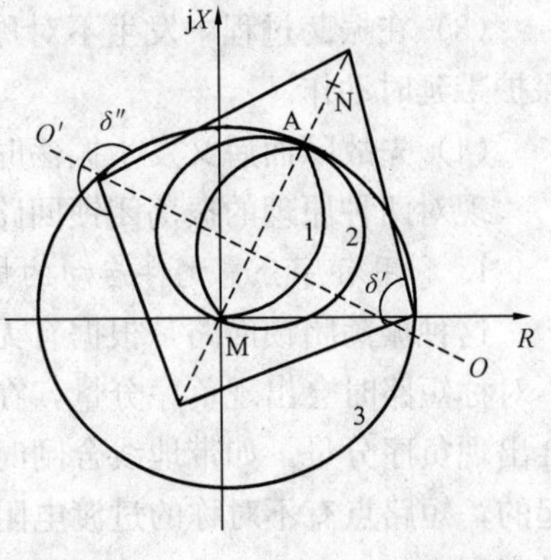

图 6-38　系统振荡时对不同动作特性阻抗继电器的影响分析

由图中可见，振荡对距离保护的影响具有以下特点：

（1）在同样整定值的条件下，全阻抗继电器受振荡的影响最大，而透镜型继电器所受的影响最小。一般而言，继电器的动作特性在阻抗平面上沿 OO'方向所占的面积越大，受振荡的影响也就越大。

（2）距离保护受振荡的影响还与保护安装地点有关，当保护安装点越靠近振荡中心时，受到的影响就越大；而当振荡中心在保护范围以外或位于保护的反方向时，则在振荡的影响下距离保护不会误动作。

（3）当距离保护带有较大的延时（如不小于 1.5s）时，如距离Ⅲ段，可利用其延时躲开振荡的影响。

（三）振荡闭锁回路

对于在系统振荡时可能误动的保护装置，应装设专门的振荡闭锁回路，以防止系统振荡时造成保护误动作。由上述分析可知，当系统振荡使 $\delta=180°$时，保护受到的影响与在系统振荡中心处发生三相短路时的效果是一样的，因此振荡闭锁回路必须能够正确地区分系统振荡和三相短路这两种不同的情况，这样才能保证在系统振荡时将保护闭锁，而在发生三相短时保护能可靠地动作。

电力系统发生振荡和短路时的主要区别如下：

（1）振荡时，电流和各点电压的幅值均呈现周期性变化（如图 6-34 所示），只在 $\delta=180°$时才出现最严重的现象；而短路后，短路电流和各点的电压幅值是不变的（不计其衰减时）。

（2）振荡时，电流和各点电压的变化速度$\left(\frac{\mathrm{d}i}{\mathrm{d}t}和\frac{\mathrm{d}u}{\mathrm{d}t}\right)$较慢；而短路时，电流突然增大，电压也突然降低，变化速度很快。

（3）振荡时，任一点的电流与电压之间的相位关系都随 δ 的变化而改变；而在发生短路时，电流和电压之间的相位是不变的。

（4）振荡时，三相完全对称，系统中无负序分量出现；而短路时，总要长时间（在不对称短路过程中）或瞬间（在三相短路开始时）出现负序分量。

根据以上区别，振荡闭锁回路根据其工作原理的不同可分为两种，一种是利用负序分量的出现与否来实现，另一种是利用电流、电压或测量阻抗变化速度的不同来实现。无论哪一种原理的振荡闭锁回路，都应满足以下基本要求：

（1）系统发生振荡而没有故障时，应可靠地将保护闭锁，且振荡不停息，闭锁就不应解除。

(2) 系统发生各种类型的故障时，保护应能可靠地动作而不被闭锁。

(3) 在振荡过程中发生不对称故障时，保护应能快速正确地动作，对于对称故障则允许保护带延时动作。

(4) 先故障而后又发生振荡时，保护不要无选择性地动作。

现对两种原理的振荡闭锁回路分别作简单介绍。

1. 利用负序分量元件启动的振荡闭锁回路

这种振荡闭锁回路是根据有无负序分量出现来区分振荡和短路故障的。系统不仅在发生不对称短路时会出现负序分量，在发生三相短路的最初瞬间由于某些不对称因素的存在，也会出现负序分量，如带地线合闸时断路器三相触头不同时接通，三相短路是由不对称短路引起的，短路点有不对称的过渡电阻等。而在系统振荡时，由于三相完全对称，所以无负序分量出现。

图 6-39 示出了利用负序分量构成的振荡闭锁回路的逻辑方框图。图中 $\dot{I}_2(\dot{U}_2)$ 为负序电流（电压）元件，当系统发生振荡时它不启动；当系统发生短路故障时，负序元件立即启动，其动作信号经双稳态触发器 SW 记忆下来并通过与门 Y1 将保护短时开放 0.2s，在此时间内允许保护动作。在保护区外发生短路故障又引起振荡的情况下，短路瞬间出现的负序分量将使保护开放一段时间，但在振荡尚未来得及造成继电器误动作之前（δ 不大），保护的短时开放时间已过，通过与门 Y2 将保护开放回路（Y1）闭锁，保护不会误动作。

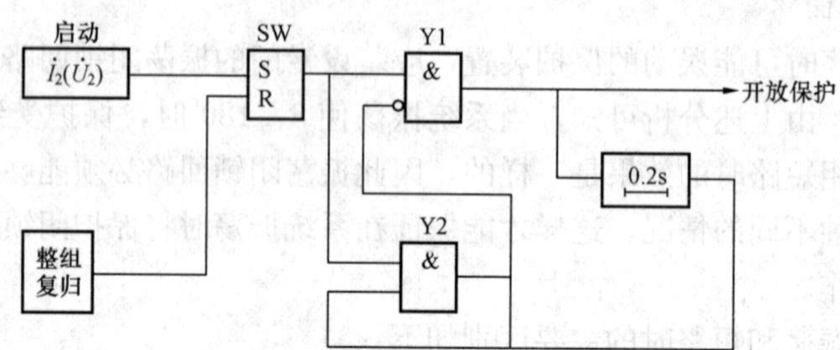

图 6-39 利用负序分量实现振荡闭锁的逻辑方框图

负序元件 $\dot{I}_2(\dot{U}_2)$ 启动以后，当满足整组复归条件时，SW 复位，闭锁装置内各部分恢复原状。闭锁装置短时开放的时间称为振荡闭锁时间（或称为允许动作时间），其大小应能保证距离Ⅱ段的测量元件可靠启动。因此，振荡闭锁时间一般整定为

$$t = t_1 + t_2 + t_3 + t_y \tag{6-96}$$

式中 t_1——距离保护Ⅰ段的动作时间，取 0.02～0.05s；

t_2——距离保护从Ⅰ段切换到Ⅱ段的时间，取 0.02～0.05s；

t_3——距离保护Ⅱ段测量元件的启动时间，取 0.02～0.05s；

t_y——裕度时间。

通常取 t=0.1～0.2s，在该时间内，两侧电源电动势的相角差 δ 不可能摆得较大。如果该时间取的太长，则 δ 可能摆得较大而引起保护误动作。

振荡闭锁装置复归的时间称为整组复归时间，其大小取决于所采用的复归方式。振荡闭锁的复归方式一般有两种：一种是预定延时复归，即无论系统的振荡是否已经停息，都按预

定的延时复归；另一种是判断系统振荡停息和短路消失后复归。

预定延时复归一般将整组复归时间整定为9s。但如果振荡持续的时间大于9s，有可能因为振荡电流很大而导致负序电流过滤器输出较大的不平衡电流，使负序元件再次启动，将再次开放保护。若此时振荡中心位于距离Ⅰ段范围内，则Ⅰ段将误动；若振荡中心位于距离Ⅱ段范围内而同时振荡周期又较长，则Ⅱ段将误动。

判断系统振荡停息和短路消失后复归的方式，可以避免保护装置长时间退出运行，也可以防止由于振荡闭锁装置再次启动而导致保护误动作。其复归时间应大于相邻线路可能最长的重合闸重合周期与重合于永久性短路后最长的跳闸时间之和。如果复归时间小于本线路可能最长的重合周期，则应按本线路最长的重合周期加一个裕度时间来整定，即

$$t = t_t + t_{set} + t_c + t_y \tag{6-97}$$

式中　t_t——相邻元件重合后，保护动作与断路器跳闸时间之和；

t_{set}——相邻线路重合闸的整定时间；

t_c——相邻元件断路器的合闸时间；

t_y——裕度时间。

2. 反应测量阻抗变化速度的振荡闭锁回路

在三段式距离保护中，当其Ⅰ、Ⅱ段采用方向阻抗继电器，Ⅲ段采用偏移特性阻抗继电器时，如图6-40所示，根据其定值的配合，必然存在着$Z^{Ⅰ}<Z^{Ⅱ}<Z^{Ⅲ}$的关系。可利用振荡时各段动作时间不同的特点构成振荡闭锁。

当系统发生振荡且振荡中心位于保护范围以内时，由于测量阻抗逐渐减小，因此$Z^{Ⅲ}$先启动，$Z^{Ⅱ}$再启动，最后$Z^{Ⅰ}$启动。而当保护范围内部故障时，测量阻抗突然减小，因此$Z^{Ⅲ}$、$Z^{Ⅱ}$、$Z^{Ⅰ}$将同时启动。根据以上区别，可构成振荡闭锁回路，其基本原理是：当$Z^{Ⅰ}$、$Z^{Ⅱ}$和$Z^{Ⅲ}$同时启动时，允许$Z^{Ⅰ}$、$Z^{Ⅱ}$动作于跳闸；而当$Z^{Ⅲ}$先启动，经t_0延时后，$Z^{Ⅱ}$、$Z^{Ⅰ}$才启动时，则把$Z^{Ⅰ}$、$Z^{Ⅱ}$闭锁，不允许它们动作于跳闸。按此原理构成的振荡闭锁回路结构框图如图6-41所示。

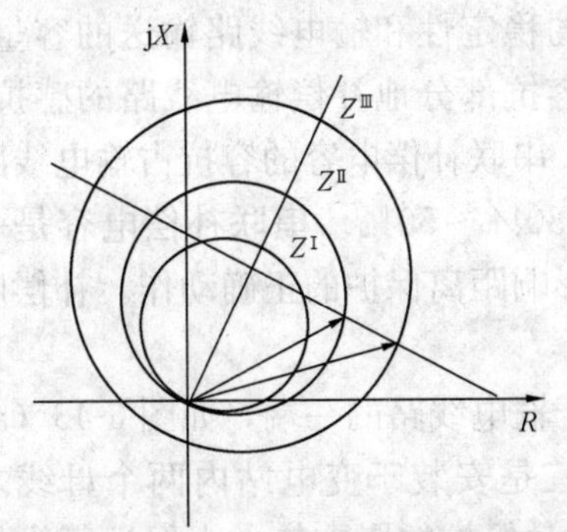

图6-40　三段式距离保护的动作特性

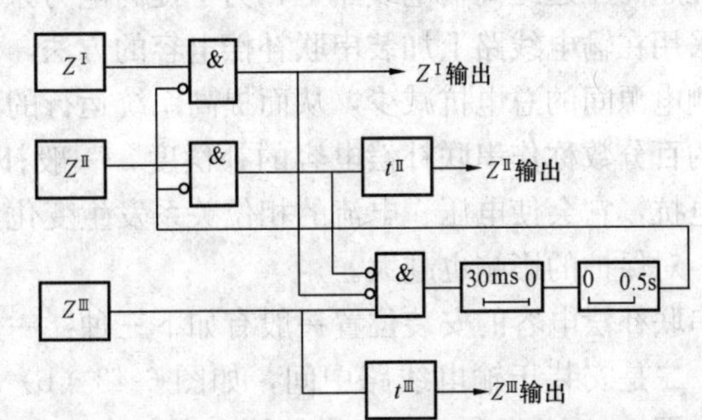

图6-41　反应测量阻抗变化速度的振荡闭锁回路结构框图

四、电压回路断线对距离保护的影响

当电压互感器二次回路断线时，距离保护将失去电压，在负荷电流的作用下，阻抗继电器的测量阻抗变为零，可能造成保护误动作。因此，在距离保护中应采取防止保护误动作的断线闭锁装置。

对断线闭锁装置的主要要求是：当电压回路发生各种可能使保护误动作的故障情况时，

应能可靠地将保护闭锁；而当被保护线路故障时，不因故障电压的畸变错误地将保护闭锁，以保证保护可靠动作。为此应使闭锁装置能够正确地区分以上两种情况，运行经验证明，最好的区别方法就是看电流回路是否也同时发生变化。

当距离保护的振荡闭锁回路采用负序电流和零序电流（或它们的增量）启动时，可利用它们兼作断线闭锁之用，这种方法既简单又可靠，因此获得了广泛的应用。

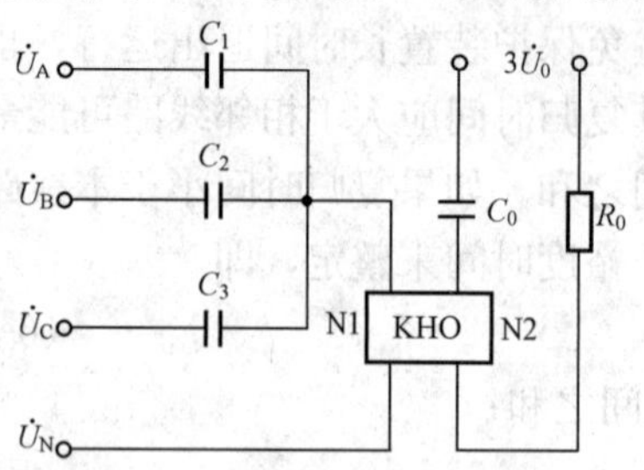

图 6-42 电压回路断线信号装置原理接线图

为了避免在断线的情况下又发生外部故障时，距离保护无选择性地动作，一般还需要装设断线信号装置，以便值班人员能及时发现并处理。断线信号装置大多是反应于断线后所出现的零序电压，其原理接线如图 6-42 所示。断线信号继电器 KHO 有两组线圈，其工作线圈 N1 接于由 C_1～C_3 组成的零序电压过滤器的中线上。当电压回路断线时，KHO 即可动作发出信号。但这种反应零序电压的断线信号装置在系统中发生接地故障时也要动作，这是不允许的。为此，将 KHO 的另一组线圈 N2 经 C_0 和 R_0 接于电压互感器二次侧开口三角形的电压 $3U_0$ 上，使得当系统中出现零序电压时，两组线圈 N1 和 N2 所产生的零序电压大小相等、方向相反，合成磁通为零，KHO 不动作。此外，当三相同时断线时，上述装置将拒绝动作而不能发出信号，这也是不允许的。为此可在电压互感器二次侧的一相熔断器上并联一个电容器（图中未画出），这样当三个熔断器同时熔断时，就可通过此电容器给 KHO 加入一个相电压，使其动作发出信号。

在微机保护中，可按照同样的原理比较自产的 $3\dot{U}_0$ 和 TV 开口三角形侧 $3\dot{U}_0$ 来判别 TV 断线，并用三相电压均小于一小数，而三相电流对称且小于最小短路电流的方法来判别 TV 三相断线。

五、串联补偿电容对距离保护的影响

（一）串联补偿电容的基本知识

在超高压远距离输电线路上，为了提高电力系统运行的稳定性和输电线路输送的容量，有时采用在输电线路上加装串联补偿电容的方法，利用其容抗部分地补偿输电线路的感抗，使两侧电源间的总电抗减少，从而提高系统运行的稳定性。串联补偿电容的容抗占输电线路感抗的百分数称作串联补偿电容的补偿度，一般补偿度为 30%～50%。串联补偿电容是一个负电抗，它会使电压、电流的相位关系发生变化，从而影响距离保护的正确动作。补偿度越大，对保护的影响也越大。

串联补偿电容的安装位置一般有如下三种：一是安装于输电线路的一端，如图 6-43（a）所示；二是安装于输电线路中间，如图 6-43（b）所示；三是安装于变电站内两个母线之间，如图 6-43（c）所示。串联补偿电容安装于线路一端时对保护的影响较大，但运行维护方便，所以串联补偿电容一般选择安装在线路一侧。

（二）串联补偿电容对阻抗继电器的影响

下面以方向阻抗继电器为例分析串联补偿电容对阻抗继电器的影响。

1. 串联补偿电容在保护的正方向

当保护正方向出口有串联补偿电容时，如图 6-44（a）所示，如果在电容器后 k 点发生短路，阻抗继电器的测量阻抗为

$$Z_m = -jX_C \tag{6-98}$$

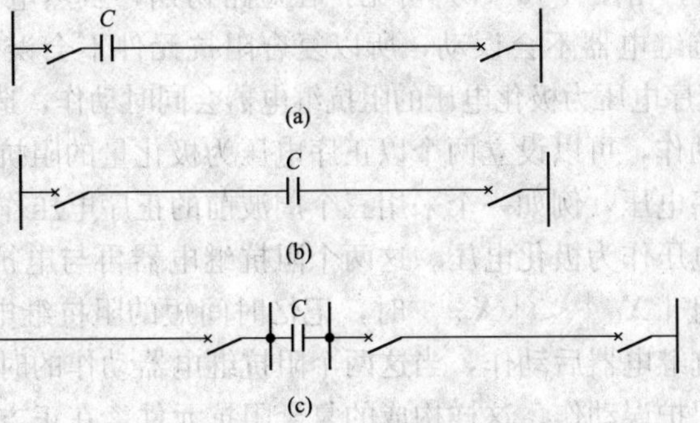

(a)

(b)

(c)

图 6-43　串联补偿电容的安装位置

(a) 安装于输电线路一侧；(b) 安装于输电线路中间；(c) 安装于两母线之间

若阻抗继电器为采用正序电压为极化电压的方向阻抗继电器，根据本章第三节的分析可知，在其正方向发生不对称短路时的动作特性是向第Ⅲ象限偏移，该阻抗继电器能够动作。如果正方向发生三相短路，阻抗继电器的动作特性是经过坐标原点的圆，如图 6-44 (b) 中的圆 1，阻抗继电器可能会拒动。为此可采用带记忆的正序电压作极化量，即利用故障前的正序电压作为极化电压，这样在短路初期，其动作特性圆为 6-44 (b) 中的圆 2 所示的暂态特性，阻抗元件能可靠动作。图中 Z_S 为保护背后电源的等值阻抗。

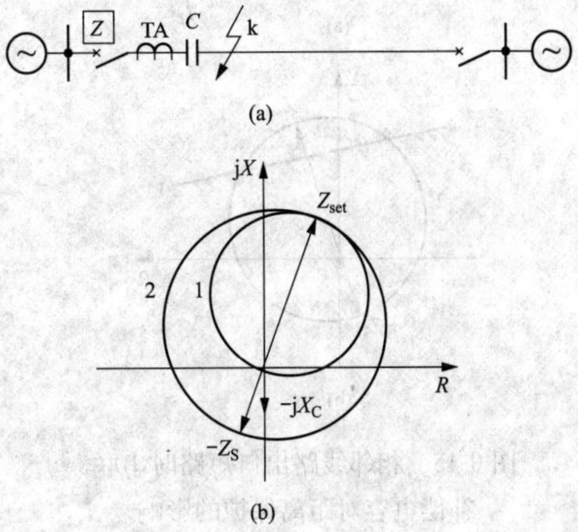

当相邻线路出口的电容器后短路时，如图 6-45 (a) 所示，阻抗继电器的测量阻抗为

$$Z_m = Z_1 + (-jX_C)\frac{I_1 + I_2}{I_1} \tag{6-99}$$

式中　Z_1——本线路的正序阻抗。

由上式可见，串联补偿电容使得阻抗继器的测量阻抗减小，如果距离保护的Ⅰ段仍然按线路阻抗的 0.8～0.85 倍整定，阻抗元件可能会误动作。为此可以再增加一个电抗型阻抗元件，其整定阻抗在距离Ⅰ段整定阻抗的基础上缩小 $U_{pr}/\sqrt{2}I_1$，如图 6-45 (b) 所示。其中 U_{pr} 为串联补偿装置中 MOV 的保护电压，详细分析请参考相关文献资料。将此电抗元件和以故障前正序电压为极化电压的阻抗继电器构成逻辑“与”的关系，组成复合阻抗元件，防止保护在上述情况下误动作。

(a)

(b)

图 6-44　正方向短路时串联补偿电容对阻抗元件的影响

(a) 系统示意图；(b) 以正序电压为极化电压的阻抗元件动作特性

2. 串联补偿电容在保护的反方向

当保护反方向串联补偿电容出口短路时，如图 6-46 (a) 所示，阻抗继电器的测量阻抗为

$$Z_m = jX_C \tag{6-100}$$

根据上节分析可知，以故障前正序电压为极化电压的阻抗继电器在反方向短路时的暂态和稳态动作特性分别如图 6-46 (b) 中的圆 2 和圆 3。因为串联补偿电容在相邻线路，所以电抗

元件的整定阻抗不必缩小，其动作特性经过 Z_{set} 点，如图 6-46（b）中的直线 1 所示。当 $|X_C|<|X_{set}|$ 时，由图 6-46（b）可见，在短路初期，虽然电抗元件动作，但以正序电压为极化电压的阻抗继电器不会误动，所以复合阻抗元件不会误动作；短路进入稳态情况后，电抗元件和以正序电压为极化电压的阻抗继电器会同时动作，造成复合阻抗元件误动作。

为解决上述误动作，可以设立两个以正序电压为极化量的阻抗继电器，其极化电压采用不同记忆时间的正序电压，例如一个采用三个周波前的正序电压作为极化电压，另一个采用一个周波前的正序电压作为极化电压。这两个阻抗继电器再与电抗元件组成复合电抗元件。这样当反方向短路且 $|X_C|<|X_{set}|$ 时，记忆时间短的阻抗继电器会先进入稳态而动作，而记忆时间长的阻抗继电器后动作，当这两个阻抗继电器动作的时间差超过一定值时闭锁复合阻抗元件，防止保护误动作。这样构成的复合阻抗元件，在正方向短路时两个正序电压为极化电压的阻抗继电器会同时动作，所以保护在正方向短路时也能可靠动作。

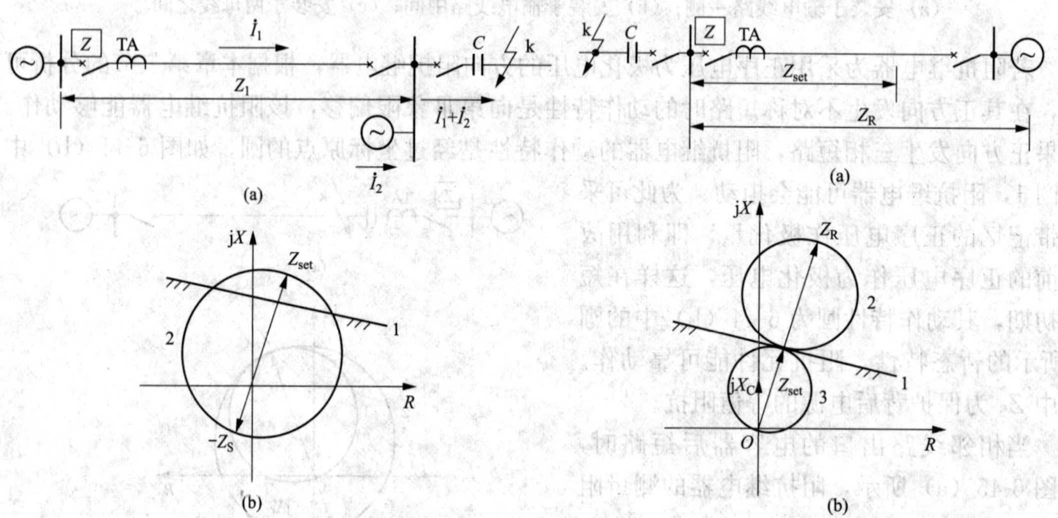

图 6-45 相邻线路出口短路时串联补偿电容对距离保护的影响
（a）系统示意图；（b）复合阻抗元件的动作特性

图 6-46 串联补偿电容在保护反方向时对保护的影响
（a）系统示意图；（b）反方向短路时阻抗元件的动作特性

第六节 距离保护的整定计算

电力系统中的距离保护多采用三段式阶梯时限特性，其整定原则与三段式电流保护相似。现以图 6-47 所示网络为例，说明三段式距离保护的整定计算原则。

一、距离保护Ⅰ段的整定

与电流保护Ⅰ段相似，距离保护Ⅰ段也是按躲开下一线路出口短路的原则来整定的，即其启动阻抗应躲过下一线路始端短路时的测量阻抗。例如对于图 6-47 中 AB 线路 A 侧的距离保护 1，其Ⅰ段的启动阻抗（一次值）整定为

$$Z_{op.1}^{\mathrm{I}}=K_{rel}Z_{AB} \tag{6-101}$$

式中 K_{rel}——可靠系数，在计及各种误差的影响后，一般取 0.8～0.85；

Z_{AB}——线路 AB 的正序阻抗。

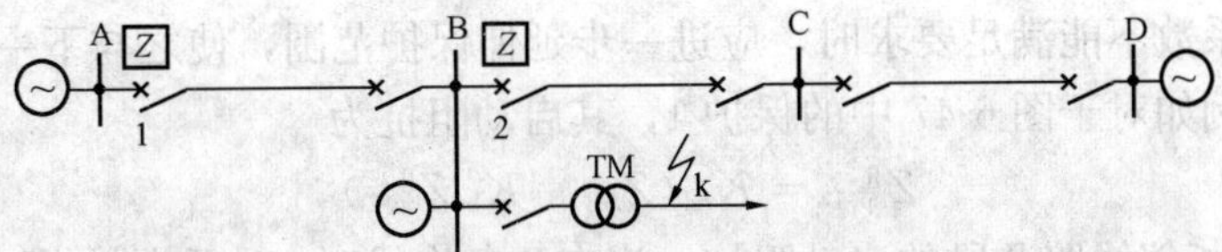

图 6-47　选择整定阻抗的网络接线

继电器的整定阻抗（二次值）为

$$Z_{set.1}^{\mathrm{I}} = Z_{op.1}^{\mathrm{I}} \frac{n_{TA}}{n_{TV}} \tag{6-102}$$

式中　n_{TA}、n_{TV}——电流互感器、电压互感器的变比。

继电器的整定阻抗角等于被保护线路的阻抗角。

距离保护Ⅰ段的动作时间等于保护装置的固有动作时间，不附加人为延时。

二、距离保护Ⅱ段的整定

1. 启动阻抗

距离保护Ⅱ段的启动阻抗（一次值）应按以下两个原则来确定：

(1) 与相邻线路的距离保护Ⅰ段相配合，并考虑分支系数对测量阻抗的影响。对于图 6-47 中的保护 1，其距离保护Ⅱ段的启动阻抗应整定为

$$Z_{op.1}^{\mathrm{II}} = K_{rel}(Z_{AB} + K_{br} Z_{op.2}^{\mathrm{I}}) \tag{6-103}$$

式中　$Z_{op.2}^{\mathrm{I}}$——相邻线路 BC 的 B 侧保护 2 的Ⅰ段启动阻抗；

K_{br}——分支系数，为保证保护在任何情况下的选择性，K_{br} 应选用实际可能的较小值；

K_{rel}——可靠系数，一般取 0.8。

(2) 躲开线路末端变电站变压器 TM 低压侧出口处（图 6-47 中 k 点）短路时的测量阻抗。设变压器的阻抗为 Z_T，则保护 1 的启动阻抗应整定为

$$Z_{op.1}^{\mathrm{II}} = K_{rel}(Z_{AB} + K_{br} Z_T) \tag{6-104}$$

式中　K_{rel}——可靠系数，考虑到变压器阻抗的误差较大，一般取 0.7。

按上述两原则计算后，应取数值较小的一个，然后便可确定继电器的整定阻抗为

$$Z_{set.1}^{\mathrm{II}} = Z_{op.1}^{\mathrm{II}} \frac{n_{TA}}{n_{TV}} \tag{6-105}$$

整定阻抗的阻抗角等于被保护线路的阻抗角。

2. 灵敏度与动作时限

确定了距离保护Ⅱ段的启动阻抗后，按本线路末端金属性短路故障来校验灵敏度。因为距离保护是反应数值下降而动作的，所以其灵敏系数为

$$K_{sen} = \frac{\text{保护装置的启动阻抗}}{\text{保护范围末端发生金属性短路时故障阻抗的计算值}} \tag{6-106}$$

对保护 1 来说，在本线路末端短路时，其测量阻抗即为 Z_{AB}，因此其灵敏系数为

$$K_{sen} = \frac{Z_{op.1}^{\mathrm{II}}}{Z_{AB}} \tag{6-107}$$

一般要求 $K_{sen} \geqslant 1.25$。

保护的动作时限 t_1^{II} 应比下一线路距离保护Ⅰ段的动作时限大一个时间级差，一般取为 0.5s。

当校验灵敏系数不能满足要求时，应进一步延伸保护范围，使之与下一条线路的距离保护Ⅱ段相配合。例如对于图 6-47 中的保护 1，其启动阻抗为

$$Z_{op.1}^{\mathrm{II}} = K_{rel}(Z_{AB} + K_{br}Z_{op.2}^{\mathrm{II}}) \tag{6-108}$$

式中　$Z_{op.2}^{\mathrm{II}}$——相邻线路Ⅱ段的启动阻抗，当有几条出线时，应取较小值。

当然，此时距离保护Ⅱ段的动作时限也应与下一条线路的Ⅱ段的动作时限配合，即比下一线路Ⅱ段的动作时限 t_2^{II} 大一个时间级差，取为

$$t_1^{\mathrm{II}} = t_2^{\mathrm{II}} + \Delta t \tag{6-109}$$

三、距离保护Ⅲ段的整定

1. 启动阻抗

当距离保护Ⅲ段采用阻抗继电器时，其启动阻抗一般按躲开最小负荷阻抗 $Z_{l.min}$ 来整定，它比Ⅰ、Ⅱ段的整定阻抗大得多，保护范围也较长，所以当本线路外部发生短路故障时，Ⅲ段阻抗继电器一般处于动作状态。为保证选择性，外部故障切除后，在电动机自启动的条件下，继电器必须返回。

如果Ⅲ段阻抗继电器采用全阻抗继电器，其启动阻抗为

$$Z_{op}^{\mathrm{III}} = \frac{1}{K_{rel}K_{re}K_{ast}}Z_{l.min} \tag{6-110}$$

$$Z_{l.min} = \frac{0.9U_N}{I_{l.max}} \tag{6-111}$$

式中　K_{rel}——可靠系数，取 1.2～1.3；

K_{re}——阻抗继电器的返回系数，取 1.1～1.15；

K_{ast}——故障切除后电动机的自启动系数；

U_N——保护安装处的额定电压；

$I_{l.max}$——流经被保护线路的最大负荷电流。

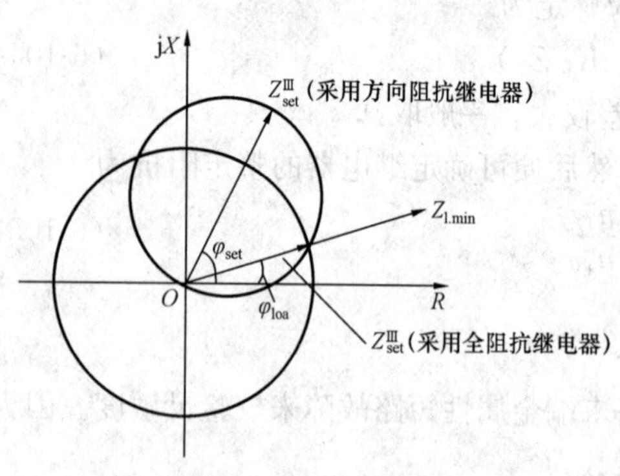

图 6-48　距离保护Ⅲ段采用不同动作特性时启动阻抗的整定

如果Ⅲ段阻抗继电器采用方向阻抗继电器，并且最大灵敏角等于被保护线路的阻抗角（即整定阻抗角）时，由于负荷阻抗角 φ_{loa} 与整定阻抗角 φ_{set} 不相等，如图 6-48 中所示，所以方向阻抗继电器的启动阻抗应整定为

$$Z_{op}^{\mathrm{III}} = \frac{Z_{l.min}}{K_{rel}K_{re}K_{ast}\cos(\varphi_{set} - \varphi_{loa})} \tag{6-112}$$

比较式（6-110）和式（6-112），不难发现，采用方向阻抗继电器比采用全阻抗继电器的灵敏度要高，其灵敏系数是全阻抗继电器的 $\frac{1}{\cos(\varphi_{set} - \varphi_{loa})}$ 倍。例如，当 $\varphi_{set} = 80°$、$\varphi_{loa} = 25°$ 时，$\frac{1}{\cos(80° - 25°)} = 1.74$，即方向阻抗继电器的灵敏度是全阻抗继电器灵敏度的 1.74 倍。

2. 灵敏度与动作时限

当距离保护Ⅲ段作近后备时，其灵敏度按本线路末端金属性短路故障来校验，如对于图 6-47中的保护 1，其灵敏系数为

$$K_{sen} = \frac{Z_{op.1}^{Ⅲ}}{Z_{AB}} \tag{6-113}$$

一般要求 $K_{sen} \geqslant 1.5$。

距离Ⅲ段作线路 BC 远后备时，其灵敏度按相邻线路末端金属性短路故障来校验，即

$$K_{sen} = \frac{Z_{op.1}^{Ⅲ}}{Z_{AB} + K_{br}Z_{BC}} \tag{6-114}$$

当保护 1 距离Ⅲ段作变压器 TM 的远后备时，其灵敏度按变压器低压侧金属性短路故障来校验，即

$$K_{sen} = \frac{Z_{op.1}^{Ⅲ}}{Z_{AB} + K_{br}Z_{T}} \tag{6-115}$$

一般要求 $K_{sen} \geqslant 1.2$。式（6-114）和式（6-115）中分支系数 K_{br} 应取实际可能的最大值。

距离Ⅲ段保护的动作时限按时间阶梯原则整定，比下一线路Ⅲ段动作时限长一个时间级差。

习　题

6-1　什么是距离保护？它与电流保护主要区别是什么？

6-2　画出方向阻抗继电器的特性圆，写出相位比较式的动作条件。

6-3　画出全阻抗继电器的特性圆，写出幅值比较式的动作条件。

6-4　什么是测量阻抗、动作阻抗、整定阻抗，它们之间有什么不同？

6-5　何谓方向阻抗继电器的最大灵敏角？为什么要调整其最大灵敏角等于被保护线路的阻抗角？

6-6　距离保护Ⅰ段方向阻抗继电器为什么要加记忆回路，对记忆回路有什么要求？

6-7　有一方向阻抗继电器，其整定阻抗 $Z_{set} = 8\angle 60°$，若测量阻抗 $Z_m = 7.2\angle 30°$，问该继电器能否动作？

6-8　电力系统振荡对距离保护有什么影响？

6-9　试分析说明三种特性圆的阻抗继电器中哪一种受过渡电阻影响最大？哪一种受系统振荡影响最大？

6-10　如图 6-49 所示，110kV 线路 k 点发生两相短路，已知线路阻抗 $R_1 = 0.33\Omega/km$，$X_1 = 0.41\Omega/km$，线路长 10km，采用 0°接线。试求没有过渡电阻的距离保护 1 的测量阻抗 Z_m。

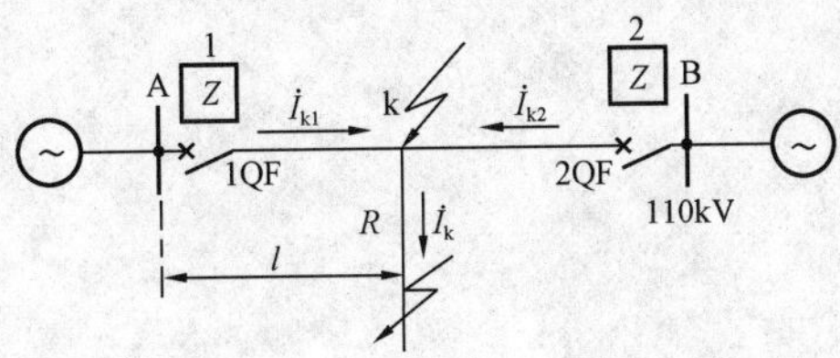

图 6-49　题 6-10 网络图

6-11　如图 6-50 所示，已知各线路首端均装有距离保护，线路正序阻抗 $Z_1 = 0.4\Omega/km$，试计算保护 1 距离Ⅰ、Ⅱ段的动作阻抗，及距离Ⅱ段的动作时限，并校验距离Ⅱ段的灵敏性。

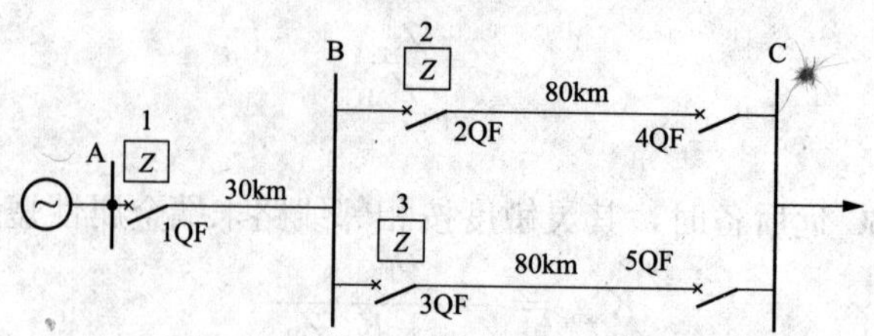

图 6-50 题 6-11 附图

第七章　输电线路的纵联保护

根据电流、电压保护和距离保护的原理，其测量信息均取自输电线路的一侧，这种单端测量的保护不能从电量的变化上判断保护区末端的情况，因而不能准确判断保护区末端附近的区内外故障，所以这些保护从原理上就不能实现全线速动保护。例如距离保护的Ⅰ段，最多也只能瞬时切除被保护线路全长的80%～85%范围以内的故障，线路其余部分发生的短路，则要由带时限的距离保护Ⅱ段来切除。这在高电压大容量的电力系统中，往往不能满足系统稳定的要求。为了电力系统的安全稳定，要求设置具有瞬时切除线路上任意处故障的保护装置，输电线路的纵联保护就是在这种背景下产生的。因此仅反映线路一侧的电气量是不可能区分本线路末端和对侧母线（或相邻线路始端）故障的，只有反应线路两侧的电气量才可能区分上述两点故障，达到有选择性地快速切除全线故障的目的。为此需要将线路一侧电气量的信息传输到另一侧去，即在线路两侧之间发生纵向的联系，以这种方式构成的保护称为输电线的纵联保护。

第一节　输电线路的纵联保护概述

输电线的纵联保护就是用某种通信通道将输电线路两端的保护装置纵向连接起来，将各端的电气量信息传送到对端，将两端的电气量相比较，以判断故障是发生在本线路范围内还是发生在本线路范围之外，从而决定是否切断被保护线路。因此，从理论上讲这种纵联保护有绝对的选择性。

输电线路的纵联保护两端比较的电气量可以是流过两端的电流、流过两端电流的相位和流过两端的功率方向等，根据比较两端不同电气量的差别可以构成不同原理的纵联保护。

一、纵联保护的原理

1. 方向比较式纵联保护

当输电线路内部发生如图7-1所示的k1点短路故障时，流经线路两侧断路器的故障电流如图中实线箭头所示，均从母线流向线路（规定功率从母线流向线路为正，反之为负）。而当输电线路MN的外部发生短路时（如图中的k2点），流经MN侧的电流如图中的虚线箭头所示，M侧的电流（或功率）为正，N侧的电流（或功率）为负。利用线路内部短路时两侧电流方向相同而外部短路时两侧电流（或功率）方向相反的特点，保护装置就可以通过直接或间接比较线路两侧电流（或功率）方向来区分是线路内部故障还是外部故障。即纵联保护的基本原理是：当线路内部任何地点发生故障时，线路两侧电流方向（或功率）为正，两侧的保护装置就无延时地动作于跳开两侧的断路器；当线路外部发生短路时，两侧电流（或功率）方向相反，保护不动作。这种保护可以实现线路全长范围内故障的无时限切除，理论上具有绝对的选择性。

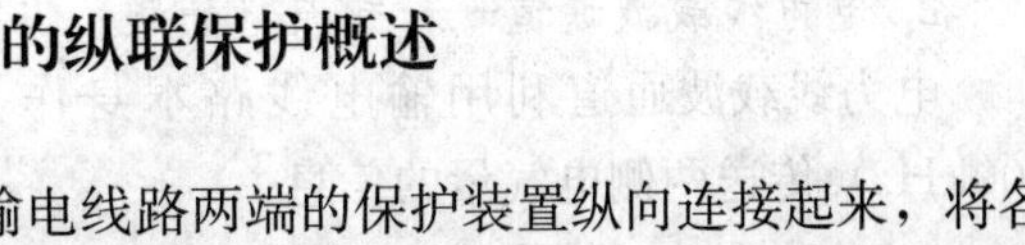

图7-1　输电线路纵联保护的基本原理示意图

2. 纵联电流差动保护

利用通道将本侧电流或代表电流相位的信号传送到对侧，每侧保护根据对两侧电流和相位比较的结果区分是区内故障还是区外故障。可见这类保护在每侧都直接比较两侧的电气量，称为纵联电流差动保护。

利用输电线路两端电流和的特征可以构成纵联电流差动保护。发生区内短路时，$\sum\dot{I}=\dot{I}_M+\dot{I}_N=\dot{I}_{k1}$；在正常运行或外部短路时，$\sum\dot{I}=\dot{I}_M+\dot{I}_N=0$，但由于受 TA 误差、线路分布电容等因素的影响，实际不为零。

二、通道类型

输电线路纵联保护为了交换两侧的电气量信息，需要将一端的电气量或其用于被比较的电气特征传送到对端，输电线路的纵联保护随着所采用的通道不同，在装置原理、结构、性能和适用范围等方面具有很大的差别。按照所采用信息通道类型的不同可以分成以下四种。

1. 导引线通道——纵联差动保护

这种通道需要铺设导引线电缆来传送电气量信息，其投资随线路长度而增加，当线路长度超过 10km 时就不经济了，同时自身的运行安全性也减低。因此，它只适用于长度小于 15km 的短线路。而在发电机、变压器、母线保护中应用得更广泛。

2. 电力线载波通道——载波（高频）保护

电力线载波通道利用输电线路本身作为通道，在工频电流上叠加载波信号（30～500kHz）传送两侧电气量的信息。

3. 微波通道（150MHz～20GHz）——微波保护

微波通道是一种多路通信通道，具有很宽的频带，可以传送交流电的波形。采用脉冲编码调制（PCM）方式后微波通道可以进一步扩大信息传输量，提高抗干扰能力，也更适合数字式保护。微波通道是理想的通道，但是保护专用微波通道及设备是不经济的。

4. 光纤通道——光纤保护

光纤通道与微波通道具有相同的优点，也广泛采用脉冲编码调制（PCM）方式。保护使用的光纤通道一般与电力信息系统统一考虑。当被保护线路很短时，可架设专门的光缆通道直接将电信号转化成光信号送到对侧，并将接收的光信号变为电信号进行比较。由于光信号不受干扰，在经济上也可以与导引线通道竞争，因此近年来已成为短线路纵联保护的主要通道形式。

第二节　输电线路纵联电流差动保护

输电线路纵联电流差动保护是纵联保护中最简单的一种，它就是利用辅助导线或导引线作为通道将被保护线路一侧的电流状况与经过导引线传送过来的另一侧的电流状况进行比较，以辨别短路是发生在被保护线路的内部还是外部，从而判断保护是否应该动作。导引线所传送的电流状况可分为两大类，一类是传送电流的大小（瞬时值），另一类是传送电流的方向。根据传送电流的大小（瞬时值）辨别是内部短路还是外部短路的保护比较简单，已获得广泛的应用；而根据传送电流的方向辨别是内部短路还是外部短路的保护则比较复杂，应用较少。

一、纵联电流差动保护的基本原理

纵联电流差动保护是基于基尔霍夫第一定律构成的。下面以短线路为例来说明。如图 7-2所示，在线路的两端装设特性和变比完全相同的电流互感器，两侧电流互感器一次回路的正极性均接于靠近母线的一侧，二次回路的同极性端子相连接（标“＊”者为正极性），差动继电器则并联连接在电流互感器的二次端子上。按照电流互感器极性和正方向的规定，一次侧电流从“＊”端流入，二次侧电流从“＊”端流出。当线路正常运行或外部故障时，流入差动继电器的电流是两侧电流互感器二次侧电流之差，近似为零，也就是相当于继电器中没有电流流过；当被保护线路内部故障时，流入差动继电器的电流是两侧电流互感器二次侧电流之和。

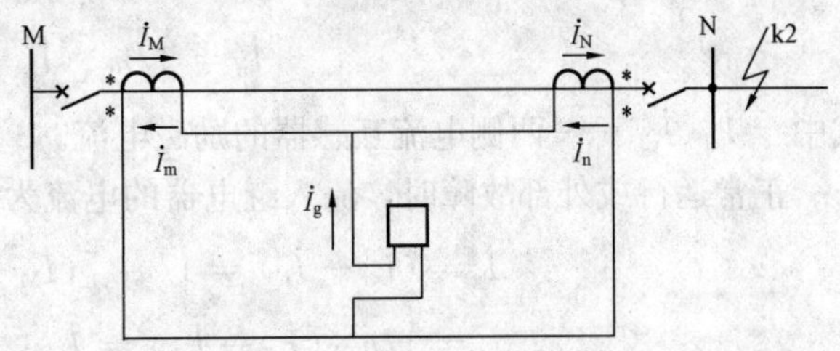

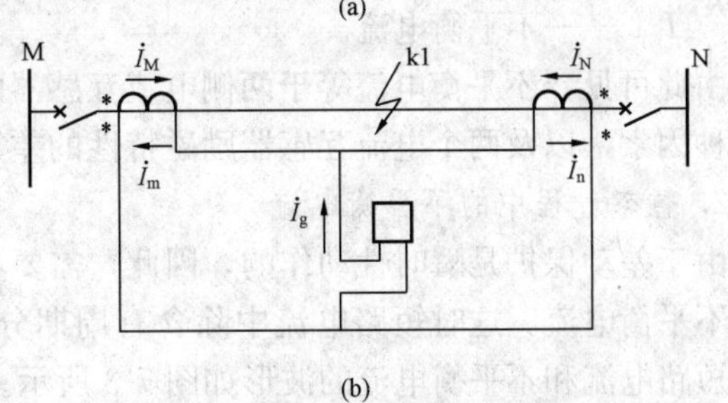

图 7-2　线路纵联差动保护工作原理说明
(a) 正常运行及区外故障；(b) 内部故障

即当线路正常运行或外部故障（指在两侧电流互感器所包括的范围之外故障）时，如图 7-2 (a) 所示，在理想情况下，流入继电器线圈的电流为

$$\dot{I}_g=(\dot{I}_m-\dot{I}_n)=1/n_{TA}(\dot{I}_M-\dot{I}_N)=0 \tag{7-1}$$

式中　n_{TA}——电流互感器变比。

但实际上，由于两侧电流互感器的励磁特性不可能完全一致，因此继电器线圈会流入一个不平衡电流，继电器不动作。

当线路内部故障时，如图 7-2 (b) 所示，流入继电器线圈的电流为

$$\dot{I}_g=(\dot{I}_m+\dot{I}_n)=1/n_{TA}(\dot{I}_M+\dot{I}_N)=1/n_{TA}\cdot\dot{I}_k \tag{7-2}$$

式中　$\dot{I}_k$——流入故障点总的短路电流。

由式 (7-2) 可知，流入继电器线圈的电流为两侧电源供给短路点的总电流，当它大于继电器的动作电流时，继电器动作，线路两侧的断路器跳开。

从以上分析看出，纵联电流差动保护装置的保护范围就是线路两侧电流互感器之间的距离。保护范围以外短路时，保护不动作，故不需要与相邻元件的保护在动作值和动作时限上互相配合，因此，它可以实现全线瞬时动作切除故障。但它不能作为相邻元件的后备保护。

在线路正常运行或外部故障时，由于两侧电流互感器的特性不可能完全一致，以致反应在电流互感器二次回路的电流不等，继电器中将通过不平衡电流。

二、不平衡电流

1. 稳态不平衡电流

前面讲的是被保护线路两端的电流互感器的特性完全一致的理想情况，所以在正常运行或外部故障时，流入差动继电器的电流为零。但实际上电流互感器的特性总是有差别的，即使是同一厂家生产的相同型号、相同变比的电流互感器也是如此，这个特性的不同主要表现在励磁特性和励磁电流不同。当一次电流较小时，这个差别的表现还不明显；当一次电流较

大时，电流互感器的铁芯开始饱和，于是励磁电流开始剧烈上升，由于两个电流互感器的励磁特性不同，即两个铁芯的饱和程度不同，所以两个励磁电流剧烈上升的程度不一样，造成两个二次电流之间的差别较大，饱和程度越严重，这个差别就越大。

设电流互感器二次电流为

$$\dot{I}_m = 1/n_{TA}(\dot{I}_M - \dot{I}_{e1}) \tag{7-3}$$

$$\dot{I}_n = 1/n_{TA}(\dot{I}_N - \dot{I}_{e2}) \tag{7-4}$$

式中 $\dot{I}_{e1}$、$\dot{I}_{e2}$ ——两侧电流互感器的励磁电流。

正常运行或外部故障时，流入继电器的电流为

$$\begin{aligned}\dot{I}_g &= (\dot{I}_m - \dot{I}_n) = 1/n_{TA}[(\dot{I}_M - \dot{I}_{e1}) - (\dot{I}_N - \dot{I}_{e2})] \\ &= 1/n_{TA}(\dot{I}_{e2} - \dot{I}_{e1}) = \dot{I}_{unb}\end{aligned} \tag{7-5}$$

式中 $\dot{I}_{unb}$ ——不平衡电流。

由此可见，不平衡电流等于两侧电流互感器的励磁电流之差。因此，导致励磁电流增大的各种因素，以及两个电流互感器励磁特性的差别，是使不平衡电流增大的主要原因。

2. 暂态过程中的不平衡电流

由于差动保护是瞬时性动作的，因此，需要考虑在外部短路的暂态过程中，差动回路出现的不平衡电流。这时短路电流中除含有周期分量外，还含有按指数规律衰减的非周期分量。短路电流和不平衡电流的波形如图 7-3 所示。

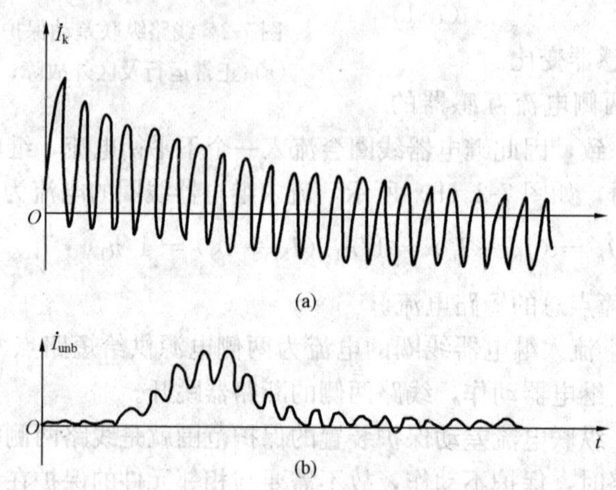

图 7-3 外部短路暂态过程中的短路电流和不平衡电流的波形
(a) 一次侧短路电流波形；(b) 不平衡电流波形

一方面，当短路电流流过电流互感器的一次侧时，由于非周期分量对时间的变化率远小于周期分量对时间的变化率，因此，它很难传变到二次侧，而大部分成为励磁电流；另一方面，由于电流互感器励磁回路以及二次回路中的磁通不能突变，将在二次回路中引起自由非周期分量电流，因此，在暂态过程中励磁电流将大大超过其稳态电流，并含有很大且缓慢衰减的非周期分量，使其特性曲线偏于时间轴的一侧，不平衡电流最大值出现在故障以后几个周波。

为了保证差动保护动作的选择性，差动继电器动作电流必须躲过最大不平衡电流。

三、纵联电流差动保护的整定计算

纵联电流差动保护整定计算的基本原则是：应保证正常运行和外部短路时保护装置不动作跳闸。因此其动作电流按满足以下条件进行选择。

1. 躲过外部短路时的最大不平衡电流

为躲开保护范围外部短路时的最大不平衡电流，此时动作电流（一次值）应为

$$I_{op}=K_{rel}I_{unb.max} \tag{7-6}$$

式中　K_{rel}——可靠系数，取1.2～1.3。

保护范围外部短路时的最大不平衡电流可按式（7-7）来确定

$$I_{unb.max}=K_{aper}K_{st}K_{err}I_{k.max} \tag{7-7}$$

式中　K_{aper}——非周期分量系数，主要考虑暂态过程中的非周期分量的影响，当差动回路中采用速饱和中间变流器时取1，当差动回路中采用串联电阻降低不平衡电流时取1.5～2；

K_{err}——电流互感器的10%误差系数，取0.1；

K_{st}——电流互感器的同型系数，两侧电流互感器型号相同取0.5，不同型号取1；

$I_{k.max}$——保护范围外部最大短路电流。

2. 躲过正常运行时电流互感器二次侧断线时的电流

正常运行时电流互感器二次侧断线时，差动继电器中将流过线路负荷电流的二次值，这时保护不动作。此时差动继电器的整定电流应为

$$I_{op}=K_{rel}I_{l.max} \tag{7-8}$$

式中　K_{rel}——可靠系数，取1.5～1.8；

$I_{l.max}$——线路正常运行时的最大负荷电流。

应取以上两个整定值中较大的一个作为差动保护的整定值。

保护的灵敏系数可按式（7-9）校验：

$$K_{sen}=\frac{I_{k.min}}{I_{op}}\geqslant 2 \tag{7-9}$$

式中　$I_{k.max}$——单侧电源作用且被保护线路末端短路时，流过的最小短路电流。

当灵敏系数不能满足要求时，则需要采用具有制动特性的纵联电流差动保护等。

四、具有制动特性的纵联电流差动保护的动作特性

这种差动保护需要采用具有制动线圈的差动继电器，其原理接线图如图7-4（a）所示。差动线圈流过两侧电流互感器的和电流$|\dot{I}_m+\dot{I}_n|$，制动线圈流过两侧电流互感器的差电流$|\dot{I}_m+\dot{I}_n|$。在正常运行和外部故障时，制动作用增强，以防止外部故障时保护误动作；在内部故障时，制动作用减弱（相当于无制动作用），而动作的功率极强。其动作特性如图7-4（b）所示，横坐标为制动电流，纵坐标是动作电流。由图可见，其动作电流不是固定值，而是随制动电流的增大而增大，这种特性称为制动特性。因此，具有制动特性的纵联电流差动保护不仅提高了内部短路时的灵敏性，还能够防止外部短路时保护误动作，提高了外部短路时的可靠性，在电流差动保护中得到广泛应用，主要用于发电机、变压器和母线差动保护中。

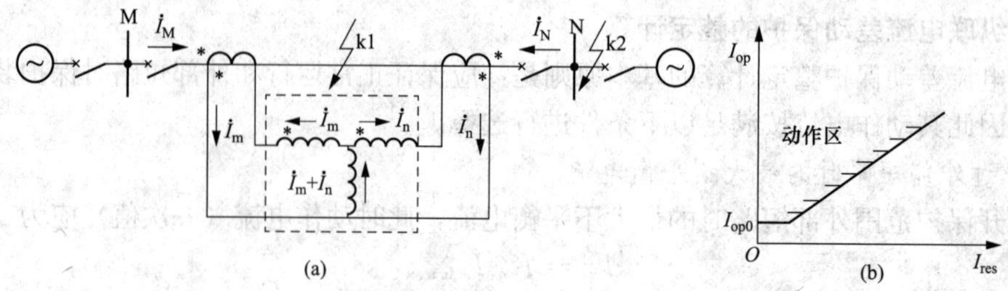

图 7-4 带制动线圈的差动继电器原理及动作特性
（a）差动继电器原理示意图；（b）动作特性

继电器的动作方程为

$$|\dot{I}_m+\dot{I}_n|-K_{res}|\dot{I}_m+\dot{I}_n|\geqslant I_{op.0} \tag{7-10}$$

式中 K_{res}——制动系数，可在 0～1 选择；

$I_{op.0}$——门槛值，其值很小。

上述纵联电流差动保护在传送测量信号时，是通过辅助导线（即导引线）实现的，辅助导线中传送的是工频测量信号。而光纤纵差动保护是通过光纤通道将测量信号从一侧传送到另一侧的。光纤通信广泛采用（PCM）调制方式。当被保护线路很短时，通过光缆直接将光信号送到对侧，在每半套保护装置中都将电信号变成光信号送出，又将所接收的光信号变为电信号供保护使用。由于光与电之间互不干扰，所以光纤保护没有导引线保护的问题，在经济上也可以与导引线保护竞争。在架空输电线的接地线中铺设光纤的方法既经济又安全，很有发展前途；当被保护线路很长时，应与通信、远动等复用。

第三节 高频保护的概述

在 220kV 及以上电压等级的电力系统中，为了保证其并列运行的稳定性和提高输送功率，在很多情况下，都要求保护装置能无延时地从线路两侧切除被保护线路任何一点的故障。高频保护是以输电线路载波通道作为通信通道的纵联保护，广泛应用于高压和超高压输电线路，是一种比较成熟和完善的无时限快速原理保护。

一、高频保护的工作原理

高频保护的工作原理是将线路两端的电流相位或功率方向转化为高频信号，然后利用输电线路本身构成高频电流通道，将此信号送至对端，以比较两端的电流相位或功率方向。当保护范围内部发生故障时，它瞬时将两端的断路器跳闸；当外部故障时，保护装置不动作。从原理上看，高频保护和纵联差动保护的工作原理相似，即它不反应保护范围以外的故障，同时在参数的选择上无须和下一条线路相配合。高频保护主要作为 220kV 及以上的电压等级电网的主保护。

高频保护按工作原理的不同可分为方向高频保护和相差高频保护。方向高频保护的基本原理是比较线路两端的功率方向，而相差高频保护的基本原理则是比较线路两端的电流相位。在实现以上两类保护的过程中，都需要解决如何将功率方向或电流相位转化为高频信号，以及如何进行比较的问题。

二、高频通道及高频信号类型

为了实现高频保护，首先必须解决高频通道问题，现广泛采用输电线路本身作为一个通道，即输电线路在传输 50Hz 工频电流的同时，还叠加传输一个高频信号——载波信号，以进行线路两端电量的比较。为了与传输线路中的工频电流相区别，载波信号一般采用 40～500kHz 的高频电流，这是因为频率低于 40kHz 时受干扰大且高频阻波器制造困难；频率高于 500kHz 时不仅传输衰耗大，还会与广播电台互相干扰。

（一）高频通道的组成

输电线路的主要任务是传送 50Hz 工频电流，它是按输电要求设计建造的。要求输电线路兼做传输高频信号的通道，就必须对它进行高频加工，即隔离高电压，把工频电流和高频电流分开，并把载波机接入电力线路，做到既不影响工频电流的输送，又满足传输高频信号的要求。经高频加工的输电线路称为输电线载波通道，简称为高频通道或通道。

把载波机接入输电线路，首先要隔离高电压，以保证人身和设备的安全。为此，世界各国利用输电线路传送高频信号，通常有以下两种连接方式。

（1）通过结合设备把载波机接于输电线路与大地之间，构成高频电流经输电线路和大地的“相-地”通道，叫“相-地”制，如图 7-5（a）所示。与“相-相”制比较，此种方式传输效率低，高频信号衰减大，受干扰也大。但高频加工设备节省一半，造价便宜。

（2）通过结合设备把载波机接于输电线路的两相之间，构成“相-相”通道，称为“相-相”制，如图 7-5（b）所示。该方式与输电线路结合紧密，传输效率高，但使用的高频加工设备多，造价高。

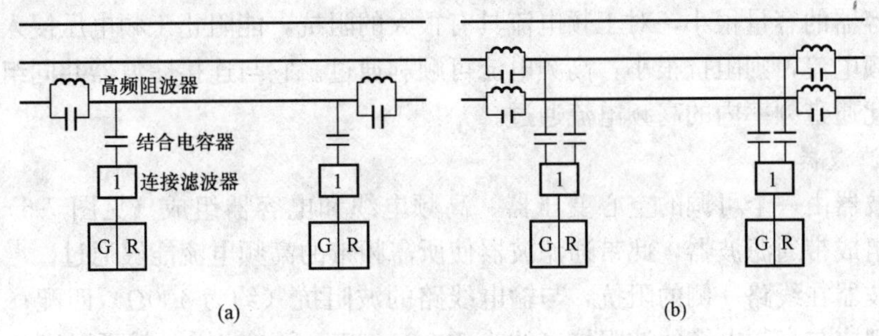

图 7-5　输电线路传送高频信号的方式
（a）“相-地”结合方式；（b）“相-相”结合方式

我国和世界上多数国家都采用“相-地”制高频通道，现以此为例，说明高频通道的组成及其各部分的作用。“相-地”制高频通道的组成如图 7-6 所示。

1. 输电线路

利用三相输电线路传送高频电流信号，与一般的通信线路相比，输电线路有以下优点：绝缘水平高，导线截面积大，杆塔基础牢，可靠性高。其缺点是：高频电流的传输要按三相系统考虑，分析、计算比较复杂；输电线路运行中不允许轻易停电，给通道检查、维修造成困难；雷击、电晕、绝缘子放电、短路等对高频通道产生强烈的干扰，甚至损坏设备。

2. 高频阻波器

高频阻波器有单频阻波器、双频阻波器、带频阻波器和宽带阻波器等若干类型。在电力系统继电保护中，为保证保护工作的可靠性，广泛使用高频保护专用的单频阻波器。

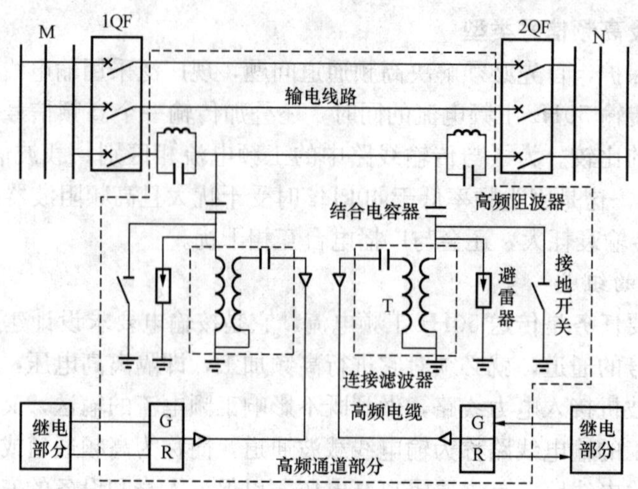

图 7-6 “相-地”制高频通道的组成

高频阻波器是由电感线圈和可调电容组成的并联谐振回路，当其谐振频率为选用的载波频率时，它所呈现的阻抗最大，约为 1000Ω 以上，从而使高频电流限制在被保护输电线路以内，即在两侧高频阻波器之内，不至于流入相邻的线路。对工频电流（50Hz）而言，高频阻波器的阻抗仅是电感线圈的阻抗，其值约为 0.4Ω，因而工频电流可畅通无阻，不会影响输电线路正常传输。

3. 结合电容器

结合电容器的容量很小，对工频电流具有很大的阻抗，能阻止工频电压侵入高频收发信机，而对高频电流，则阻抗很小，高频电流可顺利通过。它与连接滤波器共同组成带通滤波器，只允许此通带频率内的高频电流通过。

4. 连接滤波器

连接滤波器由一个可调的空心变压器、高频电缆和电容器组成（见图 7-6）。它与结合电容器共同组成带通滤波器，此带通滤波器使所需频带的高频电流能够通过。

带通滤波器在线路一侧的阻抗，与输电线路的波阻抗（约为 400Ω）匹配；而在电缆一侧的阻抗，则应与高频电缆的波阻抗（约为 100Ω）相匹配。这样，就可以避免高频信号的电磁波在传送的过程中发生反射，因而减少高频能量的附加衰耗，使高频收信机收到的高频功率最大。同时，还利用连接滤波器进一步使高频收信机与高压输电线路隔离，以保证收发信机与人身的安全。

5. 高频电缆

高频电缆是一个单芯同轴电缆。它将位于主控制室内的收发信机和户外的连接滤波器连接起来，虽然这段距离仅有几百米，但由于工作频率高，若采用普通电缆，衰耗将很大。高频电缆的波阻抗一般为 100Ω 左右。

6. 保护间隙

保护间隙是高频通道的辅助设备。用它来保护高频电缆和高频收发信机免遭过电压的袭击。

7. 接地开关

接地开关也是高频通道的辅助设备。在调整或检修高频收发信机和连接滤波器时，用它来进行安全接地，以保证人身和设备的安全。

8. 高频收、发信机

高频收发信机的作用是发送和接收高频信号。发信机部分由继电保护来控制，通常都是在电力系统发生故障时，保护启动之后它才发出信号，但有时也可以采用长期发信的方式。由发信机发出信号，通过高频通道为对端的收信机所接收，也可为自己一端的收信机所接收。高频收信机接收由本端和对端所发送的高频信号。经过比较判断之后，再动作于跳闸或将其闭锁。

高频阻波器、结合电容器、连接过滤器和高频电缆等设备，统称为高压输电线路的高频加工设备，通过这些加工设备，可以将超高压输电线路构成高频传输通道，解决高频信号的传输问题。

(二) 高频通道的工作方式

高频保护中高频通道的工作方式与高频保护信号有着密切联系，所以在讨论高频保护信号前，先对高频通道的工作方式进行讨论。继电保护中的高频通道按工作方式可分为故障启动发信方式、长期发信方式和移频方式三大类。

1. 故障启动发信方式

在正常条件下发信机不工作，通道中没有高频电流，只在电力系统发生故障期间才由启动元件启动发信。

故障启动发信方式为确知高频通道是否完好，一般采用定期检查的方法。定期检查可手动或自动进行。自动检查较为复杂，是利用特殊装置实现的，按规定时间自动检查通道，并向值班员发出信号。手动检查较为简单，通常是每班检查一次，其缺点是不能发现相邻两次检查之间通道发生的破坏，但因其概率很小，故后一种方式在我国电力系统中得到了广泛采用。

2. 长期发信方式

在正常工作条件下发信机始终处于发信状态，沿高频通道传送高频电流。这种方式的优点是高频通道经常处于监视状态，可靠性较高，也无须发信机的启动元件，装置可稍微简化，并可提高保护灵敏度。其缺点是增大了通道间的相互干扰，降低了收发信机的使用年限。实践证明，在晶体管使用有足够余度条件下以及通道中频率间隔较宽时，采用该方式不会产生大的问题。

但是，在长期发信方式下，通道能否得到完整的监视，要视具体情况而定。一般在高频保护中，两侧的发信机工作在同一频率（单频制），任何一侧的收信机不仅收到对侧传送来的高频电流，而且也同时收到本侧发信机发出的高频电流，因此任一个发信机损坏或通道中断都不能从收信结果判断出来，仍需采用其他附加措施才能达到完全监视通道的目的。对于两侧发信机工作频率不同的情况（双频制），任一侧的收信机只收到对侧传送来的高频电流，故能及时发现收发信机损坏和通道中断，达到监视目的。

3. 移频方式

在正常工作条件下，发信机处于发信状态，向对侧传送频率为 f_1 的高频电流，对侧收到这一高频电流可作通道的连续检查或闭锁保护用。当线路发生短路故障时，继电保护装置控制发信机移频，停止发送频率为 f_1 的高频电流，而发出频率为 f_2 的高频电流。这种方式能经常监视通道的工作状况，提高了通道工作的可靠性，并具有较强的抗干扰能力。

（三）高频信号的类型

高频信号就是高频电流信号，可分为闭锁信号、允许信号和跳闸信号。

信号反映需要传送的信息。在线路内部发生短路故障时，信号的作用是使保护动作，因此传送的应是允许信号或跳闸信号；在线路外部发生短路故障时，信号的作用是使保护不动作，所以传送的应是闭锁信号。

对于故障启动发信方式，有高频电流 i_f 为有信号；对于长期发信方式，无高频电流 i_f 为有信号，可见，有无高频电流和有无高频信号的含义是完全不同的。对于移频方式，有频率为 f_2 的高频电流为有信号。

1. 闭锁信号

闭锁信号是阻止保护动作于跳闸的信号，所以无闭锁信号是继电保护作用于跳闸的必要条件，其逻辑关系如图 7-7（a）所示。由图可见，只有同时满足本侧保护元件 PR 动作和无闭锁信号两个条件，保护才作用于跳闸。

需要指出的是，在故障启动发信方式条件下，收到高频电流为有闭锁信号；在长期发信方式条件下，收不到高频电流为有闭锁信号；对于移频方式，收到移频后频率的电流为有闭锁信号。此外，对于电流相位比较式高频保护，高频信号的性质不仅由是否收到高频电流来决定，而且还应由收到的高频电流与反映本侧电流相位的信号的相位关系来决定。

2. 允许信号

允许信号是允许保护动作于跳闸的信号，即允许信号的存在是保护动作于跳闸的必要条件，其逻辑关系如图 7-7（b）所示。由图可见，只有同时满足本侧保护元件 PR 动作和有允许信号两个条件，保护才作用于跳闸。

应当指出，在故障启动发信方式下，收到高频电流为有允许信号；在长期发信方式条件下，收不到高频电流为有允许信号；对于移频方式，收到移频后的频率为 f_2 的高频电流为有允许信号。此外，在电流相位比较式高频保护中，还应注意收到的高频电流信号与反映本侧电流相位的信号间的相位关系。

3. 跳闸信号

跳闸信号是直接引起跳闸的信号，即有跳闸信号是保护作用于跳闸的充分条件，其逻辑关系如图 7-7（c）所示。由图可见，跳闸信号与保护元件动作与否无关，只要收到跳闸信号，就作用于跳闸。

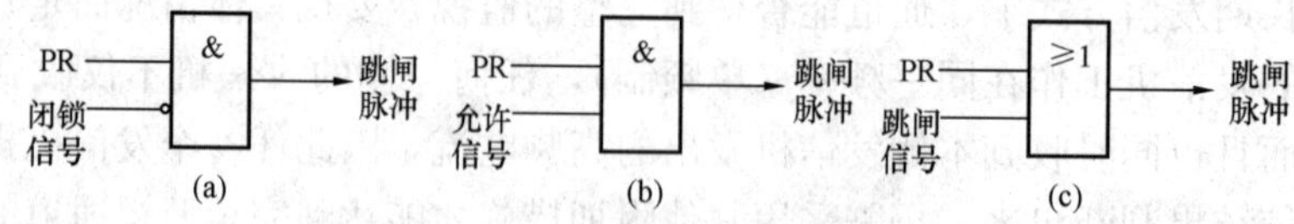

图 7-7 高频信号逻辑图

（a）闭锁信号；（b）允许信号；（c）跳闸信号

第四节 方向高频保护

一、方向高频保护的基本原理

方向高频保护是通过高频通道间接比较被保护线路两侧的功率方向，以判别是被保护范围内部故障还是外部故障。通常规定：从母线流向输电线路的功率方向为正方向；从输电线路流向母线的功率方向为负方向。在被保护的输电线路两侧都装有功率方向元件。当被保护范围外部故障时，靠近故障点一侧的功率方向是由线路流向母线，该侧的功率方向元件不动作，且该侧的保护发出高频闭锁信号，通过高频通道送到输电线路的对侧。虽然对侧的功率方向是从母线流向线路，功率方向为正方向，但由于收到对侧发来的高频闭锁信号，这一侧的保护也不会动作。当被保护范围内部发生故障时，两侧的功率方向都是从母线流向线路，两侧功率方向元件皆动作，两侧高频保护都不发出闭锁信号，故输电线路两侧的断路器立即跳闸。这种在外部故障时，由靠近故障点一侧的保护发出闭锁信号，由两侧的高频收信机所接收而将保护闭锁起来的保护，称为高频闭锁方向保护。

在图 7-8 所示的电力系统中，当线路 BC 上的 k 点发生故障时，它两侧的功率都是从母线流向输电线路，两侧保护 3 和 4 的发信机都不发信，两侧高频收信机均收不到高频闭锁信号，断路器 3 和 4 无延时跳闸。而对输电线路 AB 和 CD 来说，均为外部故障，流经 2 和 5 保护的功率方向都为负，2 和 5 保护的发信机发信，使本侧与对侧的收信机分别收到高频闭锁信号，故断路器 1、2 和 5、6 都不跳闸。

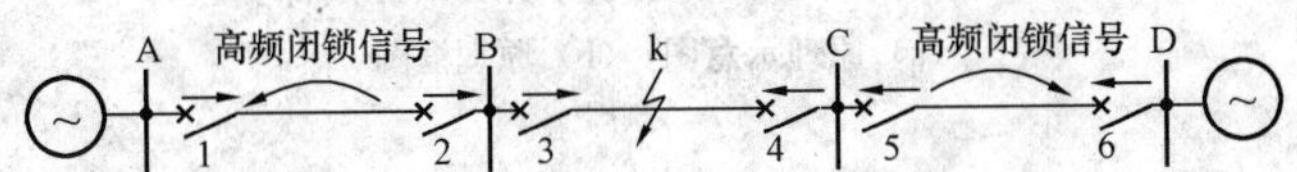

图 7-8　高频闭锁方向保护原理示意图

这种按闭锁信号构成的保护只在非故障线路上才传送高频信号，而在故障线路上并不传送高频信号。因此，在故障线路上，由于短路使高频通道可能遭到破坏时，并不会影响保护的正确动作。我国高频闭锁方向保护的发信机多采用短时发信方式，即正常运行时发信机并不发信，只有在线路上发生短路时发信机才短时发信。

二、高频闭锁方向保护的构成

（一）方向元件启动的高频闭锁方向保护

该保护是按故障启动发信传送闭锁信号原理构成的超范围（方向元件在正方向的保护范围大于线路全长）闭锁式方向高频保护。图 7-9（b）为一侧保护的原理框图（另一侧相同），1KW 为反方向元件，反向短路故障时动作，启动发信机；2KW 为正方向元件，正向短路故障时动作，准备跳闸。M 侧和 N 侧 1KW、2KW 的动作方向如图 7-9（a）所示，一侧的 2KW 的动作范围不超过对侧 1KW 的动作范围，当然 2KW 的动作范围超过线路全长并有一定的灵敏度。

1. 方向元件

方向元件的作用是测量故障方向，方向元件可由各种原理（如零序功率、负序功率和方向阻抗等）构成。由图 7-9（b）可见，反方向元件 1KW 动作后立即启动发信，发出闭锁信号。正方向元件 2KW 动作后，准备作用于跳闸。为保证保护正确动作，在外部短路故障条件下，远离故障点侧的 2KW 能开放跳闸，而近故障点侧的 1KW 必须先动作启动发信，发出闭锁信号，否则保护将误动。可见 1KW 的灵敏度必须高于 2KW 的灵敏度。

2. 时间元件

时间元件的作用是保证保护正确动作。时间元件 T2 延时 t_2 动作，瞬时返回，其作用是防止区外短路故障时，如图 7-9（a）中的 k1 点短路故障时，靠近故障点侧（N 侧）发出的闭锁信号到达远离故障点侧（M 侧）前，远离故障点侧（M 侧）误发跳闸脉冲。显然，若取消时间元件 T2，则在外部短路故障时，远离故障点侧的保护将发生误动。时间元件 T1 瞬时动作，延时 t_1 返回，其作用是区外短路故障切除时，保证近故障点侧继续发信一段时间，防止高频闭锁信号过早解除而造成远离故障点侧保护误动。

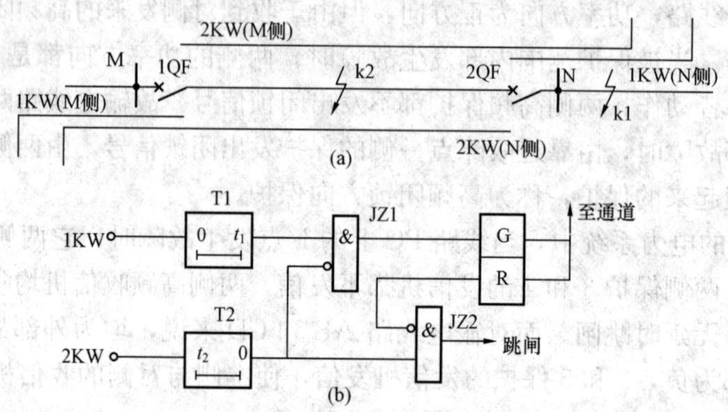

图 7-9 方向元件启动的高频闭锁方向保护

（a）原理示意图；（b）原理框图

3. 收发信机

保护按故障启动发信方式工作时，正常时发信机不发信，1KW 动作时发信机启动发信，收信机收到高频电流时即收到闭锁信号。

保护动作情况为：双侧电源线路内部发生短路故障时，如图 7-9（a）中的 k2 点所示，两侧的正方向元件 2KW 动作，反方向元件 1KW 不动作，不发闭锁信号，于是两侧的 2KW 通过时间元件 T2 和禁止门 JZ2 将两侧的断路器 1QF、2QF 跳开；单侧电源线路内部短路故障时，无电源侧的 1KW 肯定不动作，不发信，只跳开电源侧的断路器。

线路外部发生短路故障时，如图 7-9（a）中的 k1 点所示，N 侧的 1KW 动作，N 侧瞬时发出的闭锁信号，在时间元件 T2 有输出前，已到达 M 侧收信输出端（JZ2 禁止端），从而保证了虽然 M 侧的 2KW 动作，但不会发出跳开 1QF 的跳闸脉冲；当外部短路故障切除时，N 侧的 1KW、M 侧的 2KW 均返回，由于时间元件 T1 的作用，使 N 侧发出的闭锁信号再保持 t_1 时间，防止了 N 侧的 1KW 先于 M 侧的 2KW 返回而误发跳开 1QF 的脉冲。如果高频通道不良，则在内部短路故障时，由于本来没有高频信号，所以不影响保护正确动作；但在外部短路故障时，由于近故障点侧发出的闭锁信号不能到达远离故障点侧，所以会引起保护误动。可见，平时应监视高频通道的完好性。

应当指出，禁止门 JZ1 的设置，主要是为了防止内部短路暂态过程中 1KW 可能有短暂的输出而造成保护延时动作。此外，正方向元件 2KW 不反应于负荷，以免正常运行时保护误动。

（二）非方向元件启动的高频闭锁方向保护

图 7-10 为非方向元件启动的高频闭锁方向保护图，与图 7-9 类似，该保护是按故障启动发信方式工作的超范围闭锁式方向高频保护。所不同的是图 7-10（b）中的 S1、S2 为非方向性启动元件，且 S1 比 S2 灵敏。非方向性启动元件有相电流元件、负序电流元件和零序电流增量元件等。S1 动作后启动发信机，S2 动作后开放跳闸回路。KW 为正方向元件，正

向短路故障时动作，反向短路故障时不动作，M侧和N侧的正方向元件KW的保护范围均超过线路全长［见图7-10（a）］，并有一定的灵敏度。时间元件T1、T2与图7-9中的相同。为保证启动元件只在外部短路故障时启动发信，KW动作后，通过禁止门JZ1停止发信。

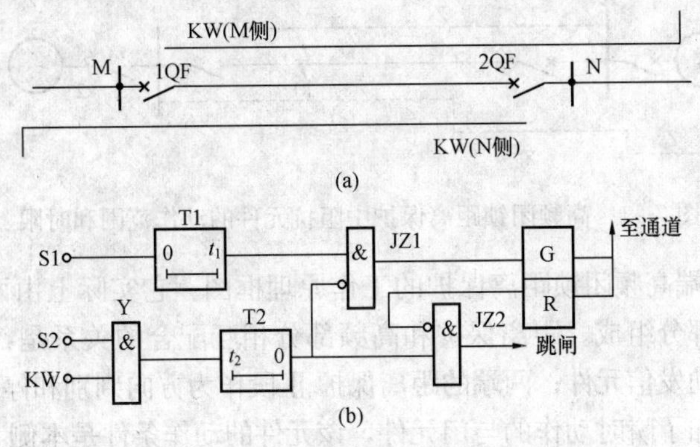

图7-10　非方向元件启动的高频闭锁方向保护

（a）原理示意图；（b）原理框图

外部短路故障时，两侧的低定值启动元件S1动作发信，两侧的高定值启动元件S2动作，开放两侧跳闸回路。远离故障点一侧的正方向元件KW动作，经 t_2 延时后，一方面实现本侧停信，另一方面准备出口跳闸。但在近故障点侧，因该侧的KW不动作，继续发信，两侧收信机均有输出，保护不会动作。

双侧电源线路内部短路故障时，两侧的KW、S2均动作，经 t_2 延时后，两侧均停信，高频通道中不存在闭锁信号，从而两侧保护动作跳闸。单侧电源线路内部短路故障时，一般情况下，两侧的S1、S2均动作，供电侧的正方向元件KW动作使发信机停信，但能否跳闸取决于受电侧方向元件KW的动作情况。若受电侧的变压器中性点接地，则发生接地故障时，受电侧的零序功率方向元件能动作，从而线路两侧的保护均正确动作；若受电侧的方向元件为负序功率方向元件，则在计及负荷功率的情况下，与采用零序功率方向元件一样，保护能正确动作；若受电侧的方向元件接在全电流、全电压上，则因受电侧无电源而不能动作，受电侧发出闭锁信号，致使供电侧保护发生拒动。

三、高频闭锁距离保护

它的构成原理与闭锁式方向高频保护相似，只是用阻抗元件代替功率方向元件，通常用距离保护的启动元件来启动发信元件，用距离保护的Ⅱ段或Ⅲ段作停信元件。与闭锁式方向高频保护相比，它的优点在于：当故障发生在保护Ⅱ段范围内时相应的方向阻抗元件才启动，当故障发生在保护Ⅱ段范围外时相应的方向阻抗元件不启动，减少了方向元件的启动次数，从而提高了保护的可靠性。

闭锁式方向高频保护只能作为本线路的全线路快速保护，不能作为变电站母线和下一级线路的后备保护。为了作为相邻线路的后备保护，可以在距离保护上加设高频部分，构成高频闭锁距离保护。由于在距离保护中所用的主要继电器（如启动元件、方向阻抗元件等）也可以作为实现闭锁式方向高频保护的主要元件，因此经常把两者结合起来构成高频闭锁距离保护，这样，它既能在内部故障时快速地切除被保护范围内任一点的故障，又能在外部故障时作为下一级线路和变电站母线的后备保护，从而兼有两种保护的优点，并且能简化整个保护的接线。高频闭锁距离保护是超高压输电线上广泛采用的一种主保护。

图 7-11 给出了高频闭锁距离保护中阻抗元件的动作范围和时限。

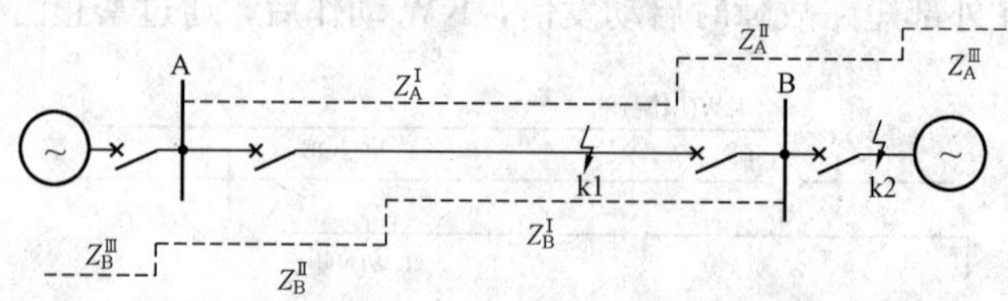

图 7-11　高频闭锁距离保护中阻抗元件的动作范围和时限

图 7-12 所示为一端高频闭锁距离保护的工作原理框图。它实际上由两端完整的三段式距离保护附加高频通信部分组成。距离保护和高频部分相互配合的关系是：两端的距离保护Ⅲ段继电器作为故障启动发信元件；两端的距离保护Ⅱ段作为方向判别和停信元件，距离保护Ⅱ段的跳闸时间元件增加了瞬时动作的与门元件，该元件的动作条件是本侧Ⅱ段动作且收不到闭锁信号，表明故障在两端保护的Ⅱ段内即本线路内，立即跳闸，构成了高频保护瞬时切除全线任意点短路的速动功能；距离保护Ⅰ段作为两端各自独立跳闸段。需要注意的是，距离保护Ⅲ段作为启动元件，其保护范围应超过正、反向相邻线路末端母线，一般无方向性。

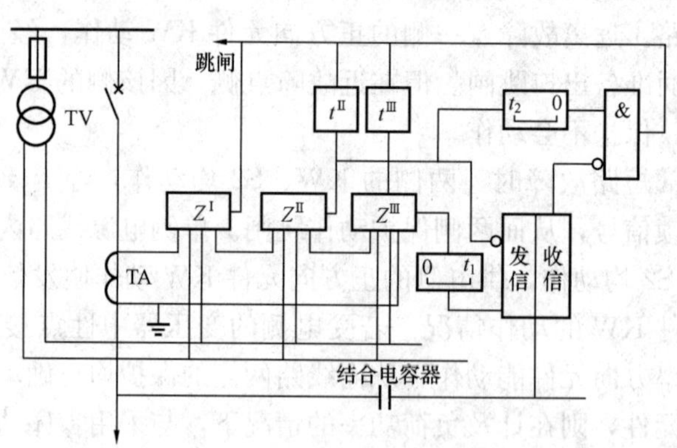

图 7-12　高频闭锁距离保护的工作原理框图

在被保护线路内部短路时，如图 7-11 的 k1 点，两端的距离保护Ⅲ段继电器动作，启动发信元件，但两端的距离保护Ⅱ段也动作停止发信，当两侧收信机收不到高频信号时，由距离保护Ⅱ段瞬时动作的与门满足动作条件，立刻动作跳闸。

在被保护线路外部短路时，如图 7-11 的 k2 点，两端的距离保护Ⅲ段继电器动作，启动发信元件，远离故障点的 A 端距离保护Ⅱ段也动作，停止本侧发信，但靠近故障点的 B 端距离保护Ⅱ段不动作，不停止发信，所以 A 端收信机可收到 B 端送来的高频信号，A 端距离保护Ⅱ段瞬时动作的与门不满足动作条件，不能瞬时跳闸，只能经过距离保护Ⅱ段延时跳闸，从而保证了保护的选择性。由于 B 端距离保护Ⅱ段不动作，所以不论是瞬时跳闸的条件还是延时跳闸的条件都不满足，保护不动作。

四、高频闭锁的零序保护

高频闭锁的零序保护的实现原理与高频闭锁的距离保护的实现原理类似，只需要用零序电流保护Ⅲ段的测量元件即零序电流继电器启动发信，用Ⅱ段的测量元件和零序功率方向元件共同启动跳闸回路。当内部故障时，两端保护Ⅲ段的测量元件启动发信，两端保护Ⅱ段的测量元件和零序功率方向元件启动后停信，两端保护收不到闭锁信号，启动跳闸回路，两端断路器跳闸；当外部故障时，近故障点端保护Ⅲ段的测量元件启动发信，而零序功率方向继电器不启动，故不会停信，远故障点端保护Ⅲ段的测量元件和功率方向元件均启动，收到对端传送来的高频信号将保护闭锁。

第五节 相差高频保护

一、相差高频保护的工作原理

相差高频保护的基本工作原理是比较被保护线路两侧电流的相位，即利用高频信号将电流的相位传送到对侧去进行比较。

首先假设线路两侧的电动势同相，系统中各元件的阻抗角相等（实际上它们是有差异的），而电流的正方向仍然是从母线流向线路。这样，当被保护线路内部故障时，两侧电流都从母线流向线路，其方向为正且相位相同，如图 7-13（a）所示；当被保护线路外部故障时，两侧电流相位差为 180°，如图 7-13（b）所示。

为了比较被保护线路两侧电流的相位，必须将一侧的电流相位信号传送到另一侧，以此构成比相系统，由比相系统给出比较结果。为了满足以上要求，采用高频通道经常无电流，而在外部故障时发出闭锁信号的方式来构成保护。在相差高频保护中，因传送的是电流相位信号，所以被比较的电流首先经过放大限幅，变为反映电流相位的电压方波，再用电压方波对高频电流进行调制。如果电流正半周发出高频电流，则负半周无高频电流。

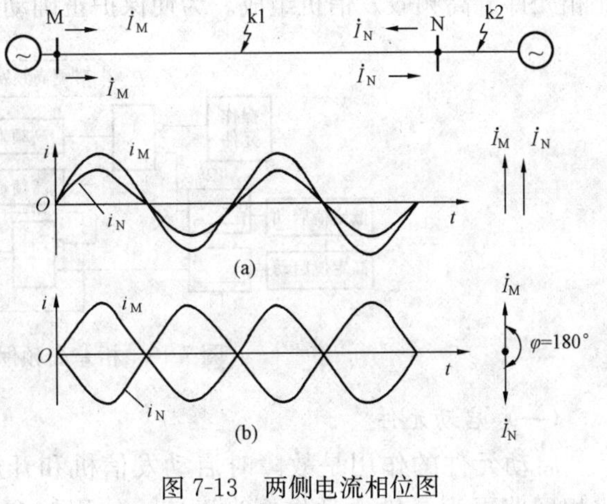

图 7-13 两侧电流相位图

（a）线路内部故障时；（b）线路外部故障时

在被保护线路内部短路故障时，线路两侧电流同相位，在理想状态下，两侧高频发信机同时发出高频信号，也同时停止发信。两侧收信机收到的高频信号是间断的，即正半周有高频信号，负半周无高频信号，如图 7-14（a）所示。而当被保护线路外部短路故障时，两侧电流相位差为 180°，线路两侧的高频发信机交替工作，两侧收信机收到的高频信号是连续的，如图 7-14（b）所示。

由以上的分析得知，通过比较收信机收到的高频信号可以实现相位比较。在被保护线路内部短路故障时，两侧收信机收到的高频信号是断续的，高频信号在一个周期重叠时间约为 10ms，保护瞬时动作于跳闸。虽然内部故障时高频通道被破坏，不能传送高频信号，但收信机仍能收到本侧发信机发出的间断高频信号，因而保护能正确动作。在被保护范围外部故障时，两侧收信机收到的高频信号是连续的，线路两侧的高频信号互为闭锁，使两侧保护都不动作于跳闸。

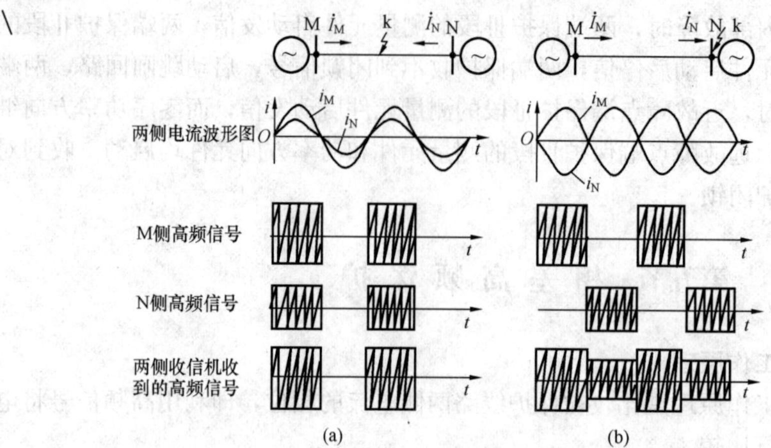

图 7-14　相差高频保护工作情况说明图

(a) 内部故障；(b) 外部故障

二、相差高频保护的构成

相差高频保护的原理框图如图 7-15 所示。相差高频保护主要由启动元件、操作元件、比相元件、高频收发信机组成。为使保护正确动作，现说明如下。

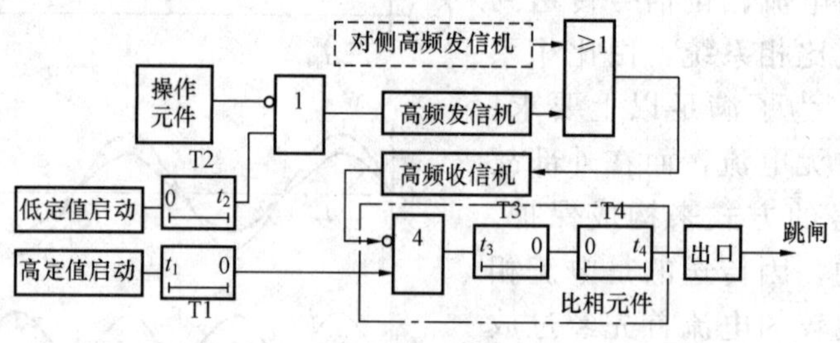

图 7-15　相差高频保护的原理框图

（一）启动元件

启动元件的作用是故障时启动发信机和开放比相回路，并且要求启动发信机比开放比相回路更为灵敏，动作更为迅速。使用较多的电流型启动元件主要有负序电流元件、复合电流启动元件和突变量电流启动元件。考虑到电流互感器可能有±10%的误差，两侧启动元件的实际动作值与整定值间可能有±5%的误差，当一侧是正误差、另一侧是负误差时，会造成两侧启动元件动作值不一致。若区外短路故障时，通过线路的故障电流正好在两动作值之间如图 7-14（b）中 k 点发生短路故障，M 侧为负误差、N 侧为正误差，则仅有一个启动元件（M 侧）动作使发信机发信，通道中高频电流是间断的，M 侧保护将无选择性动作。

为消除这种无选择性动作，每侧可采用两个灵敏度不同的启动元件，如图 7-15 所示。灵敏的低定值用以启动发信机，不灵敏的高定值用以开放比相和跳闸回路。这样，当外部发生短路故障，任一侧高定值启动元件开放比相和跳闸回路时，两侧的低定值启动元件一定能启动发信机，从而防止了上述保护误动。为此，要求高定值与低定值启动元件动作值之比在 1.6～2 之间；对于超高压长线路，其分布电容较大而又无补偿措施时，该值可取 2.5～3。

低定值的启动元件动作后，通过延时返回的时间元件 T2，保证 t_2 时间内发信机一直发信。高定值的启动元件动作后，通过延时动作的时间元件 T1。这是因为在相差高频保护中，比相回路正常工作时，不但要等本侧发信机发出的高频信号，还要等对侧所发出的高频信号，因此比相回路要有一定的延时。并且要求外部故障切除时，高定值的启动元件先返回，关闭两侧的比相和跳闸回路，而后低定值的启动元件返回时再停信，延时返回的时间元件 T2 也可起到这样的作用。

（二）操作元件

操作元件的作用是将输电线路上的 50Hz 电流转变为 50Hz 的方波电流，然后以此工频方波电流对发信机中的高频电流进行调制。此工频方波电流称为操作电流。

对操作电流的要求是：①能反应所有类型故障。②当线路内部发生故障时，两侧操作电流的相位差为 0°或接近 0°；当线路外部发生故障时，两侧操作电流的相位差为 180°或接近 180°。经过理论上的论证，认为采用 $\dot{I}_1+K\dot{I}_2$ 作为操作电流基本上可以满足上述要求。国内外广泛采用的操作电流是 $\dot{I}_1+K\dot{I}_2$，其中 K 的取值范围为 4～8。并且当 $\dot{I}_1+K\dot{I}_2$ 在正半周时，允许发高频信号，在负半周时不发高频信号。

（三）比相元件

比相元件的作用是比较被保护线路两侧操作电流的相位。因为采用单频率制，所以收信机同时接收到线路两侧发信机发出的高频信号。图中 t_3 是用于比相的时间，若与门 4 有输出且持续时间大于或等于 t_3，则比相回路有输出，它经瞬时动作延时返回的时间元件 t_4 加以展宽。区外故障时高频电流间断的时间短，小于 t_3 延时，回路无输出，保护不能跳闸；区内故障时高频电流间断的时间长，t_3 延时满足，回路有输出，经 t_4 延时并展宽后使保护动作于跳闸。

三、相差高频保护的动作特性及相继动作

相差高频保护通过测定通道是否间断，来判断是保护范围内部故障还是外部故障。从理论上说，这个测定是很简单的，因在内部故障时的间断角为 180°，而外部故障时的间断角为 0°。但实际上，当线路内部故障时，两侧电流不完全同相位，相位差大于 0°，间断角小于 180°；而当外部故障时，两侧电流也不完全反相，相位差小于 180°，间断角大于 0°。因此，在线路内、外部故障时都出现间断角的情况下，应找出外部故障可能出现的最大间断角并作为闭锁角，当间断角大于闭锁角时，为保护范围内部故障，保护动作；当间断角小于闭锁角时，为保护范围外部故障，保护不动作。

（一）闭锁角的确定

在理想情况下，当保护范围外部发生故障时，两侧电流 $\dot{I}_M$ 和 $\dot{I}_N$ 的相位差为 180°。而超高压远距离输电线路多采用分裂导线，线路的分布电容较大，电容电流也随之增大。因此，在不同的运行状态下，电容电流的影响可能尤为严重，甚至导致保护误动作，这一点是应该考虑的。但如果在负序电流滤过器输出回路中加装补偿器，补偿后的负序电流不含电容电流分量，在这种情况下就可以不考虑电容电流的影响。根据分析可知，由于存在电流互感器以及保护装置的角误差和两侧高频信号传送的时间延迟，两侧的高频信号不会恰好相差 180°，在最不利的情况下，可能达到 180°±（22°+α_L）。因此，收信机收到的高频信号将不是连续的，即高频信号有间断。显然，区外短路时可能出现的最大间断角为

$$\lambda_{max} = 180° - [180° - (22° + \alpha_L)] = 22° + \frac{l}{100} \times 6° \tag{7-11}$$

式中 α_L——延迟误差角。

为了能使区外短路时相差高频保护不会误动作，闭锁角应整定为

$$\varphi_{loc} \geqslant \lambda_{max}$$

考虑一定的余度角 δ_{rel}，通常取 $\delta_{rel}=15°$，则闭锁角为

$$\varphi_{loc} = \Delta\delta_{TA} + \Delta\delta_P + \alpha_L + \delta_{rel} = 37° + \frac{l}{100} \times 6° \tag{7-12}$$

式中 $\Delta\delta_{TA}$——电流互感器的最大角误差；

$\Delta\delta_P$——保护装置的角误差。

例如，输电线路长度为 300km，则 $\varphi_{loc}=37°+\frac{300}{100}\times 6°=55°$。

式（7-12）表明，线路越长，闭锁角越大，而闭锁角越大，对保护动作的灵敏度就越不利。

（二）相继动作

由于线路两侧电源电动势有相位差、系统各元件的阻抗角不相同，双侧电源系统在 k 点发生三相短路时，发生短路前两侧电源电动势 $\dot{E}_M$ 与 $\dot{E}_N$ 之间存在着相角差 δ（即功率角）。根据系统稳定运行的要求，δ 角一般不超过 70°，在最严重的情况下，$\dot{E}_N$ 落后于 $\dot{E}_M$ 的角度 $\delta=70°$，短路点靠近 N 侧。M 侧电流 $\dot{I}_M$ 落后于 $\dot{E}_M$ 的角度由发电机、变压器和线路的总阻抗角决定，$\varphi_k=60°$，而 N 侧短路点只经过发电机和变压器，发电机、变压器的阻抗很小，可以认为 $\varphi_k=90°$，则两侧电流的相位差将达到 100°，如图 7-16 所示。再考虑电流互感器的最大角误差 $\Delta\delta_{TA}=7°$，保护装置的角误差 $\Delta\delta_{P}=15°$，高频信号沿输电线路传输需要时间，造成的延迟误差角 $\alpha_L=\frac{l}{100}\times 6°$。

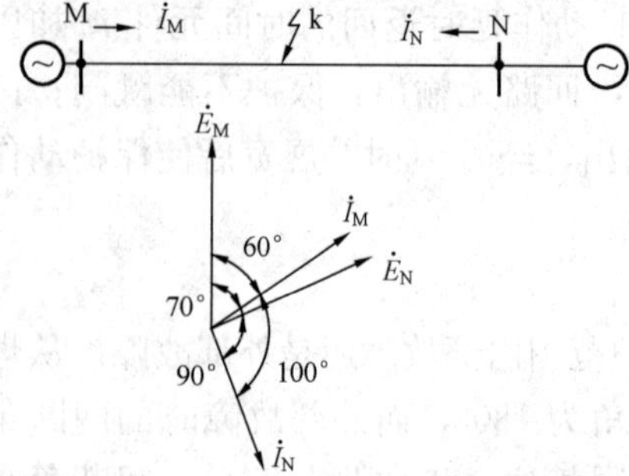

图 7-16 电力系统短路的相量图

考虑上述各种因素的影响，则 M 侧和 N 侧高频信号之间的相位差最大可达

$$\varphi_M = 100° + 7° + 15° + \frac{l}{100} \times 6° = 122° + \frac{l}{100} \times 6° = 122° + \alpha_L \tag{7-13}$$

在图 7-16 所示电路中，当发生内部对称短路时，复合过滤器输出的只有正序电流，即三相短路电流，在这种情况下，从 M 侧高频收信机中所收到的高频信号就可能具有 $122°+\alpha_L$ 的相位差。对 N 侧而言，由于它本身滞后于 M 侧，因此，这个传送信号的延时反而能使收信机所收到的高频信号的相位差变小，其值最大可能为 $122°-\alpha_L$。

例如，输电线路长度为 300km，则

$\varphi_M=122°+\frac{l}{100}\times 6°=140°$

$\gamma_M = 180° - \varphi_M = 40° < 55°$ M 侧保护不能动作；

$\varphi_N=122°-\frac{1}{100}\times 6°=104°$

$\gamma_N = 180° - \varphi_N = 76° > 55°$　　N 侧保护能正确动作。

为解决 M 端保护不能跳闸的问题，采用 N 侧跳闸的同时，立即停止本侧发信。N 侧停信后，M 侧收信机只能收到自己所发的信号，间断角为 180°，M 侧保护可立即跳闸。

从前面的分析可以看出，线路越长，闭锁角 φ_{loc} 也必然越大，而动作角 φ_{op} 就将减小。当保护范围内部故障时，M 侧高频保护信号的相位差也需要随线路长度的增加而增大，而当线路长度超过一定的距离时，就可能出现 $\varphi_M > \varphi_{op}$ 的情况，此时 M 侧保护将不能动作。相反，N 侧保护所收到的高频信号的相位差 φ_N，将随着线路长度的增加而减小，因此，N 侧保护能可靠动作。当 N 侧保护动作跳闸以后，立即停止发信机发送高频信号。这样，M 侧只收到本侧发信机所发出的高频信号，由于这个信号是间断的，所以 M 侧保护也立即跳闸。保护按相继动作切除线路内部故障，将使保护的动作时间增大，这是相差高频保护的一个缺点。但按相继动作条件选定闭锁角，能采用高频相差保护的线路的长度在理论上是不受限制的。

第六节　微机型闭锁式方向纵联保护应用实例

闭锁式方向纵联保护两侧的保护元件仅反应本侧的电气量，利用通道将保护元件对故障方向判别的结果传送到对侧，每侧保护根据两侧保护的动作结果经过逻辑判断区分是区内还是区外故障。这类保护间接比较线路两侧的电气量，在通道中传送的是逻辑信号。

一、闭锁式方向纵联保护应满足的基本要求

（1）在外部故障时，近故障点侧的启动元件应比远离故障侧的跳闸准备元件的灵敏度高。

（2）在外部故障时，近故障点侧的启动元件的动作要比远离故障侧的跳闸准备元件更快，两者的动作时间差应大于高频电流沿通道（包括收发信机内部）的传输时间。为防止区外故障时，由于对侧高频信号传输延时造成远故障点侧保护误动，采取先收信后停信的方法。

（3）发信机的返回应带延时，以保证对侧跳闸准备元件确已返回后闭锁信号才消失。

（4）在环网中发生外部故障时，短路功率的方向可能发生转换（简称功率倒向），在倒向过程中不应失去闭锁信号。

（5）在单侧电源线路上发生内部故障时保护应能动作。

（6）对方向纵联保护中的启动元件的要求是动作速度快、灵敏度高。

（7）方向元件的作用是判断故障的方向，所以对方向纵联保护中的方向元件的要求是能反应所有类型的故障；不受负荷的影响；不受振荡的影响，即在振荡无故障时不误动，振荡中再故障时仍能动作；在两相运行时仍能起保护作用。

二、主要元件工作原理

（一）启动元件配置及原理

1. 装置总启动元件

微处理器的总启动元件以反应相间工频变化量的电流元件实现，同时又配以反应全电流的零序过流元件互相补充。反应工频变化量的启动元件采用浮动门槛，正常运行及系统振荡时变化量的不平衡输出均自动构成自适应式的门槛，浮动门槛始终略高于不平衡输出。在正

常运行时，由于不平衡分量很小，因而装置有很高的灵敏度。当系统振荡时，自动降低灵敏度，因此装置总启动元件不需要设置专门的振荡闭锁元件，启动元件有很高的灵敏度而又不会频繁启动。

（1）反应相间工频变化量的电流启动元件，其动作公式为

$$\Delta I_{MAX} > 1.25\Delta I_T + \Delta I_{set} \tag{7-14}$$

式中 ΔI_{MAX}——相间电流的半波积分最大值的工频变化量；

ΔI_{set}——可整定的固定门槛值；

ΔI_T——浮动门槛，随着变化量的变化而自动调整，取 1.25 倍可保证门槛始终略高于不平衡输出。

反应相间工频变化量的电流启动元件动作并展宽 7s，去开放出口继电器正电源。

（2）零序过电流启动元件。当外接和自产零序电流均大于整定值时，零序过电流启动元件动作并展宽 7s，去开放出口继电器正电源。

（3）位置不对应启动。这一部分的启动由用户选择投入，条件满足，总启动元件动作并展宽 15s，去开放出口继电器正电源。

2. 保护启动元件

基于数字信号处理器（DSP）的保护启动元件与上述总启动元件相比，增加了一个电流变化量低定值启动元件，用以启动闭锁式方向纵联保护的发信，其判据为

$$\Delta I_{MAX} > 1.125\Delta I_T + 0.5\Delta I_{set} \tag{7-15}$$

电流变化量低定值启动元件动作仍进入正常运行程序，但启动发信并闭锁保护，只有电流变化量高定值启动元件或零序过电流元件动作才进入故障测量程序。

（二）故障判别元件配置及原理

1. 工频变化量方向元件

工频变化量方向元件由正方向元件和反方向元件共同构成，通过测量电压、电流故障分量的相位来判断正反方向元件的动作。

正反方向元件的计算使用不包含零序分量的电压、电流以及正负序综合分量，并引入了补偿阻抗，既保证了灵敏度，又不引起方向元件误动，使该方向继电器不仅适用于短线路，而且适用于任何长距离输电线路。

正反方向元件对各种故障都有同样优越的方向性，且过渡电阻不影响方向元件的测量相角，另外，由于方向元件不受负荷电流的影响，因此该方向元件具有很高的灵敏度，可允许测量很大的故障过渡电阻。另外，方向元件不受串联补偿电容的影响。

工频变化量方向元件受浮动门槛的限制，因此，当系统中出现不平衡分量或者系统振荡时，继电器不会误动作，只是自动降低灵敏度。

当保护装设在弱电源侧时，装置自动引入超范围变化量阻抗继电器，当变化量正反方向元件和零序正反方向元件均不动作时，若超范围变化量阻抗继电器动作，则判为正方向故障；若超范围变化量阻抗继电器不动作，即判为反方向故障。

2. 零序方向元件

零序正反方向元件（F_{0+}、F_{0-}）由零序功率 P_0 决定，P_0 为

$$P_0 = 3u_0(k) \times 3i_0(k) \tag{7-16}$$

式中 u_0（k）、i_0（k）——零序电压、电流的瞬时采样值。

当 $P_0>0$ 时，方向元件 F_{0-} 动作，判断为反方向故障；$P_0<0$ 时，方向元件 F_{0+} 动作，判断为正方向故障。

微机型闭锁式方向纵联保护由启动元件、功率方向判别元件、停信逻辑、保护动作逻辑等组成。

三、闭锁式方向纵联保护的停信逻辑

当发生保护区内故障时，闭锁式方向纵联保护首先要启动发信，当判断故障为正方向时再停止发信并跳闸。当故障发生在保护区内时，线路两侧保护都停信；当故障发生在保护区外时，靠近故障线路侧的保护判断功率为负，不停信。

正方向元件动作停信逻辑框图如图 7-17 所示。满足下列条件时停信。

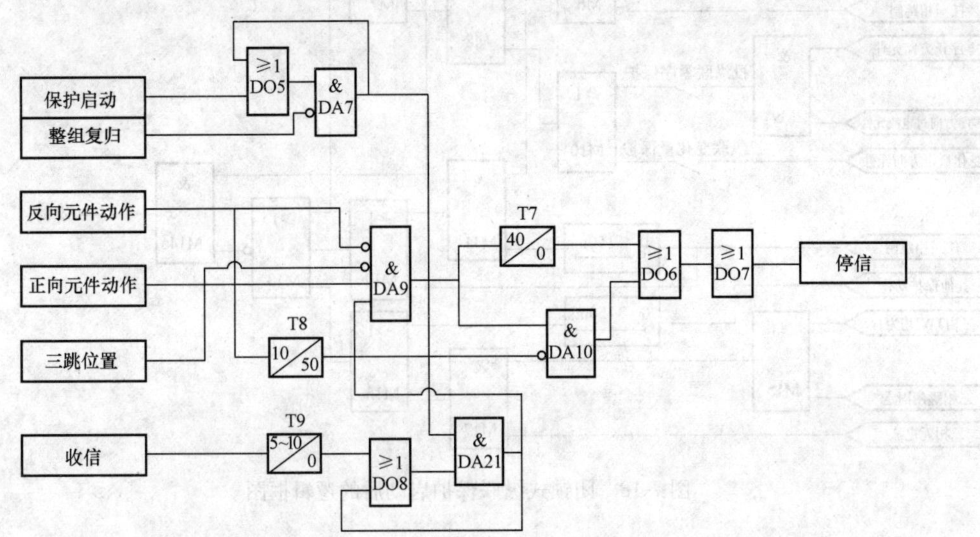

图 7-17　正方向元件动作停信逻辑框图

（1）在保护启动元件动作后整组复归前，与门 DA7 输出为“1”，为 DA21 动作准备了条件。

（2）当收信输入持续 5～10ms 时，时间元件 T9（=1）、或门 DO8 动作（=1），从而使 DA2l 动作（=1）且自保持。

（3）在正方向元件动作（=1）、反方向元件不动作（=0）、断路器处于三相合闸状态即三跳位置（0）时，与门 DA9 动作（=1），DA10、DO6、DO7 动作（=1），保护停信。

（4）在反向元件动作 10ms 后，经时间元件 T8（=1）50ms 后返回、DA10 不动作（=0），如果正方向元件再动作，需要经 T7 的 40ms 延时才能停信。这是一种功率倒向时通过延时防止误动的方法。

四、闭锁式方向纵联保护程序逻辑

1. 故障测量程序中闭锁式纵联保护逻辑

故障测量程序中闭锁式纵联保护启动后的逻辑框图如图 7-18 所示，其逻辑说明如下。

（1）启动元件动作即首先进入故障程序，直接启动发信机发闭锁信号。

（2）反方向元件由工频变化量反方向元件和零序反方向元件共同组成。反方向元件动作时，立即通过与门 M8 闭锁正方向元件的停信回路（M8=0、M7=0、M13=1、M14=1），发信机继续发闭锁信号，即方向元件中反方向元件动作优先，这样有利于防止故障功率倒方向时误动作。

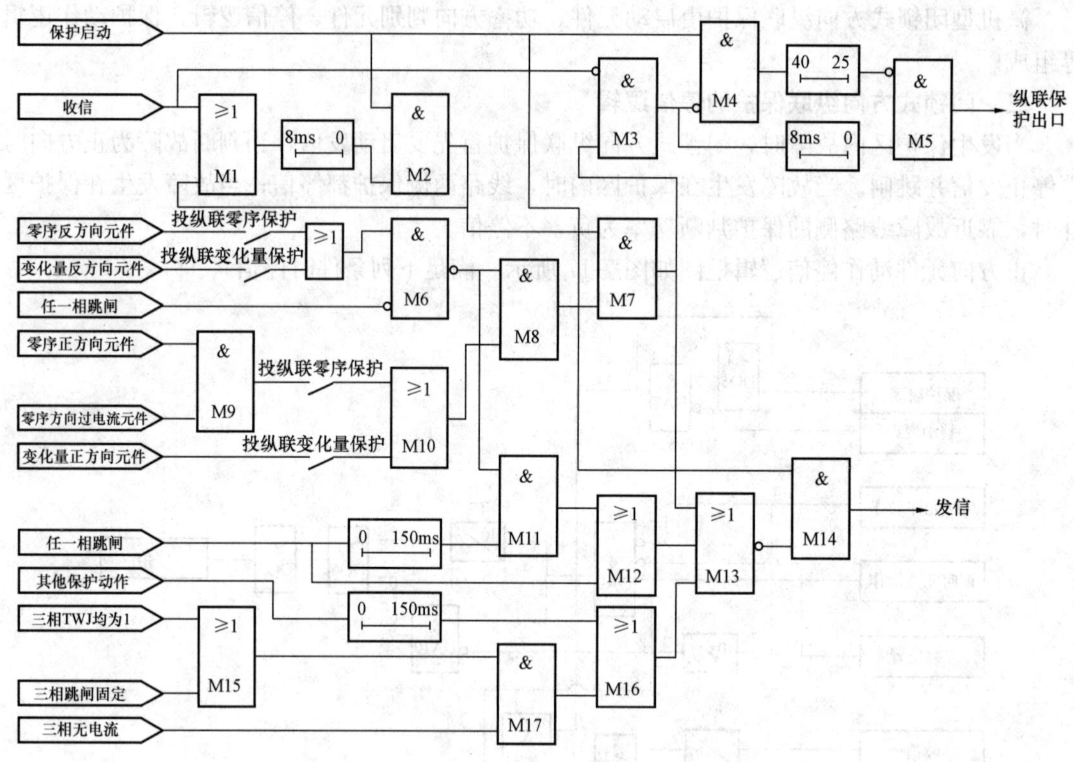

图 7-18 闭锁式纵联保护启动后的逻辑框图

（3）启动元件动作后，收信 8ms 后（M2＝1）才允许正方向元件投入工作，当反方向元件不动作（M6＝1），变化量正方向元件或零序正方向及过电流元件动作（M10＝1、M8＝1、M7＝1）时，立即停止发信（M13＝0、M14＝0）。

（4）当该装置其他保护（如工频变化量阻抗、零序延时段、距离保护）动作，或外部保护（如母线差动保护）动作跳闸时（M12＝1），立即停止发信（M13＝0、M14＝0），并在跳闸信号返回后，停信展宽 150ms，但在展宽期间若反方向元件动作，立即返回（M6＝0、M11＝0、M12＝0、M13＝1、M14＝1），继续发信。

（5）三相跳闸固定回路动作或三相跳闸位置继电器（TWJ）均动作且三相无电流（M17＝1、M16＝1）时，始终停止发信（M13＝0、M14＝0）。

（6）区内故障时，正方向元件动作而反方向元件不动作（M6＝1、M10＝1、M＝1、M7＝1、M3＝1），两侧均停信（M13＝0、M14＝0），经 8ms 延时方向高频保护出口（M3＝1，8ms 后 M5＝1）。

（7）装置内设有功率倒方向延时回路，该回路是为了防止区外故障后，在断合开关的过程中，故障功率方向出现倒方向，短时出现一侧正方向元件未返回，另一侧正方向元件已动作而出现瞬时误动而设置的。在图 7-19 所示的双回线和环网的网络中，当 k 点（断路器 QF3 附近）发生短路时，非故障线路 L1 上的短路功率 P_k 可能由 N 侧流向 M 侧（如实线箭头所示），此时，如果断路器 QF3 先于 QF4 跳闸，则线路 L1 上的短路功率 P_k 又由 M 侧流向 N 侧（如虚线箭头所示），导致 L1 上的短路功率 P_k 出现突然倒转方向的情况，此现象称为功率倒向。

在功率倒向之前，保护 2 为正方向，停止本侧发信；保护 1 为反方向，发送闭锁信号。在断路器 QF3 跳闸后、QF4 跳闸前的时间内，出现了功率倒向，于是，保护 1 判断为正方向，立即停发闭锁信号，此时保护 2 的方向由正变负，应当由保护 2 立即发闭锁信号，以便闭锁两侧的保护，但是，如果保护 1 的正方向元件动作快，而保护 2 正方向元件的返回慢一些（类似于触点竞赛），就会在一段时间内出现两侧正方向元件均处于动作的状态，导致通道上没有闭锁信号，从而引起误动。这种情况可以通过当连续收信 40ms 以后，方向比较保护延时 25ms 动作的方式（M4）来躲过。

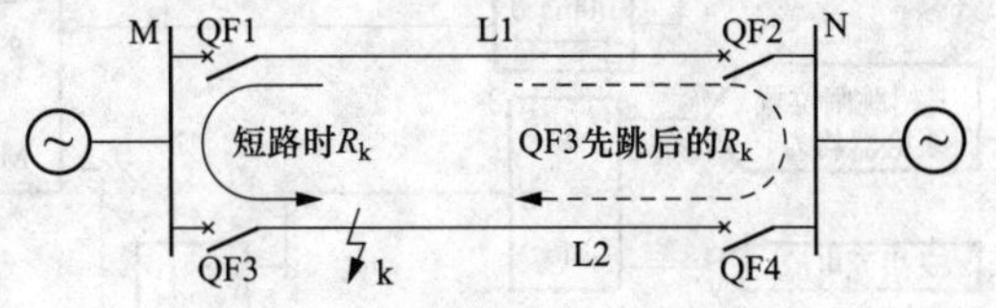

图 7-19　功率倒向示意图

2. 正常运行程序中闭锁式纵联保护逻辑

通道试验、远方启动发信逻辑由保护装置实现，在进行通道试验时可将两侧的保护装置、收发信机和通道一起进行检查。当收发信机与该装置配合时，当收发信机内部的远方启信逻辑部分应取消。闭锁式纵联保护的经常性通道试验是保证保护可靠性的重要措施。

（1）远方启动发信。其作用：①为了方便高频通道检查，而不必由两侧的值班人员同时配合进行。当一侧手动启动发信时，对侧收信后自动发信并自保持，手动启动发信侧可以独立监测通道的工作情况。②可以提高被保护线路两侧闭锁式纵联保护装置配合工作的可靠性。

闭锁式纵联保护存在的固有的性能弱点是：区外故障时，近故障侧保护反方向启动发信元件如因元件或回路异常而不能启动发信机发出闭锁信号，此时如果对侧装置的正方向停信元件灵敏度足够就可能造成误动作，但是如果具有远方启动发信回路，则远故障侧保护启动时发出闭锁信号，近故障侧收信后即可远方启动发信，发出连续的闭锁信号。此时，即使远故障侧保护因正方向停信元件动作而停信，但近故障侧发出的闭锁信号仍将继续存在，使远故障侧保护不至于误动作。

正常运行程序中闭锁式纵联保护未启动时的逻辑框图如图 7-20 所示，其程序逻辑说明为：当收到对侧信号后，如 TWJ 未动作（运行中，M6＝0、M7＝0、M5＝0、M3＝1、M4＝1、M2＝1），则立即发信；如 TWJ 动作（M6＝1、M7＝1、M5＝1、M3＝0），则延时 100ms 发信（M5＝0、M3＝1、M4＝1、M2＝1）；当用于弱电侧，判断任一相电压或相间电压低于 30V（M9＝1、M8＝1、M7＝1、M5＝1、M3＝1）时，延时 100ms 发信，这保证在线路轻负荷、启动元件不动作的情况下，由对侧保护快速切除故障。无上述情况时，则本侧收信后立即由远方启动发信回路发信，10s 后停信。

（2）通道试验。对闭锁式通道，正常运行时需进行通道信号交换，由人工在保护屏上按下通道试验按钮，本侧发信（M1＝1），收信 200ms 后停止发信（M1＝0）；收对侧信号达 5s 后本侧再次发信，10s 后停止发信（发信解环）。在通道试验过程中，若保护装置启动，则结束本次通道试验。

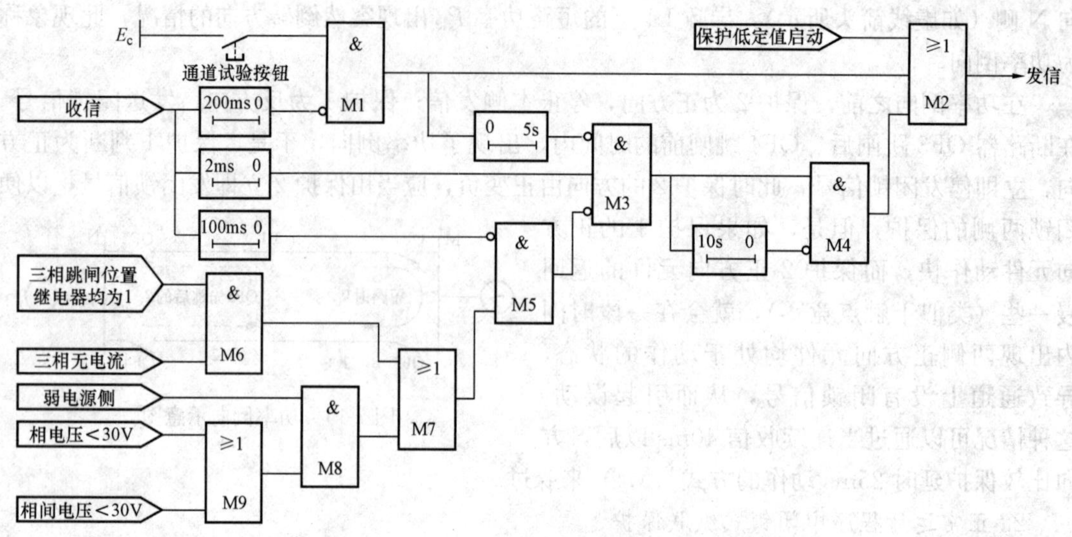

图 7-20 闭锁式纵联保护未启动时的逻辑框图

习 题

7-1 说明方向高频保护的工作原理。

7-2 说明相差高频保护相继动作的含义。举例说明相差高频保护相继动作的过程。

7-3 分别画出纵联差动保护在被保护线路外部、内部发生短路故障时的电流分布，并说明工作原理。

7-4 纵联差动保护中不平衡电流是由于什么原因产生的，不平衡电流在暂态过程中有哪些特性，它对保护装置有什么影响？

7-5 纵联差动保护动作电流在整定计算中应考虑哪些因素，为什么？

7-6 闭锁角与比相元件动作角有何区别？一般线路闭锁角取多大？

7-7 什么是相差高频保护的闭锁角？

7-8 举例说明高频闭锁方向保护的原理。

第八章　输电线路的自动重合闸

第一节　自动重合闸装置的概述

一、输电线路装设自动重合闸的意义

在电力系统中，输电线路，尤其是架空线路，最容易发生故障，因此，必须设法提高输电线路供电的可靠性。而自动重合闸装置正是提高输电线路供电可靠性的有力工具。

输电线路的故障按其性质可分为瞬时性故障和永久性故障两种。对于瞬时性故障，主要是由雷电引起的绝缘子表面闪络、线路对树枝放电、大风引起的短时碰线、通过鸟类身体的放电等原因引起的短路等，这类故障由线路保护动作断开电源后，电弧熄灭，故障点去游离，绝缘强度恢复，故障自行消除。此时，若把断开的断路器再重新合上，就能恢复供电。而永久性故障，如线路倒杆、断线、绝缘子击穿或损坏等，当故障线路由线路保护动作断开后，如把跳开的断路器合上，由于故障仍然存在，还将由线路保护动作再次将断路器断开。

统计资料表明，输电线的故障大多数是瞬时性的，约占总故障次数的90%。因此，在线路发生故障被断开以后，再进行一次合闸就有可能大大地提高供电的可靠性。而自动重合闸装置（automatic reclosing device）就是将非正常操作而跳开的断路器重新自动投入的一种自动装置，简称ARD。

显然，采用自动重合闸装置后，如果线路发生瞬时性故障，保护动作切除故障后，重合闸动作能够成功，线路恢复供电；如果自动重合闸装置将相应断路器重合到永久性故障线路上，保护装置将断路器重新跳开，自动重合闸装置将不再动作，这种情况称为重合闸不成功。运行资料表明，重合闸成功率（重合闸成功的次数与总重合次数之比）约为60%～90%，可见自动重合闸的效果是相当显著的。

二、自动重合闸装置的主要作用

输电线路上采用自动重合闸装置的主要作用可归纳如下：

(1) 提高供电的可靠性，减少因瞬时性故障停电造成的损失，对单侧电源的单回线的作用尤为显著。

(2) 对于双端供电的高压输电线路，可提高系统并列运行的稳定性，因此自动重合闸技术被列为提高电力系统暂态稳定的重要措施之一。

(3) 可以纠正由于断路器本身机构不良或继电保护误动作而引起的断路器误跳闸。

(4) 自动重合闸与继电保护相配合，在很多情况下可以加速切除故障。

由于自动重合闸实现方便，工作可靠性高，因此，它在电力系统中得到极为广泛的应用。GB/T 14285—2016《继电保护和安全自动装置技术规程》规定：对1kV及以上的架空线路以及电缆与架空混合线路，当具有断路器时，如用电设备允许且无备用电源自动投入，应装设自动重合闸装置；对于旁路断路器和兼作旁路的母线联络断路器或分段断路器，宜装设自动重合闸装置；对于低压侧不带电源的降压变压器，应装设自动重合闸装置；必要时母线可装设自动重合闸装置。

当然，采用自动重合闸也会给电力系统带来某些不利影响，如重合于永久性故障时，系

统将再次受到短路电流的冲击，可能引起电力系统的振荡。同时，断路器在很短时间内要连续两次切断短路电流，使断路器的工作条件恶化。

三、自动重合闸装置的分类

输电线路的自动重合闸装置按其组成元件的动作原理分类，可分为机械式和电气式；按其功能可分为三相重合闸、单相重合闸以及综合重合闸；按其动作次数来分，有一次动作的重合闸和二次动作的重合闸；按其运行于不同结构的输电线路来分，有单侧电源线路重合闸和双侧电源线路重合闸；按其与继电保护配合方式来分，有重合闸前加速保护动作和重合闸后加速保护动作的重合闸。

四、对自动重合闸装置的基本要求

（1）自动重合闸装置应优先采用控制开关位置与断路器位置不对应原理启动，即当控制开关在合闸位置而断路器实际上处于断开位置的情况下启动重合闸（简称不对应启动方式）。这样，可以保证无论什么原因使断路器跳闸以后，都可以进行自动重合闸。除此之外，也可以由继电保护来启动重合闸（简称保护启动方式）。对综合重合闸，宜实现同时由保护启动重合闸。

（2）自动重合闸装置动作应迅速。为了缩短对用户的停电时间，要求自动重合闸装置动作时间越短越好。但自动重合闸装置动作时间还必须考虑保护装置的复归、故障点去游离后绝缘强度的恢复、断路器操动机构的复归及其准备好再次合闸的时间。即在满足故障点去游离所需要的时间和断路器的传动机构准备好再次动作所需要的时间的条件下，自动重合闸装置动作时间应尽可能短。

（3）自动重合闸装置的动作次数应符合预先的规定。在任何情况下，均不应使断路器重合的次数超过规定。这是因为当自动重合闸装置多次重合于永久性故障时，会使系统遭受多次冲击，损坏断路器，并扩大事故。

（4）自动重合闸装置应能自动闭锁。当母线差动保护或按频率自动减负荷装置动作时，以及当断路器处于不正常状态（如操动机构中使用的气压或液压降低），不允许自动重合闸时，应将自动重合闸装置闭锁。

（5）自动重合闸装置动作后，应能自动复归，准备好下一次再动作。这对于雷击概率较大的线路是非常必要的。

（6）自动重合闸装置应能在重合闸动作后或重合闸动作前，加速继电保护的动作。自动重合闸装置与继电保护配合，可以加速故障的切除。自动重合闸装置还应具有手动合于故障线路时加速继电保护动作的功能。

（7）手动跳闸时不应重合。当运行人员手动操作控制开关或通过遥控装置将断路器断开时，自动重合闸不应动作。

（8）手动合闸于故障线路时，继电保护动作使断路器跳闸，且跳闸后不应重合。因为此时可能是由于检修质量不合格或接地线未拆除等原因造成的永久性故障，即使重合也不会成功。

第二节　输电线路的三相自动重合闸

一、单侧电源线路的三相一次自动重合闸

在我国的电力系统中，单侧电源线路广泛采用三相一次重合闸方式。单侧电源线路只有

一侧电源供电，不存在非同步重合的问题，重合闸装于线路的送电侧。所谓三相一次重合闸方式是指无论在输电线路上发生相间短路还是单相接地短路，继电保护装置动作将三相断路器一起断开，然后重合闸装置启动，经预定的延时（需要整定，一般在0.5～1.5s之间）将三相断路器一起合上的重合闸方式。当故障为瞬时性故障时，重合成功；当故障为永久性故障时，则继电保护动作再次将三相断路器一起断开，不再重合。这种重合闸的实现器件有电磁式、晶体管式、集成电路式、可编程逻辑控制式和与数字式保护一体化工作的数字式等多种。

（一）三相一次自动重合闸装置的构成

单侧电源输电线路的三相一次自动重合闸装置主要由重合闸启动回路、重合闸时间元件、一次合闸脉冲元件、手动跳闸后闭锁元件、手动合闸后加速元件及合闸执行元件等部分组成，如图8-1所示。

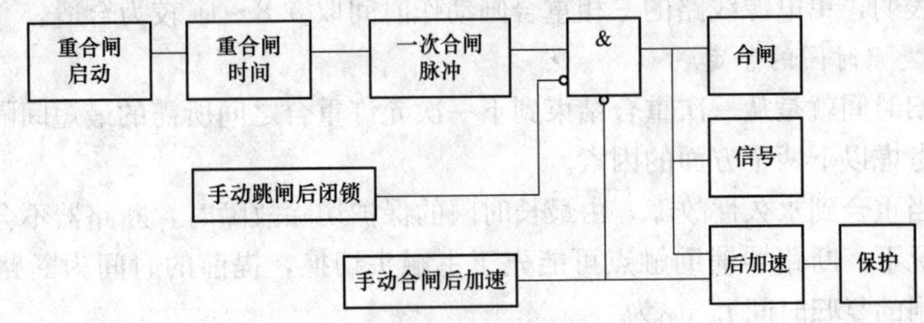

图8-1　三相一次自动重合闸的工作原理框图

重合闸启动回路：当断路器由继电保护动作跳闸或其他非手动原因跳闸后，重合闸均应启动，一般按控制开关与断路器位置不对应原理启动，然后启动重合闸时间元件。

重合闸时间元件：启动元件动作后，重合闸时间元件开始计时，达到预定的延时后，发出一个短暂的合闸脉冲命令。这个延时就是重合闸时间，是可以整定的。它用来保证断路器断开之后，故障点有足够的去游离时间和断路器操动机构复归所需要的时间，以使重合闸成功。

一次合闸脉冲元件：当延时时间到了，它立刻发出一个可以合闸的脉冲命令，然后开始准备重合闸的整组复归，复归时间需要15～25s。在这个时间内，即使再有重合闸时间元件发出命令，它也不再发出可以合闸的第二个脉冲命令，用以保证重合闸装置只重合一次。

合闸执行元件：用来将重合闸动作信号送至重合闸回路和信号回路，使断路器重合及发出重合闸动作信号。

手动跳闸后闭锁：当手动跳开断路器时，自动重合闸不应动作，需要设置闭锁环节，防止造成不必要的合闸。

手动合闸后加速元件：对于永久性故障，在保证选择性的前提下，应尽可能地加快故障的第二次切除，这需要与继电保护配合实现。或者手动合闸到故障线路时，同样要求快速跳闸切除故障。

（二）参数整定

1. 重合闸时间的整定

为了尽可能缩短停电时间，重合闸的动作时限原则上应越短越好，但考虑到如下两方面的原因，重合闸的动作又必须带有一定的延时。

（1）断路器跳闸后，故障点的电弧熄灭以及周围介质绝缘强度的恢复需要一定的时间，必须在这个时间以后进行重合才有可能成功。

（2）重合闸动作时，继电保护装置一定要返回，同时断路器的操动机构恢复原状，准备好再次动作也需要一定的时间，重合闸必须在这个时间以后才能向断路器发出合闸脉冲。

因此，对于单电源辐射状单回线路，重合闸动作时限 $t_{op.ARD}$ 为

$$t_{op.ARD} = t_{dis} - t_{on} + \Delta t \tag{8-1}$$

式中 t_{dis}——故障点的去游离时间；

t_{on}——断路器的合闸时间；

Δt——时间裕度，取 0.3～0.4s。

对于单电源环状网络线路和平行线路，重合闸动作时限还应考虑两侧保护不同时切除故障使故障点断电时刻延迟的情况。

运行经验表明，单电源线路的三相重合闸动作时间取 0.8～1s 较为合适。

2. 重合闸复归时间的整定

重合闸复归时间就是从一次重合结束到下一次允许重合之间所需的最短间隔时间，复归时间的整定需考虑以下两个方面的因素。

（1）保证当重合到永久性故障，由最长时限的保护切除故障时，断路器不会再重合。考虑到最严重情况下，断路器辅助触点可能先于主触头切换，提前的时间为断路器的合闸时间，于是重合闸的复归时间 $t_{re.ARD}$ 为

$$t_{re.ARD} = t_{op.max} + t_{on} + t_{op.ARD} + t_{off} + \Delta t \tag{8-2}$$

式中 $t_{op.max}$——保护最长动作时限；

t_{on}——断路器的合闸时间；

$t_{op.ARD}$——重合闸的动作时限；

t_{off}——断路器的跳闸时间；

Δt——时间裕度。

（2）保证断路器切断能力的恢复，即当重合闸动作成功后，复归时间应不小于断路器恢复到再次动作所需时间。

综合这两方面的要求，重合闸复归时间一般取 15～25s。

二、双侧电源线路的三相自动重合闸

（一）双侧电源输电线路重合闸的特点

双电源线路是指两个或两个以上电源间的联络线。在这种线路上采用自动重合闸装置时，除了应满足第一节中提出的基本要求外，还必须考虑以下两个特殊问题。

1. 故障点的断电时间问题

当线路发生故障时，线路两侧的继电保护可能以不同的时限跳开两侧的断路器，为保证故障点电弧的熄灭和足够的去游离时间，以使重合闸成功，线路两侧 ARD 装置应保证在两侧断路器都跳闸以后约 0.1～0.5s 再进行重合闸，即保证故障点有足够的断电时间。

2. 同期问题

当线路发生故障，两侧断路器跳闸后，线路两侧电源之间电动势相位差将增大，有可能失去同步。这时后合闸一侧的断路器重合时，应考虑线路两侧电源是否同期以及是否允许非同期合闸问题。

(二) 双侧电源输电线路重合闸的主要方式

双侧电源电路上的三相自动重合闸，应根据电网的接线方式和运行情况，采用不同的重合闸方式。在我国电力系统中，常采用的有三相快速自动重合闸、非同期重合闸、检定无压和检定同期的重合闸、解列重合闸及自同步重合闸方式等。

1. 三相快速自动重合闸

三相快速自动重合闸就是指当线路上发生故障时，继电保护能瞬时断开线路两侧断路器，并紧接着进行自动重合闸，从短路开始到重新合上断路器的整个时间大约为0.5～0.6s，在这样短的时间内，两侧电源电动势之间的夹角摆开不大，系统不会失去同步。即使重合的两侧电源电动势间摆开角度稍大，但因重合周期短，重合后也会很快拉入同步，因而能使系统稳定地恢复正常运行。因为三相快速自动重合闸具有快速、不失步的特点，所以这种重合闸方式是提高系统并列运行稳定性和供电可靠性的有效措施。

在输电线路上采用三相快速自动重合闸应具备下列条件：

(1) 线路两侧都装设有能瞬时切除故障的继电保护装置，如高频保护等。

(2) 线路两侧都装有可以进行快速重合闸的断路器，如快速空气断路器等。

(3) 断路器合闸时，线路两侧电动势的相角差为实际运行中可能的最大值时，通过设备的冲击电流周期分量不得超过规定的允许值。

(4) 重合时两侧电动势来不及摆开到危及系统稳定的角度，能保持系统稳定，恢复正常运行。

由此可见，在具备快速重合闸的条件下，能否采用快速重合闸取决于重合瞬间通过设备的冲击电流值和重合后的实际效果。当线路上瞬时保护停用时，应闭锁重合闸。

2. 非同期自动重合闸

非同期自动重合闸就是当线路两侧断路器因故障被断开以后，不管两侧电源是否同步就进行重合，合闸后由系统将两侧电源拉入同步。显然，采用这种方式重合时，电气设备可能要承受较大的冲击电流，所以应校验非同期重合闸时可能产生的最大冲击电流，该电流不应超过规定的允许值。当然，采用这种方式重合时也可能引起系统振荡，应考虑其不良影响，并采取相应的补救措施。

非同期自动重合闸通常有按顺序投入线路两侧断路器和不按顺序投入线路两侧断路器两种方式。

按顺序投入线路两侧断路器的方式是预先规定两侧断路器的合闸顺序，先重合侧采用单电源线路重合闸方式，后重合侧采用检定线路有电压的自动重合闸方式，即在单电源线路重合闸的启动回路中串联检定线路有电压的电压继电器的动合触点。当线路故障时，继电保护动作跳开两侧断路器后，先重合侧重合该侧断路器，若是瞬时性故障，则重合成功，于是线路上有电压，后重合侧检定到线路有电压而重合，线路恢复正常运行。如果是永久性故障，先重合侧重合后，该侧保护加速动作切除故障后，不再重合，而后重合侧由于线路无电压不能进行重合。可见这种重合闸方式的最大优点是，永久性故障情况下，后重合侧不会重合，避免了再一次给系统带来冲击；其缺点是，后重合侧重合时，要确认先重合侧已重合，即必须在线路有电压情况下进行，因而整个重合闸时间较长，线路恢复供电的时间也较长。另外，在线路侧必须装设电压互感器或电压抽取装置，增加了设备投资。

不按顺序投入线路两侧断路器的方式，是在线路两侧均采用单电源线路重合闸方式。这种方式的优点是接线简单，不需装设线路电压互感器或电压抽取装置，系统恢复并列运行快，从而提高了供电可靠性。其缺点是永久性故障时，线路两侧断路器均要重合一次，会给系统带来两次冲击。

在我国110kV以上的线路，非同期重合闸一般采用不按顺序投入线路两侧断路器的方式。

3. 检同期的自动重合闸

当系统必须满足同期条件才允许合闸时，需要使用检同期重合闸。由于实现这种方式比较复杂，可以有以下几种方法：

(1) 系统的结构保证线路两侧不会失步：并列运行的发电厂或电力系统之间，在电气上有紧密联系时（如具有3个以上联系的线路或3个紧密联系的线路），由于同时断开所有联系的可能性几乎是不存在的，因此，当任一条线路断开后又进行重合闸时，都不会出现非同步重合闸的问题。

(2) 在没有其他旁路联系的双回线路上，如图8-2所示，图中KRC为自动重合闸继电器。当不能采用非同步重合闸时，可采用检定另一回线路上有电流的重合闸。因为当另一回线路上有电流时，即表示两侧电源仍保持联系，一般是同步的，因此可以重合。由于电流检定比同步检定简单，所以采用这种重合闸方式更方便。

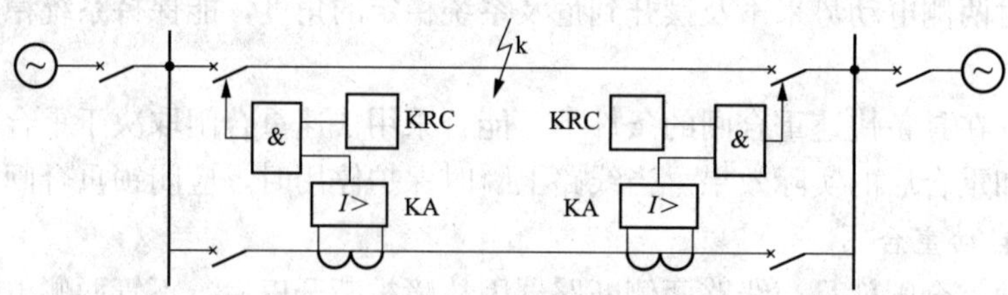

图8-2 双回线路上采用检查另一回路有电流的重合闸示意图

4. 具有无电压检定和同步检定的自动重合闸

具有无电压检定和同步检定的自动重合闸，就是当线路两侧断路器跳闸后，其中一侧先检定线路无电压而重合，称为无压侧；另一侧在无压侧重合成功后，检定线路两侧电源满足同期条件时，才允许进行重合，称为同步侧。因为这种重合闸方式不会产生危及电气设备安全的冲击电流，也不会引起系统振荡，所以在没有条件或不允许采用三相快速重合闸、非同期重合闸的双电源联络线上，可以采用这种重合闸方式。采用这种重合闸方式时，两侧线路均需装设电压互感器或电压抽取装置。

(1) 工作原理。具有无电压检定和同步检定的重合闸的接线示意图如图8-3所示。这种重合闸方式是在单侧电源线路的三相一次自动重合闸的基础上增加附加条件来实现的，两侧增设有检定线路无压的欠电压继电器KVU和检定同步的同步继电器KY。正常运行时，两侧的同步继电器KY通过连接片均投入，而欠电压继电器KVU仅一侧投入，另一侧KVU通过无压连接片断开。图8-3中，假设M侧为无压侧，N侧为同步侧，其工作原理如下：

当线路上发生故障时，两侧断路器被继电保护装置跳开后，线路失去电压，这时检查线路无压的M侧欠电压继电器KVU动作，其动断触点闭合，自动重合闸继电器KRC动作，M侧断路器重新合闸。如果线路上发生的是瞬时性故障，则M侧检定无压重合成功，N侧线路有电压，这时，N侧同步继电器既加入母线电压，也加入线路电压，于是N侧KY开始检查两电压的电压差、频率差和相角差是否在允许范围内，当满足同期条件时，KY 触点闭合时间足够长，自动重合闸继电器 KRC 动作，重新合上 N 侧断路器，线路便恢复正常供电。

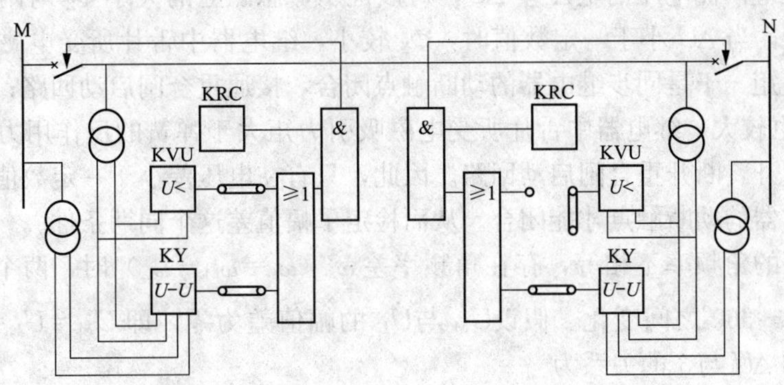

图 8-3　采用无电压检定和同步检定重合闸的配置关系

如果线路上发生的是永久性故障，则 M 侧线路后加速保护动作再次跳开该侧断路器，而后不再重合。由于 N 侧断路器已跳开，这样 N 侧线路无电压，只有母线上有电压，故 N 侧同步继电器 KY 因只有一侧电压，其动断触点断开，不能启动重合闸装置，所以 N 侧不动作。

从以上分析可知，无压侧的断路器在重合至永久性故障时，将连续两次切断短路电流，其工作条件比同步侧恶劣，为使两侧断路器工作条件相同，利用无压连接片定期切换两侧工作方式。

由于误碰或继电保护装置误动作使断路器跳闸时，如果是同步侧断路器误跳闸，可通过该侧同步继电器检定同期条件使断路器重合；如果是无压侧断路器误跳闸，由于线路上有电压，无压侧不能检定无压而重合，为此，在无压侧也投入同步继电器，以便在这种情况下也能自动重合闸，恢复同步运行。

这样，无压侧不仅要投入欠电压继电器 KVU，还应投入同步继电器 KY。而同步侧只投入同步继电器，线路两侧的无压检定是不允许同时投入的，否则会造成非同期重合闸。

(2) 同步继电器的工作原理。在设置检定无压和检定同期的三相自动重合闸的线路上，为了限制检定同期合闸的断路器闭合瞬间在系统中产生的冲击电流，同时为了避免在该断路器闭合后系统产生振荡，必须限制断路器闭合瞬间线路两侧电压的幅值差、相角差和频率差。这种重合方式中的同期条件检定就是检定断路器闭合瞬间线路两侧电压之间的幅值差、相角差和频率差是否都在允许的范围内。当这三个条件同时得到满足时，才说明满足同期条件，此时才允许重合闸将断路器合上。

同期条件检定除了采用检定同期的程序实现外，在线路投运时还有使用同步继电器来检定同步。利用程序计算的方法检定同期与同步检定继电器检定同期的基本原理是相似的，同步继电器有电磁型、晶体管型等，其动作原理大同小异，所以这里仅介绍电磁型同步继电器检定同期的原理。

电磁型同步继电器实际上是一种有两个电压线圈的电磁型电压继电器，其内部结构如图 8-4 (a) 所示。它的两个电压线圈分别经电压互感器接入同步点断路器两侧电压，例如，

M 侧断路器两侧的母线电压 $\dot{U}_M$ 与线路电压 $\dot{U}_L$ 产生的电流分别在铁芯中产生磁通，按图中参考方向，两个线圈电流在铁芯中产生的磁通方向相反，因此铁芯中的总磁通 $\dot{\Phi}_\Sigma$ 为两磁通之差，也就是反应两侧电压的电压差 $\Delta\dot{U}$，可以证明，总磁通的大小 Φ_Σ 与两电压相量差的幅值 ΔU 成正比，当 ΔU 小于一定数值时，Φ_Σ 较小，继电器中舌片所受电磁吸引力矩小于弹簧的反作用力矩，于是同步继电器的动断触点闭合，接通重合闸启动回路；当 ΔU 大于一定数值时，Φ_Σ 也较大，继电器中舌片所受电磁吸引力矩大于弹簧的反作用力矩，同步继电器的动断触点打开，断开重合闸启动回路。因此，只有在电压差小于一定数值时，即 ΔU 足够小，同步继电器的动断触点才能闭合。从而检定了幅值差这个同期条件。

当两个电压的角频率不相等，存在角频率差 ω_s（$\omega_s=\omega_M-\omega_L$）时，两个电压相角差 δ 将随时间 t 在 0°～360°之间变化。假设 $\dot{U}_M$ 与 $\dot{U}_L$ 的幅值差为零，即 $U_M=U_L=U$，从图 8-4（b）分析可得知 ΔU 与 δ 的关系为

$$\Delta U=|\dot{U}_M-\dot{U}_L|=2U\left|\sin\frac{\delta}{2}\right| \tag{8-3}$$

$$\delta=\omega_s t \tag{8-4}$$

根据式（8-3）可作出 ΔU 随 δ 的变化关系曲线，如图 8-4（c）所示。当 ΔU 达到同步继电器动作电压 U_{op} 时，继电器开始动作，动断触点打开，动合触点闭合，此时的 δ 为动作角 δ_{op}。当 δ 增大，向 360°趋近时，ΔU 减小，达到同步继电器的返回电压时，继电器开始返回，动断触点闭合，动合触点打开。同步继电器在曲线的 1 点位置开始返回，从继电器开始返回到 $\Delta U=0$ 所对应的角为返回角 δ_r，继电器在 2 点位置开始动作，从 1 点到 2 点这段时间内，同步继电器的动断触点是闭合的，闭合的时间记为 t_{KY}。从图 8-4（c）可看出

$$t_{KY}\omega_s=\delta_r+\delta_{op} \tag{8-5}$$

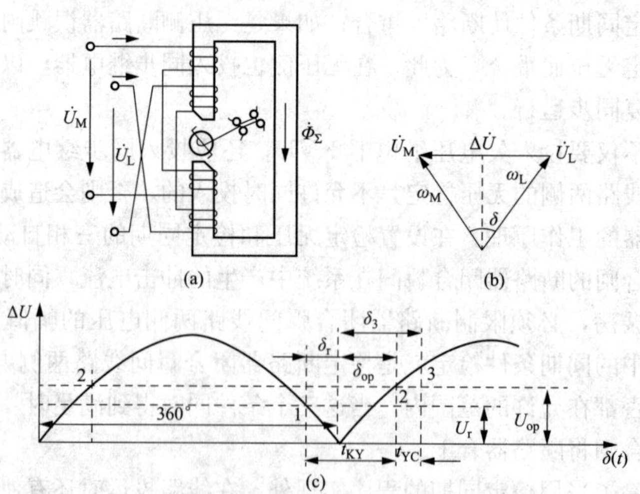

图 8-4 同步继电器及其工作原理

（a）结构；（b）电压相量图；（c）ΔU 与 δ 的关系曲线

计及继电器的返回系数 $K_r=\delta_r/\delta_{op}$，式（8-5）可改写成

$$t_{KY}=\frac{(1+K_r)}{\omega_s}\delta_{op} \tag{8-6}$$

由式（8-6）可以看出，同步继电器的动断触点的闭合时间与角频率差是成反比的，在动作角不变的情况下，同步继电器的动断触点闭合时间越短，角频率差越大，反之，角频率差越小。

如果角频率差允许值 $\omega_{s.op}$ 已知，整定动作角 δ_{op}，使得当实际角频率差等于角频率差允许值 $\omega_{s.op}$ 时，同步继电器的动断触点闭合的时间恰好等于重合闸的动作时限 $t_{op.ARD}$，则

$$\omega_{s.op}=\frac{(1+K_r)\delta_{op}}{t_{op.ARD}} \tag{8-7}$$

当实际角频率差 $\omega_s \leqslant \omega_{s.op}$ 时，则 $t_{KY} \geqslant t_{op.ARD}$，此时，同步继电器的动断触点闭合的时间足够长，可以使重合闸启动，由此可见，用这种方法可以检定同期的第二个条件——频率差的大小是否小于允许值。

临界情况下，在图 8-4（c）的 2 点发出重合闸脉冲，由于断路器合闸时间 t_{YC} 存在，断路器主触点闭合时，如图 8-4（c）中的 3 点，$\dot{U}_M$ 与 $\dot{U}_L$ 的实际相角差为 δ_3，若 ω_s 保持不变，则 δ_3 为

$$\delta_3=\delta_{op}+\omega_s t_{YC} \tag{8-8}$$

如果相角差 δ_3 的值小于或等于系统所允许的值，也就检定了同期的第三个条件——相角差的大小。

（3）有关参数的整定。对于检定无压和检定同期的三相自动重合闸，除了要整定重合闸的动作时限和复归时间外，一般还需要整定如下三个参数。

1）检定线路无压的动作值。在无压侧，当检定到线路无电压，实际上是线路电压低于某一值时，启动该侧的重合闸。该电压值即检定线路无压的动作值。一般据运行经验整定该值为 50%的额定电压。

2）检定线路有电压的动作值。在同步侧，检测到线路电压恢复，实际是检测到线路电压高于某一值（如 70%的额定电压）时，且满足同期条件的情况下，启动该侧的重合闸。该低压值即检定线路有电压的动作值。

3）同期相角。根据式（8-7），可以利用重合闸的动作时限和频率差的允许值来整定动作相角，根据运行经验，动作角在 20°～40°之间，一般取 30°～40°。

5. 双侧电源的单回线路上重合闸方式

在双侧电源的单回线路上，当不能采用非同步重合闸时，可根据具体情况采用下列重合闸方式。

（1）解列自动重合闸。解列自动重合闸适用于正常时由主系统向地区小电源输送功率的情况，其原理示意图如 8-5 所示。

当输电线路 k 点发生故障时，主系统侧的继电保护动作使主系统侧断路器 1 跳闸，地区系统侧的继电保护动作使解列点断路器 3 跳闸，而不跳地区系统侧的断路器 2。解列点断路器 3 跳闸后，主系统侧的重合闸装置检定线路无电压而重合，如果重合成功，再在解列点进行同步并列，恢复正常运行。如果是永久性故障，则主系统侧继电保护再次动作断路器 1 跳闸。

地区系统与主系统解列后，其容量与所带的重要负荷基本平衡，保证了对地区重要负荷的连续供电。如果发生永久性故障，地区不重要负荷将被迫中断供电。

由上分析可知，如何选择解列点，尽量使地区系统的容量与其所带的重要负荷接近平

衡，这是选用解列重合闸所必须考虑的问题之一。

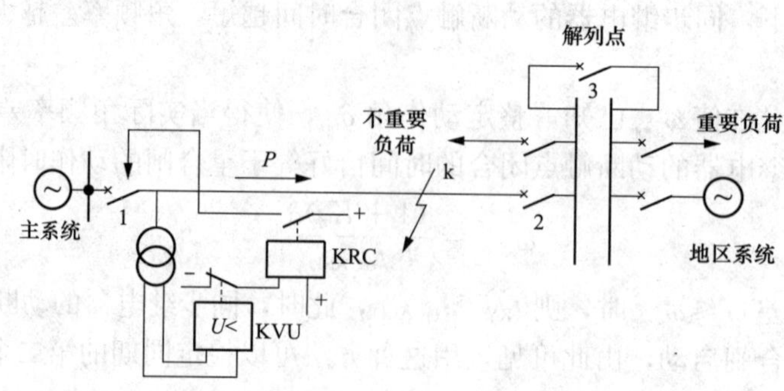

图 8-5 双电源单回线路采用解列重合闸示意图

解列重合闸一般应用在双电源单回线且不能采用非同步重合闸的情况。

（2）自同步重合闸。水电站可以采用自同步重合闸，其基本工作原理示意图 8-6 所示。在正常运行方式下，水电站向系统输送功率，如果在线路 k 点发生故障，系统侧的保护动作使线路断路器 1 跳闸，水电站侧的保护动作跳发电机断路器 3 和灭磁开关，不跳线路断路器 2。然后系统侧重合闸检定线路无电压而重合，若重合成功，则水电站侧以自同步方式与系统并列，恢复正常运行；若重合不成功，则系统侧保护再次跳开线路断路器 1，水电站侧停机。

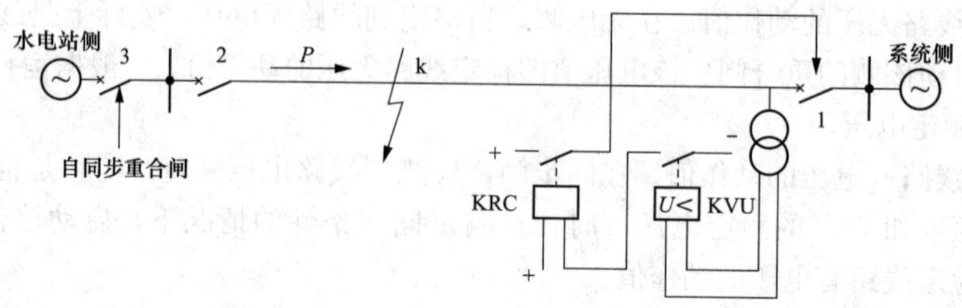

图 8-6 水电站采用自同步重合闸示意图

如果水电站有地区负荷，并且有两台以上的机组时，为了保证对地区负荷的供电，应考虑一部分机组带地区负荷与系统解列运行，另一部分机组实行自同步重合闸。

自同步重合闸装置和水轮发电机组的自启动装置一起工作。

第三节 自动重合闸与继电保护的配合

自动重合闸与继电保护合理的配合可以提高供电可靠性，加速故障的切除，有时在保证供电可靠性的同时还可简化继电保护。自动重合闸与继电保护配合的方式主要有重合闸前加速保护和重合闸后加速保护两种。

一、重合闸前加速保护

重合闸前加速保护是当线路上（包括相邻线路及以外的线路）发生故障时，靠近电源侧的保护首先无选择性瞬时动作跳闸，而后借助自动重合闸来纠正这种非选择性动作。重合闸前加速保护一般用于具有几段串联的辐射形网络中，自动重合闸装置仅装在靠近电源的一段线路上。

现以图 8-7（a）所示的单电源供电辐射形网络为例，说明自动重合闸与继电保护的配置情况和动作原理。

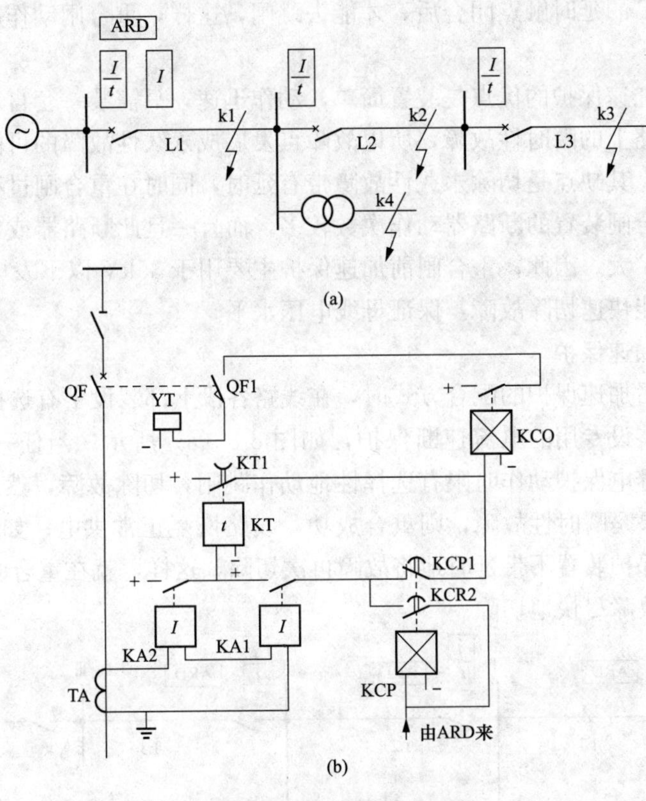

图 8-7　自动重合闸前加速保护

（a）原理说明图；（b）原理接线图

在线路 L1、L2、L3 上各装有一套定时限过电流保护，其动作时限按阶梯原则整定。ARD 装置仅装在线路 L1 靠近电源侧的断路器处，同时在线路 L1 靠近电源侧的断路器处另装有一套无选择性的电流速断保护。无选择性电流速断保护的动作电流按躲过变压器低压侧（k4 点）的短路电流来整定，它的保护范围可以到线路 L3 的末端。

这样，当线路 L1、L2、L3 上任意一点发生故障时，电流速断保护因不带延时，总是首先动作瞬时跳开电源侧断路器，然后启动重合闸装置，将该断路器重新合上，并同时将无选择性的电流速断保护闭锁。若故障是瞬时性的，则重合成功，恢复正常供电；若故障是永久性的，则由定时限过电流保护有选择性地切除故障。可见，自动重合闸前加速保护既能加速切除瞬时故障，又能在重合闸动作后有选择性地切除永久故障。

实现自动重合闸前加速保护动作的方法是将重合闸装置中加速继电器 KCP 的动断触点串联接于电流速断保护出口回路，如图 8-7（b）所示，其中 KA1 是电流速断保护继电器，KA2 是过电流保护继电器。当线路发生故障时，因加速继电器 KCP 未动作，KA1 动作后，其动合触点闭合，经加速继电器的动断触点 KCP1 启动保护出口中间继电器 KCO，使电源侧断路器瞬时跳闸，跳闸后 ARD 装置动作，同时启动加速继电器 KCP，使 KCP 的动断触点 KCP1 瞬时打开，动合触点 KCP2 瞬时闭合。如果是瞬时性故障，重合成功后 ARD 装置复归，KCP 失电，KCP1、KCP2 延时返回。如果重合于永久性故障，则 KA1 触点再闭合，通过 KCP2 使 KCP 自保持，电流速断保护不能经 KCP1 的触点去瞬时跳闸，只有等过电流保护时间继电器 KT 的延时触点闭合后，才能去跳闸，这样，重合闸动作后，保护只能有选择性地切除故障。

自动重合闸前加速保护的优点是装置简单，动作迅速，只需装一套自动重合闸装置。由于它能快速切除线路上的瞬时性故障，所以故障点发展成永久性故障的可能性小，从而提高了重合闸的成功率。其缺点是切除永久性故障带有延时，同时在重合闸过程中所有用户都要暂时停电，装有重合闸装置的断路器动作次数较多，而且一旦此断路器或自动重合闸装置拒动，则使停电范围扩大。因此，重合闸前加速保护主要用于 35kV 以下发电厂和变电站引出的直配线上，以便能快速切除故障，保证母线电压水平。

二、重合闸后加速保护

当采用重合闸后加速保护的配合方式时，在线路各段上都装设了有选择性的保护和自动重合闸装置，但不装设专用的电流速断保护，如图 8-8（a）所示。当任一线路上发生故障时，首先按正常的继电保护动作时限有选择性地动作跳闸，切除故障，然后 ARD 装置动作使断路器重合。如果是瞬时性故障，则重合成功，线路恢复正常供电；如果是永久性故障，则故障线路的加速保护装置不带延时地将故障再次切除，这样，就在重合闸动作后加速了保护动作，使永久性故障尽快地切除。

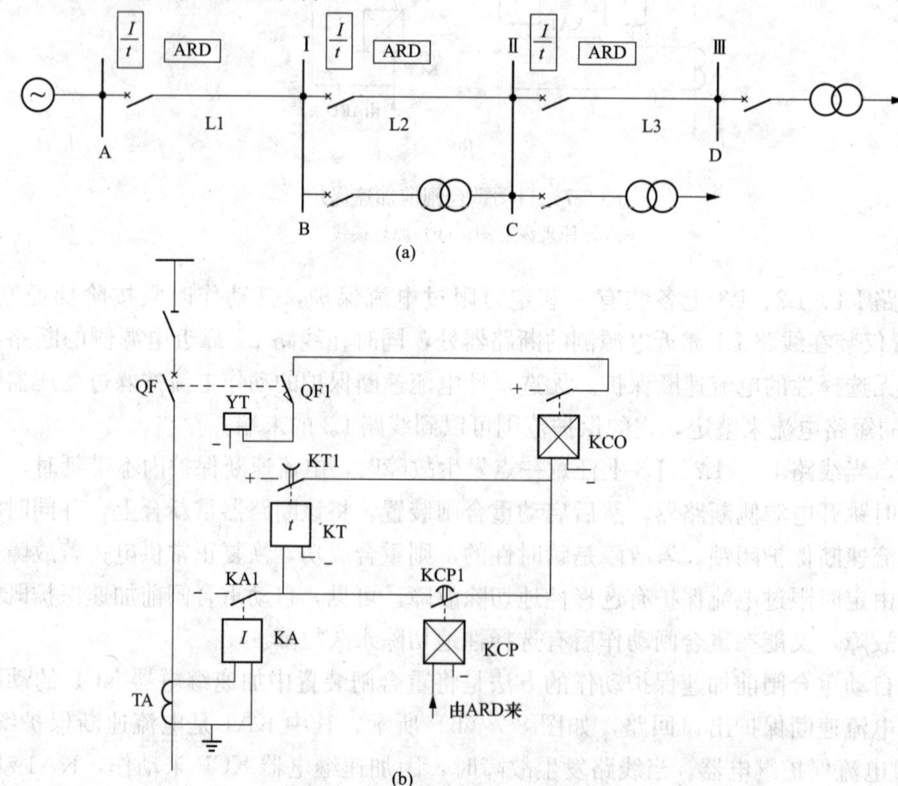

图 8-8 自动重合闸后加速保护

（a）原理说明图；（b）原理接线图

加速保护实际是把带延时的保护的动作时限变为零秒，Ⅱ段或Ⅲ段保护都可被加速。这样，被加速的保护动作值不变，只是动作时限缩短了。由此可见，在自动重合闸后加速保护的线路上，当线路发生故障最初，断开故障的保护可能是速断保护、也可能是带延时的Ⅱ段或Ⅲ段保护。但是在重合后，断开永久性故障的不管是Ⅰ段、Ⅱ段或Ⅲ段保护，总是瞬时的。

实现自动重合闸后加速保护动作的方法是将重合闸装置中加速继电器 KCP 的动合触点与过电流保护的电流继电器 KA 的动合触点串联，如图 8-9（b）所示。当线路发生故障时，KA 动作，其动合触点闭合，加速继电器 KCP 未动，其动合触点打开。只有当按选择性原则动作的延时触点 KT1 闭合后，才启动出口中间继电器 KCO，跳开相应线路的断路器，随后自动重合闸动作，重新合上断路器，同时也启动加速继电器 KCP，KCP 动作后，其动合触点 KCP1 瞬时闭合。若重合于永久性故障，则 KA 再次动作，其动合触点闭合，与已闭合的 KCP1 瞬时启动 KCO，使断路器再次跳闸。这样实现了重合闸后加速保护动作的目的。

自动重合闸后加速保护的优点是，第一次保护装置动作跳闸是有选择性的，不会扩大停电范围，这对于重要的高压电网显得特别重要；再次断开永久性故障的时间加快，有利于系统并联运行的稳定性。其缺点是，第一次切除故障带有延时，因而影响了重合闸的动作效果，并且每条线路上都需装设一套重合闸，设备投资大。

自动重合闸后加速保护广泛用于 35kV 以上的电网，应用范围不受电网结构的限制。

第四节　输电线路综合自动重合闸

根据运行经验，在 110kV 以上的大接地电流系统的高压架空线上，有 70%以上的短路故障都是单相接地短路，特别是 220～500kV 的架空线路，由于线间距离较大，发生相间故障的机会较少，而发生单相接地故障的机会较多。因此，若线路上装有可分相操作的三个单相断路器，在发生单相接地故障时，只断开故障相断路器而后进行重合，保持未发生故障的两相继续运行，这样不仅可以大大提高供电的可靠性和系统并列运行的稳定性，还可以减少转换性故障的发生。

在设计线路重合闸装置时，把单相重合闸和三相重合闸综合在一起考虑，即当发生单相接地短路时，采用单相重合闸方式；当发生相间短路时，采用三相重合闸方式。综合这两种重合闸方式的装置，称为综合重合闸装置，被广泛应用于 220kV 及以上电压等级的大接地电流系统中。

一、综合自动重合闸的重合闸方式及其选用

综合自动重合闸装置利用切换开关的，一般可以实现以下四种重合闸方式。

（1）单相自动重合闸方式。线路上发生单相故障时，实行单相自动重合闸，当重合到永久性单相故障时，保护动作断开三相并不再进行重合。线路上发生相间故障时，保护动作断开三相而不进行自动重合。

（2）三相自动重合闸方式。线路上发生任何形式的故障时，均实行三相自动重合闸。当重合到永久性故障时，断开三相并不再进行自动重合。

（3）综合自动重合闸方式。线路上发生单相故障时，实行单相自动重合闸，当重合到永久性单相故障时，若不允许长期非全相运行，则应断开三相并不再进行自动重合。线路上发

生相间故障时，实行三相自动重合闸，当重合到永久性相间故障时，断开三相并不再进行自动重合。

（4）停用方式。线路上发生任何形式的故障时，均断开三相不进行重合。

一般凡选用简单的三相重合闸方式能满足电力系统实际需要的，应优先使用三相重合闸方式。在 220kV 及以上电压等级的单回联络线、两侧电源之间相互联系薄弱的线路，或当电网发生单相接地故障时使用三相重合闸不能保证系统稳定的线路，应采用单相重合闸或综合重合闸方式。当系统允许使用三相重合闸，但使用单相重合闸对系统或恢复供电有较好效果时，可采用综合重合闸方式。

二、微机保护中的综合自动重合闸

近 20 年来，综合自动重合闸经历了由传统的整流型、晶体管型、集成电路型到先进的微机型的发展过程。由于传统综合自动重合闸装置的元件和接线都比较复杂，试验工作量大，调试和维护都非常麻烦，所以随着微机保护的普及，微机式综合自动重合闸已得到广泛的应用。

如图 8-9 所示为某一微机线路成套保护装置的插件分布图。图中重合闸是以 CPU4 为核心的微型机系统，它是该成套保护装置中的一个插件，与其余的几个保护（它们都是独立微型机系统）配合可实现各种重合闸方式。

AC	VFC	CPU1	CPU2	CPU3	CPU4	CPU6	TRIP	LOG1	LOG2	SIGNAL	POWER
交流 1	模/数 2	高频 3	距离 4	零序 5	重合闸 6	录波 7	跳闸 8	逻辑1 9	逻辑2 10	信号 11	电源 12

图 8-9 某线路成套保护装置的插件分布图

三、微机型综合自动重合闸需要考虑的特殊问题

综合自动重合闸与一般的三相自动重合闸相比，只是多了一个单相自动重合闸性能。因此，综合自动重合闸需要考虑的特殊问题是由单相自动重合闸方式引起的，主要有以下四个方面。

1. 需要设置故障类型判别元件和故障选相元件

普通的三相自动重合闸只管重合，不管跳闸。当线路发生故障时，由继电保护直接作用于断路器跳闸机构使三相断路器跳闸。对于综合自动重合闸方式，要求在单相接地故障时只跳故障相。因此，要求继电保护装置能判断故障是发生在保护区内还是保护区外，如果是区内故障，就需要判断故障的性质以及故障的相别，从而确定跳三相还是单相，以及跳单相应该跳开哪一相。这就要求在综合自动重合闸装置中，设置故障判别元件和故障选相元件。

故障判别元件用来判断线路发生故障的类型，即判断故障是相间短路还是接地短路，当判断出故障是相间短路时，应立即接通三相跳闸回路，尽快跳开三相断路器。我国采用的故

障判别元件一般由零序电压继电器或零序电流继电器构成。当线路发生相间短路时，没有零序分量，零序继电器不动作，由继电保护动作直接跳三相断路器。当线路发生接地短路时，出现零序分量，零序继电器动作，继电保护经选相元件判断是单相接地还是两相接地后，再决定跳故障相断路器还是三相断路器。

选相元件是实现单相自动重合闸的重要元件。对选相元件的基本要求是，首先应保证选择性，即选相元件与继电保护配合只跳开发生故障的那一相，而接于另外两相的选相元件不应动作；其次，当故障相线路末端发生单相接地短路时，接于该相上的选相元件应保证足够的灵敏度。根据电网接线和运行的特点，常用的选相元件有如下几种。

(1) 相电流选相元件。在每相上装设一个过电流继电器，当线路发生接地故障时，故障相电流增大，使该相上的过电流继电器动作，从而构成相电流选相元件。过电流继电器的动作电流按躲过最大负荷电流整定。这种选相元件适于装在线路的电源端，并在短路电流较大的线路上采用，对于长距离重负荷线路则不能采用。由于相电流选相元件受系统运行方式的影响较大，故一般不作为独立的选相元件，仅作为消除阻抗选相元件出口短路死区的辅助选相元件。

(2) 相电压选相元件。在每相上装设一个欠电压继电器，当线路发生接地故障时，故障相电压降低，使该相上的欠电压继电器动作，从而构成相电压选相元件。欠电压继电器的动作电压按小于正常运行及非全相运行时可能出现的最低电压来整定。这种选相元件适于装在电源较小的受电侧或单侧电源线路的受电侧。由于低电压选相元件在长期运行中触点易抖动，可靠性比较差，因而不能单独作为选相元件使用，通常只作为辅助选相元件。

(3) 阻抗选相元件。阻抗选相元件采用带零序电流补偿的接线，即三个低阻抗继电器接入的电压、电流分别为$\dot{U}_A$、$\dot{I}_A+k\times3\dot{I}_0$；$\dot{U}_B$、$\dot{I}_B+k\times3\dot{I}_0$、；$\dot{U}_C$、$\dot{I}_C+k\times3\dot{I}_0$。其中$\dot{U}_A$、$\dot{U}_B$、$\dot{U}_C$为保护安装处母线的相电压；$\dot{I}_A$、$\dot{I}_B$、$\dot{I}_C$为被保护线路由母线流向线路的相电流；$3\dot{I}_0$为相应的零序电流；$k=(Z_0-Z_1)/3Z_1$为零序电流补偿系数。阻抗继电器的测量阻抗与短路点到保护安装处之间的距离成正比，正确地反映了故障点的距离。对于非故障相的选相元件，由于所加的非故障相电压较高，而非故障相电流较小，所以非故障相选相元件的测量阻抗比较大，因而不会动作，从而可以正确选出故障相。

这种阻抗选相元件不仅可以反应单相接地故障，还能正确反应两相接地和三相短路故障，但是当线路发生两相相间短路故障时不能正确选相。相间短路故障由故障判别元件判断出来后，由线路保护动作直接跳开三相断路器。

阻抗选相元件具有较高的灵敏性和可靠性，在复杂电网中得到了广泛的应用。

(4) 相电流差突变量选相元件。相电流差突变量选相元件是根据每两相的电流差构成的三个选相元件，它们是依据故障时电气量发生突变的原理构成的。三个选相元件的输入量分别为$d\dot{I}_{AB}=d(\dot{I}_A-\dot{I}_B)$、$d\dot{I}_{BC}=d(\dot{I}_B-\dot{I}_C)$、$d\dot{I}_{CA}=d(\dot{I}_C-\dot{I}_A)$。当线路发生故障时，故障相电流在故障瞬间几乎是突然变化的，因此有故障相电流输入的那个选相元件动作，无故障相电流输入的选相元件不动作。很显然，在线路发生单相接地短路时，当只有两个非故障相电流之差不突变时，该选相元件不动作，另外两个选相元件动作。例如，发生A相接地故障时，只有$d\dot{I}_{BC}$不突变，该选相元件不动作，选相元件$d\dot{I}_{AB}$、$d\dot{I}_{CA}$动作。而在其他短路故障下，三个选相元件都动作。因此，当三个选相元件都动作时，表明发生了多相故障，其动作后跳开三相断路器；两个选相元件动作时，表示发生了单相接地故障，采用如图 8-10 所示的逻辑框图，即可选出故障相。

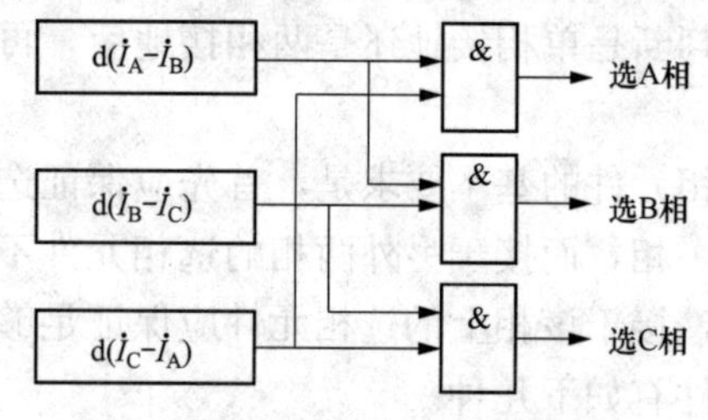

图 8-10 相电流差突变量选相元件选相逻辑框图

这种选相元件具有选相性能好、动作灵敏等优点，广泛应用于高压和超高压输电线路的重合闸装置中。

2. 应考虑潜供电流对单相自动重合闸的影响

当线路发生单相接地故障时，保护将故障相两侧断路器断开后，由于非故障相与断开相之间存在静电（通过电容）和电磁（通过互感）的联系。如图 8-11 所示。这时虽然短路电流已被切断，但在故障点的弧光通道中，仍然有如下电流：

（1）非故障相 A 通过 A、C 相间电容 C_{AC} 供给的电流 i_{CA}；

（2）非故障相 B 通过 B、C 相间电容 C_{BC} 供给的电流 i_{CB}；

（3）继续运行的两相中，由于流过负荷电流 $\dot{I}_{LA}$ 和 $\dot{I}_{LB}$ 而在 C 相中产生互感电动势 $\dot{E}_M$，此电动势通过故障点和该相对地电容 C_0 而产生的电流 i_M。

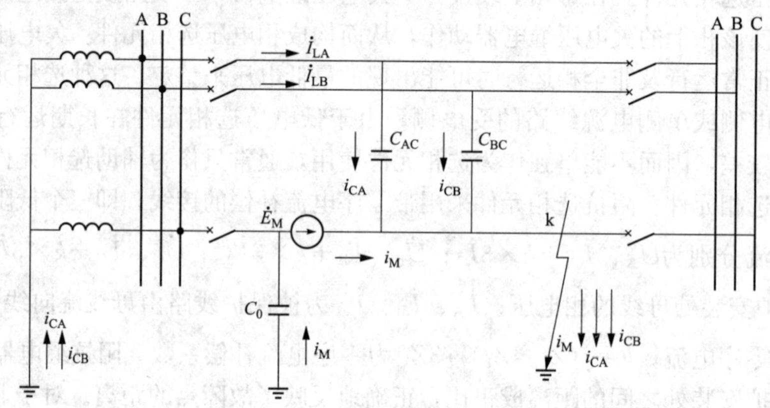

图 8-11 C 相单相接地时潜供电流示意

这些电流的总和 $i_{CA}+i_{CB}+i_M$ 称为潜供电流。由于潜供电流的影响，短路点弧光通道的去游离将遇到严重阻碍，电弧不能很快熄灭，而自动重合闸只有在故障点电弧熄灭且绝缘强度恢复以后才有可能重合成功，因此，单相重合闸的时间还必须考虑潜供电流的影响。潜供电流的持续时间与很多因素有关，通常由实测来确定熄弧时间，以便正确地整定单相重合闸的时间。

3. 应考虑非全相运行对继电保护及其他方面的影响

在单相重合闸的过程中，线路处于非全相运行的状态，此时会出现负序和零序分量的电流和电压，影响某些继电保护的正确判断，因而需要对保护采取必要的措施。线路进入非全相运行状态后，可能误动作的保护应予以闭锁，以免这些保护的误动作引起其他两个正常相跳闸。这些保护在单相重合后再投入工作。现分别讨论如下：

（1）零序电流保护。长线路处于非全相运行时，线路的 $3\dot{I}_0$ 可达正常负荷电流的 40%，因此，凡整定值躲不开该值的零序电流保护需退出工作，当线路转入全相运行后，应适当延时才能投入工作。在非全相运行期间，还应将本线路的零序三段保护缩短一个时间差，以防止本线路重合闸不正常时造成相邻线路零序电流保护误动作。

（2）距离保护。非全相运行期间，当系统有摇摆时，相间距离保护存在误动作的可能。对于接地距离保护，当使用线路电压互感器时，也存在误动的可能，故实际运行的距离保护在非全相运行时均被闭锁退出工作。

（3）相差高频保护。对于采用负序电流$\dot{I}_2$启动、用正序和负序电流$\dot{I}_1+k\dot{I}_2$操作、进行相位比较的相差动高频保护，只要在整定值时注意线路分布电容的影响，非全相运行时不会误动作，不必退出工作。

但是，相差动高频保护在“同名相单相接地与断线”时存在拒动的可能。如在单相接地故障时，线路一侧故障相断路器先跳开，或线路一侧先单相重合于永久性故障，就会出现这种情况。在综合重合闸的回路设计上应予考虑。

（4）方向高频保护。对于零序功率方向元件，无论使用母线电压互感器还是线路电压互感器，非全相运行时均可能误动作。故由零序功率方向闭锁的高频保护，在非全相运行时应退出工作。

在非全相运行工况下，由负序功率方向闭锁的高频保护，在使用母线电压互感器时可能误动。当使用的是线路电压互感器时，因在非全相运行情况下不会误动，可不必退出工作，但在非全相运行时若再发生故障，则存在拒动的可能。

4. 长期非全相运行时应考虑的问题

根据系统运行的需要，在单相重合闸不成功后，线路需转入长期非全相运行时，应考虑下列问题：

（1）长期出现负序电流将引起发电机的附加发热。

（2）长期出现负序和零序电流对电网继电保护的影响。

（3）长期出现零序电流对通信线路的干扰。

5. 综合自动重合闸构成的原则及要求

综合自动重合闸除应满足一般三相重合闸的基本要求外，还需要满足以下原则要求。

（1）综合自动重合闸的启动方式。综合自动重合闸除了采用断路器与控制开关位置不对应启动方式外，考虑到在单相重合闸过程中需要进行一些保护的闭锁，逻辑回路中需要对故障相实现选相等，还应采用一个由保护启动的重合闸启动回路。因此，在综合自动重合闸的启动回路中，有两种启动方式，其中以不对应启动方式为主，保护启动方式作为补充。

综合启动时，无论是单相跳闸、三相跳闸保护启动，还是断路器位置不对应方式启动，都要对单相跳闸、三相跳闸或断路器位置不对应确认后方能启动重合闸。确认的方法是经过一个计数器，循环计数累计20次，其本质仍然是延时确认。

（2）三相自动重合闸的同期方式。单相重合闸时是不需要检查同期的，而三相重合闸则在需要时必须检查同期。在三相重合闸循环计数确认过程中，设置同期检定，在不满足同期条件时“放电”，即清零计数器，重合闸就不会被启动。同期方式可通过控制字选择，有以下几种方式：

1）非同期重合。不检查同期，也不检查电压。

2）检同期。要求线路侧必须有电压且母线与线路电压之差小于同期电压整定值。

3）检无压。线路电压低于无电压整定值或线路有电压且与母线电压同期，后者是为了检无压侧断路器偷跳时能进行重合。

（3）应具有分相跳闸回路。在发生单相故障时，通过该回路保护动作信号经选相元件切除故障相断路器；若是相间故障，则分相跳闸回路可以作为三相跳闸回路的后备。

（4）应具有分相后加速回路。在非全相运行过程中，因一部分保护被闭锁，故有的保护性能变差。为了能够尽快切除永久性故障，应设置分相后加速回路。

实现分相后加速，最主要的是如何正确判断线路是否恢复全相运行。一般采用分相固定的方式，只对故障相用整定值躲开空载线路电容电流的相电流元件，区别有无故障和是否恢复全相运行的方法是有效的。另外，分相后加速应有适当的延时，以躲过由非全相转入全相运行的暂态过程，并保证非全相运行中误动的保护来得及返回，也有利于躲开三相重合闸时断路器三相不同时合闸所产生的暂态电流的影响。

（5）应具有故障判别及三相跳闸回路。重合闸除了应具有故障判别回路，以判别接地与相间故障外，还应具有相间故障时相对独立的三相跳闸回路。当发生转换性故障、非全相运行中健全相又发生故障、单相接地故障时选相元件或分相跳闸元件拒动、故障相跳开后重合闸拒绝动作、手动合闸于故障线路以及操作断路器的液压或气压下降到低于允许值等情况下，均应接通三相跳闸回路，跳开三相断路器。

（6）应具有适应不同性能保护的接入回路。在综合重合闸中，除应具有选相能力的保护（如相电流速断保护）外，其他各种保护都应经过综合重合闸才能使断路器动作。不同性能的保护可分别从五个保护端子引入，即M、N、P、Q、R端子。

1）M端子：接本线路非全相运行时会误动而相邻线路非全相运行时不会误动的保护，如零序Ⅱ段保护。

2）N端子：接本线路非全相运行时不会误动作的保护，如相差高频保护。

3）P端子：接相邻线路非全相运行时会误动作的保护。

4）Q端子：接三相跳闸并允许进行一次重合闸的保护。

5）R端子：接动作后直接跳三相断路器且不进行重合闸的保护。

（7）应适应断路器性能的要求。除了与三相重合闸的要求相同外，当非全相运行中健全相又发生故障时，为保证断路器的安全，重合闸的动作时间应从最后一次切除故障开始重新计时。

习　题

8-1　电网中重合闸的配置原则是什么？

8-2　自动重合闸的基本类型有哪些？它们分别用于什么网络？

8-3　试比较单相重合闸与三相重合闸的优缺点。

8-4　电力系统的自动重合闸的基本要求是什么？

8-5　电力线路为什么要装设自动重合闸装置？

8-6　单相重合闸中选相元件的作用和类型是什么？

8-7　单侧电源线路单相自动重合闸动作时间应考虑哪些因素？

8-8　非同步重合闸限制的条件是什么？

第九章 电力变压器保护

第一节 电力变压器保护配置

电力变压器在电力系统中非常重要，它的故障会严重影响供电可靠性和系统的正常运行。由于电力变压器绝大部分安装在户外，受自然条件的影响较大，同时受连接负荷的影响和电力系统短路故障的威胁，变压器在运行中有可能出现各种类型的故障和不正常运行状态。因此，必须根据变压器容量和重要程度装设性能良好、动作可靠的保护。

变压器的故障分为内部故障和外部故障。内部故障指的是变压器油箱内绕组之间发生的相间短路、同相绕组中发生的匝间短路、绕组与铁芯或引线与外壳发生的单相接地短路。外部故障指的是油箱外部引出线之间发生的各种相间短路、引出线因绝缘套管闪络或破碎通过油箱外壳发生的单相接地短路。变压器发生故障，必将给电网和变压器带来危害，特别是发生内部故障时，短路电流产生的高温电弧不仅会烧坏绕组绝缘和铁芯，而且会使绝缘材料和变压器油受热分解产生大量气体，导致变压器外壳局部变形、损坏，甚至引起爆炸。因此，变压器发生故障时，必须将其从电力系统中切除。

变压器不正常运行状态主要指过负荷、油箱漏油造成的油面降低，以及外部短路引起的过电流。对于大容量变压器，因其铁芯额定工作磁通密度与饱和磁通密度比较接近，所以系统电压过高或系统频率降低时，容易过励磁。过励磁也是变压器的一种不正常运行状态，变压器处于不正常运行状态时，应发出信号。

为了保证电力系统安全稳定运行，并将故障或不正常运行状态的影响限制到最小范围，按照 GB/T 14285—2006《继电保护和安全自动装置技术规程》的规定，变压器应装设以下保护装置。

1. 瓦斯保护

对于 0.8MVA 及以上油浸式变压器和 0.4MVA 及以上车间内油浸式变压器，均应装设瓦斯保护。当壳内故障产生轻微瓦斯或油面下降时，应瞬时动作于信号；当产生大量瓦斯时，应动作于断开变压器各侧断路器。

带负荷调压的油浸式变压器的调压装置，也应装设瓦斯保护。

2. 纵联差动保护或电流速断保护

对变压器引出线、套管及内部的短路故障，应按下列规定，装设相应的保护作为主保护，保护瞬时动作于断开变压器的各侧断路器。

对于 6.3MVA 以下厂用工作变压器和并列运行的变压器，以及 10MVA 以下厂用备用变压器和单独运行的变压器，当后备保护时限大于 0.5s 时，应装设电流速断保护。

对于 6.3MVA 及以上厂用工作变压器和并列运行的变压器、10MVA 及以上厂用备用变压器和单独运行的变压器，以及 2MVA 及以上用电流速断保护灵敏性不符合要求的变压器，应装设纵联差动保护。对于高压侧电压为 330kV 及以上的变压器，可装设双重差动保护。

3. 过电流保护

对由外部相间短路引起的变压器过电流，应按下列规定，装设相应的保护作为后备保护，保护动作后，应带时限动作于跳闸。

(1) 过电流保护宜用于降压变压器，保护的整定值，应考虑事故时可能出现的过负荷。

(2) 复合电压启动的过电流保护，宜用于升压变压器、系统联络变压器和过电流保护不符合灵敏性要求的降压变压器。

(3) 负序电流和单相式低电压启动的过电流保护，可用于63MVA及以上升压变压器。

(4) 当复合电压启动的过电流保护或负序电流和单相式低电压启动的过电流保护不能满足灵敏性和选择性要求时，可采用阻抗保护。

4. 零序电流保护

110kV及以上中性点直接接地的电力网中，如变压器的中性点直接接地运行，对外部单相接地引起的过电流，应装设零序电流保护，用作变压器外部接地短路时的后备保护。保护直接动作于跳闸。

5. 过负荷保护

0.4MVA及以上变压器，当数台并列运行或单独运行，并作为其他负荷的电源时，应根据可能过负荷的情况，装设过负荷保护。对自耦变压器和多绕组变压器，保护应能反应公共绕组及各侧过负荷的情况。过负荷保护采用单相式，带时限动作于信号。

6. 过励磁保护

高压侧电压500kV的变压器，对于频率降低和电压升高引起的变压器工作磁密过高，应装设过励磁保护。保护由两段组成，低定值段动作于信号，高定值段动作于跳闸。

第二节　瓦　斯　保　护

一、瓦斯保护的原理及组成

当变压器油箱内发生各种短路故障时，由于短路电流和短路点电弧的作用，变压器油和绝缘材料受热分解，产生大量气体，从油箱流向储油柜上部。故障越严重，产生气体越多，流向储油柜的气流和油流速度也越快，利用这种气体来实现的保护称为瓦斯保护。

当变压器绕组发生匝数很少的匝间短路或严重漏油时，纵联差动保护不会动作，而瓦斯保护能动作；当绕组断线时，因通过的是穿越性电流，此时纵联差动保护不会动作，但由于断线处电弧的作用，瓦斯保护能反应动作。变压器油箱内部发生相间短路，变压器的瓦斯保护和变压器的纵联差动保护都可能动作。

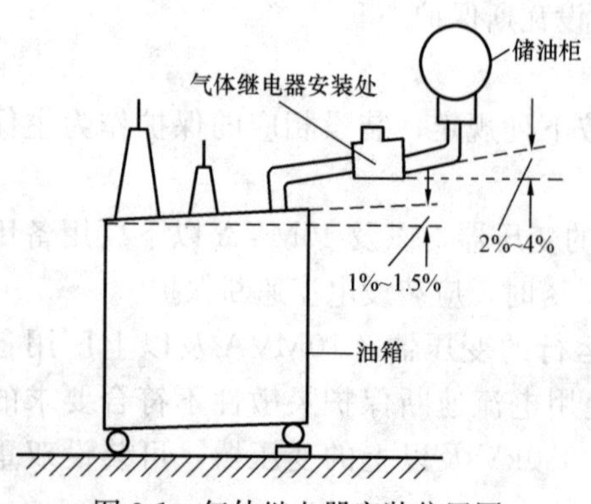

图9-1　气体继电器安装位置图

瓦斯保护的主要元件是瓦斯继电器，又称气体继电器，它安装在油箱与储油柜之间的连接管道中，如图9-1所示。为保证气体顺利经气体继电器进入储油柜，变压器顶盖与水平面之间应有1%～1.5%的坡度，连接管道应有2%～4%的坡度。

二、气体继电器的构造和工作原理

国内采用的气体继电器有浮筒式、挡板式和

复合式三种形式。实践证明，早期的浮筒式气体继电器因浮筒漏气渗油和水银触点防震性能差，易引起误动。挡板式气体继电器在浮筒式基础上，将下浮筒换成挡板而上浮筒不变，所以仍存在部分缺点。由开口杯和挡板构成的复合式气体继电器，用干簧触点代替水银触点，提高了抗震性能，是比较好的气体继电器，如QJ1-80型复合式气体继电器，已被广泛采用。

图9-2给出了QJ1-80型复合式气体继电器的结构，它由开口杯和挡板复合构成。正常运行时，继电器及开口杯内都充满了油，开口杯及附件在油内的重力力矩小于平衡锤产生的力矩，所以开口杯向上倾，干簧触点断开。当变压器内部发生轻微故障时，产生少量气体聚集在继电器上方，使气体继电器中油面下降，上开口杯露出油面。这时开口杯及附件在空气中的重力加上杯中油的重量产生的力矩大于油中平衡锤所产生的力矩。所以上开口杯沿顺时针方向转动，带动永久磁铁靠近干簧触点，使干簧触点闭合，发出轻瓦斯动作信号。当发生严重故障时，产生的大量气体，形成从变压器冲向储油柜的强烈气流，带油的气体直接冲击挡板，使挡板偏转，干簧触点闭合，重瓦斯动作发出跳闸脉冲。当轻微漏油时，油面高度下降，上开口杯转动，轻瓦斯动作发出信号。

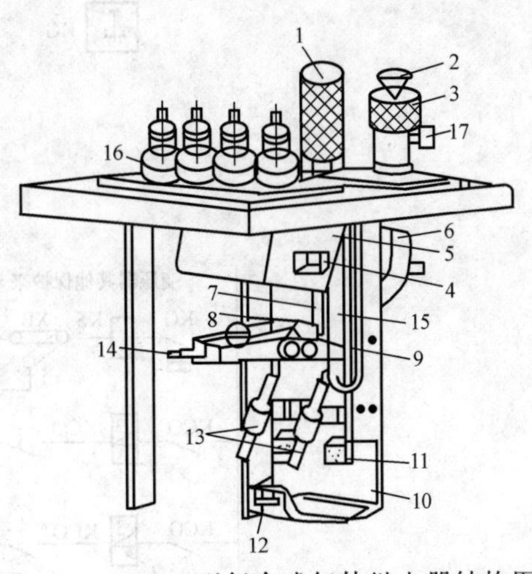

图9-2 QJ1-80型复合式气体继电器结构图

1—罩；2—顶针；3—气塞；4、11—磁铁；5—开口杯；6—重锤；7—探针；8—开口销；9—弹簧；10—挡板；12—螺杆；13—干簧触点（重瓦斯用）；14—调节杆；15—干簧触点（轻瓦斯用）；16—套管；17—排气口

由于QJ1-80型复合式气体继电器防震性能好，且调整方便，所以广泛应用于大型变压器和强迫油循环变压器的瓦斯保护中。

三、瓦斯保护的原理接线

瓦斯保护原理接线如图9-3所示。气体继电器KG的上触点为轻瓦斯触点，动作于信号；下触点为重瓦斯触点，动作于跳闸。当变压器发生严重故障时，挡板在油流冲击下偏转可能不稳，会使重瓦斯触点抖动，影响瓦斯保护的可靠性。为此，KCO采用具有自保持的中间继电器。此外，为防止气体继电器在变压器换油或试验时误动作，可通过连接片XB将跳闸回路断开。

轻瓦斯保护的动作值采用气体容积表示，通常气体容积的整定范围为250～300cm^3。对于容量在10MVA以上的变压器，多采用250～300cm^3。气体容积的调整可通过改变重锤位置来实现。

重瓦斯保护的动作值采用油流流速表示，一般整定范围为0.6～1.5m/s，该流速指的是导油管中油流的速度。对QJ1-80型复合式气体继电器进行油速的调整时，先松动调节杆，再改变弹簧的长度即可，一般整定在1m/s左右。

瓦斯保护只能反应变压器油箱内的故障，不能反应油箱外套管与引出线上的故障，因此，它不能单独作为变压器的主保护，通常与纵联差动保护配合共同作为变压器的主保护。

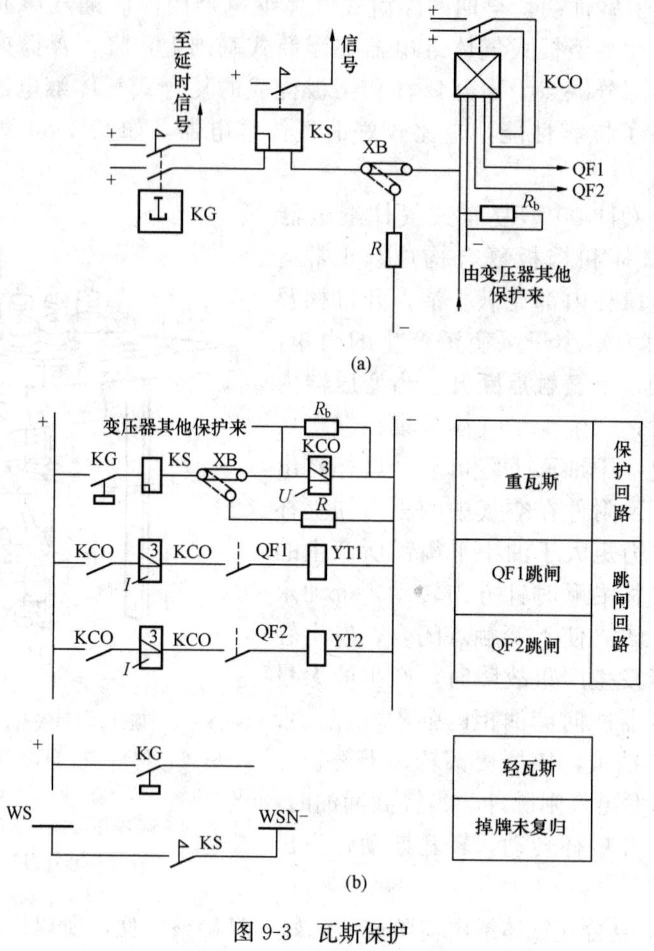

图 9-3 瓦斯保护

（a）原理接线图；（b）直流展开图

第三节 变压器的纵联差动保护

应用输电线路纵联差动保护原理，可以实现变压器的纵联差动保护，能够瞬时切除保护区内的短路故障。对于变压器纵联差动保护，比较两侧有关电气量更容易实现，所以变压器的纵联差动保护得到了广泛的应用。

一、变压器纵联差动保护的基本原理及实现时的特点

变压器纵联差动保护通常采用环流法接线。图 9-4 示出了双绕组变压器纵联差动保护的单相原理接线图。它将被保护元件两侧（高、低压）的电流互感器二次侧，靠近被保护元件的两端连在一起，然后将差动继电器并联到两电流互感器上。变压器纵联差动保护在原理上是比较简单的，但在实现时应考虑变压器高、低压两侧电流的大小和相位不同。首先考虑对两侧电流进行相位补偿，然后进行数值补偿，才能保证正常运行和外部短路时流入继电器的电流在理想状态时等于零。此外，还应考虑变压器励磁涌流的影响和其他一些使不平衡电流增大的因素。

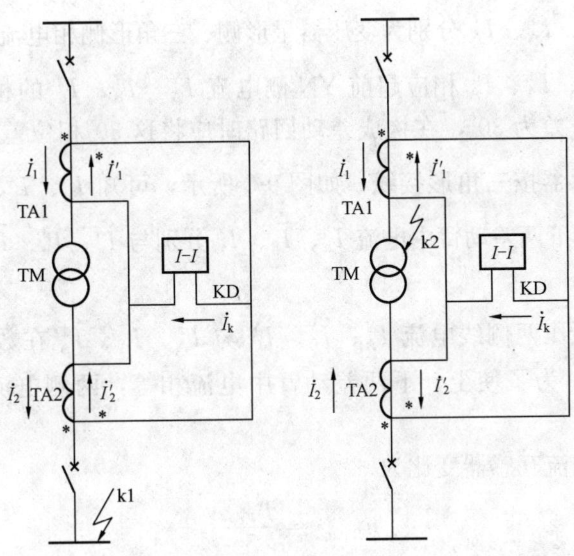

图 9-4　双绕组变压器纵联差动保护的单相原理接线图

（一）相位补偿和数值补偿

1. 相位补偿

电力变压器广泛采用 YNd11 接线方式，d 侧电流会超前 YN 侧电流 30°。如果变压器纵联差动保护两侧的电流互感器二次绕组都用星形，则环流回路两臂上的二次电流也有 30°相位差。这样，即使两臂电流数值相等，差动回路中也会有不平衡电流。为了消除这种不平衡电流，对于 YNd11 接线的变压器的纵联差动保护，应采用相位补偿接线，将变压器 d 侧电流互感器二次侧接成星形，YN 侧电流互感器二次侧接成三角形。YNd11 变压器纵联差动保护接线如图 9-5 所示。

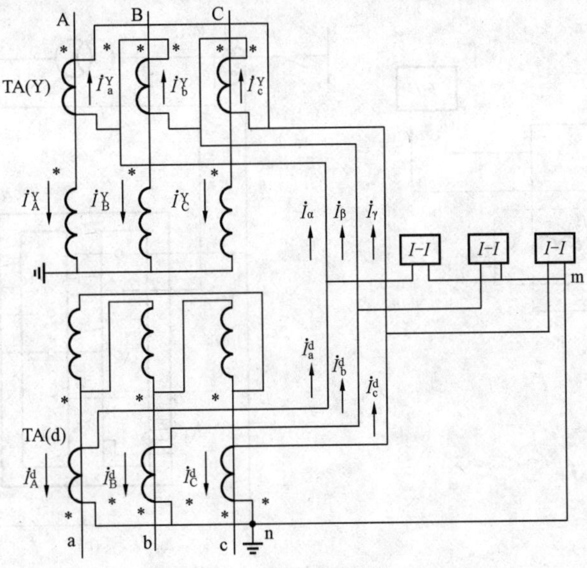

图 9-5　YNd11 变压器纵联差动保护接线图

$\dot{I}_A^Y$、$\dot{I}_B^Y$、$\dot{I}_C^Y$，$\dot{I}_A^d$、$\dot{I}_A^d$、$\dot{I}_A^d$ 分别为变压器星形侧、三角形侧相电流，其假定正方向如图9-5所示，d 侧电流 $\dot{I}_A^d$、$\dot{I}_A^d$、$\dot{I}_A^d$ 相应超前 YN 侧电流 $\dot{I}_A^Y$、$\dot{I}_B^Y$、$\dot{I}_C^Y$ 的相角为 30°。这说明变压器两侧线电流间相位差为 30°，在构成差动回路时应将这 30°相位差进行补偿。因此，把变压器星形侧电流互感器按三角形接线，如图 9-5 所示，可知 $\dot{I}_\alpha$、$\dot{I}_\beta$、$\dot{I}_\gamma$ 分别超前相电流 $\dot{I}_a^Y$、$\dot{I}_b^Y$、$\dot{I}_c^Y$ 30°，上、下两差动臂中电流 $\dot{I}_\alpha$、$\dot{I}_\beta$、$\dot{I}_\gamma$ 分别与 $\dot{I}_a^d$、$\dot{I}_b^d$、$\dot{I}_c^d$ 同相位。

2. 数值补偿

由于变压器高、低压两侧线电流 $\dot{I}_A^Y$、$\dot{I}_B^Y$、$\dot{I}_C^Y$ 与 $\dot{I}_A^d$、$\dot{I}_A^d$、$\dot{I}_A^d$ 在数值上一般也不相等，它们之间相差一变比，为了使上、下两差动臂中电流相等，两侧电流互感器变比应按式(9-1)、式（9-2）计算。

变压器三角形侧电流互感器变比为

$$n_{TA(d)} = \frac{I_{N(d)}}{5} \tag{9-1}$$

式中 $I_{N(d)}$ ——变压器 d 侧的额定相电流。

变压器星形侧因为电流互感器接成三角形后，上臂电流扩大了$\sqrt{3}$倍，所以为保证通过穿越性电流时差动回路中无电流，应将电流互感器的变比也扩大$\sqrt{3}$倍。即变压器星形侧电流互感器变比为

$$n_{TA(Y)} = \frac{\sqrt{3}I_{N(Y)}}{5} \tag{9-2}$$

式中 $I_{N(Y)}$ ——变压器 YN 侧的额定相电流。

当按式（9-1）、式（9-2）计算出电流互感器变比后，还需按计算变比选取与其接近的、较大的标准变比互感器。这样，由于电流互感器变比标准化后，在两差动臂中仍然存在差电

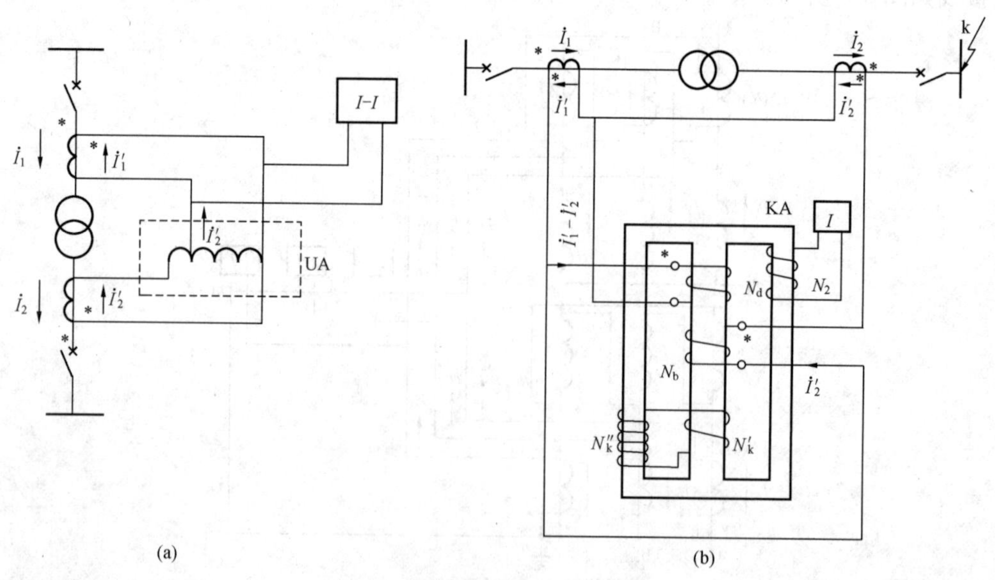

图 9-6 消除不平衡电流的方法

（a）采用自耦变流器；（b）采用速饱和变流器的平衡线圈

流，因此，还需要在电流互感器二次侧装设自耦变流器或采用速饱和变流器的平衡线圈进行第二次补偿，如图 9-6 所示。尽管如此，最后在两差动臂中的电流还是有差值，不可能得到100%补偿，这就是造成变压器差动保护中不平衡电流的原因之一。

（二）变压器励磁涌流的影响

变压器的励磁电流全部流入纵联差动保护的差动回路。正常运行时，励磁电流仅为变压器额定电流的 3%～5%，所以对保护无影响。而当变压器空载投入或外部短路故障切除电压恢复时，励磁电流可达额定电流的 6～8 倍，这称为励磁涌流。励磁涌流给纵联差动保护带来极为不利的影响，所以要讨论励磁涌流的特点。

对于变压器，稳态情况下铁芯中磁通如图 9-7中虚线所示，滞后外施电压 u 的相角为90°，波形关系如图 9-7 所示。若在 u 过零瞬间空载合闸，为保证铁芯中磁通不突变，则必有一个非周期分量磁通（其初始值为 $+\Phi_m$），当计及剩余磁通 Φ_{res} 后，暂态过程中铁芯磁通波形如图 9-7 所示。显然，磁通最大值（空载合闸后 0.01s 出现）接近 $2\Phi_m+\Phi_{res}$（是稳态磁通幅值），铁芯严重饱和，此时的励磁涌流可用图解法求取。

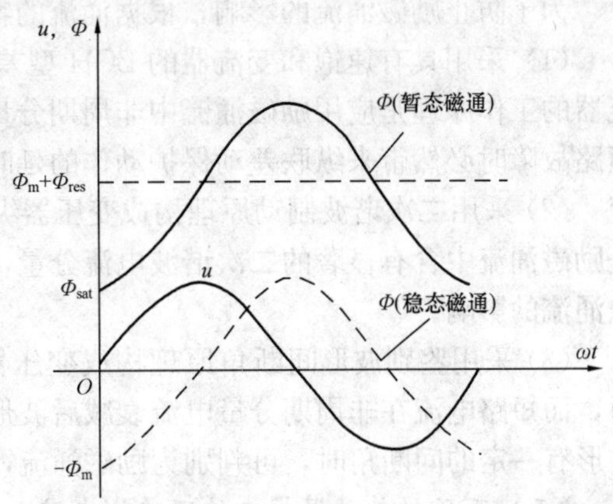

图 9-7　变压器空载投入时的电压和磁通波形

图 9-8（a）示出了变压器铁芯的近似磁化曲线（折线 OSP），其中 OS 相应于饱和磁通 Φ_{sat}，SP 为平均磁化曲线饱和部分的渐近线。图 9-8（b）中 Φ 为暂态过程中的磁通波形，a、b 两点的磁通值为饱和磁通 Φ_{sat}，相应的角度为 θ_1、θ_2。显然，在 a、b 两点以下（$\Phi<\Phi_{sat}$），励磁电流 i_e 为零；在 a、b 两点以上（$\Phi>\Phi_{sat}$），励磁电流 i_e 不等于零。在磁通 Φ 曲线上任取一点 N，其相应的磁通为 Φ_x，励磁电流为 i_e，见图 9-8（a）。过 N 点作横轴垂线 MT，令 MT 等于 i_x，从而确定了 T 点。逐点作图可求得励磁涌流 i_e，波形如图 9-8（b）中所示。计及非周期分量磁通的衰减后，励磁涌流波形如图 9-8（c）所示。

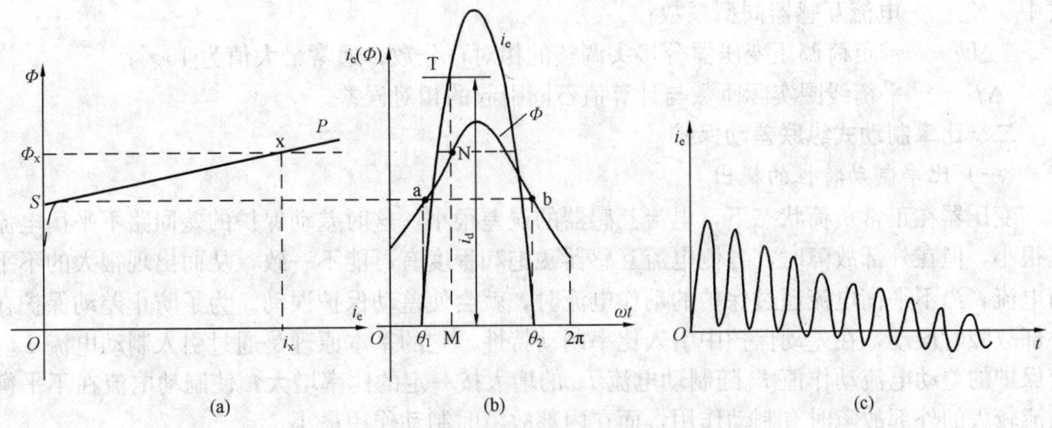

图 9-8　单相变压器励磁涌流图解法

（a）变压器铁芯的磁化曲线；（b）暂态过程中的磁通波形；（c）暂态过程中的励磁涌流

变压器的励磁涌流的特点可归纳如下：

（1）励磁涌流的数值很大，并含有明显的非周期分量电流，使励磁涌流波形明显偏于时间轴的一侧。涌流衰减的快慢与变压器容量有关，一般励磁涌流衰减到变压器额定电流的25%～50%所需时间，中、小型变压器为0.5～1s，大型变压器为2～3s。励磁涌流完全衰减，大型变压器要经几十秒时间。

（2）励磁涌流中含有明显的高次谐波电流分量，其中二次谐波电流分量尤为明显。而内部短路电流中的二次谐波电流分量却很少，与励磁涌流形成了明显的差别。

（3）励磁涌流波形偏向时间轴的一侧，且相邻波形之间存在间断角。

为了防止励磁涌流的影响，根据涌流的特点，变压器纵联差动保护通常采取下列措施：

（1）采用具有速饱和变流器的BCH型差动继电器构成变压器纵联差动保护。速饱和变流器的工作原理是应用励磁涌流中非周期分量电流来破坏周期分量电流的传变。当然，内部短路故障时必然带来纵联差动保护动作的延时。

（2）采用二次谐波制动原理构成变压器纵联差动保护。励磁涌流与短路电流的明显区别是励磁涌流中含有显著的二次谐波电流分量，因此采用二次谐波分量来制动，可有效克服励磁涌流的影响。

（3）采用鉴别波形间断角原理构成变压器纵联差动保护。励磁涌流波形不连续有间断角，而短路电流在非周期分量电流衰减后波形连续没有间断角，所以当流入差动回路的电流波形有一定的间断角时，可判别为励磁涌流，从而克服励磁涌流的影响。

（三）变压器差动保护中的不平衡电流

变压器差动保护中存在的不平衡电流有以下几种：

（1）电流互感器误差不一致造成的不平衡电流。由于变压器两侧电流互感器型号不同，由此产生的不平衡电流要比线路纵联差动保护的大。

（2）电流互感器和自耦变压器变比标准化产生的不平衡电流。

（3）变压器带负荷调节分接头时产生的不平衡电流。

变压器外部短路时差动回路中最大可能的不平衡电流为

$$I_{\text{unb.max}} = (10\% K_{\text{st}} + \Delta U + \Delta f_{\text{N}}) \frac{I_{\text{k.max}}}{n_{\text{TA}}} \tag{9-3}$$

式中 K_{st}——电流互感器同型系数；

ΔU——带负荷调压变压器分接头调整的相对百分数，通常最大值为15%；

Δf_{N}——平衡线圈实际匝数与计算值不同引起的相对误差。

二、比率制动式纵联差动保护

（一）比率制动特性的提出

变压器在正常负荷状态下，电流互感器的误差很小，这时差动保护的差回路不平衡电流也很小，但在外部故障时，各侧电流互感器磁饱和程度有可能不一致，从而出现很大的不平衡电流，当不平衡电流超过保护的动作电流时，就会使差动保护误动。为了防止差动保护在外部故障时误动，在差动保护中引入比率制动特性。它的基本原理是通过引入制动电流I_{res}，使保护的差动电流动作值I_{op}随制动电流I_{res}的增大按一定的比率增大，使制动电流在不平衡电流较大的外部故障时有制动作用，而在内部故障时制动作用最小。

（二）比率制动特性及整定原则

在变压器微机型纵联差动保护装置中，广泛采用具有比率制动特性的差动元件，不同型号的纵联差动保护装置，其差动元件的动作特性也不相同。差动元件的动作特性曲线有二段折线式和三段折线式。

1. 二段折线式

其动作特性曲线如图 9-9 所示。从图中可以看出，其动作方程为

$$\left.\begin{aligned} I_{d} &\geqslant I_{op.0} & (I_{res} \leqslant I_{res.0}) \\ I_{d} &\geqslant S(I_{res}-I_{res.0})+I_{op.0} & (I_{res} > I_{res.0}) \end{aligned}\right\} \tag{9-4}$$

式中　I_d——差电流；

$I_{op.0}$——差动元件的启动电流，也称为最小动作电流或初始动作电流；

S——折线的斜率；

I_{res}——制动电流。

差电流取各侧差动 TA 二次电流相量和的绝对值，对于双绕组变压器，$I_d = |\dot{I}_1 + \dot{I}_2|$；对于三绕组变压器或引入三侧电流的变压器，$I_d = |\dot{I}_1 + \dot{I}_2 + \dot{I}_3|$。

制动电流的取得有两种方法，一种是，对于双绕组变压器，$I_{res} = |\dot{I}_1 - \dot{I}_2|/2$；对于三绕组变压器，$I_{res} = \max\{|\dot{I}_1|,|\dot{I}_2|,|\dot{I}_3|\}$。另一种是，不管是双绕组变压器还是三绕组变压器，均取最大电流作为制动量。

从图 9-9 中可以看出，具有比率制动特性的元件的动作特性，由三个物理量来决定，即由启动电流 $I_{op.0}$、拐点电流 $I_{res.0}$ 及折线的斜率 S 来决定。差动元件的动作灵敏度及躲区外故障的能力与其动作特性有关，即与上述三个值有关。

2. 三段折线式

其动作特性曲线如图 9-10 所示。从图中可以看出，其动作方程为

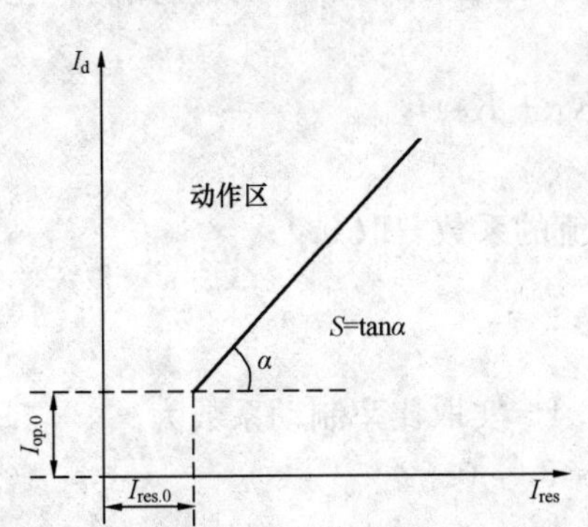

图 9-9　二段折线式差动元件的动作特性曲线

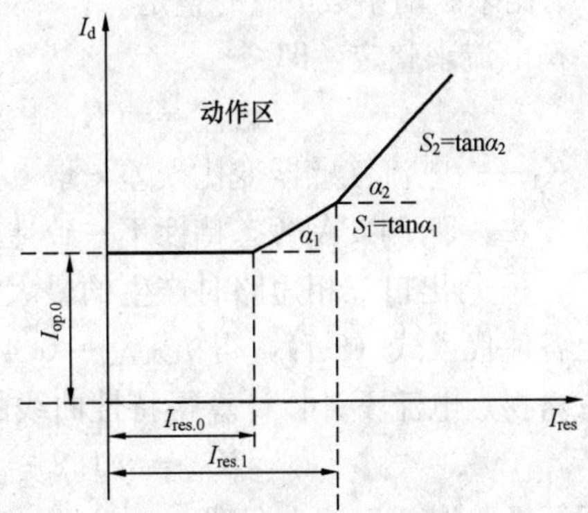

图 9-10　三段折线式差动元件的动作特性曲线

$$\left.\begin{aligned} I_{d} &\geqslant I_{op.0} & (I_{res} \leqslant I_{res.0}) \\ I_{d} &\geqslant S_1(I_{res}-I_{res.0})+I_{op.0} & (I_{res.1} \geqslant I_{res} > I_{res.0}) \\ I_{d} &\geqslant S_1(I_{res}-I_{res.0})+S_2(I_{res}-I_{res.1})+I_{op.0} & (I_{res} > I_{res.1}) \end{aligned}\right\} \tag{9-5}$$

式中　S_1——第二段折线的斜率；

S_2——第三段折线的斜率；

$I_{res.1}$——第二个拐点电流。

3. 差动保护的整定原则

具有比率制动特性的二段折线式变压器差动元件的三要素是启动电流 $I_{op.0}$、拐点电流 $I_{res.0}$及折线的斜率 S，折线的斜率可以近似称为比率制动系数 K_{res}，制动系数是动作电流与制动电流的比，一般情况下，在特性曲线上各点是变化的，而斜率是不变的，特殊情况下，制动部分的延长线过坐标原点时两者才相等。差动元件的整定计算就是确定三要素的大小。

(1) 启动电流 $I_{op.0}$的整定。启动电流 $I_{op.0}$按躲过变压器额定工况下的最大不平衡电流整定，最大不平衡电流产生的原因包括两侧电流互感器的变比误差和变压器带负荷调压、变压器的励磁电流、通道传输及调整误差。即

$$I_{op.0} = K_{rel}(K_1 + \Delta U + K_3 + K_4)I_N \tag{9-6}$$

式中 K_{rel}——可靠系数，取 1.5～2；

K_1——电流互感器变比误差，对于 10P 型 TA、取 0.03×2（三绕组变压器时，最大为 0.09），对于 5P 型 TA、取 0.03×2；

ΔU——由变压器带负荷调压所引起的相对误差，取电压调整范围的一半；

K_3——变压器的励磁电流等引起的误差，取 0.05；

K_4——由于通道传输及调整误差产生的差流，取 0.05×2=0.1；

I_N——变压器的额定电流。

将以上各值代入式 (9-6)，可得 $I_{op.0}$ = (0.39～0.52) I_N，通常取 $I_{op.0}$ = (0.4～0.5) I_N，运行经验表明，当变压器两侧流入差动保护装置的电流值相差不大（即为同一数量级）时，可取 $0.4I_N$，而当电流值相差很大（10 倍以上）时，可取 $0.5I_N$。

(2) 拐点电流 $I_{res.0}$的整定。为躲过区外故障被切除后的暂态过程对变压器差动保护的影响，应使保护的制动作用提早产生，所以 $I_{res.0}$取 (0.8～1.0) I_N。

(3) 比率制动系数 K_{res}的整定。比率制动系数，按躲过变压器出口三相短路时产生的最大不平衡电流来整定，即

$$I_{unb.max} = (K_1 + \Delta U + K_3 + K_4 + K_5)I_{k.max} \tag{9-7}$$

式中 K_1——电流互感器变比误差，取 0.1；

K_5——两侧 TA 暂态特性不一致造成不平衡电流的系数，取 0.1；

$I_{k.max}$——出口三相短路时产生的最大短路电流。

将以上各值代入式 (9-7)，得 $I_{unb.max}=0.4I_{k.max}$。

忽略拐点电流不计，计算得特性曲线的斜率 $S\approx0.4$。实取比率制动系数为

$$K_{res} = (1.2 \sim 1.3)S = 0.48 \sim 0.52 \tag{9-8}$$

根据运行经验取 0.5 较为合理。

（三）比率制动式差动保护的构成

现场应用比较广泛的变压器微机型纵联差动保护，均由具有比率制动特性或标识制动特性的差动元件及躲励磁涌流判别元件、差动速断元件构成。此外，对于某些用于超高压变压器的差动保护，还有 5 次谐波制动元件，以防止变压器过励磁时差动保护误动。涌流判别元件可采用“或门”制动或“分相”制动，逻辑框图如图 9-11 所示。

涌流“或门”制动方式，是指在三相涌流闭锁元件中，只要有一相满足闭锁条件，立即将三相差动元件全部闭锁；涌流“分相”制动方式，是指某相涌流闭锁元件只对本相的差动元件有闭锁作用，而对其他相无闭锁作用。

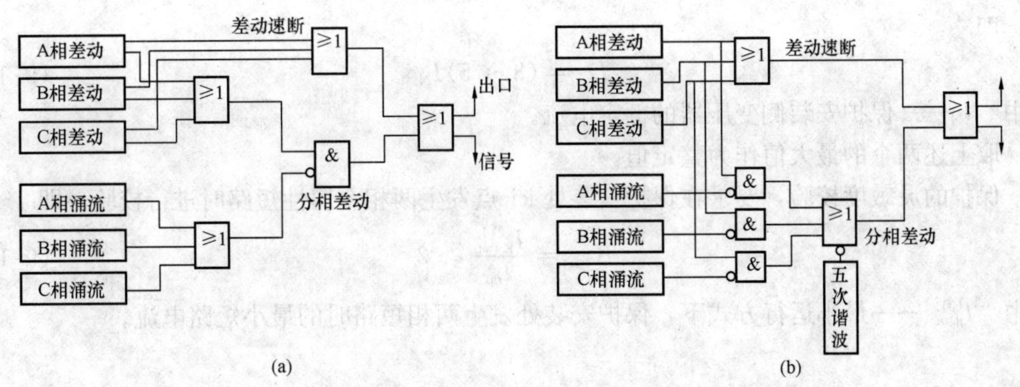

图 9-11　变压器差动保护逻辑框图

(a) 涌流“或门”制动方式；(b) 涌流“分相”制动方式

由于变压器空投时，三相励磁涌流是不相同的，在某些条件下，三相涌流之中的某一相可能不满足闭锁条件。此时，若采用“或门”制动方式，空投变压器时不会误动作，但如果空投变压器时发生内部故障，则有可能拒动或延缓动作；若采用“分相”制动方式，空投变压器时容易误动，但如果空投变压器时发生内部故障，则保护能迅速且可靠地动作并切除变压器。

在微机型保护装置中，采用二次谐波制动原理来区分故障电流与励磁涌流。二次谐波制动利用差动元件差电流中的二次谐波分量作为制动量，区分出差电流是故障电流还是励磁涌流，从而实现躲过励磁涌流。在变压器差动保护中，采用二次谐波制动比来衡量二次谐波制动的能力。

当变压器内部故障使得电流互感器严重饱和时，二次电流的波形将发生畸变，其中含有大量的谐波分量，从而使涌流判别元件误判断成励磁涌流，造成差动保护拒动或延迟动作，因此设置差动速动元件，在变压器内部严重故障时防止差动保护拒动和加快切除故障。

第四节　电 流 速 断 保 护

对于容量较小的变压器，当其过电流保护的动作时限大于 0.5s 时，可在电源侧装设电流速断保护。它与瓦斯保护配合，构成变压器的主保护。电流速断保护的单相原理接线如图 9-12 所示。当变压器的电源侧为直接接地系统时，保护采用完全星形接线；为非直接接地系统时，可采用两相不完全星形接线。

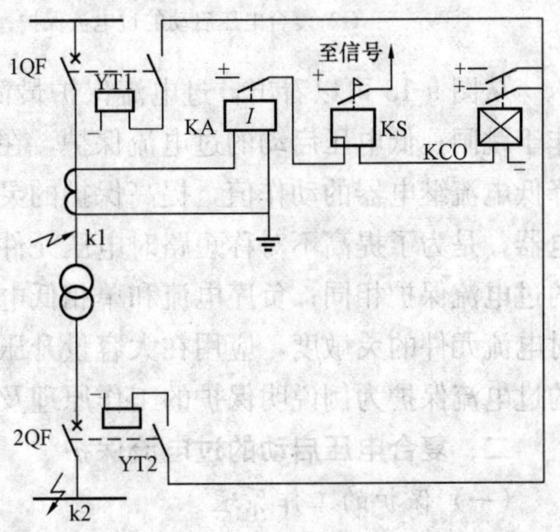

图 9-12　电流速断保护的单相原理接线图

保护的动作电流可按下列条件之一选择：

(1) 按躲过外部 k2 短路时流过保护的最大短路电流整定，即

$$I_{op} = K_{rel} I_{k.max} \quad (9\text{-}9)$$

式中　K_{rel}——可靠系数，取 1.3～1.4；

$I_{k.max}$——最大运行方式下，变压器低压侧母线发生短路故障时，流过保护的最大短路电流。

(2) 按躲过变压器空载投入时的励磁涌流整

定，即

$$I_{op}=(3\sim 5)I_N \tag{9-10}$$

式中 I_N——保护安装侧变压器的额定电流。

取上述两个的最大值作为整定值。

保护的灵敏度校验，要求在保护安装处 k1 点发生两相金属性短路时进行校验，即

$$K_{sen}=\frac{I_{k.min}^{(2)}}{I_{op}}\geqslant 2 \tag{9-11}$$

式中 $I_{k.min}^{(2)}$——最小运行方式下，保护安装处发生两相短路时的最小短路电流。

第五节 变压器相间短路的后备保护和过负荷保护

一、概述

为了防止外部短路引起的过电流，并作为变压器相间短路的后备保护，一般在变压器上都应装设过电流保护。保护装置安装在变压器的电源侧，当发生内部故障时，若主保护拒动，应由过电流保护经延时动作于断开变压器各侧的断路器。根据变压器容量和对保护灵敏度的要求，实现后备保护的方式有过电流保护、低电压启动的过电流保护、复合电压启动的过电流保护、负序电流和单相低电压启动的过电流保护等。各过电流保护原理示意框图如图 9-13 所示。

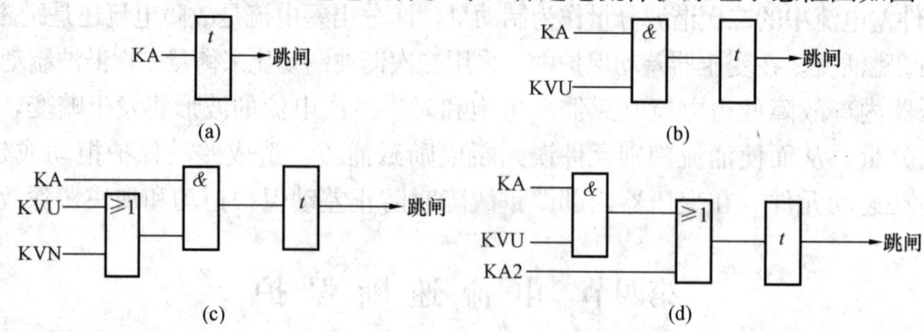

图 9-13 各过电流保护原理示意框图

(a) 过电流保护；(b) 低电压启动的过电流保护；
(c) 复合电压启动的过电流保护；(d) 负序电流和单相低电压启动的过电流保护

从图 9-13 可以看出，过电流保护最简单，由电流继电器和时间继电器组成，经延时动作于跳闸；低电压启动的过电流保护，在过电流保护的基础上增加欠电压继电器闭锁，从而降低电流继电器的动作值，提高保护的灵敏度；复合电压启动的过电流保护增加负序电压继电器，是为了提高不对称短路时电压元件的灵敏度，而在对称短路时的灵敏度与低电压启动的过电流保护相同；负序电流和单相低电压启动的过电流保护，主要是为了提高不对称短路时电流元件的灵敏度，应用在大容量升压变压器和系统联络变压器上。下面以复合电压启动的过电流保护为例说明保护的工作原理及应用。

二、复合电压启动的过电流保护

（一）保护的工作原理

复合电压启动的过电流保护宜用于升压变压器、系统联络变压器和过电流保护不满足灵敏度要求的降压变压器。保护的三相原理接线如图 9-14 所示。

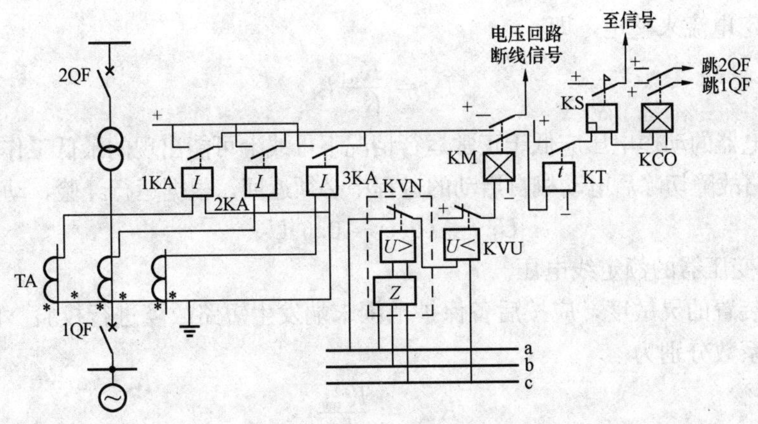

图 9-14　复合电压启动的过电流保护原理接线图

复合电压启动的过电流保护由电流继电器 1KA、2KA、3KA 和欠电压继电器 KVU、负序电压继电器 KVN、中间继电器 KM、时间继电器 KT、信号继电器 KS、出口继电器 KCO 组成。

为了更好地说明其工作原理，画出了复合电压启动的过电流保护的展开图，如图9-15所示。正常运行时，因无负序电压，所以负序电压继电器 KVN 不动作，动断触点闭合，将线电压 U_{ac}加在欠电压继电器 KVU 上，其动断触点打开，保护装置不动作。

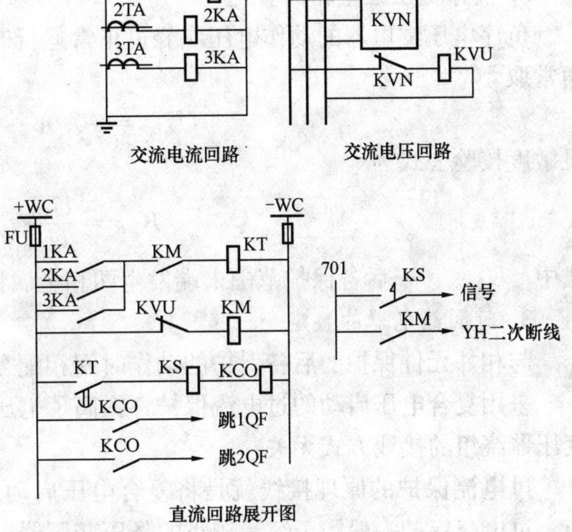

图 9-15　复合电压启动的过电流保护的展开图

保护区内发生各种不对称短路故障时，负序电压滤过器有较高的输出电压，故 KVN 动作，动断触点打开，欠电压继电器 KVU 失压动作，其动断触点闭合，使中间继电器 KM 励磁。此时，电流继电器至少有两个动作，于是启动时间继电器 KT，经预定延时，动作于跳闸。

保护区内发生三相短路故障时，因无负序电压，KVN 不动作，同时三相电压均降低，欠电压继电器处于动作状态，启动中间继电器 KM。KM 启动后，动作情况与不对称短路相同。应当指出，即使三相短路故障时短时出现负序电压，也不会影响保护的正确动作。

当电压互感器二次回路发生断线时，低电压继电器动作，而整套保护装置不会动作，故只通过中间继电器发出断线信号，由运行人员进行处理。

(二) 整定计算

1. 电流继电器和低电压继电器的整定

因为并列运行变压器突然切除一台或异步电动机自启动时母线电压并不降低很多，因此低电压继电器不会动作，电流继电器的动作电流就可不考虑可能出现的最大负荷电流而是按

大于变压器额定电流来整定，即

$$I_{op}=\frac{K_{rel}}{K_{res}}I_N \tag{9-12}$$

欠电压继电器的动作电压应低于正常运行情况下母线上可能出现的最低工作电压，同时继电器在外部短路故障切除后电动机自启动的过程中必须返回，根据运行经验，动作电压可取

$$U_{op}=(0.5\sim0.6)U_N \tag{9-13}$$

式中 U_N——变压器的额定线电压。

对于保护装置的灵敏度，应按后备保护范围末端发生短路故障进行校验。电流保护和电压保护的灵敏系数分别为

$$K_{sen}=\frac{I_{k.min}^{(2)}}{I_{op}} \tag{9-14}$$

$$K_{sen}=\frac{U_{op}}{U_{k.max}^{(3)}} \tag{9-15}$$

式中 $I_{k.min}^{(2)}$——后备保护范围末端发生两相金属性短路故障时流过保护的最小短路电流；

$U_{k.max}^{(3)}$——后备保护范围末端发生三相金属性短路时保护安装处的最大残余线电压，作近后备保护时要求 $K_{sen}\geqslant1.3\sim1.5$，作远后备保护时要求 $K_{sen}\geqslant1.2$。

2. 负序电压继电器的整定

负序电压继电器的动作电压应躲过正常运行时负序电压滤过器出现的最大不平衡电压。通常取

$$U_{2.op}=(0.06\sim0.07)U_N \tag{9-16}$$

灵敏度校验公式为

$$K_{sen}=\frac{U_{2.min}}{U_{2.op}}\geqslant1.2 \tag{9-17}$$

式中 $U_{2.min}$——后备保护范围末端发生两相金属性短路时保护安装处的最小负序电压。

3. 时间继电器的整定

与相邻元件保护的后备保护的动作时间相配合。

采用复合电压启动的过电流保护，提高了电压元件对受电侧不对称短路的灵敏度，且与变压器绕组的接线方式无关。

过电流保护的原理接线就是将复合电压启动的过电流保护原理接线图中的电压部分去掉，过电流保护一般用于容量较小的降压变压器。保护的动作电流应按躲过变压器可能出现的最大负荷电流来整定；而对降压变压器，应考虑负荷中电动机自启动时的最大电流。过电流保护的动作电流通常较高，往往不能满足升压变压器或较大容量的降压变压器对灵敏度的要求。这时，可采用低电压启动的过电流保护。对于大型变压器，为提高后备保护灵敏度，必要时可装设负序电流和单相低电压启动的过电流保护，其优点是保护装置的构造简单，在不对称短路时灵敏度高。

三、过负荷保护

变压器过负荷电流大多数情况下是三相对称的，因此只装设对称过负荷保护，即只用一个电流继电器接于任一相电流之中，动作时经延时作用于信号。

过负荷保护应能反应变压器各绕组的过负荷情况。对双绕组升压变压器，应装设在发电机电压侧；对双绕组降压变压器，应装设在高压侧；对三绕组升压变压器，当一侧无电源时

应装设在低压主电源侧和无电源侧，当三侧都有电源时则三侧都装过负荷保护；对于单侧电源的三绕组降压变压器，若三侧绕组容量相同则只装设在电源侧，若三侧绕组容量不同则在电源侧和容量较小的一侧分别装设；对于双侧电源的三绕组降压变压器或联络变压器，三侧均应装设过负荷保护。

过负荷保护的动作电流应躲过变压器的额定电流，即

$$I_{op}=\frac{K_{rel}}{K_r}I_N \tag{9-18}$$

式中　K_{rel}——可靠系数，取1.05；

K_r——返回系数，取0.85；

I_N——保护安装侧变压器的额定电流。

过负荷保护的动作时限，应比过电流保护的最大时限增加一个时限阶差 Δt，以防止过负荷保护在外部短路故障及短时过负荷时误发信号。

第六节　变压器的接地保护

一、接地保护概述

在电力系统中，接地故障是故障的主要方式，因此，中性点直接接地系统中的变压器，一般要求在变压器上装设接地（零序）保护，作为相邻元件及变压器本身主保护的后备保护。

中性点直接接地系统发生接地短路时，零序电流的分布和大小与系统中变压器中性点接地的台数和位置有关。对于有两台以上变压器的，可使部分变压器中性点接地，以保证在各种运行方式下，变压器中性点接地的数目和位置尽量维持不变，从而保证零序保护有稳定的保护范围和足够的灵敏度。

110kV及以上变压器中性点是否接地运行，还与变压器中性点绝缘水平有关。220kV及以上的大型电力变压器，高压绕组均为分级绝缘，即中性点绝缘有两种绝缘水平：一种绝缘水平很低，例如500kV系统中性点绝缘水平为38kV，这种变压器只能接地运行；另一种有较高的绝缘水平，例如220kV变压器中性点绝缘水平为110kV的变压器，可直接接地运行，也可在电力系统不失去接地点的情况下，不接地运行。我国220kV系统中广泛采用这种中性点有较高绝缘水平的分级绝缘变压器。

二、中性点有放电间隙的分级绝缘变压器的接地保护

（一）保护配置、作用及整定

中性点有放电间隙的分级绝缘变压器零序保护的原理框图如图9-16所示。当接地运行时，应装设零序电流保护；当不接地运行时，为防止电网单相接地故障点处出现间隙电弧引起过电压损坏变压器，应装设零序电压保护；零序电流元件 $3I_0$ 用来反应放电间隙击穿的情况。

1. 零序电流保护

中性点直接接地运行的变压器采用零序电流保护作为变压器接地后备保护。零序电流取自变压器中性点TA1电流。零序过电流保护通常采用二段四时限保护，零序电流保护Ⅰ段与相邻元件零序电流保护Ⅰ段配合；零序电流保护Ⅱ段与相邻元件零序电流后备保护配合，每段带有两段时限，以较短时限 t_1、t_3 跳母联断路器，减少故障影响范围，以较长时限 t_2、t_4 跳变压器高压侧断路器1QF。

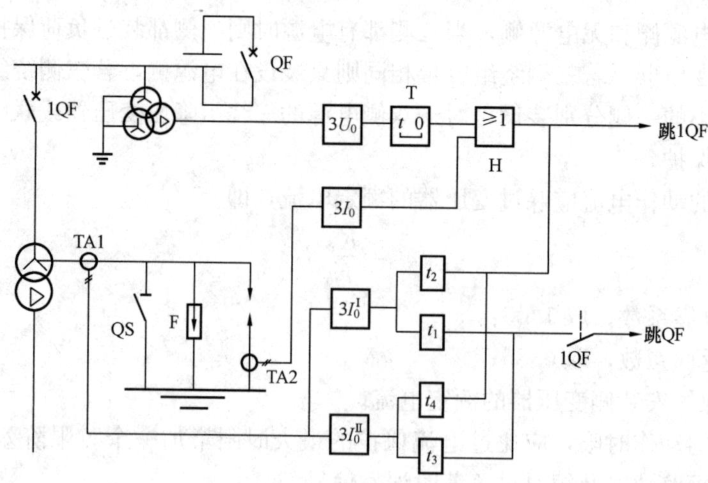

图 9-16 中性点有放电间隙的分级绝缘变压器零序保护的原理框图

零序电流Ⅰ段保护的动作电流与相邻元件零序电流Ⅰ段保护的动作电流配合整定，即

$$I_{0.op}^{Ⅰ}=K_{co}K_{br}I_{0.op.L}^{Ⅰ} \tag{9-19}$$

式中 K_{co}——配合系数，取1.1；

K_{br}——零序电流分支系数，其值为在最大运行方式下，相邻元件零序电流后备保护的保护范围末端发生单相接地短路时，流过保护的零序电流与流过相邻元件的零序电流之比；

$I_{0.op.L}^{Ⅰ}$——相邻元件零序电流Ⅰ段保护动作电流。

零序电流Ⅰ段保护的动作时限与相邻元件零序电流Ⅰ段保护时限配合整定，一般取短时限 $t_1=0.5\sim1s$，长时限 $t_2=t_1+\Delta t$。

零序电流Ⅱ段保护的动作电流与相邻元件零序电流后备保护配合整定，即

$$I_{0.op}^{Ⅱ}=K_{co}K_{br}I_{0.op.L} \tag{9-20}$$

式中 $I_{0.op.L}$——相邻元件零序电流后备保护动作电流。

零序电流Ⅱ段保护的动作时限与相邻元件零序电流后备保护时限配合整定，一般取短时限 $t_3=t_{max}+\Delta t$，长时限 $t_4=t_3+\Delta t$。其中，t_{max} 为相邻元件零序电流后备保护的最大动作时限。

2. 零序电压保护

中性点不接地变压器发生接地时，如果中性点过电压不足以使放电间隙击穿，则可由零序电压保护切除。零序电压元件 $3U_0$ 的动作电压，应低于变压器中性点工频耐受电压，即

$$U_{0.op}\leqslant\frac{3K_{rel}U_w}{1.8n_{TV}} \tag{9-21}$$

式中 K_{rel}——可靠系数，取0.9；

U_w——中性点工频耐受电压；

n_{TV}——电压互感器一次侧相电压与开口三角侧电压的比值；

1.8——暂态系数。

此外，动作电压还应躲过电网存在接地中性点情况下单相接地短路时的最大零序电压，即

$$U_{0.op}\geqslant\frac{2\beta U_{k|0|}}{(2+\beta)n_{TV}} \tag{9-22}$$

$$\beta = Z_{\Sigma 0}/Z_{\Sigma 1}$$

式中　β——系数；

$Z_{\Sigma 0}$、$Z_{\Sigma 1}$——母线上系统的零序综合、正序综合电抗；

$U_{k|0|}$——短路故障前母线上最大运行相电压。

时间元件 T 的延时，一般取 $t=0.5$s。

3. 间隙零序电流保护

若高压母线上已没有中性点接地运行的变压器，中性点将发生过电压可导致放电间隙击穿，此时中性点不接地运行变压器将由反应间隙放电电流的零序电流保护瞬时动作于切除。

零序电流元件 $3I_0$ 的动作电流根据间隙击穿电流的经验数据整定，一般一次值为 100A。

（二）保护动作行为分析

对于多台变压器并联运行的变电站，通常用一部分变压器中性点接地，另一部分变压器中性点不接地的运行方式。这样可以将接地故障电流水平限制在合理范围内，同时也使整个电力系统零序电流的大小和分布情况尽量不受运行方式变化的影响，以提高系统零序电流保护的灵敏度。如图 9-17 所示，变压器 T2 和 T3 中性点接地运行，T1 中性点不接地运行。当图 9-17 中 k1 点发生单相接地故障时，T1 零序电压保护不会启动，由 T2 和 T3 的零序电流保护动作将母联断路器 QF 跳开，各变压器继续运行；当 k2 点发生单相接地故障时，T2 和 T3 由零序电流保护动作而被切除，T1 由于无零序电流，仍将带故障运行。此时，由于失去接地中性点，变成了中性点不接地系统单相接地故障的情况，将产生接近额定相电压的零序电压，危及变压器和其他电力设备的绝缘。此时若放电间隙没有被击穿，则由零序电压保护经过 0.5s 的延时切除；若放电间隙已经被击穿，则由反应间隙放电电流的零序电流保护瞬时动作切除。

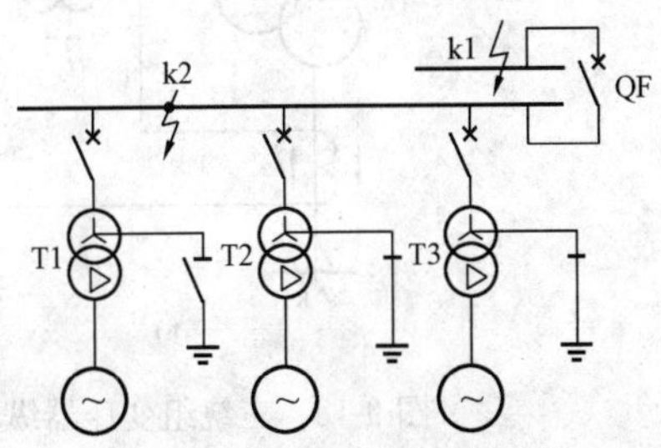

图 9-17　多台变压器并联运行的变电站

三、其他情况下的变压器的接地保护

对于中性点不装设放电间隙的分级绝缘变压器，应装设零序电流保护和零序电压保护。当系统发生接地短路时，中性点接地运行变压器由其零序电流保护动作，以短时限跳母联断路器，长时限跳变压器两侧断路器；零序电压保护动作后，应先切除中性点不接地运行的变压器，然后切除中性点接地运行的变压器。

对于全绝缘变压器，因中性点绝缘水平较高，故除按规定装设零序电流保护外，还增设零序电压保护。当发生接地故障时，同样先由零序电流保护动作切除中性点接地的变压器，若故障依然存在，再由零序电压保护动作切除中性点不接地的变压器。

对于中性点直接接地运行的变压器，可采用零序电流保护。保护动作后以短时限跳开母联断路器或分段断路器，以长时限跳开变压器两侧断路器。

第七节　三绕组变压器保护的特点

由于三绕组变压器的故障类型与双绕组变压器相同，所以保护方式也基本相同。但因三绕组变压器多了一个中压绕组，因此，三绕组变压器在保护的配置和构成原则上与双绕组变压器是有差异的。下面分别说明纵联差动保护和过电流保护的特点。

一、纵联差动保护的特点

三绕组变压器纵联差动保护的原理与双绕组完全相同。图 9-18 为三绕组变压器纵联差动保护的单相原理接线图及其在不同情况下的电流分布。在正常运行及外部故障时，流入差动继电器的电流理想情况下为 $\dot{I}_k = \dot{I}'_1 + \dot{I}'_3 - \dot{I}'_2 = 0$，保护不动作，如图 9-18（a）所示；在内部故障时，流入差动继电器的电流为 $\dot{I}_k = \dot{I}'_1 + \dot{I}'_3 + \dot{I}'_2$，保护动作，如图 9-18（b）所示。实际上在正常运行及外部故障时，流入差动继电器的电流为不平衡电流，除采取与双绕组变压器同样的措施来减小不平衡电流外，还要注意以下几点：

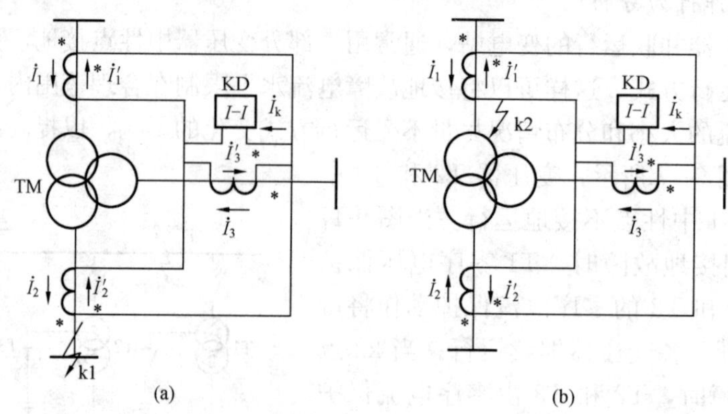

图 9-18　三绕组变压器纵联差动保护的单相原理接线图及其电流分布

（a）正常运行及外部故障时电流分布；（b）内部故障时电流分布

（1）应认真选定各侧电流互感器的变比，以保证在正常运行和外部短路故障时流入继电器的电流尽可能小。

（2）因外部短路故障时，故障点侧电流互感器上流过各侧短路电流的总和，使电流互感器的误差加大，所以三绕组变压器纵联差动保护的不平衡电流也较大。为提高灵敏度，一般应采用带制动特性的 BCH-1 型差动继电器。

（3）由于电流互感器的计算变比与标准变比不同，所以不平衡电流产生是不可避免的，这时可采用差动继电器的平衡线圈来补偿。具体方法是将两个平衡线圈接在二次回路电流较小的两侧进行补偿。

二、过电流保护的特点

当三绕组变压器外部发生短路故障时，为尽可能缩小停电范围，过电流保护应有选择性地只跳开故障侧的断路器，以保证其他两侧继续运行。如果变压器内部发生短路故障，则过电流保护应起到后备作用。所以三绕组变压器的过电流保护应按如下原则配置：

（1）单侧电源的三绕组变压器，过电流保护宜装于电源侧及主负荷侧，例如Ⅰ侧及Ⅲ侧，Ⅲ侧以 t_3 延时跳开 3QF；Ⅰ侧有两个时限 t_1 和 t_2，以 t_2 时限跳开 2QF，以 t_1 时限跳开变压器各侧断路器。且动作时限满足 $t_3 < t_2 < t_1$，即 $t_2 = t_3 + \Delta t$、$t_1 = t_2 + \Delta t$ 的要求，如图 9-19 所示。

当Ⅲ侧 k_3 点发生短路故障时，保护经 t_3 时限跳开 3QF，使Ⅰ、Ⅱ两侧继续运行。当Ⅱ侧 k2 点发生短路故障时，保护经 t_2 时限跳开 2QF，使Ⅰ、Ⅲ两侧继续运行。如果变压器内部 k 点发生短路故障而主保护拒动，则经 t_1 时限跳开三侧断路器，使变压器退出运行。

(2) 对于多侧电源的三绕组变压器，应在三侧装设过电流保护，同时在动作时限最小的一侧加装方向元件，保护的正方向为短路电流由变压器流向该侧母线，以保证动作的选择性。如图 9-20 所示Ⅰ、Ⅲ两侧有电源时，设过电流保护的动作时限分别为 t_1、t_2 和 t_3，且 $t_1<t_2<t_3$，则当Ⅰ侧母线上发生短路故障时，Ⅰ侧的电流元件和方向元件动作，经 t_1 时限跳开 1QF，保证Ⅱ、Ⅲ两侧继续运行。当Ⅱ侧母线上发生短路故障时，Ⅰ侧的方向过电流保护不动作，由于 $t_2<t_3$，Ⅱ侧的过电流保护动作，经 t_2 时限跳开 2QF，保证Ⅰ、Ⅲ两侧继续运行。当Ⅲ侧母线上发生短路故障时，同样Ⅰ侧的方向过电流保护不动作，经 t_3 时限跳开 3QF，保证Ⅰ、Ⅱ两侧继续运行。

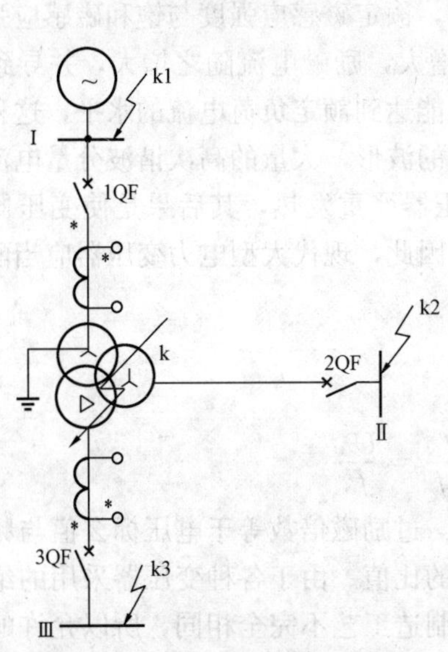

图 9-19　单侧电源三绕组变压器过电流保护配置图

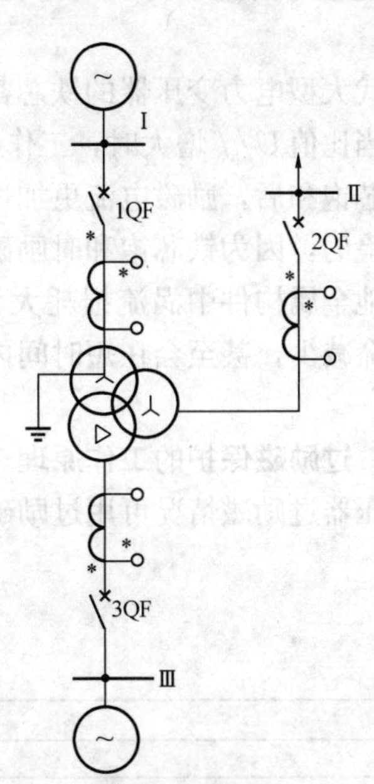

图 9-20　双侧电源三绕组变压器过电流保护配置图

当变压器内部发生短路故障而主保护拒动时，只有Ⅲ侧过电流保护经 t_3 时限跳开 3QF，因Ⅰ侧的方向过电流保护此时不会动作，所以故障无法消除。为此，Ⅰ侧需另增设不带方向的过电流保护，其动作时限为 t'_1，应比 t_1、t_2、t_3 都大。t'_1时限的时间元件动作后，跳开变压器三侧断路器，起到了主保护的后备作用。

第八节　变压器的过励磁保护

一、变压器的过励磁

由电机学可知，变压器绕组的感应电压为

$$U = 4.44fNSB \times 10^{-4} \tag{9-23}$$

式中　f——系统频率；

B——磁感应强度；

N——绕组匝数（对于给定变压器为常数）；

S——铁芯截面积（对于给定变压器为常数）。

令 $K=\frac{1\times10^4}{4.44NS}$，则式（9-23）可写为

$$B=K\frac{U}{f} \tag{9-24}$$

式（9-24）表明，当系统电压升高或系统频率降低时，都会引起铁芯中磁感应强度增大。变压器过励磁就是指铁芯磁感应强度过大的一种工况。显然，多种原因都会引起系统电压升高、频率降低，如发电机-变压器组并入系统前运行人员误操作使发电机电压过高、切机过程中灭磁开关拒动、机组跳闸后自动调节励磁装置失灵和正常运行中突然甩负荷使电压迅速上升而频率由于汽轮机调速系统的惯性上升缓慢等，都会导致铁芯中磁感应强度增大。

现代大型电力变压器的铁芯都采用冷轧硅钢片，额定磁感应强度与饱和磁感应强度相差不多。当比值 U/f 增大时，工作磁感应强度 B 就增大，励磁电流随之增大，并导致铁芯饱和。铁芯饱和后，励磁电流更加增大。励磁电流可能达到额定负荷电流的水平，这种情况是相当危险的，因为铁芯饱和时励磁电流具有非正弦的波形，大量的高次谐波分量电流使得铁芯及其他金属构件中涡流损耗大为增加，导致变压器严重发热，其后果是使变压器绝缘劣化、寿命减少，甚至会在短时间内使变压器烧坏。因此，现代大型电力变压器应当配置过励磁保护。

二、过励磁保护的工作原理

变压器过励磁情况可用过励磁倍数来表示，即

$$n=\frac{B}{B_N}=\frac{U}{U_N}\times\frac{f_N}{f}=\frac{U_*}{f_*} \tag{9-25}$$

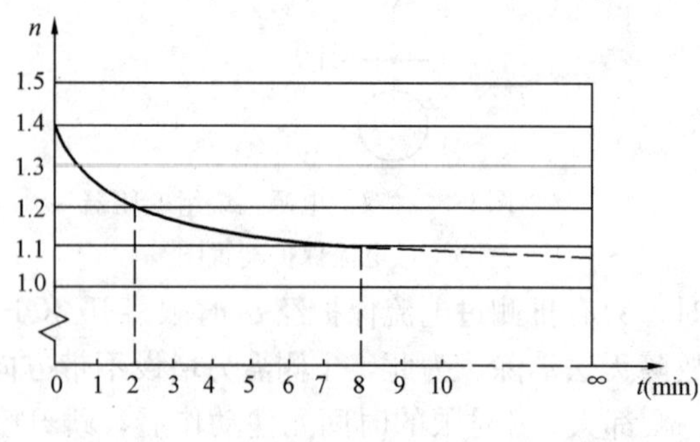

图 9-21 变压器允许过励磁倍数曲线

过励磁倍数等于电压标幺值与频率标幺值的比值。由于各种变压器采用的绝缘材料和制造工艺不完全相同，所以允许的过励磁倍数与时间的关系曲线（即过励磁倍数曲线）有差异，图 9-21 示出了某电力变压器允许过励磁倍数曲线。可以看出，当过励磁倍数 n 越大时，变压器过励磁允许持续时间 t 越短；反之，n 越小则 t 越长。即过励磁倍数曲线呈反时限特性。

要实现过励磁保护，应测量 U/f 值，测量原理如图 9-22 所示。其中 T 为电压变换器，输入电压取自电压互感器，其二次侧接 R、C 串联回路。电容 C 上电压可表示为

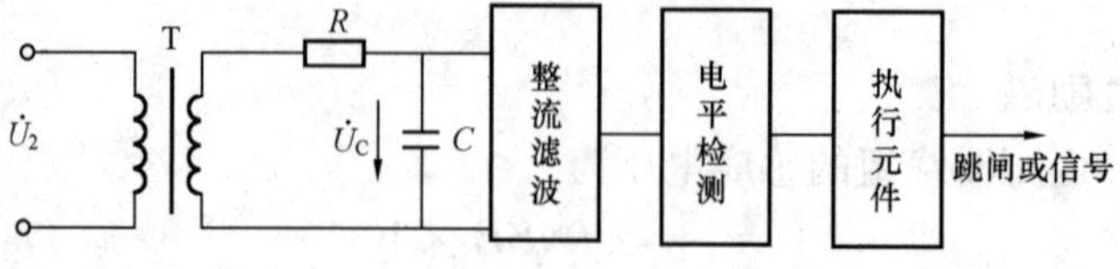

图 9-22 变压器过励磁保护原理图

$$U_C=\frac{n_T U}{n_{TV}\sqrt{(2\pi fRC)^2+1}} \tag{9-26}$$

式中 U——变压器高压侧母线电压；

n_T——电压变换器 T 的变比；

n_{TV}——电压互感器变比。

选择电路参数时，有 $2\pi fRC \gg 1$，则式（9-26）可改写成

$$U_C = \frac{n_T U_N}{n_{TV} 2\pi fRC} \times \frac{U_*}{f_*} = K' \frac{U_*}{f_*} = K'n \tag{9-27}$$

$$K' = \frac{n_T U_N}{n_{TV} 2\pi fRC}$$

式中 U_N——变压器高压侧母线额定电压；

f——电网额定频率；

K'——系数。

可见，U_C 的大小可反应变压器的过励磁状况。

在过励磁保护方式上，可以是瞬时特性，如图 9-22 所示。当 U_C 的整流值大于整定电压 U_{set} 时，执行元件动作，发出过励磁信号或作用于跳闸。过励磁保护也可以是定时限特性，通常分为两段：第Ⅰ段，$n=1.1\sim1.2$，$t=5s$，动作于减励磁；第Ⅱ段，$n=1.2\sim1.4$，$t=120s$，动作于跳闸。当然，过励磁保护采用反时限特性，更符合过励磁的实际情况，且实现并不困难，只要增加一级反时限特性形成电路即可。

习题

9-1 电力变压器可能发生的故障和不正常工作状态有哪些？

9-2 针对变压器油箱内部和外部故障应分别装设哪些保护？

9-3 针对变压器异常运行状态应装设哪些保护？

9-4 变压器差动保护的不平衡电流是怎样产生的？

9-5 为什么说瓦斯保护不能单独作为变压器的主保护？

9-6 变压器励磁涌流有哪些特点？变压器差动保护中防止励磁涌流影响的方法有哪些？

9-7 变压器差动保护与瓦斯保护各保护何种故障？能否相互代替？

9-8 三相变压器纵联差动保护的接线如何实现？说明其特点。

9-9 在 YNd11 接线变压器的纵联差动保护中，如果 YN 侧 C 相电流互感器极性接反，试分析纵联差动保护的动作行为。

9-10 变压器以中性点直接接地或不接地方式运行时，为什么要装设两套零序保护（即零序电流和零序电压保护）？它们是如何配合工作的？

9-11 在三绕组变压器中，若采用过电流保护作为后备保护，试分别就变压器单侧、两侧和三侧有电源时说明保护的配置和保证保护选择性的措施。

第十章　同步发电机保护

第一节　发电机保护配置

同步发电机是电力系统中十分重要而昂贵的电力设备，它的安全运行对保证电力系统的正常工作和电能质量起着决定性作用。然而，发电机在运行过程中，其定子绕组和转子回路都可能出现故障或异常情况。故障发生后，系统受到的影响较大，同时修复工作复杂且工期长，经济损失也较大。因此，发电机必须装设专门的、性能完善的继电保护装置。

一、发电机的故障类型和不正常运行状态

1. 发电机常见故障

(1) 发电机运行中定子绕组有可能发生相间短路，短路电流流过故障点可能产生高温电弧烧毁发电机，甚至引起火灾。

(2) 发电机定子绕组还可能发生同相匝间短路，这种故障的机会虽然不多，但一旦发生将产生很大环流，引起故障处温度升高，从而使绝缘老化，甚至击穿绝缘发展为单相接地或相间短路，扩大发电机损坏范围。

(3) 发电机定子绕组单相接地，是指定子绕组碰壳，这时流过定子铁芯的电流为发电机和发电机电压系统的电容电流之和。当此电流较大时，特别是大型发电机，可能使铁芯局部熔化，修复铁芯工作复杂且修复工期长。

(4) 发电机转子绕组一点接地，由于没有构成电流通路，对发电机没有直接危害，但若再发生另一点接地，就造成两点接地，从而使转子绕组被短接，不但会烧毁转子绕组，而且由于部分绕组短接会破坏磁路的对称性，从而引起发电机的强烈振动，尤其是凸极式转子的水轮发电机和同步调相机两点短路，特别危险。

2. 发电机的不正常运行状态

(1) 转子失磁。由于转子绕组断线、励磁回路故障或灭磁开关误动等原因，造成转子失磁。失磁后，在转入异步运行时，定子电流增大、电压下降、有功功率下降、无功功率反向等，这些电气量的变化，在一定条件下，将破坏电力系统的稳定运行，威胁发电机本身安全(定子端部过热)。

(2) 过电流。由于外部短路、非同期合闸及系统振荡等原因引起的过电流。

(3) 过负荷。由于负荷超过发电机额定值，或负序电流超过发电机长期允许值所造成的对称或不对称过负荷。

(4) 过电压。发电机突然甩负荷引起过电压，特别是水轮发电机，因其调速系统惯性大和中间再热式大型汽轮发电机功频调节器的调节过程比较迟缓，在突然甩负荷时，转速急剧上升从而引起过电压。

(5) 逆功率。当汽轮发电机主汽门突然关闭而发电机断路器未断开时，发电机变为从系统吸收有功而过渡到同步电动机运行状态，这对发电机并无危害，但对汽轮机叶片特别是尾叶有危害，叶片可能由于鼓风损失而过热损坏。

（6）发电机失步。发电机失步时，发电机与系统发生振荡，当振荡中心落在发电机-变压器组内时，高、低压母线电压将大幅度波动，严重威胁厂用电的安全。此外，振荡电流会使定子绕组过热，并使其端部遭受机械损伤。

（7）频率降低。当系统频率降低到汽轮机叶片的自振频率时，将导致叶片共振，使叶片疲劳甚至出现断裂。此外，频率降低还会引起发电机、变压器过励磁。

二、发电机保护的出口方式

发电机保护的出口方式有停机、解列灭磁、解列、减出力、程序跳闸。

（1）停机。是指断开发电机断路器，灭磁，对汽轮发电机还要关闭主汽门，对水轮发电机还要关闭导水翼。

（2）解列灭磁。是指断开发电机断路器，灭磁，汽轮机甩负荷。

（3）解列。是指断开发电机断路器，汽轮机甩负荷。

（4）减出力。是指将原动机出力减到给定值。

（5）程序跳闸。对汽轮发电机来说，是指首先关闭主汽门，待逆功率继电器动作后，再跳开发电机断路器并灭磁；对水轮发电机来说，是指首先将导水翼关到空载位置，再跳开发电机断路器并灭磁。

三、发电机的继电保护配置

为了保证电力系统安全稳定运行，并将故障或不正常运行状态的影响限制到最小范围，按照GB/T 14285—2006《继电保护和安全自动装置技术规程》的规定，发电机应装设以下保护装置。

1. 电流速断保护或纵联差动保护

按发电机容量大小和是否接入电网，可装设反应定子绕组及其引出线相间短路的电流速断保护或纵联差动保护，动作于停机。容量在1MW以上的发电机应装设纵联差动保护。

2. 定子绕组匝间短路保护

根据发电机定子绕组的接线形式和中性点分支引出端子的情况，可装设反应定子绕组匝间短路的单元件横联差动保护或零序电压保护、转子二次谐波电流保护，动作于停机。

3. 后备保护

根据发电机的容量，应装设反应外部相间短路故障和发电机主保护的后备保护。对于容量在1MW及以下的发电机，应装设过电流保护。容量在1MW以上的发电机宜装设复合电压启动的过电流保护；容量在50MW及以上的发电机可装设负序电流保护和单元件低电压启动的过电流保护，当灵敏度不满足要求时，可采用低阻抗保护。保护以较短时限动作于母联断路器或分段断路器（以缩小故障影响范围）或解列，以较长时限动作于停机。

4. 负序电流保护

发电机应装设反应不对称负荷、非全相运行和外部不对称短路故障的负序电流保护。保护动作于信号或解列或程序跳闸。

5. 定子绕组单相接地保护

定子绕组单相接地时，若接地电流超过规定值应装设消弧线圈，将接地电流补偿到允许值后再装设接地保护。在发电机-变压器组接线中，对于容量在100MW以下的发电机，保护区应不小于90%；对于容量在100MW及以上的发电机，保护区应为100%。保护动作于信号或停机。

6. 励磁回路一点接地和两点接地保护

对于汽轮发电机组，应装设励磁回路一点接地保护和两点接地保护，一点接地保护动作于信号，两点接地保护动作于停机。对于一点接地有时也可采用反应励磁回路一点接地的定期检测装置来代替一点接地保护。对于水轮发电机应装设一点接地保护，且保护动作于停机。

7. 失磁保护

对于容量在100MW以下不允许失磁运行的发电机，当采用直流励磁机时，应在灭磁开关断开时联锁断开发电机断路器；当采用半导体励磁系统时，应装设失磁保护。此外，容量在100MW及以上的发电机也应装设失磁保护。对于水轮发电机，保护动作于解列灭磁：对于汽轮发电机，保护动作于减出力，以便缩短异步运行时间尽快恢复同步运行，在不允许继续异步运行或失磁后母线电压低于允许值时，保护动作于解列灭磁。

8. 定子绕组、励磁绕组过负荷保护

在定子绕组、励磁绕组上应装设定时限和反时限过负荷保护。定时限过负荷保护动作于信号或自动减负荷、降低励磁电流。反时限过负荷保护动作于解列或程序跳闸、解列灭磁。

9. 过电压保护

对于水轮发电机和容量在200MW及以上的汽轮发电机，应装设定子过电压保护。保护动作于解列灭磁。

10. 逆功率保护

对于容量在200MW及以上的汽轮发电机，宜装设逆功率保护。保护带时限动作于信号，经长时限动作于解列。

11. 低频保护

对于容量在300MW及以上的汽轮发电机，应装设低频保护。保护动作于信号并能显示低频运行的累计时间。

12. 失步保护

对于容量在300MW及以上的发电机，需装设失步保护。保护通常动作于信号或解列。

第二节　发电机纵联差动保护

一、纵联差动保护的分类

纵联差动保护由三个分相差动元件构成。若按差动元件两侧输入电流的不同进行分类，可以分成完全纵联差保护和不完全纵联差动保护两类。其交流接入回路如图10-1所示，图中Ka、Kb、Kc为发电机A、B、C三相的差动元件。

发电机完全纵联差动保护，是发电机相间故障的主保护。由于差动元件两侧TA的型号、变比完全相同，受其暂态特性的影响相对较小，故其动作灵敏度也较高。但不能反应定子绕组的匝间短路及定子线棒开焊。

发电机不完全纵联差动保护，除能保护定子绕组的相间短路之外，尚能反映定子线棒开焊及定子绕组某些匝间短路。但是，由于在中性点侧只引入定子绕组的一分支或几分支的电流，故在整定计算时，尚应考虑各分支电流不相等时产生的差流。另外，当差动元件两侧TA型号不同及变比不同时，受系统暂态过程的影响较大。

由图10-1可以看出，发电机完全纵联差动保护与不完全纵联差动保护的区别是：对于完全纵联差动保护，由发电机中性点侧输入到差动元件的电流为每相的全电流；而不完全纵联差动保护，由中性点侧输入到差动元件的电流为每相定子绕组某一分支或某几分支的电流。

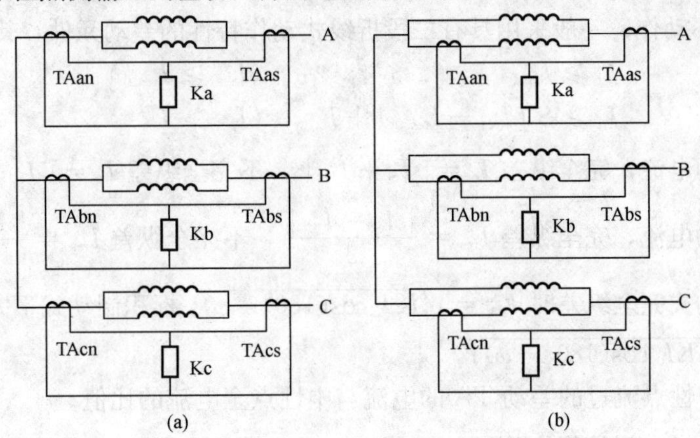

图 10-1　发电机纵联差动保护的交流接入回路

(a) 发电机完全纵联差动保护；(b) 发电机不完全纵联差动保护

对于中、小容量的发电机，采用完全纵联差动保护，差动元件采用带有速饱和变流器的差动继电器（如 BCH-2）；对于大型机组，为了提高保护的灵敏度，需采用具有比率制动式的差动保护。

二、发电机微机型纵联差动保护

按照构成原理不同，发电机微机型纵联差动保护广泛采用比率制动式差动保护和标积制动式差动保护。

（一）纵联差动保护的构成及逻辑框图

发电机纵联差动保护均采用由三个差动元件构成的分相差动保护。由于发电机电压系统是小接地电流系统（单相接地故障电流很小），故保护的出口既可以采用单相出口方式，也可以采用循环闭锁出口方式，如图 10-2 所示。

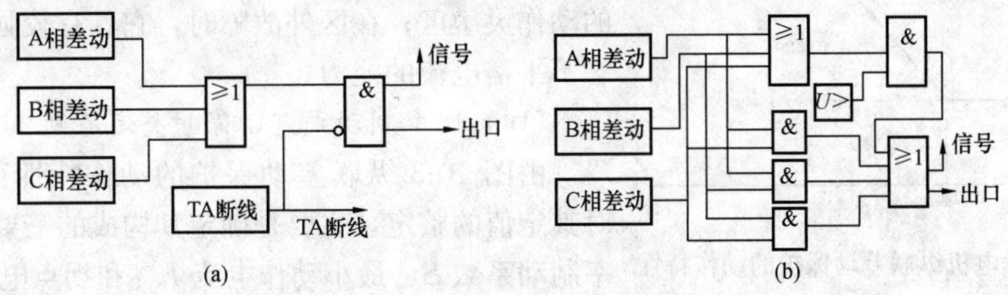

图 10-2　发电机纵联差动保护逻辑框图

(a) 单相出口方式；(b) 循环闭锁出口方式

循环闭锁出口方式，是指在三个相差动元件中，只有两个或三个元件动作后，保护才作用于出口。另外，为防止由于发电机两相接地（一个接地点在差动保护区内，另一个接地点在差动保护区外）而造成两相短路时差动保护拒绝出口，一般采用由负序电压元件去解除循环闭锁措施。此时，当负序电压元件动作之后，只要有一相差动元件动作，保护就作用于出口。

另外，采用两相差动元件保护出口，可防止差动 TA 二次出口一相接地或二次断线时致使差动保护误动。

（二）差动元件的作用原理

在国内生产及广泛应用的发电机差动保护装置，为提高区内故障时的动作灵敏度及确保区外故障时可靠不动作，一般采用具有二段折线式动作特性的差动元件，其动作方程为

$$\left.\begin{aligned} I_d &\geqslant I_{op.0} & (I_{res} \geqslant I_{res.0}) \\ I_d &\geqslant S(I_{res} - I_{res.0}) + I_{op.0} & (I_{res} > I_{res.0}) \end{aligned}\right\} \tag{10-1}$$

式中 I_d——差动电流，完全纵差 $I_d = |\dot{I}_S + \dot{I}_N|$，不完全纵差 $I_d = |\dot{I}_S + K\dot{I}_N|$；

I_{res}——制动电流，完全纵差 $I_{res} = \dfrac{|\dot{I}_S - \dot{I}_N|}{2}$，不完全纵差 $I_{res} = \dfrac{|\dot{I}_S - K\dot{I}_N|}{2}$，标积制动式完全纵差时 $I_{res} = \sqrt{I_N I_S \cos(180° - \varphi)}$，标积制动式不完全纵差时 $I_{res} = \sqrt{I_N K I_S \cos(180° - \varphi)}$；

K——由中性点流过的差动 TA 的电流与中性点全电流的比值；

φ——$\dot{I}_N$ 与 $\dot{I}_S$ 间的相位差；

S——比率制动系数；

$I_{res.0}$——拐点电流，开始起制动作用时的最小制动电流；

$I_{op.0}$——初始动作电流（也称启动电流或最小动作电流）；

$\dot{I}_N$、$\dot{I}_S$——中性点及机端差动 TA 的二次电流。

（三）动作特性

具有二段折线式发电机纵联差动保护的动作特性如图 10-3 所示。其中，$I_{op.0}$为最小动作电流；$I_{res.0}$为拐点电流；I_d 为动作电流（差动电流）；I_{res}为制动电流；S 为比率制动系数，$S = \tan\alpha$。

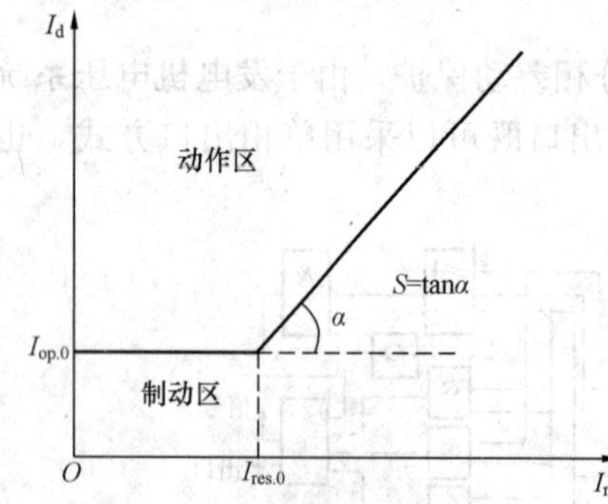

图 10-3 发电机纵联差动保护的动作特性

由图 10-3 可以看出，纵联差动保护的动作特性由两部分组成，即无制动部分和有制动部分。这种动作特性的优点是：在区内故障电流小时，它具有很高的动作灵敏度；在区外故障时，它具有较强的躲过暂态不平衡电流的能力。

（四）比率制动式差动保护整定原则

由图 10-3 纵联差动保护的动作特性可以看出，对其定值的整定，主要是确定其构成的三要素，即比率制动系数 S、最小动作电流 $I_{op.0}$和拐点电流 $I_{res.0}$。

1. 最小动作电流 $I_{op.0}$

对于动作特性为二段或多段折线式的纵联差动保护，最小动作电流实质是无制动时的动作电流。

对 $I_{op.0}$的整定原则是能躲过正常工况下的最大不平衡电流，即

$$I_{op.0} = K_{rel}(K_1 + K_2)I_N \tag{10-2}$$

式中 K_{rel}——可靠系数，通常取 1.5～2；

K_1——TA 变比误差，10P 级互感器误差为 0.03，故 K_1 可取 0.06（考虑两侧 TA 正、负误差）；

K_2——保护装置通道传输变换及调整误差，由于每个差动元件都有二路通道，故可

以取 2×0.05=0.1；

I_N——发电机额定电流，TA二次值。

将以上各值代入式（10-2），可得 $I_{op.0}=(0.24\sim0.32)I_N$，$I_{op.0}$ 一般取 $0.3I_N$。

对于不完全纵联差动保护，尚应考虑每相分支电流的不平衡，故还应适当提高定值。

2. 拐点电流 $I_{res.0}$

理论上分析，外部故障时短路电流总比发电机的额定电流大，因此其纵联差动保护的拐点电流应大于或等于其额定电流。但是，由于差动保护的初始动作电流是按照躲过发电机正常工况下的不平衡电流来整定的，未考虑暂态过程的影响，故在外部故障切除后的暂态过程中，若无制动作用，则差动保护有可能不正确动作。

在外部故障切除后的暂态过程中，由于差动两侧TA二次的暂态特性不能完全相同，致使差动两侧电流之间的相位发生变化，从而使不平衡电流增大。此时，若拐点电流 $I_{res.0}$ 过大，由于外部故障切除后发电机电流小于额定值而无制动作用可能致使差动保护误动。为防止区外故障切除瞬间差动保护误动，应使拐点电流适当减小。运行实践表明，$I_{res.0}$ 取 $(0.3\sim0.8)I_N$ 是适宜的。

3. 比率制动系数 S

比率制动系数的取值原则，应按差动元件躲过发电机外部三相短路时产生的最大不平衡电流来整定。

区外三相短路时，差动元件可能产生的最大不平衡电流为

$$I_{unb}=(K_1+K_2+K_3)I_{k.max}^{(3)} \tag{10-3}$$

式中　I_{unb}——最大不平衡电流，即最大差流；

$I_{k.max}^{(3)}$——出口三相最大短路电流；

K_1——TA误差，按10%取；

K_2——通道的变换及传输误差，取0.1；

K_3——两侧TA暂态特性不一致产生的误差，取0.1。

将各值代入式（10-3）得

$$I_{unb}=0.3I_{k.max}^{(3)}$$

若不计拐点电流，由图10-3可以看出，对应于最大差流 $0.3I_{k.max}^{(3)}$，当动作边界曲线过最大不平衡点时（纵坐标为 $0.3I_{k.max}^{(3)}$，而横坐标为 $I_{k.max}^{(3)}$），动作特性曲线的斜率为

$$K=\frac{0.3I_{k.max}^{(3)}}{I_{k.max}^{(3)}}=0.3$$

为使出口三相短路时差动元件不误动，则差动元件动作特性的斜率为

$$S=K_{rel}\times0.3 \tag{10-4}$$

式中　K_{rel}——可靠系数，通常取1.3～1.4。

代入式（10-4）得 $S=0.39\sim0.42$，建议取0.4。

对于不完全纵联差动保护，当两侧差动TA型号不同时，可取 $S=0.5$。

第三节　同步发电机定子绕组匝间短路保护

在容量较大的发电机中，每相绕组有两个并联支路，每个支路的匝间或支路之间的短路

称为匝间短路。同步发电机定子绕组匝间短路的形式有同一分支绕组中的匝间短路和一相中不同分支绕组间的匝间短路，如图 10-4 所示。当发生匝间短路时，除短路点有电弧外，短路匝中流过的短路电流可能超过机端三相短路电流很多，这是一种严重故障，如不及时切除发电机，将发展成定子绕组单相接地或相间短路故障，烧坏铁芯和定子绕组，对发电机造成严重的影响，而这时发电机纵联差动保护不能动作。因此，对发电机定子绕组的匝间短路故障，要求发电机装设匝间短路保护并兼作定子绕组开焊事故保护。

一、单元件式横联差动保护（简称单元件式横差保护）

1. 单元件式横差保护接线及原理

当发电机定子绕组为双星形接线，且中性点侧有六个引出端子时，匝间短路保护一般均采用单元件式横差保护。

单元件式横差保护原理接线如图 10-5 所示。在两个中性点连线上装一只电流互感器 TA，其二次侧通过三次谐波滤过器 Z 接到电流继电器上。正常运行及外部短路时，两中性点连线上存在由于电动势不对称产生的基波零序电流和发电机电动势中三次谐波所产生的不平衡电流。为消除三次谐波所产生的不平衡电流的影响，降低动作电流，提高保护灵敏度，在继电器设有三次谐波滤过器 Z。当差动继电器的动作电流按躲过不平衡电流整定时，保护装置在正常运行及外部短路时，不会动作。

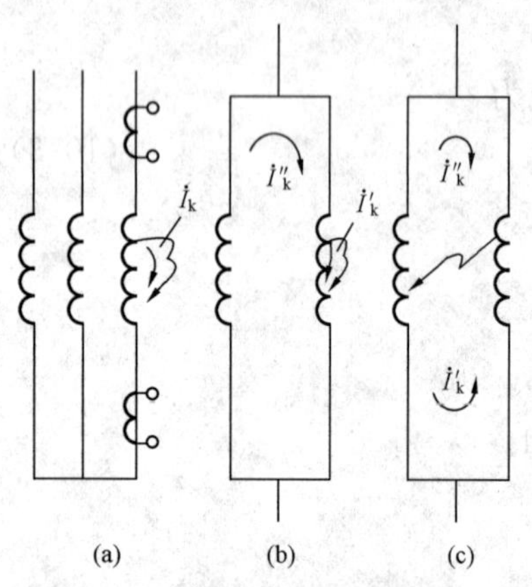

图 10-4　定子绕组匝间短路形式

（a）同一绕组匝间短路；

（b）同一分支绕组的匝间短路；

（c）分支绕组间的匝间短路

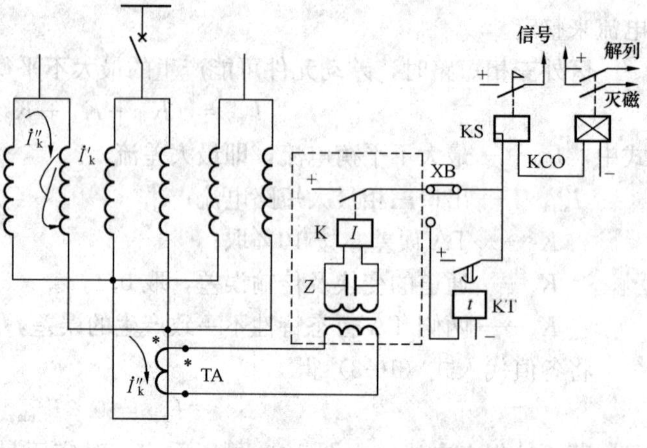

图 10-5　单元件式横差保护原理接线图

当在同一个分支发生匝间短路时，如图 10-6（a）所示，由于同相两分支电动势不等，故有电流 I''_{k} 流过中性点连线上的电流互感器，若该电流大于继电器的动作电流，横差保护动作。

当在不同分支间发生匝间短路时，如图 10-6（b）所示，则构成上、下两个闭合回路。当 $\alpha_1 \neq \alpha_2$ 时，上、下两闭合回路分别产生电流，此时两中性点连线上有电流 I'_{k} 流过继电器，如大于继电器动作电流，则保护装置动作。

当同一个分支短路匝数 α 很小，或不同分支间短路时 α_1 与 α_2 相差不大，致使环流数值可能小于继电器动作值，保护装置不动作，即保护存在死区。

当励磁回路两点接地时，由于转子磁场对称性遭受破坏，使定子同相不同槽的两并联支路绕组中电动势不相等，将引起单元件式横差保护误动。但当励磁回路两点接地时，会出现激烈振动，烧毁转子铁芯，因此横差保护动作也是允许的。当励磁回路发生瞬时性两点接地时，为了避免横差保护动作而引起跳闸，故在转子发生一点接地后，将单元件式横差保护装置的连接片 XB 接入时间继电器 KT，使单元件式横差保护带有 0.5～1s 延时。

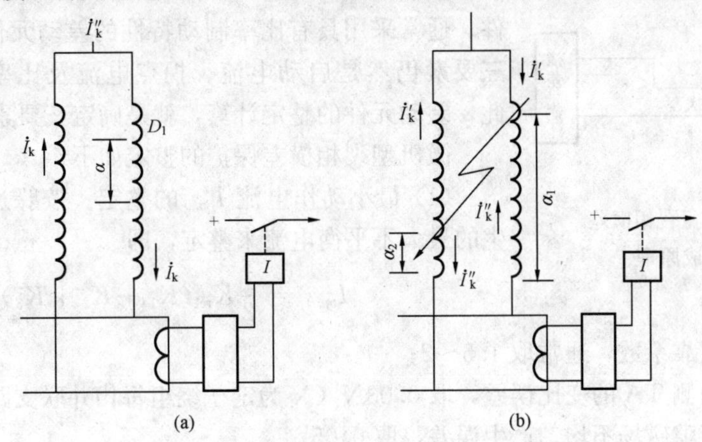

图 10-6　发生匝间短路时电流分布

(a) 同一个分支发生匝间短路时；(b) 不同分支发生匝间短路时

应当指出，分支绕组开焊（即断线）时，因开焊处有零序电动势，从而在两中性点连线中出现零序电流，所以保护能够反应。

2. 单元件式横差保护动作电流

单元件式横差保护动作电流，应按躲过机端三相短路故障时的最大不平衡电流整定。由于不平衡电流难以计算，实际上常根据运行经验来整定保护动作电流，即

$$I_{op} = (0.2 \sim 0.3)I_N \tag{10-5}$$

式中　I_N——发电机额定电流。

单元件式横差保护，对电流互感器无特殊要求，但应满足动稳定要求，其变比按发电机额定电流的 25%选择。

通过以上分析可以看出，单元件式横差保护具有接线简单、灵敏度高以及同时对匝间短路和线棒开焊故障起保护作用的优点；其缺点是该保护只能应用在中性点具有六个引出端的发电机上，并且保护有死区。对于大型机组，由于在技术上及经济上的原因，发电机中性点侧只引出三个端子；更大型的机组甚至只引出一个中性点；还有一些发电机定子绕组没有并列分支。所有这些发电机可装设下述两种原理的匝间短路保护。

二、裂相横差保护

1. 裂相横差保护接线及原理

在大容量发电机中，由于额定电流很大，其每相都是由两个或两个以上并联分支绕组组成的。裂相横差保护的构成原理，是将发电机各相定子绕组并联分支数一分为二，分别配以电流互感器，将两个互感器二次电流之差引入过电流元件。正常运行时，各绕组中的电动势相等，流过相等的负荷电流。当同相内非等电位点发生匝间短路时，各绕组中的电动势就不再相等，因而会出现环流，利用这个环流，可以构成裂相横差保护。裂相横差保护由三个横差元件组成，以每相定子绕组有两个分支绕组的发电机为例，其一相（如 A 相）裂相横差保护的构成原理如图 10-7 所示。

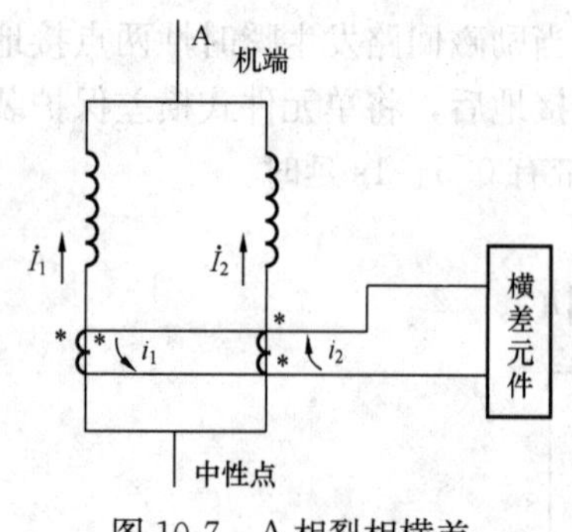

图 10-7 A相裂相横差保护构成原理

2. 裂相横差保护动作电流

裂相横差保护中的电流元件（即横差元件），可以采用过电流元件，也可以采用具有比率制动特性的差动元件。通常采用具有比率制动特性的差动元件，差动元件的三要素仍然是启动电流、拐点电流及比率制动系数。因此，差动元件的整定计算，就是确定三要素的大小。

微机型裂相横差保护的整定如下：

(1) 最小动作电流 $I_{op.0}$ 的整定。按躲过正常工况下产生的最大不平衡电流来整定，即

$$I_{op.0}=\frac{1}{2}K_{rel}(K_1+K_2+K_3)I_N \tag{10-6}$$

式中 K_{rel}——可靠系数，通常取 1.5～2；

K_1——两侧 TA 的变比误差，取 $0.03N$（N 为定子绕组每相并联支路数）；

K_2——气隙磁场不均匀产生误差，取 0.05；

K_3——保护装置通道传输及调整误差，取 0.1。

代入式（10-6）可得 $I_{op.0}=(0.15\sim0.2)I_N$，可取 $0.2I_N$。

(2) 拐点电流 $I_{res.0}$ 的整定。在额定工况下，保护的制动电流约为 $0.5I_N$，因此，拐点电流可取 $(0.3\sim0.4)I_N$。

(3) 比率制动系数 S 的整定。比率制动系数 S 可取 0.4～0.5。

三、纵向零序电压匝间短路保护

发电机定子绕组发生匝间短路时，定子侧将产生纵向零序电压。而在正常工况或出现相间短路时，纵向零序电压为零。纵向零序电压，是指机端三相对中性点不平衡时产生的零序电压。而通常所说的零序电压称为横向零序电压，是三相对地不平衡时产生的零序电压。

纵向零序电压通常取自机端专用的电压互感器开口三角形电压。其一次侧中性点必须与发电机中性点直接相连而不能再接地，如图 10-8 中的 TV。因 TV 中性点不接地，所以一次绕组应该是全绝缘的，不能用于测量相对地电压。

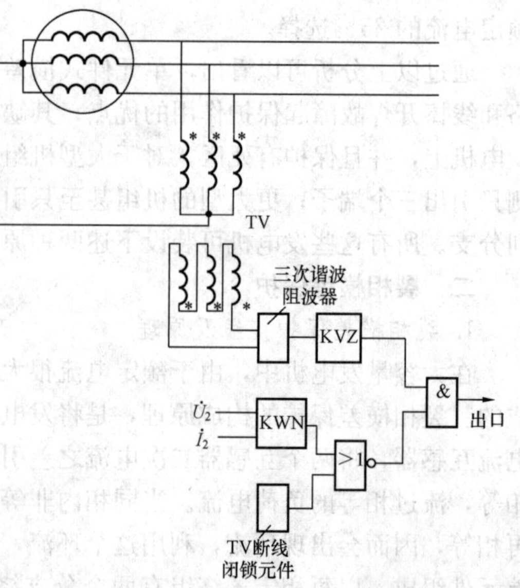

图 10-8 纵向零序电压匝间短路保护

发电机正常运行或外部相间短路故障时，TV 的开口三角形绕组输出不平衡电压，此时零序电压继电器 KVZ 不动作。当发电机内部或外部发生单相接地时，各相对地产生零序电压，即发电机中性点对地电位升高 U_0，但此时各相对发电机中性点无零序电压，故电压互感器二次开口三角侧无零序电压输出，零序电压继电器 KVZ 不动作；当发电机内部匝间短路或对中性点的各种不对称相间短路

以及分支绕组开焊等故障时，定子侧将出现纵向零序电压，TV 的开口三角形绕组有输出电压，零序电压继电器 KVZ 动作。

实践证明，正常运行或外部相间短路故障时，TV 的开口三角形绕组输出的不平衡电压主要是三次谐波电压，为此图 10-8 中设置了三次谐波阻波器，以提高匝间短路时的灵敏度。由于三次谐波电压几乎随短路电流线性增大，为防止外部短路故障引起 KVZ 误动作，需增设负序功率方向继电器 KWN，在外部短路故障时 KWN 动作对 KVZ 进行闭锁。

此外，为防止 TV 电压回路断线引起 KVZ 误动作，还增设电压回路断线闭锁继电器，如图 10-8 所示。

第四节　同步发电机定子绕组的接地保护

一、概述

随着发电机容量的增大、新型冷却技术的采用和绕组对地电容的加大，定子绕组接地故障的危害性更加严重。定子绕组发生单相接地时，故障点电弧将烧伤发电机定子铁芯并增加绕组绝缘的损坏程度，甚至引起匝间短路和相间短路。

我国发电机的中性点，一般不接地或经高阻抗（如经过电压互感器）接地，因此，接地故障电流仅为电容电流，而三相电压仍然对称，所以发电机定子绕组接地保护只需要在接地时发出信号，待负荷转移后再停机。但是，如果定子接地电流过大，则会严重烧伤定子铁芯，使发电机遭受严重损坏。根据我国中、小型机组运行经验，按照不损伤铁芯或损伤以后不要大修，并能带接地点运行的条件，确定允许接地电流。根据 GB/T 14285—2006《继电保护和安全自动装置技术规程》，接地电流允许值见表 10-1。若接地电流超出表 10-1 规定的范围，应采取补偿措施。这样接地保护动作后只需要发信号，不立即停机，但应向中心调度报告，及时转移负荷，为计划停机制造条件。

表 10-1　发电机定子绕组单相接地电流允许值

发电机额定电压（kV）	发电机额定功率（MW）		接地电流允许值（A）
6.3	≤50		4
10.5	汽轮发电机	50～100	3
	水轮发电机	10～100	
13.8～15.75	汽轮发电机	125～200	2*
	水轮发电机	40～225	
18～20	300～600		1

* 对于氢冷发电机为 2.5A。

下面再强调一下，大型发电机装设 100%定子接地保护的必要性。国内外运行实践证明，发电机中性点附近，可能由于机械原因（如风扇叶片断裂打伤定子绕组）或水内冷机组定子漏水，而发生定子单相接地，也可能由于中性点附近定子绕组发生匝间短路，因短路匝数少，横联差动保护不能反应，以致发展成绕组对铁芯击穿，造成定子接地。所以，不能以中性点运行电压低为理由，来降低对接地保护的要求。另外，大型发电机-变压器组单元接线，虽有利于减轻大气过电压危害程度，但也不能完全排斥大气过电压波及发电机中性点，造成中性点对地绝缘击穿。因此。大型发电机应装设灵敏的 100%定子接地保护。

二、反应基波零序电压的接地保护

1. 定子单相接地故障的零序电压

由于发电机中性点不直接接地，因此，它具有中性点不接地系统单相接地短路的一般特点。不同之处在于零序电压将随定子绕组接地点的位置而发生变化。

若在发电机内部 A 相距离中性点 α 处（由故障点到中性点绕组匝数占全相绕组匝数的百分数），发生定子绕组接地，如图 10-9 所示，则发电机母线每相对地电压分别为

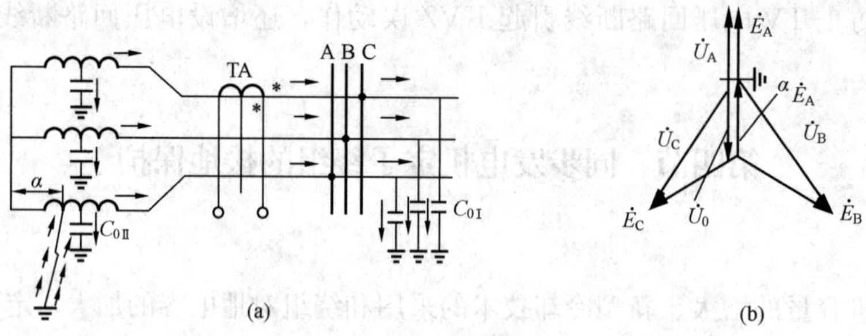

图 10-9 发电机内部单相接地时的电流分布和电压相量图

（a）内部单相接地时的电流分布；（b）电压相量图

$$\dot{U}_A = (1-\alpha)\dot{E}_A$$

$$\dot{U}_B = \dot{E}_B - \alpha\dot{E}_A$$

$$\dot{U}_C = \dot{E}_C - \alpha\dot{E}_A$$

所以母线上的零序电压（该电压系统内零序电压各处相等）为

$$\dot{U}_0 = \frac{1}{3}(\dot{U}_A + \dot{U}_B + \dot{U}_C) = -\alpha\dot{E}_A \tag{10-7}$$

由式（10-7）可知：当接地点发生在距中性点 α 处时，发电机机端零序电压等于故障前电压的 α 倍，即 $\dot{U}_0 = -\alpha\dot{E} = -\alpha\dot{U}_A$；当 α 由零变化到 1（从中性点变化到机端）时，零序电压的变化如图 10-10 所示，即 U_0 与 α 成正比变化。

2. 反应基波零序电压的接地保护

反应基波零序电压的保护接线如图 10-11 所示，零序电压可在机端电压互感器的开口三

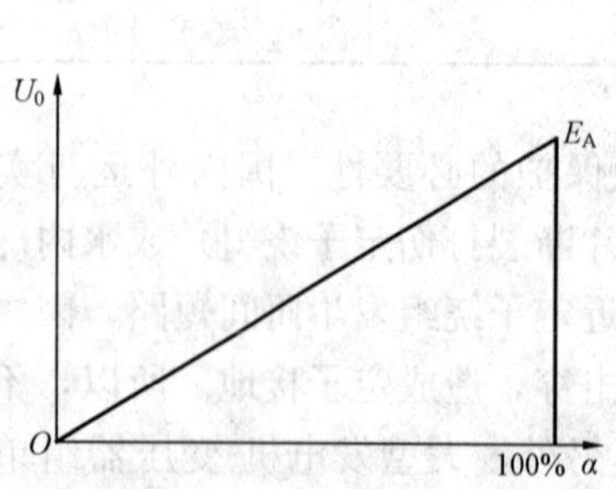

图 10-10 零序电压随 α 变化的关系

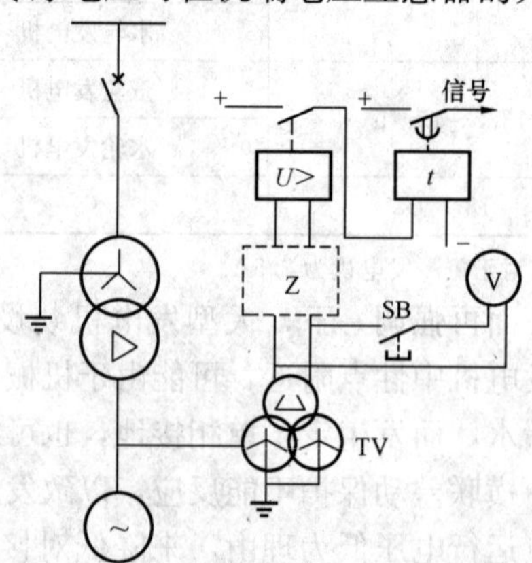

图 10-11 发电机零序电压保护接线图

角形绕组上取得，由过电压继电器及时间继电器构成，保护动作于信号。图中 Z 用来克服三次谐波电压对继电器的影响。

过电压继电器的动作电压应躲过开口三角形绕组上的不平衡电压。另外还应考虑，当变压器高压侧发生接地时，高、低压绕组间存在耦合电容，如图 10-12 所示，因而在发电机侧也会有零序电压，该零序电压可能导致接地保护误动作。按运行经验，继电器动作电压整定为 15～30V，因机端单相接地时开口三角形绕组上电压为 100V，所以零序电压保护在中性点附近的死区约为 15%～30%。

为克服高压侧单相接地中零序电压对接地保护的影响，当变压器高压侧中性点接地时，采用延时来躲过其影响，当然延时时限应与高压侧接地保护动作时限相配合。当变压器高压侧中性点不接地时，采用高压侧的零序电压闭锁接地保护。这样，保护的动作电压不需考虑高压侧单相接地的影响，动作电压可以减小，从而死区可降到 5%左右。

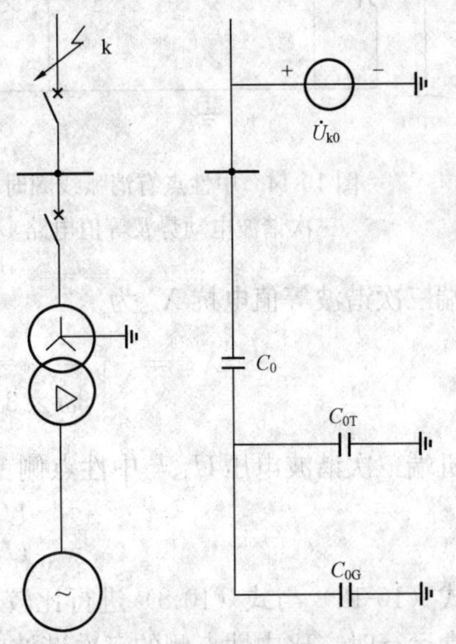

图 10-12　高压侧零序电压耦合到低压侧

图 10-11 中的电压表是为了在发电机-变压器组并列前检查绕组有无接地，并在发电机作递升加压试验时用来监视定子绝缘。

三、发电机 100%定子接地保护

（一）发电机三次谐波电动势的分布特点

任何一台发电机的相电动势中都含有谐波分量，在设计发电机时，利用线圈的分布和短节距来消除五次、七次谐波，以削弱对线电压波形的影响。而三次谐波属零序分量，线电压中不含三次谐波，但在发电机相电动势中仍然存在一定量的三次谐波，大量实测资料表明，一般发电机相电压中约含有 2%～10%的三次谐波分量。

发电机中性点对地绝缘时，每相绕组对地的分布电容用等效的集中电容 C_{0g} 代替，并将其看作 $\frac{1}{2}C_{0g}$ 集中在发电机中性点 N 侧，另外 $\frac{1}{2}C_{0g}$ 集中在发电机机端 S。发电机的引出线、升压变压器、厂用变压器及电压互感器等设备的每相对地电容 $C_{0\Sigma}$ 也等效地放在机端，并以 E_3 表示三次谐波电动势。正常情况下等值电路如图 10-13 所示。中性点侧三次谐波电压 U_{3N} 和发电机机端三次谐波电压 U_{3S} 按阻抗成反比例分配，即

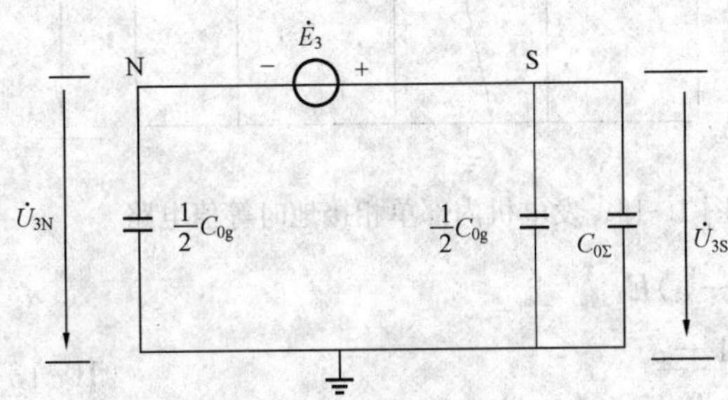

图 10-13　三次谐波电动势及对地电容的等值电路

$$U_{3N} = E_3 \frac{C_{0g} + 2C_{0\Sigma}}{2(C_{0g} + C_{0\Sigma})}$$

$$U_{3S} = E_3 \frac{C_{0g}}{2(C_{0g} + C_{0\Sigma})}$$

机端三次谐波电压与中性点侧三次谐波电压之比为

$$\frac{U_{3S}}{U_{3N}} = \frac{C_{0g}}{C_{0g} + 2C_{0\Sigma}} < 1 \tag{10-8}$$

由式（10-8）可知，正常运行时，机端三次谐波电压小于中性点侧三次谐波电压；极限情况下，发电机出线端开路，即 $C_{0\Sigma}=0$ 时，$U_{3S}=U_{3N}$。

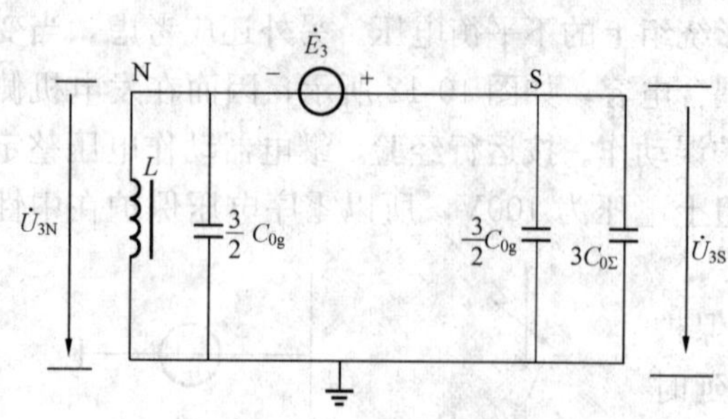

图 10-14　中性点有消弧线圈时三次谐波电动势及等值电路

发电机中性点经消弧线圈接地时，等值电路如图 10-14 所示。假设基波工频电容电流得到完全补偿，即

$$\omega L=\frac{1}{3\omega(C_{0g}+C_{0\Sigma})} \tag{10-9}$$

此时发电机中性点侧三次谐波等值电抗 X_{3N} 为

$$X_{3N}=-\mathrm{j}\,\frac{3\omega L\ \dfrac{2}{9\omega C_{0g}}}{3\omega L-\dfrac{2}{9\omega C_{0g}}}=-\mathrm{j}\,\frac{2}{\omega(7C_{0g}-2C_{0\Sigma})} \tag{10-10}$$

机端三次谐波等值电抗 X_{3S} 为

$$X_{3S}=-\mathrm{j}\,\frac{1}{3\omega\times3\left(\dfrac{C_{0g}}{2}+C_{0\Sigma}\right)}=-\mathrm{j}\,\frac{2}{9\omega(C_{0g}+2C_{0\Sigma})} \tag{10-11}$$

则机端三次谐波电压 U_{3S} 与中性点侧三次谐波电压 U_{3N} 之比为

$$\frac{U_{3S}}{U_{3N}}=\frac{7C_{0g}-2C_{0\Sigma}}{9(C_{0g}+2C_{0\Sigma})} \tag{10-12}$$

对式（10-12）与式（10-8）进行比较可看出，接入消弧线圈后，机端的三次谐波电压 U_{3S} 在正常运行时，比中性点侧的三次谐波电压 U_{3N} 更小。发电机机端开路，即 $C_{0\Sigma}=0$ 时

$$\frac{U_{3S}}{U_{3N}}=\frac{7}{9}$$

综上所述，发电机正常运行时，机端的三次谐波电压总是小于中性点侧的三次谐波电压。

当发电机定子绕组在距中性点 α 处发生金属性单相接地时，其等值电路如图 10-15 所示。此时不论发电机中性点有无消弧线圈，由图 10-15 可看出恒有

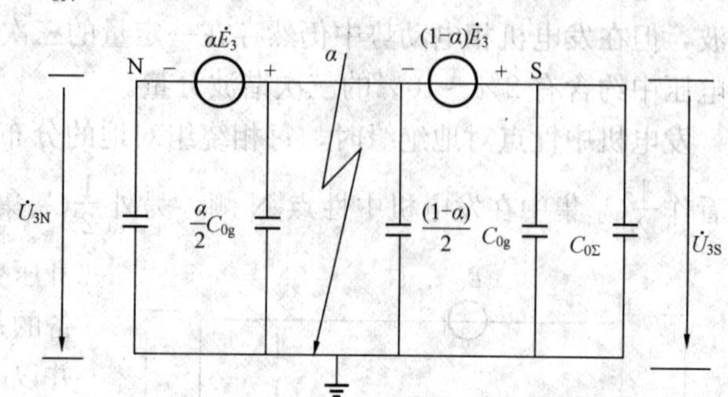

图 10-15　发电机内部单相接地时等值电路

$$U_{3N}=\alpha E_3$$

$$U_{3S}=(1-\alpha)E_3$$

则

$$\frac{U_{3S}}{U_{3N}}=\frac{1-\alpha}{\alpha} \tag{10-13}$$

当发电机中性点接地时，即 $\alpha=0$、$U_{3N}=0$、$U_{3S}=E_3$；当发电机机端接地时，即 $\alpha=1$、$U_{3N}=E_3$、$U_{3S}=0$；当 $\alpha=50\%$ 时，$U_{3N}=U_{3S}=0.5E_3$。

综上所述，正常运行或在定子绕组的 $\alpha=0.5\sim1$ 范围内发生金属性接地故障时，$U_{3S}<U_{3N}$；而当在距中性点 50％范围以内发生单相接地时，$U_{3S}>U_{3N}$。因此，如果用机端的三次谐波电压 U_{3S} 作为动作量，用中性点侧的三次谐波电压 U_{3N} 作为制动量构成接地保护，使保

护的动作条件为$U_{3S} \geqslant U_{3N}$，则正常运行时保护不可能动作，只有当中性点附近发生接地故障时，保护才会动作。保护的动作范围在$\alpha=0\sim0.5$，且越靠近中性点越灵敏。

（二）发电机100%定子接地保护

发电机100%定子接地保护由反应基波零序电压元件和反应三次谐波电压元件两部分组成。第一部分可保护定子绕组的90%～95%，而第二部分用以消除基波零序电压元件保护的死区。为了保证保护动作的可靠性，上述两部分保护装置的保护区有一段重叠。实现第二部分保护的原理有多种，其中有的方案本身已具有保护100%的性能，这时，基波零序电压元件可作为发电机定子绕组接地的后备保护，从而进一步提高保护动作的可靠性。实现第二部分保护的方案还有附加直流电源和附加交流电源两种方案。国内大型机组已使用附加直流电源的保护方案，该保护可用于发电机中性点不接地及经消弧线圈接地两种情况。

第五节 同步发电机的负序电流保护和过负荷保护

一、概述

当发电机内、外部发生不对称短路故障或三相负荷严重不对称时，定子绕组将流过负序电流，建立负序旋转磁场，此时在转子表层从轴向到端部沿端部方向形成的闭合回路中会感应出100Hz交流电流，数值很大，有时甚至可达250kA左右。这样大的电流流经槽楔与大小齿间的接触面及与护环间的接触面，将引起局部高温导致严重灼伤，甚至可能造成护环松脱。此外，产生的两倍工频交变电磁力矩作用在转子大轴和定子机座上，将引起机组振动，造成金属疲劳和机械损伤。

由以上分析可见，发热和振动是定子负序电流对发电机的主要影响。由于构造上的原因，水轮发电机组承受机械振动的能力要比汽轮发电机组弱得多，因此振动条件是决定水轮发电机组承受负序电流能力的主要依据。对于汽轮发电机组，特别是大型机组，由于热容量余度较小，所以发热条件是决定汽轮发电机组承受负序电流能力的主要依据。

二、发电机承受负序电流的能力

发电机都具有一定的承受负序电流的能力，一般按长期和短时两种情况考虑。

（一）发电机长期允许的负序电流$I_{2\infty}$

发电机长期允许的负序电流$I_{2\infty}$是由转子有关材料的性能决定的，可通过稳态负序试验测定$I_{2\infty}$的大小。规定在额定负荷下，汽轮发电机的$I_{2\infty}$不超过6%，水轮发电机的$I_{2\infty}$不超过12%，大型直接冷却式发电机的$I_{2\infty}$范围尚在研究中。

（二）发电机短时承受负序电流的能力

发电机短时承受的负序电流I_2显然大于$I_{2\infty}$，并且负序电流作用的时间t越短，I_2越大，其关系式为

$$I_{2*}^2 t = A \tag{10-14}$$

式中 I_{2*}——以发电机额定电流为基值的定子绕组负序电流的标幺值；

t——负序电流I_{2*}流过发电机所持续的时间；

A——发电机允许过热时间常数，它与发电机容量、冷却方式等有关，非强迫冷却的发电机约为30，直接冷却的100～300MW汽轮发电机为6～15，600MW的汽轮发电机设计值为4。

发电机的单机容量越大，其所允许的承受负序电流的能力越低（A 值减小）。根据式（10-14）可作出发电机允许负序电流曲线，如图 10-16 所示。因此，发电机容量越大，越需要装设性能更好的负序电流保护。

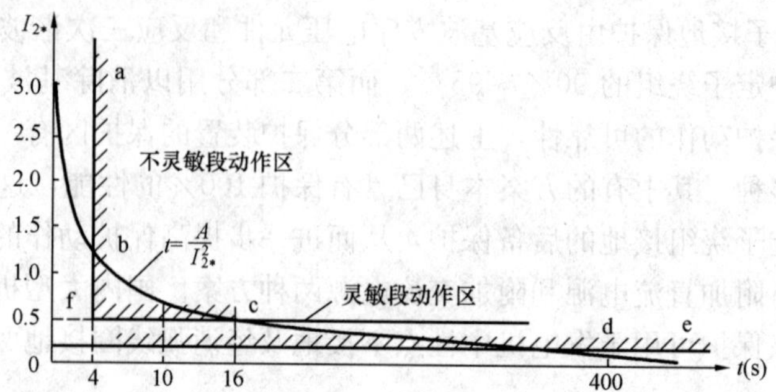

图 10-16　定时限负序电流保护动作特性与发电机允许负序电流曲线配合情况

针对上述情况而装设的发电机负序电流保护实际上是反应定子绕组电流不对称而引起转子过热的一种保护，是大型发电机的主保护之一。

此外，由于大容量机组的额定电流很大，而在相邻元件末端发生两相短路时的短路电流可能较小，此时采用复合电压启动的过电流保护往往不能满足作为相邻元件后备保护时对灵敏性的要求。在这种情况下，采用负序过电流保护作为后备保护，就可以提高不对称短路时的灵敏性。由于负序过电流保护不能反应于三相短路，因此，当用它作为后备保护时，还需要加装一个单相式的低电压启动过电流保护，以专门反应三相短路。

三、定时限负序过电流保护

表面冷却的汽轮发电机和水轮发电机，大都采用两段式定时限负序过电流保护，即负序过负荷信号和负序过电流跳闸两段，其原理接线如图 10-17 所示。在图 10-17 接线中，Z 为负序电流滤过器。电流继电器 KA 和低电压继电器 KVU 构成单相式低电压启动的过电流保护，用以反应三相短路故障。负序电流继电器 1KA 和时间继电器 1KT 构成负序过负荷保护，动作后发出发电机不对称过负荷信号；负序电流继电器 2KA 和时间继电器 2KT 构成负序过电流保护，动作于发电机跳闸，主要作为发电机转子受热的主保护，同时和单相式低电

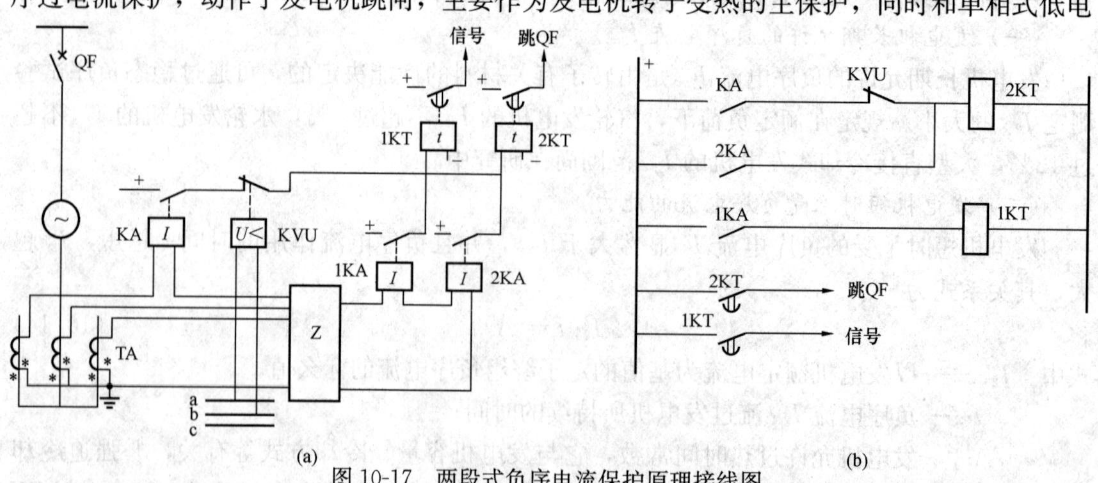

图 10-17　两段式负序电流保护原理接线图

（a）原理接线图；（b）直流展开图

压启动的过电流保护一起作为定子相间短路的后备保护。

1. 定时限负序过电流保护动作值整定

1KA 的动作电流应躲过发电机长期允许的负序电流 $I_{2\infty}$，其负序动作电流通常为

$$I_{2.op}=0.1I_N \tag{10-15}$$

1KT 的动作时限取 5～10s，动作后发出信号。

电流继电器 2KA 和时间继电器 2KT 构成负序过电流保护。其负序动作电流为

$$I_{2.op}\leqslant\sqrt{\frac{A}{t}}I_N \tag{10-16}$$

当 $t=120$s、$A=30$ 时，式（10-16）变为

$$I_{2.op}\leqslant 0.5I_N \tag{10-17}$$

此外，保护装置的动作电流还应与相邻元件的后备保护在灵敏系数上相配合。2KT 的动作时限按后备保护的原则逐级配合，一般取 3～5s，动作后跳开发电机。

2. 定时限负序过电流保护动作特性分析

设负序过电流部分动作电流为 $0.5I_N$，整定时间为 4s，动作于跳闸；负序过负荷部分动作电流为 $0.1I_N$，整定时间为 10s，动作于信号。具体应用于 $A=4$ 的导线直接冷却的 600MW 发电机上，保护动作特性和发电机允许的负序电流曲线如图 10-16 所示。

(1) 在曲线 ab 段内，保护装置的动作时间（4s）大于发电机的允许时间，因此，就可能出现发电机已被损坏而保护尚未动作的情况。

(2) 在曲线 bc 段内，保护装置的动作时间小于发电机的允许时间，从发电机能继续安全运行的角度来看，在不该切除的时候就将它切除了，因此，没有充分利用发电机本身所具有的承受负序电流的能力。

(3) 在曲线 cd 段内，是靠保护装置动作发出信号然后由值班人员来处理的。但当出现的负序电流靠近 c 点附近时，发电机所允许的时间与保护装置动作的时间实际上相差很小，因此，就可能发生保护给出信号后，值班人员还未来得及处理时，发电机已超过了允许时间。由此可见，在 cd 段内装置动作于信号也是不安全的。

(4) 在曲线 de 段内，保护根本不反应。

由以上分析可以看出：两段式定时限负序过电流保护的动作特性与发电机允许的负序电流曲线不能很好地配合。因此，为防止发电机转子遭受负序电流的损坏，在 100MW 及以上 $A<10$ 的发电机上应装设能够模拟发电机允许负序电流曲线的反时限负序过电流保护。

四、反时限负序过电流保护

反时限负序过电流保护动作特性与发电机发热特性曲线相配合，也就是说，让保护的动作特性具有反时限特性。

反时限特性是指电流大时动作时限短，而电流小时动作时限长的一种时限特性。通过适当调整，可使该动作特性曲线在允许的负序电流曲线上面，以避免发电机由于负序电流引起转子过热而损坏。

图 10-18 示出了反时限负序电流保护动作特性与允许负序电流曲线间的配合关系，动作特性曲线在允许曲线之下，对发电机的安全是有利的，如图 10-18（a）所示。但是，由于 $I_{2*}^2t\leqslant A$ 这一判据是偏于保守的，实际持续允许的负序电流比 $I_{2*}^2t=A$ 所确定的大。因此，负序电流变化的动作特性曲线通常可以设置在负序电流曲线之上，如图 10-18（b）所示。

此时，保护装置的动作特性可表示为

$$t=\frac{A}{I_{2*}^{2}-\alpha} \tag{10-18}$$

其中 α 值是取决于转子温升特性的常数，以此考虑转子散热的影响，该影响随 t 增加，使动作特性适当上移。因长期允许的负序电流为 $I_{2*\cdot\infty}$ （$I_{2*\cdot\infty}=\frac{I_{2\infty}}{I_{\mathrm{N}}}$），所以可取 $\alpha<I_{2*\cdot\infty}$。

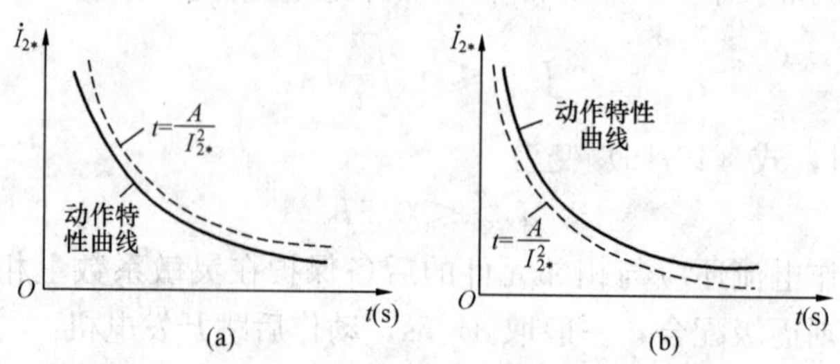

图 10-18 反时限负序电流保护动作特性与允许负序电流曲线间的配合关系
(a) 动作特性曲线在允许曲线之下；(b) 动作特性曲线在允许曲线之上

反时限负序过电流保护反映发电机定子的负序电流大小，防止发电机转子表面过热。该保护电流取自发电机中性点 TA 三相电流。

反时限曲线由上限定时限、反时限、下限定时限三部分组成。

当发电机负序电流大于上限整定值时，则按上限定时限动作；如果负序电流低于下限整定值，但不足以使反时限部分动作，或反时限部分动作时间太长时，则按下限定时限动作；负序电流在上、下限整定值之间，则按反时限动作。

负序反时限特性能真实地模拟转子的热积累过程，并能模拟散热，即发电机发热后若负序电流消失，热积累并不立即消失，而是慢慢地散热消失，如此时负序电流再次增大，则上一次的热积累将成为该次的初值。

反时限部分的动作方程为

$$(I_{2*}^{2}-\alpha)t\geqslant A \tag{10-19}$$

发电机反时限负序过电流保护动作特性曲线及逻辑图如图 10-19 所示。

五、发电机的过负荷保护

一般中、小型发电机的过负荷保护都采用定时限过负荷保护，作用于信号。对于大型发电机，由于材料利用率高，其热容量和铜损的比值较小。定子绕组内热电偶不能迅速反应发电机负荷的变化，在转子绕组内根本没有热偶元件。因此，为防止受到过负荷的损害，大型发电机都要装设反应定子绕组和励磁绕组平均发热状况的过负荷保护装置。

为了充分利用发电机的过载能力又不致损坏发电机，大型发电机的定子、转子都采用反时限特性的过负荷保护。发电机允许过负荷的时间与过负荷的大小有关，过负荷电流越大，则允许过负荷的时间越短。过负荷电流的大小与允许时间的关系为反时限特性。

1. 定子绕组对称过负荷保护

对于大型发电机的过负荷保护，一般由定时限和反时限两部分组成。定时限部分的动作电流按发电机在长期允许的负荷电流下，能可靠返回的条件整定。反时限部分是发电机定子绕组在发热方面的保护，其动作特性按发电机定子绕组的过负荷能力确定。

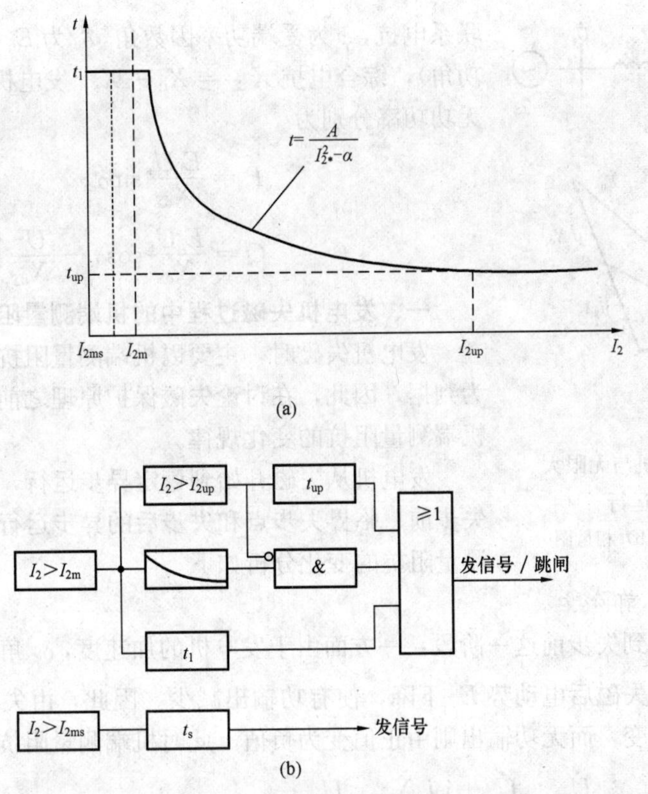

图 10-19 发电机反时限负序过电流保护动作特性曲线及逻辑图

（a）动作特性曲线；（b）逻辑图

2. 定子绕组不对称过负荷保护

当电力系统发生不对称短路或三相负荷不对称时，定子绕组中负序电流将产生旋转磁场，此磁场的旋转方向与转子转动方向相反。此时将产生感应电流，此电流将使转子表层过热，甚至发生使转子护环松脱等危险事故。对于不对称过负荷保护的配置，50MW 及以上的发电机热容量系数 $A \geqslant 10$ 的发电机，应装设定时限负序过负荷保护；100MW 及以上的发电机热容量系数 $A < 10$ 的发电机，应装设由定时限和反时限两部分组成的不对称过负荷保护。

第六节 同步发电机的失磁保护

大容量汽轮发电机绝大部分采用交流励磁机系统。这种系统比直流励磁机系统复杂，组成环节多，实践表明它容易发生失磁故障。发电机失磁后，转入异步运行要从系统吸收大量无功功率，如系统无功储备不足将引起系统电压下降，甚至造成电压崩溃，从而瓦解整个系统。由于发电机从电网中大量吸收无功功率，影响并限制了发电机送出的有功功率。失磁后，发电机转入低滑差异步运行，在转子及励磁回路中将产生脉动电流，因而增加了附加损耗，使转子和励磁回路过热。所以，容量在 100MW 以上的发电机应装设失磁保护。

发电机与无限大系统并列运行的等值电路，如图 10-20（a）所示。$\dot{E}_q$ 为发电机同步电动势，$\dot{U}_g$ 为发电机机端电压，$\dot{U}_s$ 为系统电压，X_d 为发电机同步电抗，X_s 为系统与发电机间的

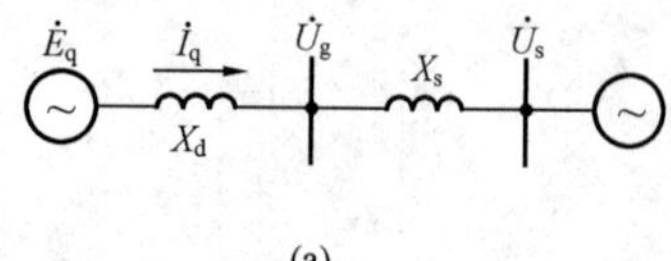

(a)

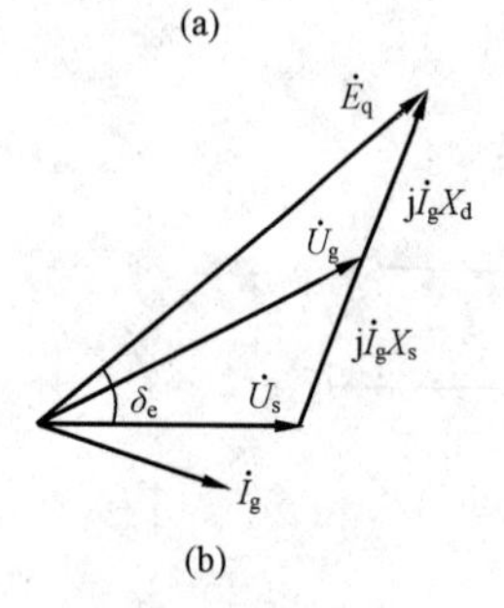

(b)

图 10-20 发电机与无限大系统并列运行

（a）等值电路；（b）相量图

联系电抗，φ 为受端功率因数角，δ_e 为 $\dot{E}_q$ 与 $\dot{U}_s$ 间的夹角（即功角），综合电抗 $X_{d\Sigma}=X_d+X_s$。发电机受端的有功功率和无功功率分别为

$$\left.\begin{aligned}P&=\frac{E_qU_s}{X_{d\Sigma}}\sin\delta_e\\Q&=\frac{E_qU_s}{X_{d\Sigma}}\cos\delta_e-\frac{U_s^2}{X_{d\Sigma}}\end{aligned}\right\}\tag{10-20}$$

一、发电机失磁过程中的机端测量阻抗

发电机失磁时，主要以机端测量阻抗变化的最终结果作为判据，因此，在讨论失磁保护原理之前，首先分析失磁时机端测量阻抗的变化规律。

发电机从失磁开始到稳定异步运行，一般可分为失磁到失步前、临界失步点和失步后的异步运行三个阶段。对机端测量阻抗的变化分析如下。

1. 失磁到失步前阶段

发电机由失磁到失步前这一阶段：一方面由于发电机的加速度，δ_e 角增大，有功输出增加；另一方面由于失磁后电动势 $\dot{E}_q$ 下降，使有功输出减少。因此，由失磁到失步前的阶段内有功输出基本不变，而无功输出则由正值变为负值。此时机端测量阻抗为

$$\begin{aligned}Z_m&=\frac{\dot{U}_g}{\dot{I}_g}=\frac{\dot{U}_s+\mathrm{j}\,I_g\dot{X}_s}{\dot{I}_g}=\frac{\dot{U}_s}{\dot{I}_g}+\mathrm{j}X_s\\&=\frac{U_s^2}{P_s-\mathrm{j}Q_s}+\mathrm{j}X_s=\frac{U_s^2}{2P_s}\times\frac{P_s-\mathrm{j}Q_s+P_s+\mathrm{j}Q_s}{P_s-\mathrm{j}Q_s}+\mathrm{j}X_s\\&=\frac{U_s^2}{2P_s}(1+\mathrm{e}^{\mathrm{j}2\varphi})+\mathrm{j}X_s=\frac{U_s^2}{2P_s}+\mathrm{j}X_s+\frac{U_s^2}{2P_s}\mathrm{e}^{\mathrm{j}2\varphi}\end{aligned}\tag{10-21}$$

其中

$$\varphi=\tan^{-1}\frac{Q_s}{P_s}$$

由式（10-21）可看出，发电机由失磁到失步前，机端测量阻抗 Z_m 为一圆方程，圆心坐标为 $\left(\frac{U_s^2}{2P_s},X_s\right)$，圆半径为 $\frac{U_s^2}{2P_s}$。在这个阶段中，有功功率 P 为常数，所以称为等有功阻抗圆（简称等有功圆）。对应不同的有功功率 P_1、P_2、P_3 的等有功圆，如图 10-21 所示。

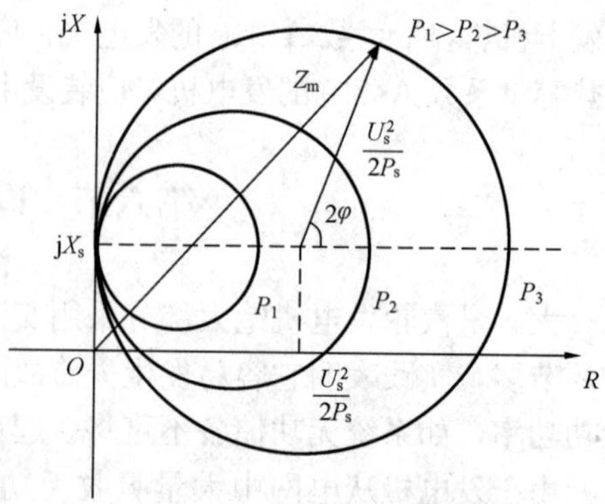

图 10-21 等有功阻抗圆

2. 临界失步点阶段

发电机失磁后，电动势 $\dot{E}_q$ 与系统电压 $\dot{U}_s$ 间的夹角 δ_e 达到 90°时，发电机处于失去静态稳定的临界点，由式（10-20）可知

$$Q=-\frac{U_s^2}{X_{d\Sigma}}\tag{10-22}$$

Q为负值，表明发电机由系统吸收无功功率。只要综合电抗 $X_{d\Sigma}$ 和系统电压 $\dot{U}_s$ 不变，Q就是一个常数，所以临界失步点称为等无功点。此时机端测量阻抗为

$$\begin{aligned} Z_m &= \frac{\dot{U}_g}{\dot{I}_g} = \frac{U_s^2}{P_s - jQ_s} + jX_s \\ &= \frac{U_s^2}{-j2Q_s} \times \frac{(P_s - jQ_s) - (P_s + jQ_s)}{P_s - jQ_s} + jX_s \\ &= \frac{U_s^2}{-j2Q_s}(1 - e^{j2\varphi}) + jX_s \end{aligned} \tag{10-23}$$

将式（10-22）的Q值代入式（10-23）并化简得

$$\begin{aligned} Z_m &= \frac{U_s^2}{-j2\dfrac{U_s^2}{X_{d\Sigma}}}(1 - e^{j2\varphi}) + jX_s \\ &= -j\frac{X_d - X_s}{2} + j\frac{X_d + X_s}{2}e^{j2\varphi} \end{aligned} \tag{10-24}$$

式（10-24）为一圆的方程，其圆心坐标为$\left(0, -j\dfrac{X_d - X_s}{2}\right)$，半径为$\dfrac{X_d + X_s}{2}$。这个圆被称为临界失步阻抗圆或等无功阻抗圆，也称为静稳边界阻抗圆，圆内为失步区，如图 10-22 所示。

3. 失步后的异步运行阶段

图 10-23 为异步发电机的等效电路图，图中参数均已折算到定子侧或均为标幺值。$X_{s\sigma}$、$X_{e\sigma}$、$X_{D\sigma}$ 分别为定子绕组、励磁绕组、阻尼绕组漏抗；r_e、r_D 分别为励磁绕组、阻尼绕组电阻；X_{ad} 为定子绕组与转子绕组间的互感抗。显然机端测量阻抗是滑差 s 的函数。

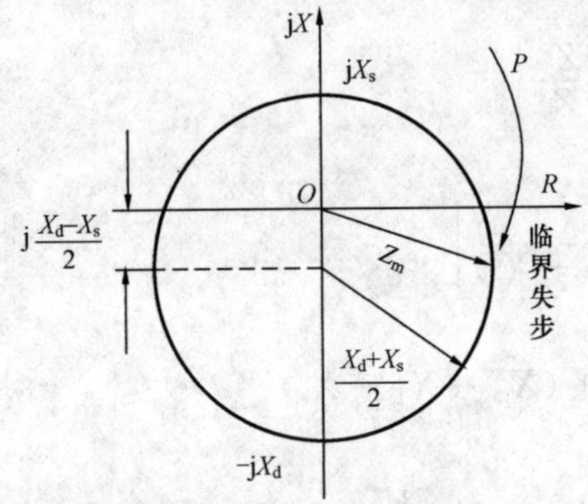

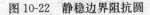

图 10-22　静稳边界阻抗圆

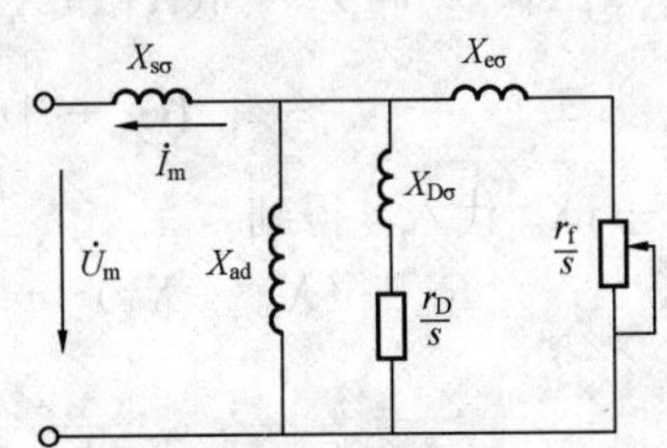

图 10-23　异步发电机的等效电路图

当发电机在空载情况下失磁时，$s \to 0$，机端测量阻抗为

$$Z_m = -jX_{s\sigma} - jX_{ad} = -jX_s \tag{10-25}$$

当发电机在额定功率下失磁时，$s \to \infty$，机端测量阻抗为

$$Z_m = -j\left(X_{s\sigma} + \frac{1}{\dfrac{1}{X_{ad}} + \dfrac{1}{X_{e\sigma}} + \dfrac{1}{X_{D\sigma}}}\right) = -jX_s'' \tag{10-26}$$

以上只是讨论了两种极端的情况，进一步分析说明，当 s 在 0 与∞之间变化时，失磁后机端测量阻抗位于第Ⅳ象限，并最后落在异步阻抗圆内。异步阻抗圆是以

$\left(0,\ -\mathrm{j}\,\dfrac{X_s+X''_s}{2}\right)$为圆心、以$\dfrac{X_s-X''_s}{2}$为半径的圆，如图 10-24 所示。

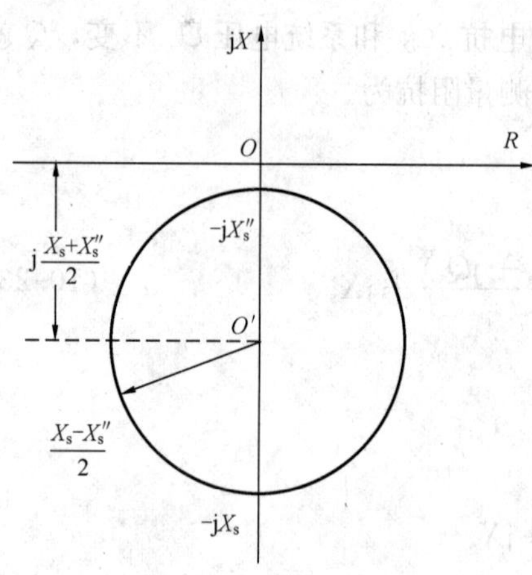

图 10-24　异步阻抗圆

4. 临界电压阻抗圆

图 10-25 为发电机-变压器组经联系电抗 X_s 与无穷大电源母线并列运行时的电路图，其中 X_T 为变压器电抗。发电机失磁后，从系统吸收无功功率，同时定子电流增大，因此引起发电机电压 $\dot{U}_g$、高压母线电压 $\dot{U}_M$ 降低。$\dot{U}_g$ 的降低，对厂用电负荷不利，如果降低到 70％额定电压以下，则厂用电负荷将不能正常工作。$\dot{U}_M$ 的降低，将影响系统运行，如果降到临界电压（约为额定电压的 85％左右）以下，则可能导致系统稳定破坏。因此，失磁保护应注意监视电压降低的情况。

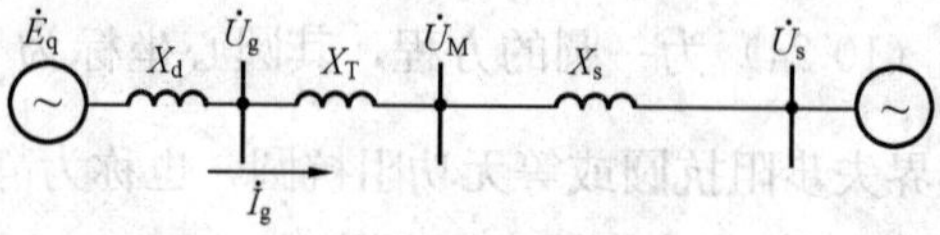

设高压母线电压 U_M 为临界值，即 $U_M=K_M U_s$，注意到机端测量阻抗 $Z_m=\dfrac{\dot{U}_g}{\dot{I}_g}$、高压母线向外看去的阻抗 $Z_M=\dfrac{\dot{U}_M}{\dot{I}_g}$、系统母线向外看去的阻抗 $Z_{st}=\dfrac{\dot{U}_s}{\dot{I}_g}$，则有关系

图 10-25　发电机一变压器组经联系电抗 X_s 与无穷大电源母线并列运行时的电路图

$$K_M=\frac{U_M}{U_s}=\left|\frac{Z_M}{Z_{st}}\right|$$

而 $Z_M=Z_m-\mathrm{j}X_T$、$Z_{st}=Z_m-\mathrm{j}(X_T+X_s)$，则有

$$K_M=\left|\frac{Z_m-\mathrm{j}X_T}{Z_m-\mathrm{j}(X_T+X_s)}\right|$$

将 $Z_m=R_m+\mathrm{j}X_m$ 代入，得到

$$R_m^2+(X_m-X_T)^2=K_M^2\left[R_m^2+(X_m-X_T-X_s)^2\right]$$

经整理得

$$R_m^2+\left[X_m+\left(\frac{K_M^2}{1-K_M^2}X_s-X_T\right)\right]^2=\left(\frac{K_M^2}{1-K_M^2}X_s\right)^2 \tag{10-27}$$

在复数阻抗平面上，式（10-27）表示 Z_m 端点的变化轨迹为一个圆，圆心在 $\left(0,\ -\mathrm{j}\,\dfrac{K_M^2}{1-K_M^2}X_s+\mathrm{j}X_T\right)$ 处，半径为$\dfrac{K_M^2}{1-K_M^2}X_s$，如图 10-26 所示。该圆称作临界电压阻抗圆或等电压圆。当发电机失磁后，机端测量阻抗由第Ⅰ象限，沿等有功圆进入第Ⅳ象限，当达到临界电压阻抗圆时，表示高压母线电压已降低到临界值。

二、失磁保护判据及保护方案

（一）失磁保护的主要判据和辅助判据

不论是什么原因造成发电机失磁故障，总希望有选择地、迅速地检测出来，以便采取措施保证发电机和系统的安全。

发电机失磁后，定子侧电气量都要发生变化，所以大型同步发电机的失磁保护，都是利用定子回路参数的变化来检测发电机的失磁故障。在定子侧可作为失磁保护主要判据的有：

(1) 无功功率方向改变。

(2) 机端测量阻抗的变化（越过静稳阻抗边界、进入异步阻抗边界）。

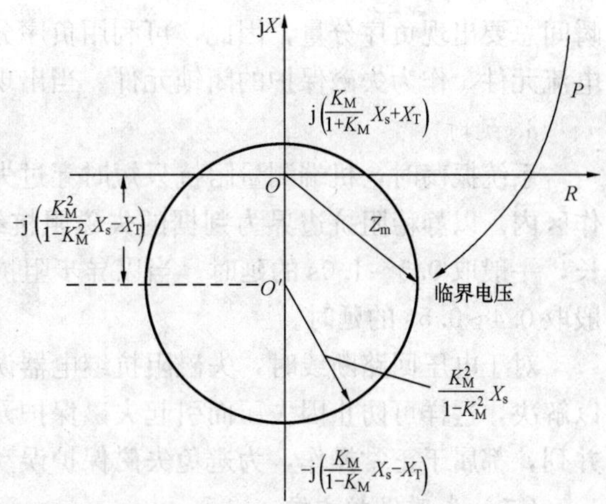

图 10-26　临界电压阻抗圆

图 10-27 为汽轮发电机失磁过程中机端测量阻抗特性。失磁后，机端测量阻抗 Z_m 末端轨迹由第Ⅰ象限进入第Ⅳ象限，当越过 R 轴时，无功功率改变方向，由原来发出感性无功功率变为向系统吸收感性无功功率，因此机端无功功率方向改变可作为失磁保护的一个判据。

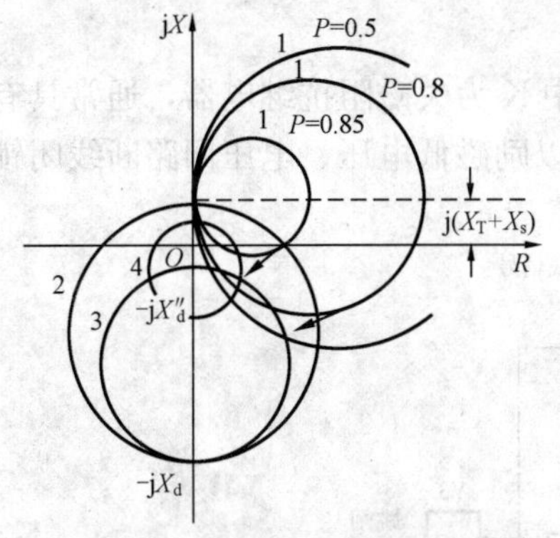

图 10-27　汽轮发电机失磁过程中机端测量阻抗特性

1—等有功阻抗圆；2—临界失步阻抗圆；3—异步阻抗圆；4—临界电压阻抗圆

机端测量阻抗进入第Ⅳ象限后，进一步将越过静稳阻抗边界（临界失步阻抗圆），此时发电机可能失步。一般情况下，失磁前发电机送出的有功功率越大，则由失磁到失步的时间越短。在失步前，失磁故障对机组本身、对系统不会造成危害。因此，从保证机组和系统安全角度出发，可将静稳阻抗边界作为失磁保护的一个判据。

发电机失步后，机端测量阻抗将随滑差的增大进入异步阻抗边界（异步阻抗圆），表明发电机已进入异步运行状态。也可将异步阻抗边界作为失磁保护的一个判据。

由以上分析可见，从检出失磁故障的速度来看，无功功率方向判据最快，静稳阻抗边界次之，而异步阻抗边界最慢。

机端测量阻抗进入静稳阻抗边界和异步阻抗边界，并不是失磁故障所独具的特征。当外部短路、系统振荡、长线充电、自同期和电压回路断线时，机端测量阻抗也会进入静稳阻抗边界和异步阻抗边界。因此必须增设辅助判据才能保证选择性。失磁保护可利用的辅助判据有以下三种。

1. 转子励磁电压下降

失磁过程中，励磁电流和励磁电压都要下降，而在短路和系统振荡过程中，转子励磁电压不仅不会下降，反而会因强励而上升，故可利用检测转子励磁电压作为辅助判据。

励磁电压下降是失磁故障的直接原因，过去曾用来作为失磁保护的主要判据。但是励磁电压是一个变化范围很广的参数，由空载到强励，其励磁电压可在空载励磁电压的 6～8 倍范围内变化。此外，在系统振荡和短路过程中，励磁回路中还要出现交流分量电压，它与直流分量相叠加后，有时励磁电压可达零值。在失磁异步运行中，励磁回路中也会有很大感应电压。所以把励磁电压下降仅作为辅助判据之一加以利用。

2. 负序分量

发电机失磁时，定子回路不会产生负序分量，但在短路和短路引起的振荡过程中或最初瞬间总要出现负序分量，因此，可利用负序分量作为失磁的辅助判据。常用负序电压或负序电流元件，作为失磁保护的闭锁元件。当出现负序时，闭锁失磁保护。

3. 延时

系统振荡时，机端测量阻抗只短时穿过失磁阻抗继电器的动作区，而不会长期停留在动作区内。以静稳阻抗边界为判据的失磁阻抗继电器的动作区较大，躲过振荡所需的时间较长，一般取0.5～1.0s的延时。当以异步阻抗边界为判据时，躲过振荡所需的时间较短，一般取0.4～0.5s的延时。

对于电压回路断线时，失磁阻抗继电器误动作的问题，用增设电压回路断线闭锁元件加以解决，这样可防止因失压而引起失磁保护误动作。对于正常情况下的长线充电以及自同期并列，都属于正常操作，为避免失磁保护误动作，可采用操作闭锁。

（二）失磁保护方案

根据发电机的特点和系统状况，可以用主要判据和辅助判据来实现失磁保护。实际应用的失磁保护方案很多，各有优缺点，以下只介绍两例。

1. 隐极式同步发电机的失磁保护举例

图10-28为一隐极式同步发电机的失磁保护框图。其中K为失磁阻抗继电器，通常具有圆特性或苹果形动作特性，是失磁的主要判别元件。保护以励磁低电压、电压回路断线闭锁（图中用B表示）、延时作为辅助判据。

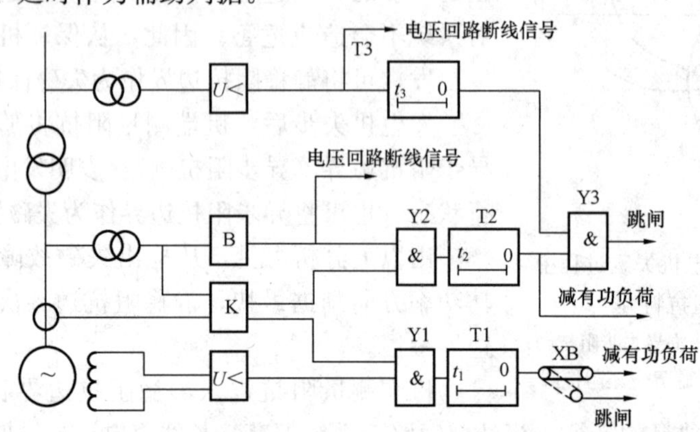

图10-28 隐极式同步发电机的失磁保护框图

发电机完全失磁时，励磁低电压元件动作，当机端测量阻抗落入失磁阻抗继电器的动作区内时，K动作，于是“与”门Y1有输出，经短延时元件T1（约为0.2～0.3s）动作于减出力，必要时也可动作于跳闸。如果发电机严重低励磁，导致发电机进相运行，且失磁阻抗继电器的测量阻抗接近静稳阻抗边界，为防止失磁保护误动作可引入时间元件T1。借助自动调节励磁装置作用于增加励磁，使发电机退出不稳定运行区，恢复稳定运行。

重负荷情况下部分失磁时，K可能动作，而励磁低电压元件不动作。此时“与”门Y2有输出，经延时元件T2（为1～1.5s）动作于减出力。引入时间元件T2可躲过外部短路故障和系统振荡的影响。

发电机失磁后K动作，如果高压母线电压低于允许值，则低电压元件动作后经延时元件T3（约为0.25s）使“与”门Y3动作于跳闸。因为临界电压阻抗圆小于静稳边界阻抗圆，所以K先于低电压继电器动作，故高压母线电压低到允许值时，T2已先动，保护就以

T3 的时限跳闸。引入时间元件 T3 的目的在于失磁失步后，有功功率和高压母线电压出现周期性波动时，防止保护误动作。

其中 K 的动作特性，可以按静稳阻抗边界整定，也可按异步阻抗边界整定。

2. 凸极式同步发电机的失磁保护举例

图 10-29 为一凸极式同步发电机失磁保护框图，其中 K 为失磁阻抗继电器，可按静稳阻抗边界或异步阻抗边界整定，是失磁的主要判别元件；励磁低电压、延时作为辅助判据。

发电机失磁后，励磁低电压元件动作，若高压母线电压下降到接近崩溃电压值，则母线低电压元件动作，“与”门 Y1 有输出，经延时元件 T1（为 0.5～1s）、“或”门 H 动作于停机。T1 用于躲过振荡过程中短时的电压降低。失磁过程中，若母线电压并未降到崩溃电压值，由于 K 已动作，“与”门 Y2 有输出，发出失步信号，同时经延时元件 T2（为 0.5～1s）、“或”门 H 动作于停机（这是因为一般水轮发电机是凸极机，在失磁以后振动很大）。同样，T2 延时元件也用于躲过振荡的影响。

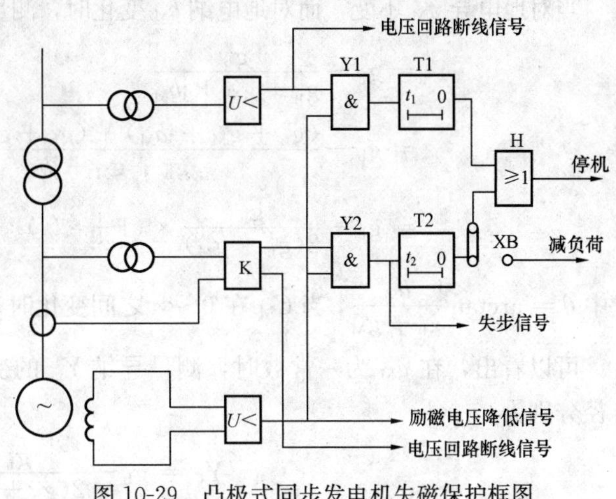

图 10-29 凸极式同步发电机失磁保护框图

第七节 同步发电机转子回路接地保护

一、概述

发电机转子回路发生一点接地，对发电机无直接危害，故可继续运行。一旦又发生第二点接地，即形成两点接地，此时一部分励磁绕组被短接，使转子磁场畸变，引起机体强烈振动，严重危害发电机的安全，特别对凸极式水轮发电机危害更大，故障点电弧将烧伤励磁绕组和转子本体，并可使汽轮机汽缸磁化。

运行经验证明，大型汽轮发电机励磁绕组接地故障概率增加，所以对转子接地保护提出更高的要求。水轮发电机和大型汽轮发电机已广泛采用转子一点接地保护，动作于信号。

二、测量转子绕组对地导纳的一点接地保护

保护以外加工频电压直接测量转子绕组对地绝缘电导作为动作判据。它与转子绕组对地电容无关，且转子绕组任一点接地时都具有相同的灵敏度，故这种保护性能较为完善。

1. 测量导纳特性

测量转子绕组对地导纳的一点接地保护是由外加工频电压构成的。图 10-30 为励磁绕组外加工频电压时的等值电路。其中 R_b 为附加电阻，C_M 为励磁绕组对地电容，R_M 为励磁绕组对地电阻。励磁回路对地导纳 Y_M $\left(\text{电导 } g_M=\frac{1}{R_M}\text{、电纳 } b_M=\frac{1}{\omega C_M}\right)$为

$$Y_M = g_M + jb_M = \frac{1}{R_M} + j\omega C_M$$

测量导纳 Y_m 可表示为

$$Y_m = \frac{1}{R_b + \frac{1}{Y_M}} = \frac{1}{\frac{1}{g_b} + \frac{1}{g_M + jb_M}} = g_b - \frac{g_b^2}{g_b + g_M + jb_M} \tag{10-28}$$

下面讨论当对地电导 g_M（或对地电纳 b_M）变化时，测量导纳 Y_m 在导纳复平面上变化的轨迹。

当对地电导 g_M 不变，而对地电纳 b_M 变化时，测量导纳 Y_m 在导纳复平面上变化的轨迹为

$$\begin{aligned} Y_m &= g_b - \frac{g_b^2}{g_b + g_M + jb_M} \\ &= g_b - \frac{(g_b + g_M + jb_M) + (g_b + g_M - jb_M)}{g_b + g_M + jb_M} \times \frac{g_b^2}{2(g_b + g_M)} \\ &= g_b - \frac{g_b^2}{2(g_b + g_M)} \times (1 + e^{-j2\theta}) \end{aligned} \tag{10-29}$$

式中 $\theta = \arctan\frac{b_M}{g_b + g_M}$，当 C_M 在 0～∞之间变化时，θ 在 0°～90°之间变化。

可以看出，在 g_M 为一常数时，测量导纳 Y_m 的变化轨迹为半圆，称等电导圆。圆心和半径分别为

$$Y_C = g_b - \frac{g_b^2}{2(g_b + g_M)}$$

$$Y_r = \frac{g_b^2}{2(g_b + g_M)}$$

图 10-31 中的实线示出 $g_b = 1\times10^{-3}$S 的等电导圆簇，可见 R_M 越大（即 g_M 越小），等电导圆也越大。

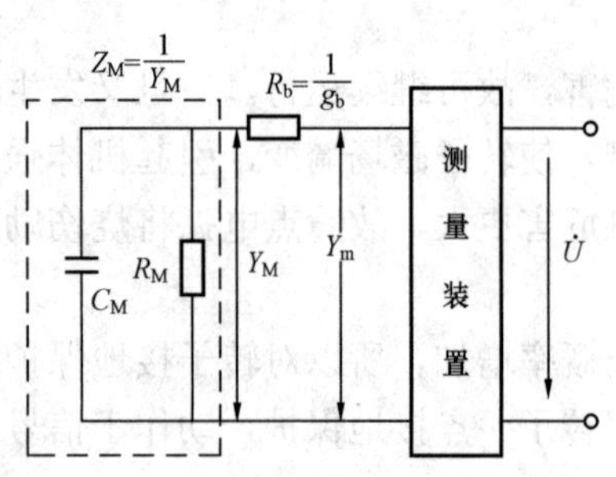

图 10-30 励磁绕组外加工频电压时的等值电路

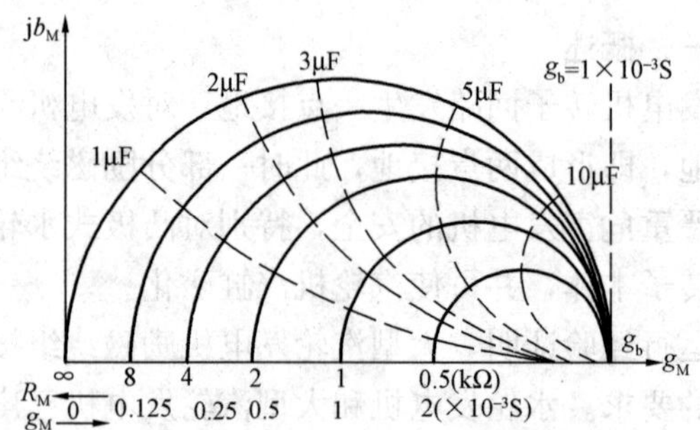

图 10-31 测量导纳 Y_m 的特性

当对地电纳 b_M 不变，而对地电导 g_M 变化时，测量导纳 Y_m 在导纳复平面上变化的轨迹为

$$\begin{aligned} Y_m &= g_b - \frac{g_b^2}{g_b + g_M + jb_M} \\ &= g_b - \frac{(g_b + g_M + jb_M) - (g_b + g_M - jb_M)}{g_b + g_M + jb_M} \times \frac{g_b^2}{2jb_M} \\ &= g_b + j\frac{g_b^2}{2b_M} \times (1 - e^{-j2\theta}) \end{aligned} \tag{10-30}$$

式中 θ 角与式（10-29）中相同，当 g_M 在 0～∞之间变化时，θ 角相应在 θ_1 ～90°之间变化。

而 $\theta_1=\arctan\frac{\omega C_M}{g_b}$。显然，在 b_M 为一常数时，式（10-30）表示的测量导纳 Y_m 的变化轨迹为半圆，称等电纳圆。圆心和半径分别为

$$Y'_C=g_b+j\frac{g_b}{2b_M}$$

$$Y'_r=\frac{g_b^2}{2b_M}$$

作出 $g_b=1\times10^{-3}$S 时等电纳圆簇，如图 10-31 中虚线所示。C_M 越小，等电纳圆就越大。

2. 继电器的构成

继电器应只反应励磁回路对地绝缘电阻的降低，当电阻降低到某一给定值时即动作。因此继电器的动作特性需具有等电导圆特性，如图 10-32 中半圆所示（图中 $R_M=4\text{k}\Omega$，$g_M=0.25\times10^{-3}$S）。实际上，当励磁回路绝缘电阻下降（即 R_M 降低）时，测量导纳 Y_m 是沿等电纳圆轨迹变化的，如图 10-32中虚线所示。当 Y_m 变化轨迹落入给定的等电导圆（也称整定电导圆）时，继电器动作（Y_m 变化轨迹处于图 10-32 中 1、2、3 点时继电器开始动作）。

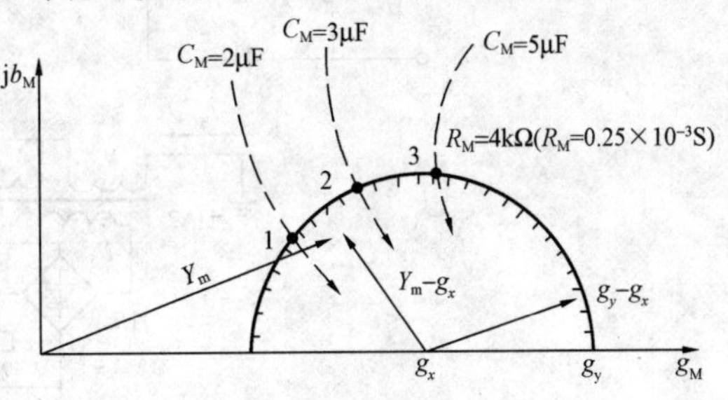

图 10-32　继电器的整定电导圆

图 10-32 示出所要求的继电器动作特性，在复数导纳平面上可写出继电器动作方程为

$$|Y_m-g_x|\leqslant|g_y-g_x| \tag{10-31}$$

其中 g_x、g_y 为继电器的整定电导。可以看出，继电器的动作特性半圆圆心位于 g_x，半径为 $|g_y-g_x|$，式（10-31）乘以外加工频电压 $\dot{U}$，即得到用电流表示的动作方程

$$|\dot{U}Y_m-\dot{U}g_x|\leqslant|\dot{U}g_y-\dot{U}g_x| \tag{10-32}$$

若计及 $\dot{I}_m=U\dot{Y}_m$、$\dot{I}_x=\dot{U}g_x$ 和 $\dot{I}_y=\dot{U}g_y$，式（10-32）可写为

$$|\dot{I}_m-\dot{I}_x|\leqslant|\dot{I}_y-\dot{I}_x| \tag{10-33}$$

3. 转子一点接地保护的构成

如图 10-33 所示，其中 L 和 C_1、C_2 组成 50Hz 带通滤波电路，用来抑制励磁回路中高次谐波对测量回路的影响。励磁回路在加工频电压 $\dot{U}$ 作用下，形成测量电流 $\dot{I}_m$；同时，加工频电压 $\dot{U}$ 在电阻 R_x、R_y 中分别产生电流 $\dot{I}_x$、$\dot{I}_y$。而 $\dot{I}_m$、$\dot{I}_x$、$\dot{I}_y$ 可表示为

$$\left.\begin{aligned}\dot{I}_m&=\dot{U}Y_m\\\dot{I}_x&=\dot{U}g_x\\\dot{I}_y&=\dot{U}g_y\end{aligned}\right\} \tag{10-34}$$

其中 $g_x=\frac{1}{R_x}$、$g_y=\frac{1}{R_y}$。如果 $N_1=N_2=N_3$，流过 UA1 一次绕组的电流为 $\dot{I}_m-\dot{I}_x$，其二次侧经整流后输出直流 $|\dot{I}_m-\dot{I}_x|$，作为制动量；同理，UA2 一次绕组的电流为 $\dot{I}_y-\dot{I}_x$，二次侧经整流后输出直流 $|\dot{I}_y-\dot{I}_x|$，作为动作量。当零指示电路动作时，得到继电器的动作方程为

$$|\dot{I}_m-\dot{I}_x|\leqslant|\dot{I}_y-\dot{I}_x| \tag{10-35}$$

与式（10-33）完全相同。调整电阻 R_x、R_y，就可以改变动作特性圆的位置和大小，起到整定的作用。正常运行时，测量导纳落在特性圆外；当励磁绕组发生一点接地时，测量导纳沿某一等电纳圆进入特性圆内，继电器动作。

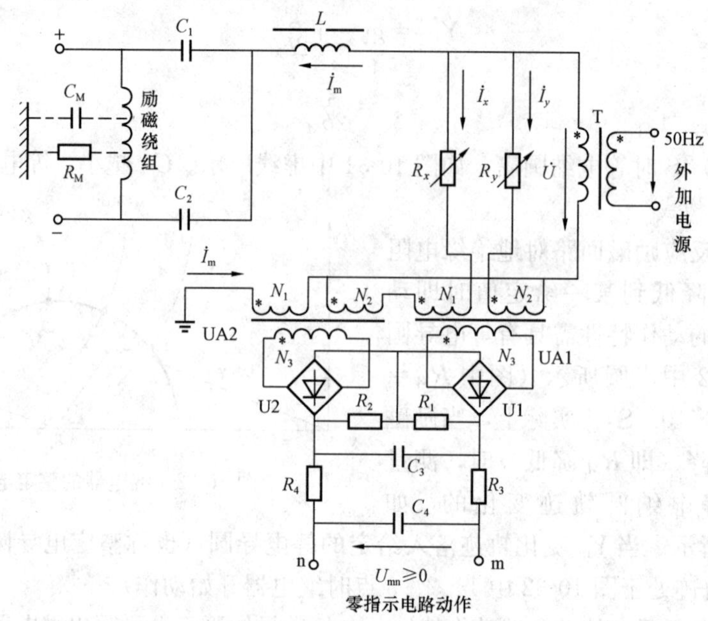

图 10-33　外加工频电压测量转子绕组对地导纳的转子一点接地保护原理图

应当指出，图 10-30 中存在附加电阻 R_b，而在图 10-33 中没有附加电阻。实际上电感 L、励磁绕组、UA2 的 N_1 绕组侧等值电阻之和相当于图 10-33 中的附加电阻。所以不需另设附加电阻，不用担心励磁回路金属性接地造成外加工频电源的短路。

由以上分析可见，应用测量导纳特性构成的励磁回路一点接地保护具有保护无死区、在理论上灵敏度不受对地电容 C_M 和外加工频电源影响等特点。

三、转子两点接地保护

励磁回路两点接地保护可由直流电桥原理、二次谐波原理和测量高频阻抗原理构成。

（一）直流电桥原理构成的励磁回路两点接地保护

直流电桥原理构成的励磁回路两点接地保护，在中小型汽轮发电机上一直沿用。当励磁回路一点接地后，即投入两点接地保护。通常全厂或每个单元控制室设置一套两点接地保护。

直流电桥原理构成的励磁回路两点接地保护原理如图 10-34 所示。当励磁绕组发生一点（如 k1 点）接地后，投入两点接地保护，调整电位器 R_3 的滑动头，使 (R_1+R_3')、(R_2+R_3'') 和励磁绕组被 k1 点分成的两部分的等值电阻组成的电桥处于平衡状态（借助高内阻电压表 PV 观察电桥是否平衡）。当励磁绕组第二点（如 k2 点）发生接地时，电桥平衡遭到破坏，电桥输出电压经 R_4、R_5 和 C 滤波后，加于整流桥上，此时触发器动作（$U_{mn}<0$），即保护动作。

设置滤波电路，用以防止交流分量引起触发器误动作；稳压管 Vl、V2 对输入触发器的电压进行限幅，防止触发器因过电压造成损坏。

电桥原理构成的励磁回路两点接地保护经运行实践后表明存在下述缺点：

(1) 如果第二接地点 k2 在第一接地点 k1 附近，电桥失衡程度不严重，触发器不动作，保护有死区。当然，死区的大小与接地点位置有关，第一接地点在励磁绕组中点时，死区最小，在励磁绕组端部时，死区最大。

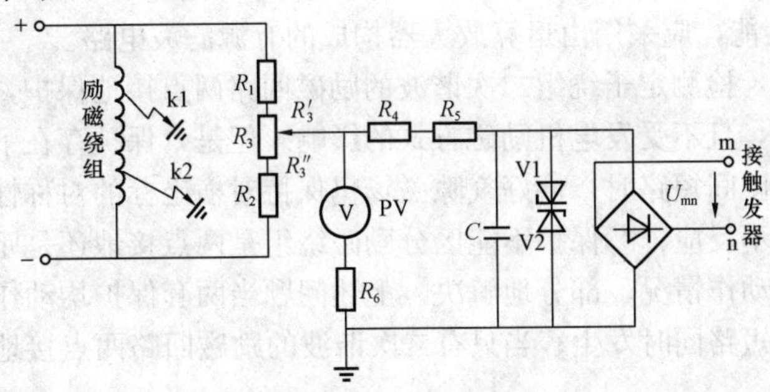

图 10-34　直流电桥原理构成的励磁回路两点接地保护原理图

(2) 第一接地点位于励磁绕组的端部时，两点接地保护无法投入。若第一接地点不稳定，两点接地保护也将无法投入。

(3) 励磁绕组发生匝间短路（不接地）时，保护不能反应。而这种不接地的匝间短路，各电厂常有发生，带匝间短路运行的机组也屡见不鲜。

(4) 不能应用于旋转励磁式的发电机。

(5) 如果两点接地故障几乎同时发生，也不能起到保护作用。

(二) 检测定子绕组二次谐波的励磁回路两点接地保护

(1) 发电机正常运行时，就励磁电流所产生的磁通而言，其在气隙中的空间分布，相对于横坐标是对称的，因此在定子绕组中不会产生二次谐波电动势。当定子绕组通过电流时，电枢反应虽然会改变气隙磁场的分布，但不会改变气隙磁场相对于横坐标对称的性质，故不会在定子侧产生二次谐波电动势。如果三相负荷略有不对称，则会出现负序电流，在励磁绕组中感应出二次谐波电流，继而在定子绕组中感应出三次谐波电动势，但不会感应出二次谐波电动势。实际上，定子侧存在二次谐波的不平衡电压（一般为基波电压的 0.03%～0.15%），主要是由于气隙沿圆周的轻微不对称所造成的，它与负荷性质、大小基本无关。

(2) 励磁回路两点接地或励磁绕组匝间短路时，气隙磁场的对称性遭到破坏，在定子槽中导线感应出二次谐波及其他偶次谐波分量电动势。注意到大机组均为短距分布绕组，经分析和试验证明，在定子绕组中存在一定量的二次谐波电动势。

(3) 发电机外部短路故障，负序电流通过定子绕组时不会在定子侧产生二次谐波电动势，即在稳定状态下，定子侧无二次谐波电压。但在暂态过程中，定子侧的非周期分量电流在励磁绕组中感应出工频电流，该工频电流在定子绕组中将感应出二次谐波电动势，产生二次谐波电压。为保证选择性，励磁回路两点接地保护应设时限躲过其影响或在外部短路故障时短时将两点接地保护闭锁。

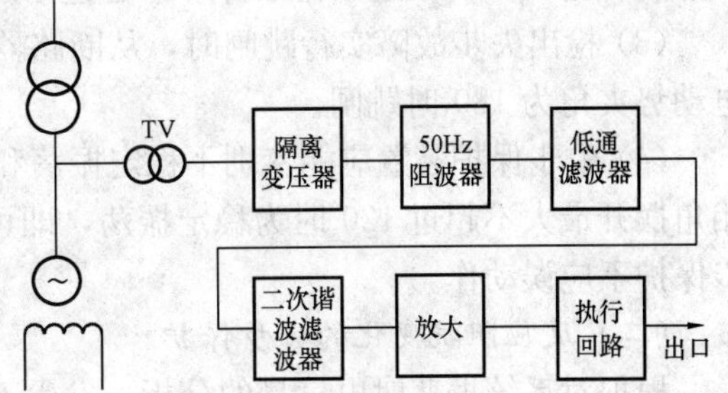

图 10-35　检测定子绕组二次谐波的励磁回路两点接地保护框图

根据以上讨论，检测定子绕组二次谐波的励磁回路两点接地保护框图如图 10-35 所示。隔离变压器将保护的主要部分与电压互感器隔离，减少来自交流侧的干扰。为消除工频分量的影响，设置了 50Hz 阻波器。此外，为消除其他谐波分量，在二次谐波滤波器前设置了低通滤波器。二次谐波电压滤出后，经放大接入执行回路。通常二次谐波电压的动作值可取0.5V。为提高滤波性能，应采用由运算放大器构成的有源滤波电路。

由以上分析可见，检测定子绕组二次谐波的励磁回路两点接地保护，可检测出励磁绕组两点接地或匝间短路，且不受发电机励磁方式的影响。但是，保护存在下列两点缺陷：①当励磁绕组两点接地或匝间短路时，恰好气隙磁场仍保持对横坐标的对称性，则定子侧无二次谐波分量电压，保护不反应；②保护不能区分励磁绕组是两点接地还是匝间短路。为此，可借助一点接地保护的动作情况，部分地解决。上述问题当两套保护均动作时，可能是两点接地或一点接地与匝间短路同时发生；当只有二次谐波的励磁回路两点接地保护动作时，可判断为匝间短路。

第八节　同步发电机失步保护、逆功率保护

当系统受到大的扰动后，发电机或发电机群可能与系统不能保持同步运行，即发生不稳定振荡，称失步。

大机组一般与变压器成单元接线，送电网络不断扩大，使发电机和变压器的阻抗值增加，而系统的等值阻抗值下降，因此，振荡中心常落在发电机机端或升压变压器的范围内，使振荡过程对机组的影响趋于严重。机端电压周期性地严重下降，对汽轮发电机的安全运行极为不利，有可能造成机组损坏。

振荡过程常伴随短路故障出现。发生短路故障和故障切除后，汽轮发电机可能发生扭转振荡，使大轴遭受机械损伤，甚至造成严重事故。

鉴于上述原因，对于大型汽轮发电机，需要装设失步保护，用以及时检测出失步故障，迅速采取措施，保证电力系统的安全运行。

一、失步保护

（一）对失步保护的要求

(1) 失步保护装置应能鉴别短路故障和不稳定振荡，发生短路故障时，失步保护装置不应动作。

(2) 失步保护装置应能尽快检出失步故障，通常要求失步保护装置在振荡的第一个振荡周期内能够检出失步故障。

检出失步故障后，并非一定要无条件动作跳闸，应根据具体情况采取不同的措施。对处于加速状态的发电机，应迅速降低原动机输出功率，必要时再切除部分发电机；对处于减速状态的发电机，在不过负荷条件下，迅速增加原动机输出功率，必要时再切除部分负荷。

(3) 检出失步故障实行跳闸时，从断路器本身的性能出发，不应在发电机电动势与系统电动势夹角为180°时跳闸。

(4) 失步保护装置应能鉴别不稳定振荡和稳定振荡（通常发电机电动势与系统电动势间相角摆开最大不超过120°时为稳定振荡，即可恢复同步的振荡），在稳定振荡的情况下，失步保护不应误动作。

（二）反应阻抗变化的失步保护

根据对系统振荡时电气量的分析，发生不稳定振荡时，功角δ_e在0°～360°周期变化，测量阻抗以$\frac{d\delta_e}{dt}$的速率穿过阻抗平面，其轨迹在阻抗平面上是一个圆或一条直线。因此，测量

阻抗走过某段距离，需要一定的时间。发生短路故障时，功角基本不变，测量阻抗由负荷阻抗突变为短路阻抗。稳定振荡时，测量阻抗轨迹只是在阻抗平面的第Ⅰ或第Ⅳ象限的一定范围内变化。根据上述测量阻抗变化的特点，可以构成双透镜特性的失步保护。

保护的检测元件是两个具有透镜形特性的阻抗元件，动作特性如图 10-36 所示。K1 为监察阻抗继电器，K2 为按稳定振荡边界整定（$\delta_e=120°$）的阻抗继电器。$\overline{OM}$ 相应于变压器电抗，$\overline{MS}$ 相应于系统阻抗，$\overline{GO}$ 相应于发电机电抗（X'_d），$\overline{GS}$ 为系统合成阻抗。双透镜动作特性的对称轴处在该合成阻抗上。

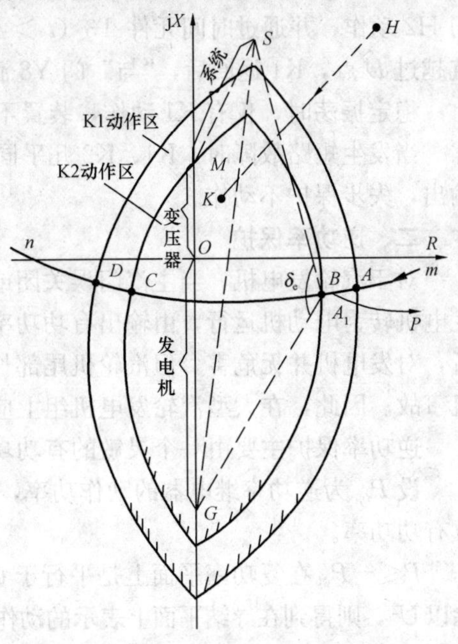

图 10-36　双透镜阻抗继电器动作特性

不稳定振荡时，机端测量阻抗若按图中 mn 轨迹移动，则依次经过 A、B、C、D 点，$A\to B$、$B\to C$、$C\to D$ 的时间分别为 Δt_1、Δt_2、Δt_3。当发生短路故障时，机端测量阻抗由正常工作点 H 突变到 K，虽然经过 K1、K2 动作区，但因几乎是同时的，故可用时间 Δt_1 进行鉴别。稳定振荡时，机端测量阻抗不能进入 K2 动作区，可能进入 K1 动作区，而后沿 A_1P 变化。

根据上述机端测量阻抗变化特点，拟出的双透镜动作特性的失步保护框图如图 10-37 所示。

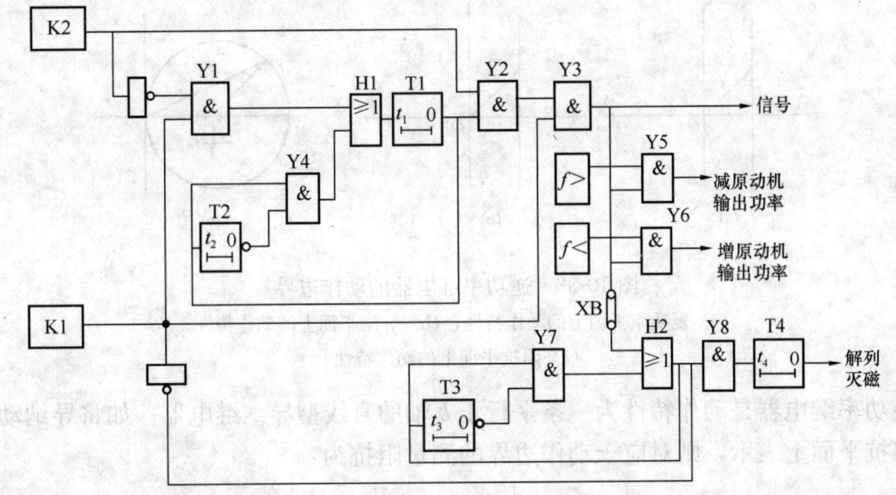

图 10-37　双透镜动作特性的失步保护框图

不稳定振荡时，机端测量阻抗沿图 10-36 中 mn 轨迹移动。在 $A\to B$ 区间，K1 动作，K2 不动作，“与”门 Y1 有输出、经“或”门 H1，启动时间元件 T1（t_1 按 Δt_1 整定）。机端测量阻抗进入 $B\to C$ 区间，K2 动作（表示已失步），“与”门 Y2、Y3 有输出发出信号；与此同时，对处于加速状态的发电机通过“与”门 Y5 减原动机输出功率，对处于减速状态的发电机通过“与”门 Y6 增原动机输出功率。

应当指出，机端测量阻抗越过 B 点进入 K2 动作区时，“与”门 Y1 返回，为防止时间元件 T1 返回设置了 T2、Y4 自保持回路，自保持时间为 t_2（按 $t_2 \geqslant \Delta t_2$ 整定）。

当连接片 XB 接通时，失步保护可动作于跳闸。机端测量阻抗进入 $B \to C$ 区间时，“或”门 H2 动作，并通过时间元件 T3（$t_3 > \Delta t_2 + \Delta t_3 + t_4$）、“与”门 Y7 自保持，当机端测量阻抗越过 D 点，K1 返回后，“与”门 Y8 满足动作条件，经延时元件 T4 动作于解列切机。

稳定振荡时，仅有 K1 动作，装置不会动作。

当发生短路故障时，K1、K2 几乎同时动作，时间元件 T1 不会启动，“与”门 Y2 没有输出，失步保护不动作。

二、逆功率保护

对于汽轮发电机，当主汽门误关闭或机炉保护动作关闭主汽门而出口断路器未跳闸时，发电机转为电动机运行，由输出有功功率变为从系统吸取有功功率，即称逆功率。逆功率运行，对发电机并无危害，但汽轮机尾部长叶片与残留蒸汽摩擦，会导致叶片过热，造成汽轮机事故。因此，在大型汽轮发电机组上应装设逆功率保护。

逆功率保护主要由一个灵敏的有功功率继电器构成。

设 P_{op} 为逆功率继电器的动作功率，则其动作条件为 $P \leqslant -P_{op}$，其中负号表示从系统吸收有功功率。

$P \leqslant -P_{op}$ 在复功率平面上是平行于 Q 轴的一条直线，如图 10-38（a）所示。将图中各量除以 U^2，则得到在导纳平面上表示的动作特性，其中导纳如图 10-38（b）所示，可表示为

$$Y = -\frac{P_{op}}{U^2} \pm \mathrm{j}\frac{Q}{U^2} = -g_{op} \pm \mathrm{j}b \tag{10-36}$$

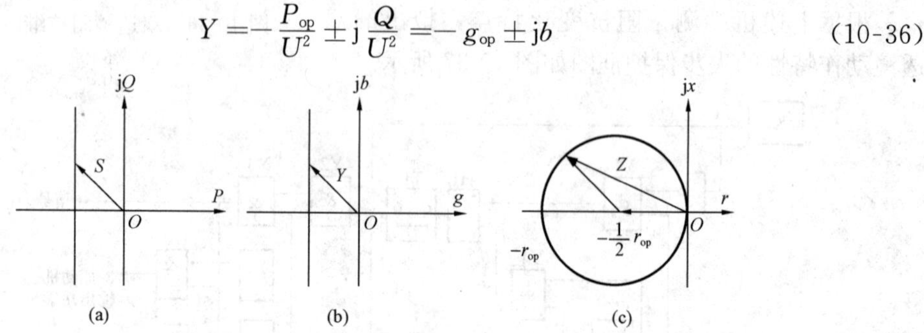

图 10-38　逆功率继电器的动作边界

（a）复功率平面上的动作特性；（b）导纳平面上的动作特性；（c）阻抗平面上的动作特性

因此，逆功率继电器是动作特性为一条平行于 b 轴的直线型导纳继电器。如将导纳动作特性反演到阻抗平面上表示，则对应于动作边界的测量阻抗为

$$Z = \frac{1}{Y} = \frac{1}{-g_{op} \pm \mathrm{j}b} = \frac{1}{-2g_{op}}(1 + \mathrm{e}^{\pm \mathrm{j}2\varphi}) \tag{10-37}$$

由式（10-37）可知，在阻抗平面上的动作特性是一与纵轴相切于原点且对称于横轴的圆，如图 10-38（c）所示，其圆心位于 $\left(0, -\frac{1}{2g_{op}} = -\frac{1}{2}r_{op}\right)$，半径为 $\frac{1}{2g_{op}}$。

因此，当继电器采用绝对值比较方式时，其动作条件为

$$\left|Z + \frac{r_{op}}{2}\right| \leqslant \left|\frac{r_{op}}{2}\right| \tag{10-38}$$

第九节　同步发电机过电压保护

对于水轮发电机，由于调速系统动作迟缓，容易在甩负荷后出现不允许的过电压，因此规定都装设过电压保护。

对于中、小型汽轮发电机，因有快速动作的调速器，当转速超过额定值后，汽轮机危急保安器也会动作关闭主汽门，可防止由于转速升高引起的过电压，因此，中、小型汽轮发电机一般不装设过电压保护。

对于大型汽轮发电机，都装设了过电压保护。这是因为，在运行实践中，大型汽轮发电机出现危及绝缘安全的过电压是比较常见的现象。

过电压保护使用有以下两种情况：

(1) 大型机组与电网联系较强时，正常运行过程中即使线路跳闸或励磁系统故障也不可能引起过电压。只在发电机并列时，因运行人员操作不当或自动调整励磁装置失灵而造成过电压。这时过电压保护仅在试验、启、停机或发电机绝缘状况不良时才投入跳闸，一般情况保护只动作于信号。动作电压取 $U_{op}=1.2U_N$，动作时限取 2s。

(2) 大型汽轮发电机与电网联系较弱时，当一回线甩负荷或半导体励磁系统故障时，会引起过电压。为防止发电机绝缘损坏，正常运行时投入跳闸，其动作电压取 $U_{op}=1.2U_N$，动作时间取 0.5s。

过电压保护原理接线如图 10-39 所示，由于过电压是对称的，故只装一只电压继电器。过电压保护由电压继电器、时间继电器、信号继电器和出口中间继电器组成。

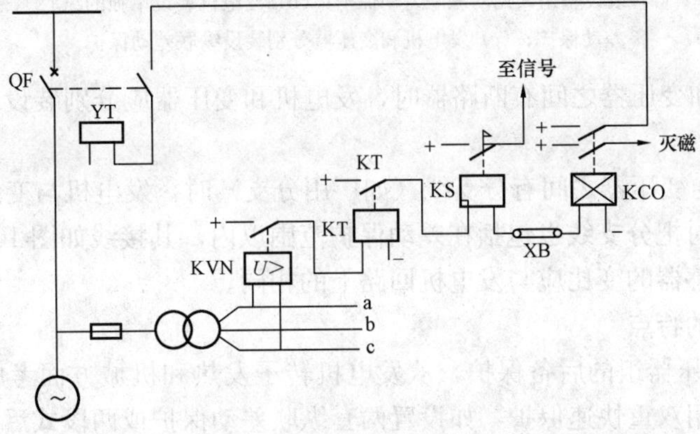

图 10-39　过电压保护原理接线图

第十节　发电机-变压器组保护特点

随着大容量机组和大型发电厂的出现，发电机-变压器组的接线方式在电力系统中获得了广泛的应用。在发电机和变压器上可能出现的故障和不正常运行状态，在发电机-变压器组上同样可能发生，所以发电机-变压器组设置的保护与发电机、变压器相同。但如果将发电机-变压器组看作一个工作元件，则发电机和变压器中某些性能相同的保护可合并成一个公用的保护，如纵联差动保护、后备保护、过负荷保护等。这样不仅使保护简化、经济，而且保护的可靠性也得到了提高。

现将发电机-变压器组保护特点说明如下。

一、纵联差动保护特点

（1）当发电机和变压器之间无断路器时，一般装设整组共用的纵联差动保护，如图 10-40（a）所示。但对大容量的发电机组，发电机还应装设单独的纵联差动保护，如图 10-40（b）所示。对于水轮发电机和绕组直接冷却的汽轮发电机，当公用的差动保护的动作电流大于 1.5 倍发电机额定电流或发电机内部发生故障灵敏度不满足要求时，发电机也应装设单独的纵联差动保护。

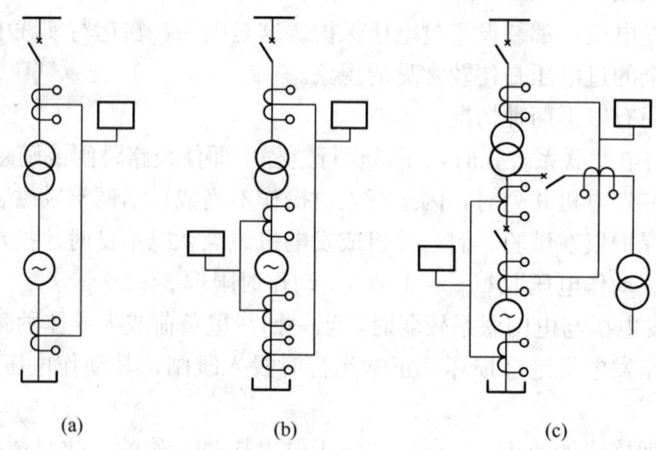

图 10-40　发电机-变压器组纵联差动保护单相示意图
（a）装设整组共用的纵联差动保护；（b）发电机装设单独的纵联差动保护；（c）发电机和变压器分别装设纵联差动保护

（2）当发电机和变压器之间有断路器时，发电机和变压器应分别装设纵联差动保护，如图 10-40（c）所示。

（3）当发电机与变压器之间有分支线（如厂用分支）时，发电机与变压器应装设独立的纵联差动保护，同时把分支线也包括在差动保护范围以内，其接线如图 10-40（c）所示。注意分支线上电流互感器的变比应与发电机回路上的相同。

二、后备保护的特点

大型发电机-变压器组的后备保护，从发电机转子发热和机械方面考虑，要求较快地切除故障，此时可采用双重快速保护，如设置两套纵联差动保护或两段式后备保护。

大型发电机-变压器组都与 220kV 及以上电压母线相连接，其高压输电线路一般都配置较完善的保护装置，因此后备保护可不作线路远后备。但对母线短路故障，后备保护应有足够的灵敏度，并且以尽可能短的时限切除短路故障。

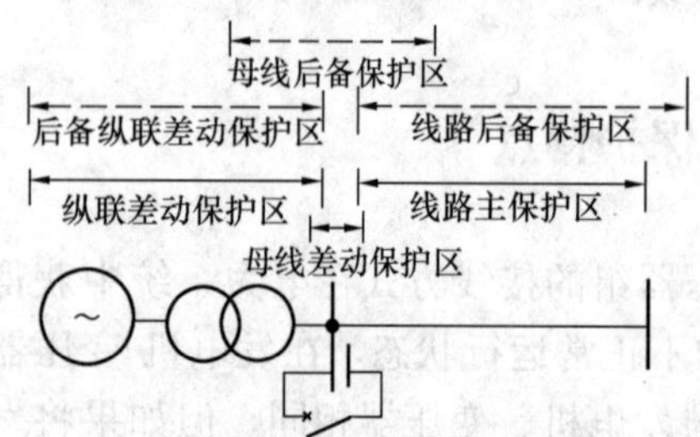

图 10-41　后备保护配置说明

后备保护的配置方式，一般有如下两种方式：

（1）发电机-变压器组采用双重纵联差动保护，且在变压器高压侧装设一套后备保护，如阻抗保护、复合电压启动的过电流保护等，作为母线保护的后备，如图 10-41 所示。

(2) 采用两段式后备保护，其动作区示意图如图 10-42 所示。Ⅰ段动作值按躲过高压母线短路故障整定，保护区不超过高压母线，保护动作后可瞬时或经过短延时动作于停机；Ⅱ段按高压母线发生短路故障时能可靠动作整定，动作时间与相邻线路Ⅰ段相配合，最长时限不得超过发电机允许的时间。两段均可采用全阻抗保护。

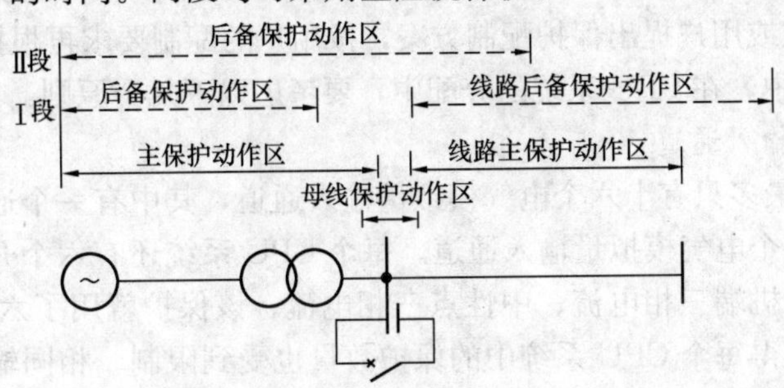

图 10-42　发电机-变压器组两段式后备保护动作区示意图

三、发电机定子绕组单相接地保护的特点

对于发电机-变压器组，由于发电机与系统之间没有电的联系，因此，发电机定子接地保护就可以简化。

对于发电机-变压器组，其发电机的中性点一般不接地或经消弧线圈接地。发生单相接地的接地电容电流通常小于允许值，故接地保护可以采用零序电压保护，并作用于信号。大容量的发电机也应装设保护范围为 100%的定子接地保护。

第十一节　微机型发电机-变压器组保护

微机型保护装置是用计算机对数字量进行计算和判断来实现继电保护功能的装置。它与传统的模拟型继电保护相比，具有无可比拟的优越性，如具有监视功能和在线自动检测功能；设有硬件闭锁回路，只有在电力系统发生故障保护装置启动时，才允许开放跳闸回路；装置还具有可靠性高、灵活性大和功能多等特点。本节主要以 WFBZ-01 微机型发电机-变压器组保护装置为例简单加以说明。

一、WFBZ-01 装置的组成

WFBZ-01 微机型发电机-变压器组保护装置的最小组成单元是 CPU 系统，它的含义是以中央微处理器 CPU 为核心的微型计算机系统，有自己的独立电源及模拟量输入模件，一个 CPU 系统组装在一个机箱内，配备一些输出模件出口继电器就构成一套完整的保护装置，一个 CPU 系统能独立完成五种左右的保护功能，若干个 CPU 系统（一般不超过四个）组成一个保护柜。一般 200MW 以上发电机-变压器组和高压厂用变压器的所有继电保护用两个保护柜，100MW 以下的机组用一个保护柜。

保护柜中的 CPU 系统各自独立并有自己的电源及熔断器，如果因检修需要退出某个 CPU 系统，同一个保护柜中的其他 CPU 系统照样正常工作。保护柜中各 CPU 系统的事故保护均通过连接片启动跳闸继电器，假如要退出某种保护，只需操作相应的连接片即可，不影响其他保护的正常工作。每一个保护柜设有一组跳闸继电器，它能满足各种跳闸需要，跳闸触点通过连接片输出。本保护装置在正常运行时，其跳闸继电器的线圈是悬空的，不接任何电源，当某个 CPU 系统动作跳闸时，该 CPU 系统的电源自动接通，跳闸继电器不只依赖于某个电源。

每个保护柜内配备一台打印机，保护柜中的所有 CPU 系统共享该打印机。

二、WFBZ-01 装置保护功能分配原则

这里的分配是指被保护装置的各个保护功能分配在各个 CPU 系统中以及组成保护柜。一个工程由设计单位或用户提出保护配制方案，按用户的配制要求再根据分配原则把各个保护分配在 CPU 系统中，在 CPU 系统的分配中，要考虑以下几个原则：

1. CPU 系统的输入通道

每个 CPU 系统最多只有十六个电气模拟量输入通道，其中有一个通道作为本系统自检用，实际上只有十五个电气模拟量输入通道。每个 CPU 系统还有六个开关量输入。例如发电机差动保护，它有机端三相电流、中性点三相电流，该保护就用了六个通道。CPU 系统输入通道的限制，使得每个 CPU 系统中的保护数量也受到限制。相同输入量的保护功能最好在同一个 CPU 系统中。

2. 保护的合理分配及双重化

应尽可能地把主保护分散在各 CPU 系统上，并且不要将同种类型的保护集中在同一个 CPU 系统上，否则，当检修 CPU 系统或者其他原因暂停该 CPU 系统时，就会把所有主保护退出。在某些情况下（如单发电机保护）可对差动保护双重化且不在同一个 CPU 系统中。

3. 数据共享

如果每个保护的输入量都占用 CPU 系统的输入通道，将会增加 CPU 系统的数量，并给组柜带来麻烦。为此可以利用微机数据共享的特点，尽量把同一互感器的保护集中在一个 CPU 系统中，前提是不能影响主、后备保护的关系。CPU 系统把输入通道上的模拟量采集进来，通过模数转换器，把模拟量输入信号转换成数据，并存在特定的区域。作为数据，它的应用非常方便，又没有功耗问题。

下面列举 300MW 发电机-变压器组保护在 CPU 系统中的分配，具体见表 10-2 和表 10-3。

表 10-2　A 柜在 CPU 系统中的分配

CPU 系统	保护功能
CPU1	发电机差动保护、逆功率 2、定子过负荷 1、负序过电流、定子接地（三次谐波）
CPU2	失磁、失步、逆功率 1、负序过负荷*
CPU3	发电机定子匝间、定子接地（零序电压）、发电机转子一点接地、转子两点接地、定子过负荷*
CPU4	误上电保护、发电机过励磁、低频、热工励磁回路过负荷

表 10-3　B 柜在 CPU 系统中的分配

CPU 系统	保护功能
CPU1	发电机-变压器组差动保护、变压器阻抗保护、非全相、失灵冷却器故障、主变压器重瓦斯、主变压器轻瓦斯、主变压器油位
CPU2	主变压器差动保护、主变压器零序保护、主变压器压力释放、主变压器温度

发电机差动保护和变压器差动保护作为主保护，由于有了发电机-变压器组差动保护，它们实际上具备了双重化，带“*”的保护为后备保护双重化。

在保护的分配上把发电机保护分在一个柜，把变压器保护分在另一个柜，看起来比较直观，又便于管理。B柜只有两个CPU系统，比较空，可以把高压厂用变压器保护也放在B柜中。

三、装置的硬件及软件说明

（一）硬件说明

WFBZ-01微机型发电机-变压器组保护装置由若干个分别独立的CPU微机系统组成，每个CPU系统分别承担数种保护，包含1～2种主保护，3～6种后备保护。合理配置CPU个数及每个CPU所承担的保护，可完成各种容量的发电机-变压器组保护（可带厂用变压器），或单独的各种容量的发电机、变压器、同步调相机等成套保护。

虽然各CPU系统实现的保护不同，原理各异，功能主要由软件程序决定，但为软件提供服务的基础——硬件系统却完全相同，图10-43为CPU系统的基本硬件框图，主要包括输入信号隔离和电压形成变换、模拟滤波、模/数转换、CPU中央处理器、I/O接口、信号和出口驱动及逻辑、信号和出口继电器及电源。装置中采用分板插件形式，把上述电路分散在14类插件中。这样，无论保护配置复杂与否，整套装置仅由14类插件组合而成。不同的只是插件数量、微机系统套数及工程柜的多少而已。

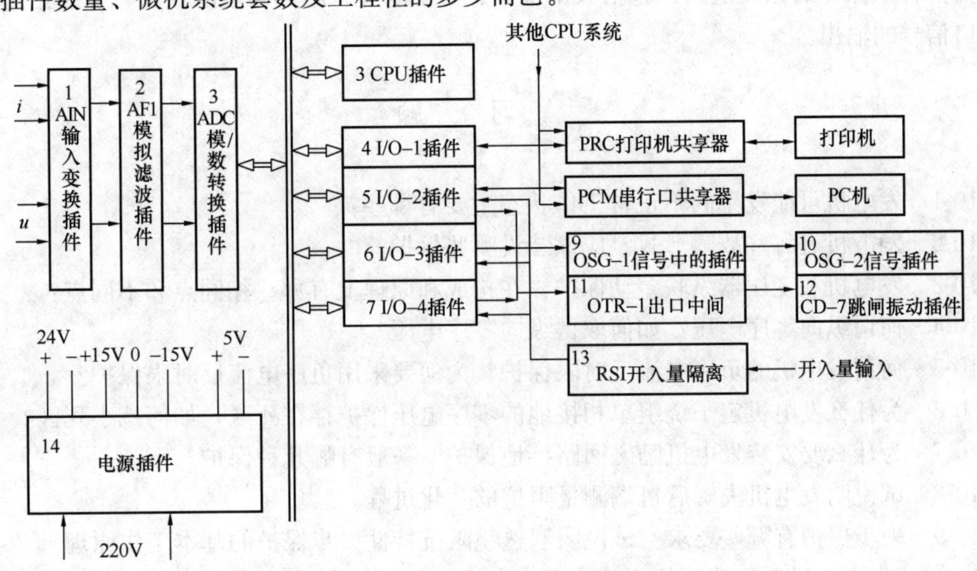

图10-43 CPU系统的基本硬件框图

图10-43中，各交流电压电流量分别经输入变换插件（WBT-101E），转换成CPU系统所能接受的电压信号（10V以下），再经模拟滤波插件滤波处理后，送到模/数变换插件进行模/数转换，CPU插件中CPU按照EPROM中既定的软件程序进行数字滤波、数据计算、保护判据判别，向I/O插件送出判别结果，经信号驱动后发出报警信号，或经出口中间插件进行逻辑组合后，由出口中间插件中干簧继电器输出触点执行跳闸。瓦斯、温度等开关量的输入经开关量输入插件隔离后进入CPU系统，键盘、显示器、打印机、拨轮开关等用于人机界面，实现对本体CPU系统的三组工作电源。另外，在I/O-1插件上还设计了硬件监视电路，用于监视CPU系统工作正常与否，一旦CPU工作不正常，即让CPU系统重新进入初始化状态工作，若仍不正常，即发出报警信号。

（二）软件说明

微机保护的软件主要是以硬件模件为基础，完成各种保护算法及方案，并提供丰富灵活的手段对保护装置进行整定监视维护。从快速性、实时性考虑，软件编制采用汇编语言。

本保护装置是成套的发电机-变压器组保护，或独立的发电机保护和变压器保护，保护种类根据机组容量及配置要求而定，分布在几个相互独立的CPU系统中。各CPU系统软件采用模块化结构，主要由三大模块组成，除继电保护功能程序各CPU不相同外，其他程序是通用的。

1. 调试监控程序

当装置运行在调试状态时，调试监控程序提供丰富的测试手段，对装置进行全面的检查、调试、整定等。

2. 运行监控程序

当装置运行在运行状态时，运行监控程序可对装置进行自检、各种在线监视、打印机的管理等。

3. 继电保护功能程序

实现各个保护的原理框图，包括数据采集、数字滤波、电气参数的计算、各判据的实现及出口信号的输出。

习　题

10-1　发电机可能发生的不正常工作状态主要有哪些？

10-2　发电机有哪些故障形式？应该装设哪些保护？

10-3　发电机和变压器纵联差动保护，在构成和原理上有哪些相同点和不同点？

10-4　何谓纵向零序电压？如何取得纵向零序电压？

10-5　何谓发电机的负序电流反时限保护？为何要采用负序电流反时限保护？

10-6　为什么发电机定子绕组单相接地的零序电压保护存在死区，如何减小死区？

10-7　为什么要安装发电机励磁回路接地保护？一般有哪几种保护？

10-8　试说明发电机失磁后机端测量阻抗的变化过程。

10-9　失步保护有哪些要求？试说明双透镜阻抗特性失步保护的基本工作原理。

10-10　发电机励磁回路为什么要装设一点接地和两点接地保护？

10-11　大容量发电机为什么要采用100%定子接地保护？

10-12　试分析发电机纵联差动保护与横联差动保护作用及保护范围，能否互相取代？

第十一章　母线保护

第一节　母线保护配置的基本原则

电力系统中的母线是具有很多进出线的公共电气连接点，它起着汇总和分配电能的作用。所以，发电厂和变电站中的母线是电力系统中的一个重要组成元件。母线运行是否安全可靠，将直接影响发电厂、变电站和用户工作的可靠性。枢纽变电站的母线上发生故障甚至会破坏整个系统的稳定。

引起母线短路故障的主要原因有：由空气污秽导致的断路器套管及母线绝缘子的闪络；母线电压互感器和电流互感器的故障；运行人员的误操作，如带负荷拉隔离开关、带接地线合断路器等。

母线故障主要有单相接地故障和相间短路故障。与输电线路故障相比，母线故障的概率虽较小，但其造成的后果却十分严重。因此，必须采取措施来消除或减轻母线故障所造成的影响。

一般说来，为切除母线故障，可采用以下两种方式。

1. 利用母线上其他供电元件的保护装置来切除故障

(1) 如图 11-1 所示，对单侧电源供电的降压变电站，当 B 变电站母线在 k 点处故障时，可利用线路 AB 上的电流保护Ⅱ段或Ⅲ段来切除。

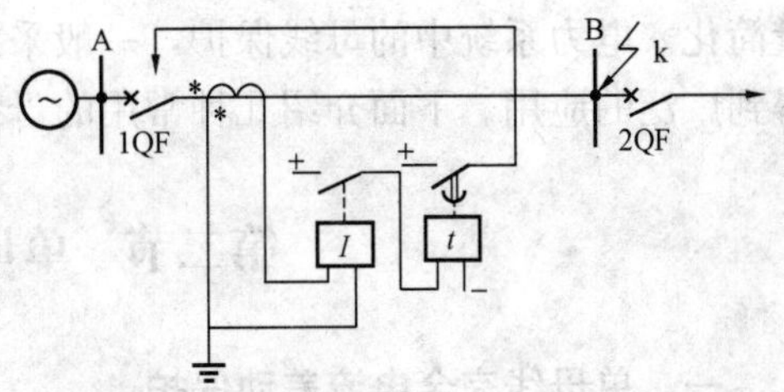

图 11-1　利用线路电流保护切除母线故障

(2) 如图 11-2 所示的独立运行的发电厂采用单母线接线，当母线上故障时，可利用发电机的过电流保护使断路器 1QF、2QF 跳闸，以切除母线故障。

(3) 如图 11-3 所示的具有两台变压器的降压变电站，正常时变电站的低压侧母线分裂

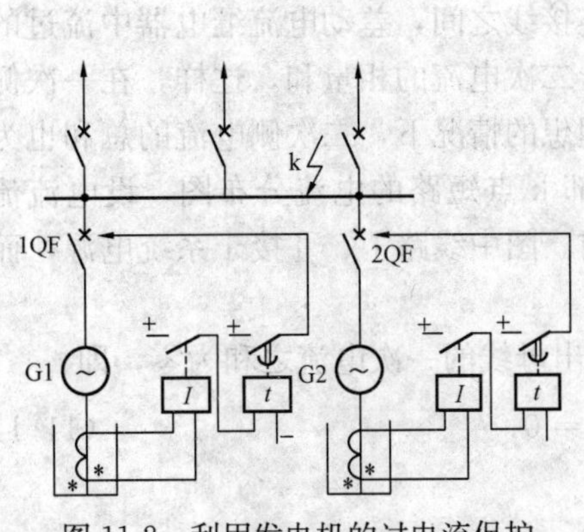

图 11-2　利用发电机的过电流保护切除母线故障

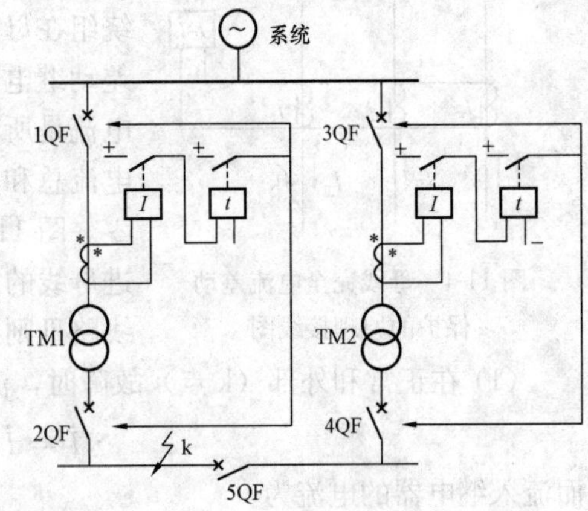

图 11-3　利用变压器的过电流保护切除低压母线故障

运行，当低压侧母线发生故障时（如 k 点），可由相应变压器的过电流保护跳开变压器断路器 1QF、2QF，将母线短路故障切除。

虽然利用供电元件可以切除母线上的故障，但切除故障的时间较长，在某些情况下是不允许的，因此，必须采取更有效的保护措施。

2. 采用专门的母线保护

(1) 对 220～500kV 母线，应装设专用的、能快速且有选择地切除故障的母线保护。对 3/2 断路器接线，每组母线宜装设两套母线保护。

(2) 110kV 及以上的双母线和分段母线上，为保证有选择性地切除任一组（或段）母线上的故障，而使另一组（或段）无故障的母线仍能继续运行，应装设专用的母线保护。

(3) 110kV 及以上的单母线、重要发电厂或 110kV 及以上重要变电站的 35～66kV 母线，按照装设全线速动保护的要求，必须快速切除母线上的故障时，应装设专用的母线保护。

(4) 对发电厂和主要变电站 6～10kV 分段母线及并列运行的双母线，在下列情况下应装设专用的母线保护。

1) 需快速而有选择地切除一段或一组母线上的故障，以保证发电厂和电力网的安全运行时；对重要负荷可靠供电时。

2) 当线路断路器不允许切除线路电抗器前的短路故障时。

由此可见，母线保护除应满足其速动性和选择性外，还应特别强调其可靠性并使接线尽量简化。电力系统中的母线保护，一般采用差动保护就可以满足要求。因此，母线差动保护得到广泛的应用。下面介绍几种常用的母线差动保护。

第二节　单母线的电流差动保护

一、单母线完全电流差动保护

(一) 母线完全电流差动保护的工作原理

母线完全电流差动保护的原理接线如图 11-4 所示，和其他元件的差动保护一样，也是按环流法的原理构成的。在母线的所有连接元件上装设变比和特性完全相同的电流互感器，并将所有电流互感器的二次绕组在母线侧的端子互相连接，在外侧的端子也互相连接，差动继电器则接于两连接线之间，差动电流继电器中流过的电流是所有电流互感器二次电流的相量和。这样，在一次侧电流总和为零时，在理想的情况下，二次侧电流的总和也为零。图 11-4 为母线外部 k 点短路的电流分布图，设电流流进母线的方向为正方向。图中线路Ⅰ、Ⅱ接于系统电源，而线路Ⅲ则接于负荷。

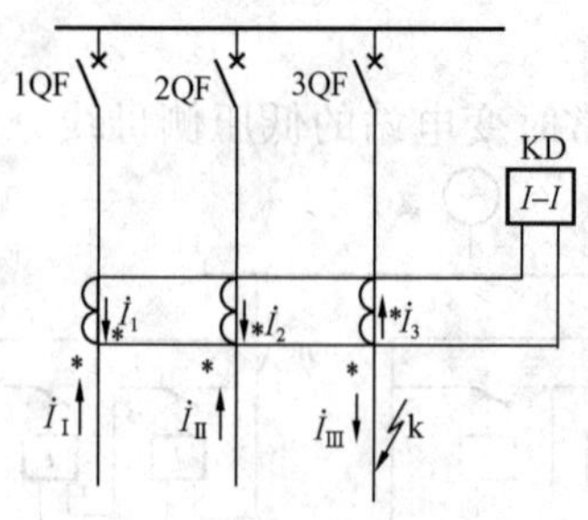

图 11-4　母线完全电流差动保护的原理接线图

(1) 在正常和外部（k 点）故障时，流入母线与流出母线的一次电流之和为零，即

$$\Sigma\dot{I} = \dot{I}_{\mathrm{I}} + \dot{I}_{\mathrm{II}} - \dot{I}_{\mathrm{III}} = 0 \tag{11-1}$$

而流入继电器的电流为

$$\dot{I}_{\mathrm{g}} = \dot{I}_1 + \dot{I}_2 - \dot{I}_3 = \frac{1}{n_{\mathrm{TA}}}(\dot{I}_{\mathrm{I}} + \dot{I}_{\mathrm{II}} - \dot{I}_{\mathrm{III}}) \tag{11-2}$$

因电流互感器变比 n_{TA} 相同，在理想情况下流入差动继电器的电流为零，即 $\dot{I}_g=0$。

但实际上，由于电流互感器的励磁特性不完全一致和误差的存在，在正常运行或外部故障时，流入差动继电器的电流为不平衡电流，即

$$\dot{I}_g=\dot{I}_{unb} \tag{11-3}$$

式中 $\dot{I}_{unb}$——电流互感器特性不一致而产生的不平衡电流。

(2) 母线故障时，所有有电源的线路，都向故障点供给故障电流，则

$$\dot{I}_g=\frac{1}{n_{TA}}(\dot{I}_I+\dot{I}_{II})=\frac{1}{n_{TA}}\dot{I}_k \tag{11-4}$$

式中 $\dot{I}_k$——故障点的总短路电流。

电流 $\dot{I}_k$ 数值很大，足以使差动继电器动作。

(二) 母线完全电流差动保护的整定计算

(1) 当采用带速饱和变流器的差动继电器、电流互感器采用 D 级且按 10%误差曲线选择时，差动继电器的动作电流按下述条件计算，并取较大者为整定值。

1) 按躲过电流互感器二次回路断线时的负荷电流整定，即

$$I_{op.k}=K_{rel}\frac{I_{l.max}}{n_{TA}} \tag{11-5}$$

式中 K_{rel}——可靠系数，一般取 1.3；

$I_{l.max}$——连接于母线上任一元件的最大负荷电流。

2) 按躲过外部故障时差动回路中可能产生的最大不平衡电流整定，即

$$I_{op.k}=10\%K_{rel}K_{aper}\frac{I_{k.max}}{n_{TA}} \tag{11-6}$$

式中 K_{rel}——可靠系数，一般取 1.3；

K_{aper}——非周期分量影响系数，如差动继电器具有速饱和变流器时，可取 $K_{aper}=1$；

$I_{k.max}$——母线外部故障时，流过连接母线元件的最大短路电流。

(2) 灵敏度校验。启动元件和选择元件的灵敏度计算公式为

$$K_{sen}=\frac{I_{k.min}}{n_{TA}I_{op.k}}\geqslant 2 \tag{11-7}$$

式中 $I_{k.min}$——母线短路故障时的最小短路电流。

(三) 母线差动保护不平衡电流的预防措施

当母线外部发生故障时，一般情况下，非故障支路电流不会很大，TA 不会饱和；但是故障支路电流及有电源支路上电流较大，TA 可能饱和。由于母线差动保护的不平衡电流同样取决于各支路 TA 励磁特性差异，饱和的 TA 与不饱和的 TA 之间励磁特性差异更大，因此母线差动保护在外部故障时不平衡电流可能较大。

为了减小母线保护外部故障情况形成的不平衡电流，可以采取措施降低 TA 饱和程度，或与其他差动保护一样采用比率制动技术。根据电流互感器二次侧负载阻抗的大小，母线差动保护又可分为低阻抗母线保护、中阻抗母线保护和高阻抗母线保护。图 11-4 中 KD 采用差动电流继电器时，二次电流回路阻抗较低，称为低阻抗母线保护。为了降低 TA 的饱和程度，图 11-4 中采用电压继电器作为 KD，由于二次电流回路呈现高阻抗，称为高阻抗母线保护。高阻抗母线保护可以降低 TA 饱和情况不一致形成的不平衡电流，但在内部故障时差动

电流很大，可能在KD上形成危险的高压，需要采取过电压保护措施。中阻抗母线保护是常用的比率制动的电流型差动保护，这种保护差动回路的电阻高于电流型差动保护而低于高阻抗母线差动保护。

（四）比率制动的母线电流差动保护基本工作原理

母线电流差动保护与变压器纵联差动保护相似，采用电流制动措施后能较好地克服区外短路故障时差动回路中不平衡电流的影响，这样就构成了带比率制动的母线电流差动保护。保护的动作电流不再是常数，而是随制动电流增大而增大，是制动电流 I_{res} 的函数。

对于带比率制动的母线电流差动保护，若差动继电器的最小动作电流为 $I_{op.0}$，则继电器动作电流 $I_{op.g}$ 可表示为

$$I_{op.g} \geqslant I_{op.0} + \rho I_{res.g} \tag{11-8}$$

$$I_{res.g} = \frac{1}{n_{TA}} I_{res} \quad I_{op.g} = \frac{1}{n_{TA}} \left| \sum_{i=1}^{n} \dot{I}_i \right|$$

式中 $I_{res.g}$——继电器的制动电流；

I_{res}——一次系统的制动电流；

ρ——制动特性斜率；

$I_{op.g}$——继电器的动作电流；

$\dot{I}_i$——母线上连接元件的电流。

由式（11-8）明显可见，继电器躲不平衡电流的能力提高了。对于制动电流 I_{res} 的选取，有如下三种方式。

(1) 最大制动方式。继电器的制动电流取 n 个连接元件中电流的最大值，即

$$I_{res.g} = \frac{1}{n_{TA}} [|\dot{I}_1|, |\dot{I}_2|, \cdots, |\dot{I}_n|]_{max} \tag{11-9}$$

“max”是取方括弧中电流的最大值。显然，当其中的最大值电流通过的电流互感器发生饱和时，制动量将减小。

(2) 绝对值之和制动方式。继电器的制动电流取 n 个连接元件中电流的绝对值之和，即

$$I_{res.g} = \frac{1}{n_{TA}} (|\dot{I}_1| + |\dot{I}_2| + \cdots + |\dot{I}_n|) \tag{11-10}$$

与最大制动方式相比，继电器的制动量增大了。

(3) 综合制动方式。继电器的制动电流取最大制动方式与绝对值之和制动方式下制动电流的比率差，即

$$I_{res.g} = \frac{1}{n_{TA}} \left\{ [|\dot{I}_1|, |\dot{I}_2|, \cdots, |\dot{I}_n|]_{max} - K \sum_{i=1}^{n} |\dot{I}_i| \right\} \tag{11-11}$$

其中 K 是系数，如果大括号内是负值，则制动电流取零。

制动电流引入继电器后，显然提高了继电器在外部短路故障时不误动的能力。但为了提高内部短路故障时的灵敏度，要求此时制动作用尽量小，甚至无制动作用。

需要指出，母线外部短路故障时，故障元件的电流互感器因流过其他连接元件供给的全部短路电流，将可能使铁芯严重饱和，造成二次电流减小甚至无输出。于是，对最大制动方式和绝对值之和制动方式而言，失去了一个最大的制动电流；对综合制动方式而言，制动量

将大为减小，甚至失去制动作用。应采取相应措施防止误动作。

母线完全电流差动保护适用于大接地电流系统中的单母线或双母线经常只有一组母线运行的情况。

二、单母线不完全电流差动保护

母线完全电流差动保护要求连接于母线上的全部元件都装设电流互感器。这对于出线很多的6～66kV母线来说，设备费用贵，保护接线复杂，要实现完全电流差动保护很困难。为了解决上述问题，可根据母线的重要程度，采用母线不完全电流差动保护。

（一）母线不完全电流差动保护的工作原理

母线不完全电流差动保护，只需在有电源的元件上装设变比和特性完全相同的D级电流互感器。如图11-5所示，只在发电机、变压器、分段断路器上装设电流互感器，且电流互感器只装设在A、C两相上，按差动原理连接，在差动回路中接入1KD、2KD差动继电器。因没有将所有连接元件都接入差动回路，故称不完全电流差动保护。

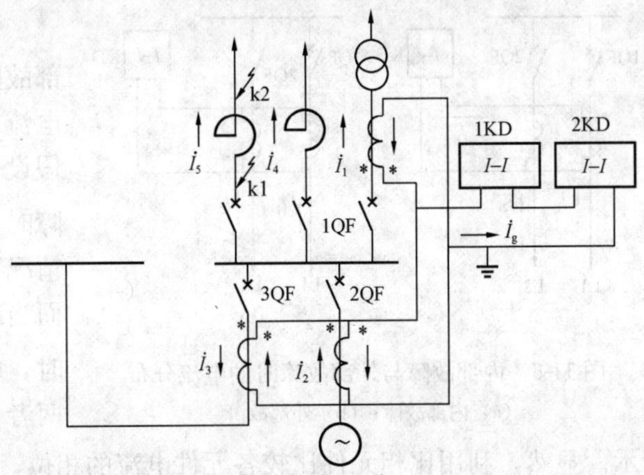

图11-5　母线不完全电流差动保护的原理接线图

正常运行时，差动继电器中流过的是各馈电线路负荷电流之和；母线故障时，流过继电器的电流为短路点的总电流；馈电线路电抗器后短路，流过继电器的电流为短路点的总电流（由于电抗器的限流作用，此电流较小）。

（二）母线不完全电流差动保护的整定计算

母线不完全电流差动保护由差动电流速断保护和差动过电流保护两段组成。第Ⅰ段由差动继电器1KD实现，当在母线上或馈电线路电抗器前（如图11-5中k1点）发生短路故障时，能瞬时将供电元件的断路器跳开（各馈电线路断路器因采用轻型断路器，故不能断开本线路电抗器前的短路故障）。因此，继电器的动作电流应躲过在馈电线路电抗器后发生短路故障（如图11-5中k2点）时流过1KD的最大电流，即

$$I_{\mathrm{op.g}}^{\mathrm{I}}=\frac{K_{\mathrm{rel}}}{n_{\mathrm{TA}}}(I_{\mathrm{k.max}}+I_{\mathrm{l.max}}) \tag{11-12}$$

式中　K_{rel}——可靠系数，取1.2；

$I_{\mathrm{k.max}}$——馈电线路电抗器后发生短路故障时的最大短路电流；

$I_{\mathrm{l.max}}$——除故障线路外各馈电线路负荷电流之和的最大值。

第Ⅱ段为过电流保护，由差动继电器2KD实现。作为电流速断的后备，动作电流应按躲过母线上的最大负荷电流整定，即

$$I_{\mathrm{op.g}}^{\mathrm{II}}=\frac{K_{\mathrm{rel}}K_{\mathrm{ast}}}{K_{\mathrm{r}}n_{\mathrm{TA}}}I_{\mathrm{l.max}} \tag{11-13}$$

式中　K_{rel}——可靠系数，取1.3；

K_{ast}——自启动系数，取2～3；

K_r——差动继电器（2KD）的返回系数，取 0.8；

$I_{l.max}$——各馈电线路负荷电流之和的最大值。

电流速断保护动作时限应比馈电线路过电流保护最大动作时限长一个时限级差 Δt。

电流速断灵敏度校验，按照母线上短路流过保护的最小短路电流与保护动作电流之比来计算，要求灵敏系数不小于 1.5；过电流保护灵敏度校验，按照引出线末端短路流过保护的最小短路电流与保护动作电流之比来计算，要求灵敏系数不小于 1.2。

实质上，上述保护是一个接于所有电源支路电流之和的电流速断保护，因此，它比简单的电流速断保护具有更高的灵敏度。由于它动作迅速、灵敏度高，而且接线也比较简单、经济，因此，在 6～10kV 发电厂及变电站的母线上得到了广泛的应用。

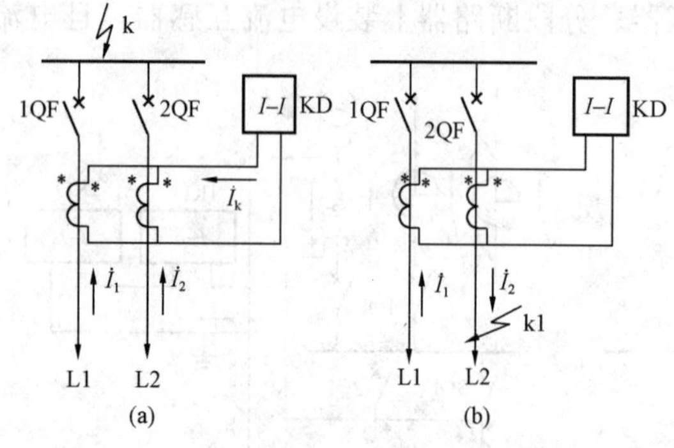

图 11-6 内部故障与外部故障时的电流分布
（a）内部故障；（b）外部故障

三、电流比相式母线差动保护

电流比相式母线差动保护是根据母线外部故障或内部故障时连接在该母线上各元件电流相位的变化来实现的。如图 11-6 所示，假设母线上只有两个元件。当母线上 k 点故障时，电流 $\dot{I}_1$ 和 $\dot{I}_2$ 都流向母线，在理想的情况下两者相位相同，如图 11-6（a）所示。而当线路正常运行或母线外部（k1 点）故障时，电流 $\dot{I}_1$ 流入母线，电流 $\dot{I}_2$ 由母线流出，两者大小相等、相位相反，如图 11-6（b）所示。显然，利用比相元件比较各元件电流的相位，便可判断内部故障或外部故障，从而确定保护的动作情况。

第三节 双母线保护

一、双母线固定连接方式的完全差动保护

当发电厂和重要变电站的高压母线为双母线时，为了提高供电的可靠性，常采用双母线同时运行，母线联络断路器处于投入状态。按照一定的要求，每组母线上都固定连接约 1/2 的供电电源和输电线路，这种母线称为固定连接母线。当任一组母线故障时，只切除接于该母线上的元件，而另一组母线上的连接元件则照常运行，从而缩小了停电范围，提高了供电的可靠性。因此，双母线差动保护要有能区别哪一组母线故障的选择元件，以及能区别区内故障和区外故障的启动元件。

（一）双母线固定连接的母线完全差动保护的组成和工作原理

1. 双母线固定连接的母线完全差动保护的组成

双母线固定连接方式的差动保护单相原理接线如图 11-7 所示，它主要由三部分组成。第一部分用于选择母线Ⅰ的故障，它包括电流互感器 1、2、6 和差动继电器 1KD；第二部分用于选择母线Ⅱ的故障，它包括电流互感器 3、4、5 和差动继电器 2KD；第三部分实际上是将母线Ⅰ、Ⅱ都包括在内的完全差动保护，它包括电流互感器 1～6 和差动继电器 3KD。无论是母线Ⅰ还是母线Ⅱ故障，3KD 都动作；当外部故障时，3KD 不动作。3KD 是

整套保护的启动元件。

2. 双母线固定连接的母线完全差动保护的工作原理

(1) 正常运行或发生区外(k点)故障时，由图11-8所示的二次电流分布情况可见，流经差动电流继电器1KD、2KD和3KD的电流均为不平衡电流。而保护装置是按躲过区外故障时的最大不平衡电流来整定的。所以，差动保护不会误动作。

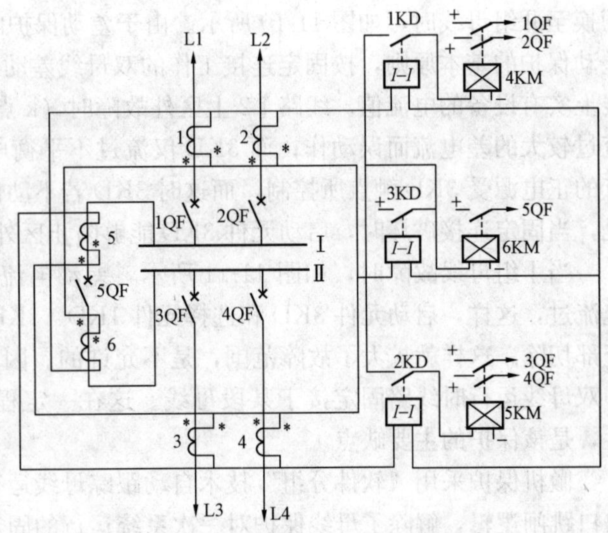

图11-7　双母线固定连接方式的差动保护单相原理图

(2) 任一组母线发生区内故障时，如母线Ⅰ上k点发生故障，由图11-9的二次电流分布情况可见，流经差动电流继电器1KD、3KD的电流为全部故障二次电流，而差动电流继电器2KD中仅有不平衡电流流过，所以，1KD和3KD动作，2KD不动作。由图11-7可见，3KD动作后启动中间继电器6KM，从而使母联断路器5QF跳闸，并发出母联断路器跳闸信号；1KD动作后，启动中间继电器4KM，从而使断路器1QF和2QF跳闸并发出相应的跳闸信号。这样，既把故障的Ⅰ组母线切除，同时又使没有故障的Ⅱ组母线仍继续保持运行，提高了电力系统供电的可靠性。同样，可以分析母线Ⅱ上发生故障时的保护动作情况。

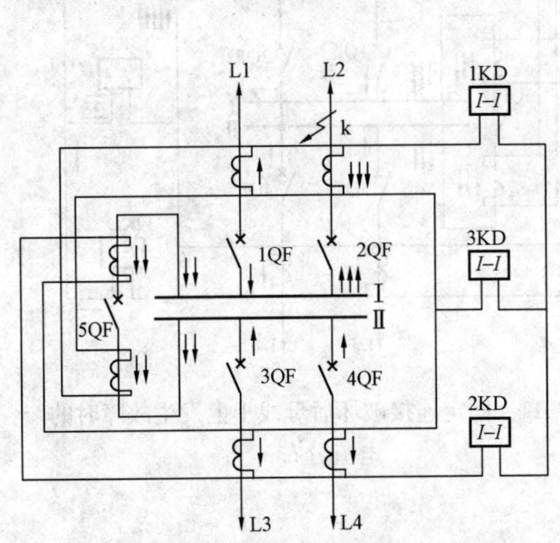

图11-8　按固定连接的母线差动保护在区外故障时的电流分布

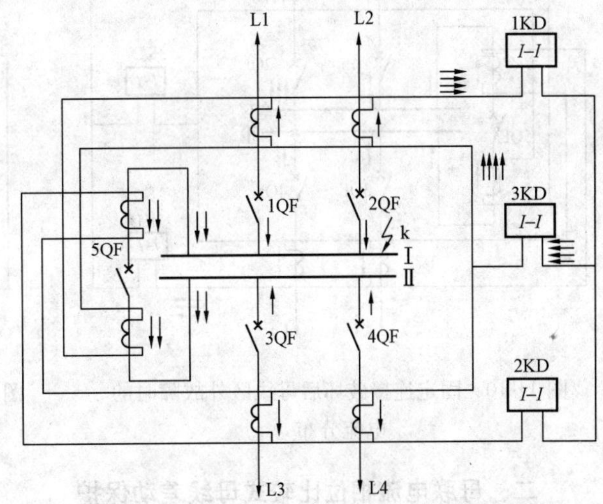

图11-9　按固定连接的母线差动保护在区内故障时的电流分布

（二）母线固定连接方式破坏时保护动作情况的分析

母线固定连接方式的优点是，当任一母线故障时，能有选择地、迅速地切除故障母线，没有故障的母线继续照常运行，从而提高了电力系统运行的可靠性。但在实际运行过程中，由于设备的检修、元件故障等原因，母线固定连接常被破坏。例如，将线路L2从Ⅰ组母线切换至Ⅱ组母线时，如图 11-10 所示。由于差动保护的二次回路不跟着切换，从而失去构成差动保护的基本原则，按固定连接工作的双母线差动保护的选择元件，都不能反应该两组母线上实有设备的电流值。线路 L2 上区外故障时（k 点），差动电流继电器 1KD 和 2KD 都将流过较大的差电流而误动作；而 3KD 仅流过不平衡电流，不会动作。由于 1KD 和 2KD 触点的正电源受 3KD 触点所控制，而这时 3KD 若不动作，就保证了保护不会误跳闸。由此可见，当固定连接破坏时，启动元件 3KD 能够防止区外故障时差动保护误动作。

当Ⅰ组母线故障时，如图 11-11 所示，差动电流继电器 1KD、2KD、3KD 都有故障电流流过，这样，启动元件 3KD 和选择元件 1KD、2KD 都动作，从而将两组母线上的引出线全部切除。这样就扩大了故障范围，是不允许的。因此，传统的双母线保护要求固定连接，即双母线运行时线路固定接于某段母线。这在一定程度上限制了一次系统运行调度的灵活性，是该保护的主要缺点。

微机保护采用“软件分组”技术自动跟踪母线运行情况，实时地调整差动方程以及保护出口跳闸逻辑，解除了母线保护对一次系统运行的固定连接限制。

微机型母线保护采集各单元的电流以及母线侧隔离开关位置，以确定各分支运行在哪段母线上，安装母线对各分支进行分组。微机型母线保护的“大差”“小差”电流的形成由软件实现而非硬件电路，可以灵活地改变差动电流方程，根据分组情况构造“小差”元件的电流方程，同时调整保护出口逻辑。微机型母线保护广泛采用比率制动式电流差动保护原理。

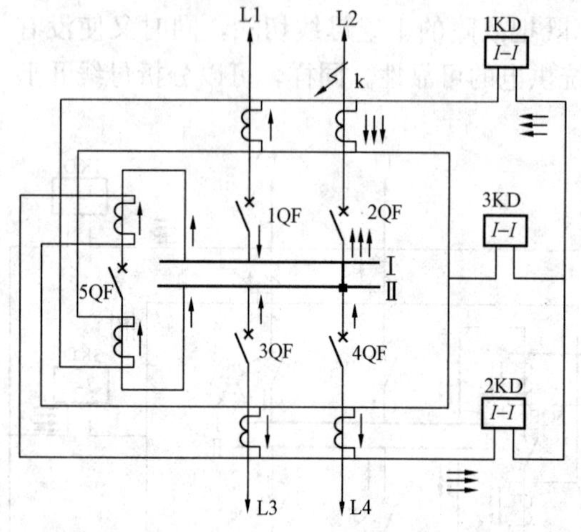

图 11-10 固定连接破坏后母线区外故障时的电流分布

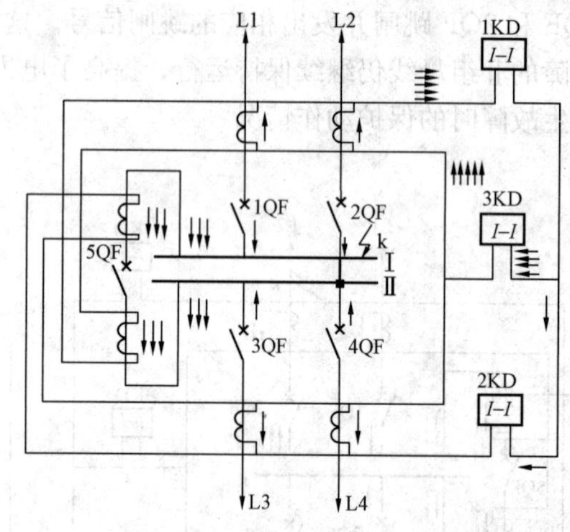

图 11-11 固定连接破坏后母线Ⅰ上发生故障时的电流分布

二、母联电流相位比较式母线差动保护

双母线固定连接运行的完全差动保护的缺点是缺乏灵活性。为克服此缺点，在双母线同时运行的系统中，广泛采用另一种差动保护——母联电流相位比较式母线差动保护，它适用于双母线连接元件运行方式经常改变的母线。

1. 工作原理

母联电流相位比较式母线差动保护的原理是比较母联断路器回路的电流与总差动电流的相位关系。该保护的单相原理接线如图 11-12 所示。它的主要元件是启动元件 KD 和选择元件 1KW、2KW。启动元件 KD 接入所有引出线（不包括母联断路器回路）的总差动电流，

KW 的两个线圈分别接入母联断路器回路的电流和总差动回路的电流，通过比较这两个回路中电流的相位来获得选择性。在图 11-12（a）所示双母线接线中，假设Ⅰ、Ⅱ母线并列运行，Ⅰ母线和Ⅱ母线的连接元件中均有电源线路，规定母联电流 $\dot{I}_5$ 的正方向为由Ⅱ母线流向Ⅰ母线，则当Ⅰ母线上的 k1 点发生短路故障时，母联电流 $\dot{I}_5$ 为

$$\dot{I}_5 = \dot{I}_3 + \dot{I}_4$$

一次侧总短路电流 $\dot{I}_k$ 为

$$\dot{I}_k = \dot{I}_1 + \dot{I}_2 + \dot{I}_3 + \dot{I}_4 \tag{11-14}$$

显然，当不计各电源间的相角差和各元件阻抗角的不同时，$\dot{I}_5$ 和 $\dot{I}_k$ 同相位，如图 11-12（b）所示。

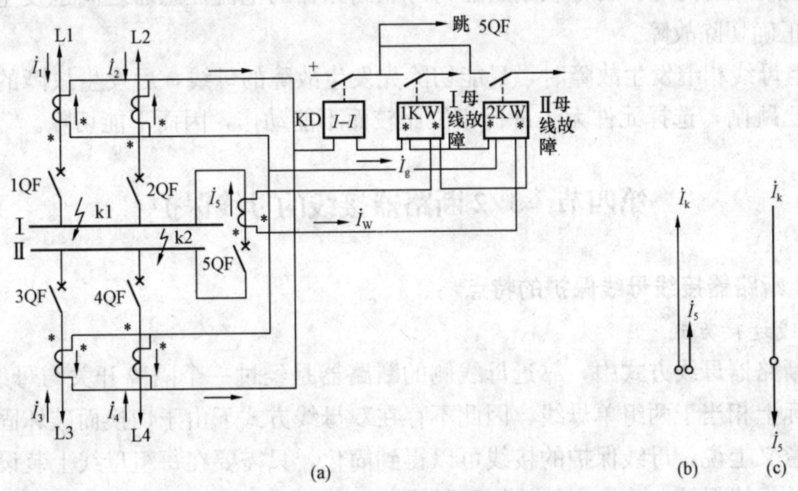

图 11-12　母联电流与短路电流相位比较

(a) 原理接线图；(b) $\dot{I}_5$ 与 $\dot{I}_k$ 同相；(c) $\dot{I}_5$ 与 $\dot{I}_k$ 反相

当Ⅱ母线上的 k2 点发生短路故障时，母联电流 $\dot{I}_5$ 为

$$\dot{I}_5 = -(\dot{I}_1 + \dot{I}_2)$$

短路电流 $\dot{I}_k$ 仍如式（11-14）所示。所以 $\dot{I}_5$ 与 $\dot{I}_k$ 反相位，如图 11-12（c）所示。

可见，以图示 $\dot{I}_5$ 为正方向时，若 $\dot{I}_5$ 与 $\dot{I}_k$ 同相位，则判断为Ⅰ母线上发生了短路故障；若 $\dot{I}_5$ 与 $\dot{I}_k$ 反相位，则判断为Ⅱ母线上发生了短路故障。

在图 11-12（a）接线中，差动继电器 KD 中的电流 $\dot{I}_g = \dfrac{\dot{I}_k}{n_{TA}}$，所以电流 $\dot{I}_g$ 的相位就是短路电流 $\dot{I}_k$ 的相位，并且 KD 动作时，即表示Ⅰ母线或Ⅱ母线上发生了短路故障。1KW、2KW 是故障母线的选择元件，进行 $\dot{I}_5$ 与 $\dot{I}_k$ 的相位比较，即对 $\dot{I}_w = \dfrac{\dot{I}_5}{n_{TA}}$ 和 $\dot{I}_g = \dfrac{\dot{I}_k}{n_{TA}}$ 进行相位比较。当 $\dot{I}_g$ 与 $\dot{I}_w$ 同时从 1KW 的两个线圈的同极性端流进时，1KW 处于动作状态（对 2KW，$\dot{I}_w$ 从同极性端流出，处于不动作状态）；当 $\dot{I}_g$ 与 $-\dot{I}_w$ 同时从 2KW 的两个线圈的同

极性端流进时，2KW 处于动作状态（对 1KW，$-\dot{I}_w$ 从同极性端流出，处于不动作状态）。

由以上分析可见，KD、1KW 动作时，判断为Ⅰ母线上发生了短路故障；KD、2KW 动作时，判断为Ⅱ母线上发生了短路故障。

2. 母联电流相位差动保护的主要优缺点

母联电流相位差动保护不要求支路固定连接于母线，可大大提高母线运行方式的灵活性，这是它的主要优点。但是这种保护也存在一些缺点，主要有：

（1）正常运行时母联断路器必须投入运行。

（2）当母线故障时，母联电流相位差动保护动作；但如果母联断路器拒动，将造成由非故障母线的连接支路通过母联断路器供给短路电流，使故障不能切除。

（3）母线故障的同时，若母联断路器与母联断路器的电流互感器之间也发生故障，则保护有可能不正确切除故障。

（4）两组母线相继发生故障时，只能切除先发生故障的母线，后发生故障的母线因这时母联断路器已跳闸，选择元件无法进行相位比较而不能动作，因而不能切除。

第四节　3/2 断路器接线的母线保护

一、3/2 断路器接线母线保护的特点

1. 单母线连接方式

在 3/2 断路器母线方式中，靠近母线侧的断路器是经过一个隔离开关与母线相连接的，它的母线实际上相当于两组单母线，因此不存在双母线方式下由于切换而破坏固定连接的情况。从这个意义上说，母线保护的接线可以得到简化，只需要在每组母线上装设按照电流差动原理构成的母线保护，就能有效地切除母线的短路故障。

2. 母线保护的双重化

对于单母线和双母线的场合，往往把母线保护的安全性放在一个重要的位置，因为在正常运行或发生区外短路时，如果母线保护误动作，可能使变电站部分或全部停电。

对于 3/2 断路器母线接线方式，在母线保护误动作时，跳开连接在母线上的各个断路器，其后果是改变了各连接元件中的潮流分布，但并不影响它们的连续运行。如母线发生短路而母线保护拒绝动作，那么母线短路将由各连接元件对侧的后备保护带时限来切除，由于切除故障的时间长，会给电力系统的稳定运行带来严重的影响。因此对于 3/2 断路器接线母线的保护，与安全性相比，它的可靠性占有更重要的地位。一般要求对 3/2 断路器接线母线，采取母线保护双重化的措施，以保证迅速和可靠地切除母线上的短路故障。

双重保护最好采用两套工作原理不同的母线保护，如采用同一原理的母线保护，最好采用不同的产品。为保持两套母线保护的独立性，每套母线保护应分别接在电流互感器的不同二次绕组上。每套母线保护的出口继电器触点，应分别接通断路器的两个独立的跳闸线圈。

3. 母线短路时电流的流出

在 3/2 断路器接线母线方式中，在两组母线之间接有多个断路器串，每串的一次回路电阻值都很小。在母线发生短路时，每串中的电流分布不固定，可能发生电流自母线流出的情况，图 11-13 所示为母线短路时的电流分布。假设故障点的总电流为 $\dot{I}_k$，自母线流向线路的

总电流为 I_c，则

$$\dot{I}_c = q\dot{I}_k \tag{11-15}$$

式中　q——流出电流与总故障电流的比值。

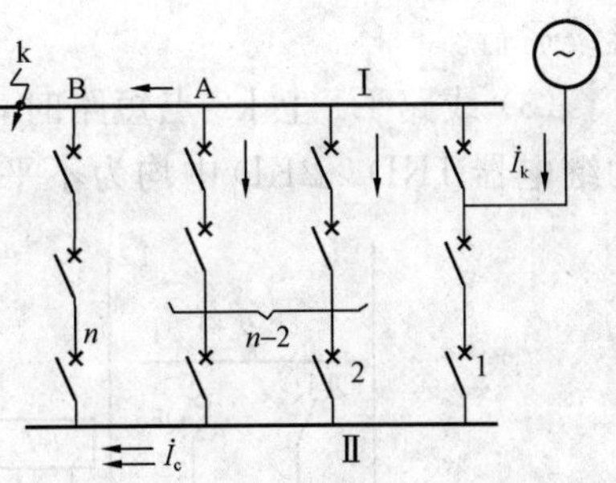

图 11-13　母线短路时的电流分布

假设并联运行的串数为 n，其中电流自Ⅰ组母线流出的串数为 $n-2$。设每串的电阻为 1，则 $n-2$ 串的电阻为 $\frac{1}{n-2}$。为简单起见，假设 A 点到 B 点之间的电阻也为 1，则流出电流 $\dot{I}_c$ 为

$$\dot{I}_c = \frac{1}{\frac{1}{n-2}+3}\dot{I}_k = \frac{n-2}{3n-5}\dot{I}_k \tag{11-16}$$

对于图 11-13 所示的例子，当 $n=3$ 时，$\dot{I}_c = \frac{1}{4}I_k$；当 n 足够大时，$\dot{I}_c \approx \frac{1}{3}\dot{I}_k$。

由于母线短路时电流的流出，凡是单纯比较电流相位工作原理的母线保护，都不能用作 3/2 断路器接线母线的保护。

二、3/2 断路器母线的保护

3/2 断路器母线的保护，就是单母线的保护，所以许多母线保护方式都可以适用，只是要注意到母线短路时可能有电流流出的情况。下面简单地讨论母线完全电流差动保护方式。

1. 基本工作原理

母线完全电流差动保护的接线和计算已在第二节中作了介绍。电流差动保护的动作式为

$$|\dot{I}_1 + \dot{I}_2 + \cdots + \dot{I}_{n-1} + \dot{I}_n| \geqslant I_{op}$$

对应于图 11-13 所示的母线短路，如以流入母线的电流为正方向，则可得

$$\dot{I}_1 = \dot{I}_k$$

$$\dot{I}_2 + \cdots + \dot{I}_{n-1} = -\dot{I}_c$$

$$\dot{I}_n = \dot{I}_c$$

因此

$$\dot{I}_1 + \dot{I}_2 + \cdots + \dot{I}_{n-1} + \dot{I}_n = \dot{I}_k \tag{11-17}$$

由此可见，即使在某些连接元件中电流系自母线流向线路，但电流差动保护中的电流仍为流至故障点的电流。因此完全电流差动保护可用作 3/2 断路器母线的保护。

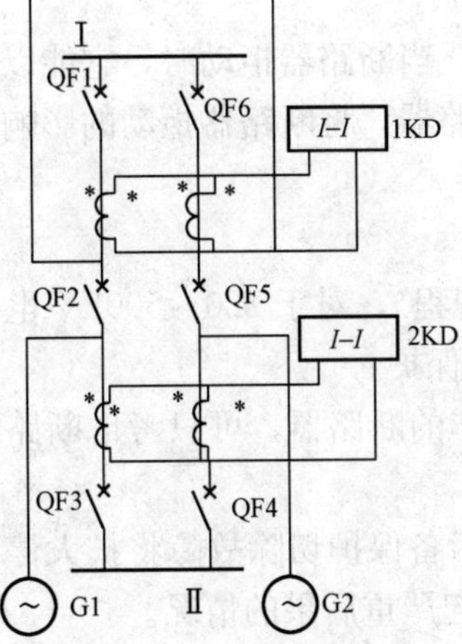

图 11-14　正常运行母线完全电流差动保护接线

2. 保护动作行为分析

(1) 正常运行时，发电机 G1 带线路 L1 运行，发电机 G2 带线路 L2 运行，Ⅰ、Ⅱ母线保护的差动继电器 1KD、2KD 中均为不平衡电流，保护不动作，如图 11-14 所示。

(2) Ⅰ母线上 k1 点短路时，Ⅰ母线上 k1 点短路电流分布如图 11-15 所示，以流入母线的电流为正方向，则Ⅰ母线短路时，Ⅰ母线差动继电器 1KD 流过短路点总电流，Ⅰ母线差动保护动作，跳 QF1、QF6，故障切除，线路 L1、L2

继续运行。

(3) 线路 L1 上 k2 点短路时，短路电流分布如图 11-16 所示，Ⅰ、Ⅱ母线保护的差动继电器 1KD、2KD 中均为不平衡电流，母线差动保护不动作。

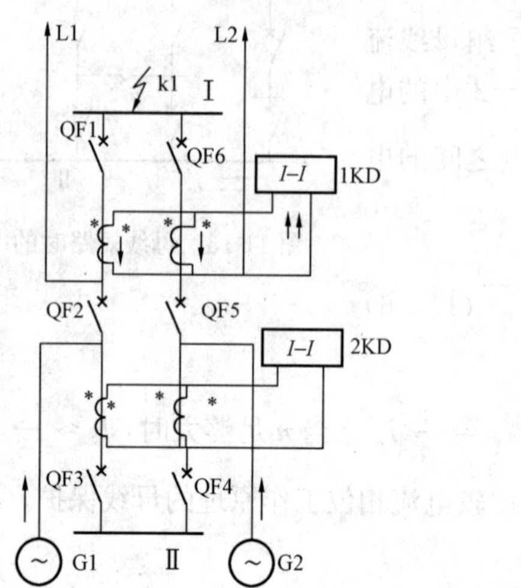

图 11-15 Ⅰ母线上 k1 点短路电流分布

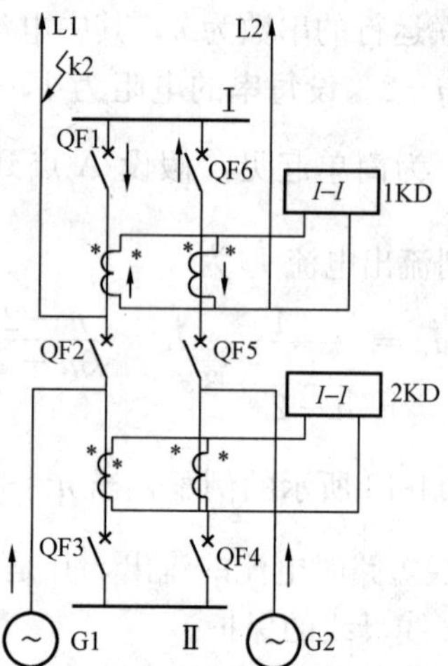

11-16 线路 L1 上 k2 点短路时短路电流分布

第五节 断路器失灵保护

高压电网的保护装置和断路器都应考虑一定的后备方式，以便在保护装置拒动或断路器失灵时，仍能够可靠地切除故障。相邻元件的远后备保护是最简单、最有效的后备方式，它既是保护拒动的后备，又是断路器拒动的后备。但在高压电网中，由于各电源支路的助增作用，这种后备方式往往不能满足灵敏度要求，且动作时间较长，容易扩大事故范围甚至破坏系统稳定。所以，对于重要的 220kV 及以上电压等级的主干线路，为防止保护拒动，通常装设两套独立的主保护（即保护双重化），针对断路器拒动即断路器失灵，则装设断路器失灵保护。

断路器失灵保护又称后备接线。在同一发电厂或变电站内，当断路器拒动时，它能以较短时限切除与拒动断路器连接在同一母线上所有电源支路的断路器，将断路器拒动的影响限制到最小。

1. 装设断路器失灵保护的条件

根据 GB/T 14285—2006《继电保护和安全自动装置技术规程》，对于 220～500kV 电网及 110kV 电网中的个别重要部分，下列情况可装设断路器失灵保护。

(1) 线路保护采用近后备方式时，对 220～500kV 分相操作的断路器，可只考虑断路器单相拒动的情况。

(2) 线路保护采用远后备方式时，由其他线路或变压器的后备保护切除故障将扩大停电范围（如采用多角形接线、双母线或单母线分段接线等）并引起严重后果的情况。

(3) 如断路器与电流互感器之间发生的短路故障不能由该回路主保护切除，而是由其他线路或变压器后备保护来切除，从而导致停电范围扩大并引起严重后果的情况。

2. 对断路器失灵保护的要求

(1) 失灵保护必须有较高的安全性，不应发生误动作。

(2) 当失灵保护动作于母联和分段断路器后，相邻元件保护已能相继动作切除故障时，失灵保护仅动作于母联和分段断路器；不再动作于其他断路器。

(3) 失灵保护的故障判别元件和跳闸闭锁元件应保证断路器所在线路或设备末端发生故障时有足够的灵敏度。对于分相操作的断路器，只要求校验单相接地故障的灵敏度。

3. 断路器失灵保护工作原理

图 11-17 为断路器失灵保护原理图，保护由启动元件、时间元件、闭锁元件和跳闸出口元件等部分组成。

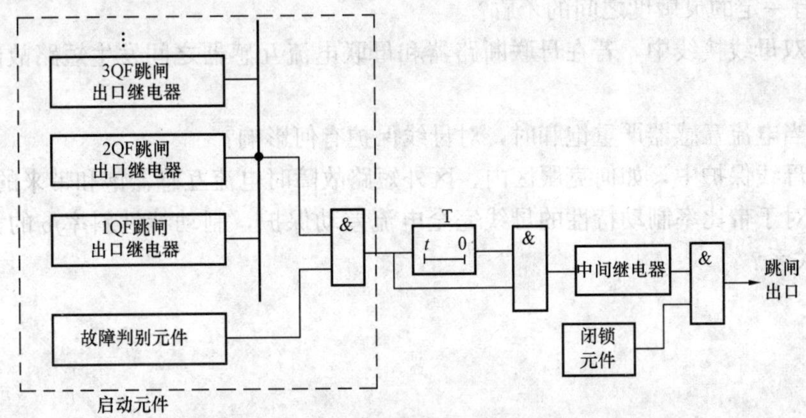

图 11-17　断路器失灵保护原理图

启动元件由该组母线上所有连接元件的保护出口继电器和故障判别元件构成。只有在故障元件的保护装置出口继电器动作后不返回（表示继电保护动作，断路器未跳开），同时在保护范围内仍然存在故障且故障判别元件处于动作状态时，启动元件才动作。

时间元件 T 的延时按断路器跳闸时间与保护装置返回时间之和整定（通常 t 取 0.3～0.5s）。当采用单母线分段或双母线接线时，延时可分为两段，Ⅰ段动作于分段断路器或母联断路器，Ⅱ段动作跳开有电源的出线断路器。

为进一步提高工作可靠性，采用低电压元件和零序过电压元件作为闭锁元件，通过“与”门构成断路器失灵保护的跳闸出口回路。

对于启动元件中的故障判别元件，当母线上连接元件较少时，可采用检查故障电流的电流继电器；当连接元件较多时，可采用检查母线电压的低电压继电器。当采用电流继电器时，在满足灵敏度的情况下，动作电流应尽可能大于负荷电流；当采用低电压继电器时，动作电压应按最大运行方式下线路末端发生短路故障时保护有足够的灵敏度来整定。

习　题

11-1　试述电流相位比较式母线保护的基本工作原理。

11-2　试述母线保护的装设原则。

11-3　双母线同时运行时，母线保护可以依据哪些原理来判断故障母线？

11-4 何谓母线的完全电流差动保护和不完全电流差动保护？试说明不同点。

11-5 元件固定连接的双母线完全电流差动保护中，当元件固定连接破坏时，保护性能如何？

11-6 断路器失灵保护的作用是什么？

11-7 在母联电流相位比较式的母线保护中，母联电流互感器二次回路断线或二次极性接反时，试分析上述两种情况下区内、区外短路故障时保护的性能。

11-8 试说明双母线接线的母线保护中，为何保护要加速将母联断路器跳开？如果延时跳闸有何后果？

11-9 母线保护中，如何解决差动继电器躲外部短路故障时不平衡电流的能力和内部短路故障时应有一定的灵敏度之间的矛盾？

11-10 双母线接线中，若在母联断路器和母联电流互感器之间发生短路故障，母线保护性能如何？

11-11 当电流互感器严重饱和时，对母线保护有何影响？

11-12 母线保护中，如何克服区内、区外短路故障时电流互感器饱和带来的影响？

11-13 对于带比率制动特性的母线完全电流差动保护，制动特性斜率 ρ 的大小与保护灵敏度有何关系？

第十二章 厂用电气设备保护

第一节 高压电动机保护

一、电动机常见故障和不正常运行状态及保护方式

(一) 异步电动机的故障和不正常运行状态及保护方式

异步电动机转子上无励磁电流，借助转速 n 低于同步速 n_1，在转子绕组中感应出电流，此电流产生一个旋转的磁场用以维持电动机的运行。因此，异步电动机的转子绕组是短路的，且其转速 n 永远低于同步速 n_1。

1. 异步电动机的故障及保护方式

异步电动机常见的故障有：

(1) 定子绕组的相间短路。定子绕组的相间短路故障是由于绕组损坏引起的，它是电动机最严重的故障。相间短路故障不仅会损坏绕组绝缘，烧坏定子铁芯，甚至会造成电网电压显著降低，破坏其他设备的正常工作，所以在电动机上应装设反应相间短路故障的保护。容量在 2MW 以下的电动机一般装设电流速断保护；容量在 2MW 及以上或容量小于 2MW 但电流速断保护灵敏度不满足要求的电动机装设纵联差动保护。

(2) 定子绕组的单相接地故障。单相接地故障对电动机的危害取决于供电网络中性点接地方式及接地电流的大小。在 380/220V 三相四线制供电网络中，由于供电变压器的中性点是直接接地的，当电动机定子绕组发生单相接地故障时，故障电流较大，所以应装设快速动作于跳闸的单相接地保护装置。在高压供电电网中，其供电变压器的中性点可能不接地或经消弧线圈接地，当电动机定子绕组发生单相接地故障时，接地电流只有对地电容电流，数值较小，对电动机的危害也较小。当接地电流小于 10A 时，应装设动作于信号的接地保护；当接地电流大于 10A 时，应装设动作于跳闸的接地保护。

(3) 定子绕组的匝间短路。电动机发生匝间短路故障时，由于出现负序电流，电动机出现制动转矩，转差率增大，使定子电流增大；与此同时，电动机的热源电流增大，使电动机过热。若用 α 表示短路匝数占一相绕组总匝数的百分数，则当 α 越大时，负序电流越大，定子电流增大及电动机过热也增大；当 α 越小时，负序电流也越小，定子电流增大及过热不大，但故障点的电弧会烧坏绝缘甚至铁芯。因此，电动机的匝间短路故障是一种较为严重的故障，然而还不存在简单完善地反应匝间短路的保护装置。

2. 异步电动机的不正常运行状态及保护方式

异步电动机的不正常运行状态有如下几种：

(1) 过负荷。产生过负荷的因素有所带机械负载过负荷、供电电压降低和频率降低时造成电动机转速下降、电动机启动和自启动时间过长及由于一相熔断器熔断造成两相运行。长时间的过负荷将使电动机温升超过允许值，从而加速绝缘的老化，甚至引起故障。

(2) 电动机运行过程中三相电流不平衡或运行过程中发生两相运行。三相电流不平衡时，定子绕组中会出现负序和零序电流。因电动机定子中性点不接地，所以零序电流不会在

定子绕组中流通，也不会产生合成磁场，对电动机基本没什么影响；而负序电流产生的负序磁场将对电动机起到制动作用，当负载不变时，由于负序磁场的制动作用，势必造成正序电流增大以驱动机械负载，其结果是定子电流增大。另外，由于转子切割负序旋转磁场的速率接近 2 倍同步转速，很容易造成转子绕组过热。

电动机在运行过程中可能会发生断相而造成两相运行。设电动机中性点不接地，A 相断相后，其三相电流 $\dot{I}_A$、$\dot{I}_B$、$\dot{I}_C$ 为

$$\dot{I}_A = 0$$

$$\dot{I}_B + \dot{I}_C = 0$$

由对称分量法可得

$$\dot{I}_B = \frac{\dot{U}_{BC}}{Z_1 + Z_2}$$

式中 $\dot{U}_{BC}$——B、C 两相之间的线电压；

Z_1、Z_2——异步电动机的正序和负序阻抗。

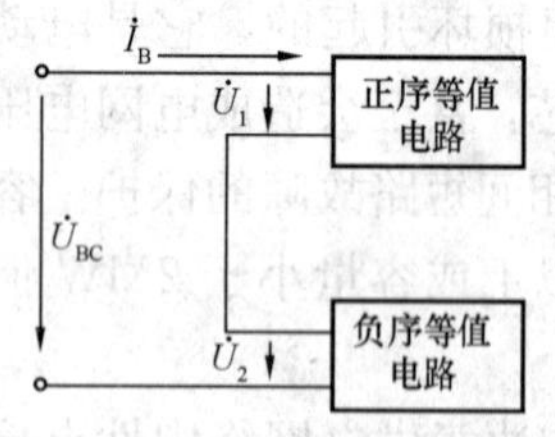

图 12-1 A 相断相后异步电动机的等值电路

图 12-1 所示为 A 相断相后异步电动机的等值电路。如果在电动机启动时一相断线，由于转差率 $s=1$，所以 $Z_1=Z_2$，由等值电路可知

$$\dot{U}_1 = \dot{U}_2 = \frac{1}{2}\dot{U}_{BC} \tag{12-1}$$

式（12-1）说明，正序电流产生的驱动转矩与负序电流产生的制动转矩相等，驱动转矩与制动转矩之和 $M_\Sigma = M_1 + M_2 = 0$。因此，断相后电动机无启动转矩，电动机不能转动。但此时 $Z_1 = Z_2 = Z_{st}$，电动机有很大的定子电流，约为正常启动电流的 $\frac{\sqrt{3}}{2}$ 倍。

如果在运行中异步电动机一相断线，$Z_1 > Z_2$，所以 $U_1 > U_2$，说明正序电流产生的驱动转矩大于负序电流产生的制动转矩，有 $M_\Sigma > 0$，电动机仍可运行。当负载不变时，由于负序磁场的制动作用，转差率 s 增大，使驱动转矩增大。由于 s 增大，导致 Z_1 减小，因此流入电动机的定子电流也急剧增大，致使电动机过热。另外，因 $I_2 = \frac{I_B}{\sqrt{3}}$，负序电流同时随 I_B 的增大而增大，所以过热更加严重。

（3）供电电压过低或过高。电压过低时，电动机的驱动转矩随电压的降低而降低，电动机吸取电流随之增大，供电网络阻抗上压降相应增大，为保证重要电动机的运行，在次要电动机上应装设低电压保护。另外，在不允许自启动的电动机上也应装设低电压保护。

（4）电动机的堵转保护。当电动机在运行过程中或启动过程中发生堵转时，因转差率 $s=1$，所以电流将急剧增大容易造成电动机烧毁事故。堵转保护采用正序电流构成，动作于跳闸，有的保护装置还引入转速开关触点。

（5）电动机的启动时间过长保护。电动机启动时间过长会造成电动机过热，当测量到的实际启动时间超过整定的允许启动时间时，保护动作于跳闸。

（6）过热保护。电动机正常运行时，流入电动机的仅是正序电流，通常是额定电流。但

是，当电动机的机械负载增大时，正序电流也相应增大；而且电动机在外部短路故障切除电压恢复自启动、电动机投电启动、电动机供电电压降低、电动机在运行过程中堵转以及电动机绕组内部发生相间短路故障时，流入电动机的正序电流均要增大。增大了的电流流入电动机将会引起电动机发热。另外，电动机在正常运行时没有负序电流流入，但当供电电压不平衡、断相、电动机相序接反、电动机绕组内部两相短路故障及匝间短路故障时，均有负序电流流入电动机。负序电流的流入更容易引起电动机过热。

过热保护是在分别测量出电动机的正序电流和负序电流的基础上，形成等效电流，而后借助装置内的电动机发热模型，反应各种运行工况下电动机内部的热积累情况。

（7）电动机的温度保护。电动机绕组的绝缘寿命取决于电动机的运行温度，所以直接反应电动机温度的保护比各种热保护和反时限过电流保护有一定的优越性，因为后两种保护反应的是定子电流的大小和持续时间的长短，它们对于反复短时运行电动机的过负荷、机械损耗剧增（包括转子与定子相碰）、通风不良、电压或频率过高造成的铁损增加等故障不能反应。

由热敏电阻构成的电动机温度保护，直接安装在电动机绕组内部或其他部位，不管造成温度过高的原因是什么，均能起到保护作用。

（二）同步电动机的故障和不正常运行状态及保护方式

同步电动机上设有励磁绕组，由直流励磁电源供给励磁电流。励磁绕组是集中绕组，产生的转子磁场相对于转子绕组在空间上是恒定不变的；定子电流通过定子绕组也产生一个定子旋转磁场。因此，同步电动机的基本工作原理是定子磁场拉着转子磁场一起旋转，产生驱动转矩。驱动转矩与输入电动机的有功功率成正比。

1. 同步电动机的故障及保护方式

同步电动机的故障类型及保护方式与异步电动机相同。

2. 同步电动机的不正常运行状态及保护方式

同步电动机的不正常运行状态及保护方式除了与异步电动机相同的几点，还有以下几种情况：

（1）失步。同步电动机的励磁电流减小或供电电压降低时，均会导致电动机的驱动转矩减小，当转矩最大值小于机械负载的制动力矩时，同步电动机失去同步。失步后，同步电动机的转速下降，在启动绕组和励磁绕组中感应出交变电流，产生异步转矩，使电动机逐步转入异步运行状态。在异步运行期间，由于转矩交变，所以转子转速和定子旋转磁场的同步转速间将发生振荡，严重时可能引起机械共振和电气共振，导致同步电动机损坏。所以，在同步电动机上应装设失步保护。

（2）失磁。同步电动机励磁消失或部分消失时，会使驱动转矩消失或减小，致使同步电动机失步并转入异步运行状态。为反应同步电动机的失磁，应装设失磁保护。失磁保护动作后应增大励磁，无效时可动作于跳闸。

（3）非同步冲击。当供电给同步电动机的电源中断后再恢复时，可能造成对同步电动机的非同步冲击。如果电动机不允许非同步冲击，应装设非同步冲击保护。非同步冲击保护可动作于再同步回路或动作于跳闸。

此外，在同步电动机上通常设有强行励磁装置，当供电电压降低到一定程度时，自动将励磁电压迅速上升到顶值；当电动机在运行中失步后，为尽快恢复同步运行，在同步电动机上还设有自动再同步装置。

由于数字式保护广泛使用，且同步电动机保护与同步发电机保护相似，这里仅以数字式异步电动机装置为例，具体说明异步电动机的保护配置、动作判据、动作逻辑。

二、电动机保护装置举例

（一）WDZ-430 电动机综合保护测控装置

WDZ-430 电动机综合保护测控装置（以下简称装置）主要用于大型及中型三相异步电动机的综合保护和测控，对特大型电动机（2000kW 及以上或主保护灵敏度校验不合格）需加装与之配套的 WDZ-431 电动机差动保护装置。装置可配置独立的操作回路和防跳回路，可适用于各种出口的电动机回路。

1. 电流速断保护

其动作判据为

$$I_{max} = (I_a, I_c)_{max}$$

$$\begin{cases} I_{max} > I_{set.H} & （在额定启动时间内）\\ t > t_{set} 或 I_{max} > I_{set.L} & （在额定启动时间后）\end{cases}$$

式中 I_{max}——a、c 相电流（I_a、I_c）最大值，A；

$I_{set.H}$——速断动作电流高值（电动机启动过程中速断电流动作值），A；

$I_{set.L}$——速断动作电流低值（电动机启动结束后速断电流动作值），A；

t_{set}——整定的速断保护动作时间，s。

本保护装置在电动机启动时，带有约 70ms 延时，以避开启动开始瞬间的暂态峰值电流。电流速断保护动作逻辑框图如图 12-2 所示。

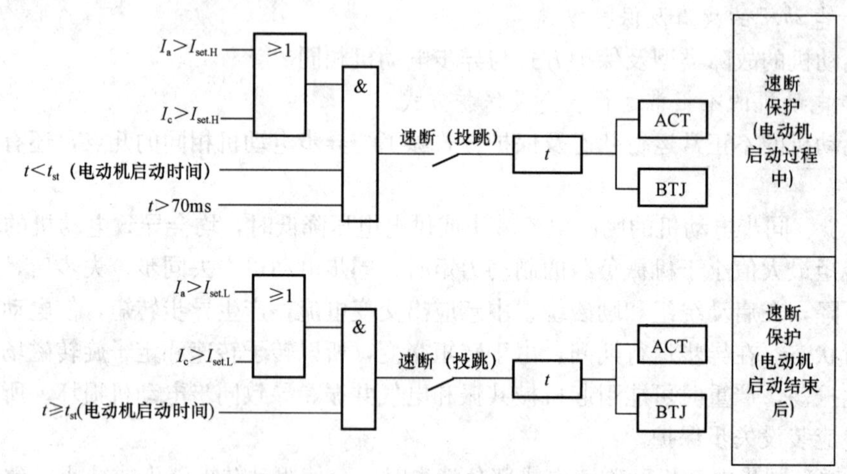

图 12-2 电流速断保护动作逻辑框图

ACT—断路器跳闸回路；BTJ—断路器防跳回路

2. 负序电流Ⅰ段保护

负序电流保护主要作为电动机匝间短路、断相、相序接反及供电电压较大不平衡的保护，对电动机的不对称短路故障也能起后备保护的作用。负序电流保护是动作于跳闸的保护。

其动作判据为

$$\begin{cases} I_2 > I_{2.set}^{\mathrm{I}} \\ t > t_{2.set}^{\mathrm{I}} \end{cases}$$

式中 I_2——负序电流，A；

$I_{2.set}^{I}$——负序电流Ⅰ段电流动作值，A；

$t_{2.set}^{I}$——负序电流Ⅰ段保护动作时间，s。

负序动作时间应躲过电动机外部两相短路的最长切除时间。在熔断器-高压接触器（F-C）回路中，负序电流保护应躲过不对称短路时熔丝熔断时间。

3. 负序电流Ⅱ段保护

其动作判据为

$$\begin{cases} I_2 > I_{2.set}^{II} \\ t > t_{2.set}^{II} \end{cases}$$

式中　$I_{2.set}^{II}$——负序电流Ⅱ段电流动作值，A；

$t_{2.set}^{II}$——负序电流Ⅱ段保护动作时间，s。

负序电流保护Ⅰ、Ⅱ段的动作逻辑如图 12-3所示。

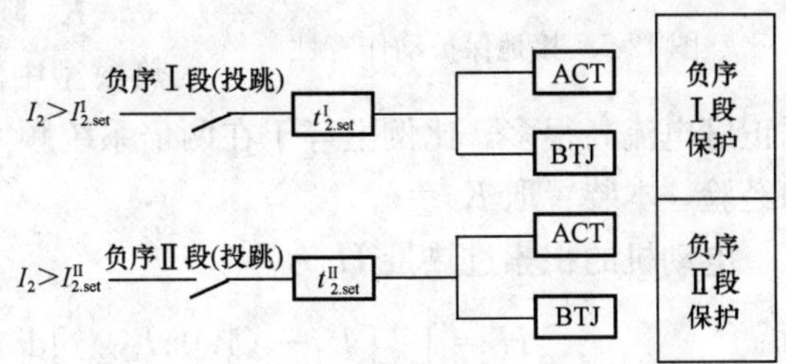

图 12-3　负序电流保护动作逻辑框图

4. 接地保护

采用零序电流互感器获取电动机的零序电流，构成电动机的单相接地保护，其动作逻辑如图 12-4 所示。为防止在电动机较大的启动电流下，由于零序不平衡电流引起本保护误动作，本保护采用了最大相电流 I_{max} 作制动量，其动作特性见图 12-5。

$$\begin{cases} I_0 > I_{0.set}, & I_{max} \leqslant 1.05I_{2N} \\ \text{或 } I_0 \geqslant [1+(I_{max}/I_{2N}-1.05)/4]I_{0.set}, & I_{max} > 1.05I_{2N} \\ t_0 > t_{0.set} \end{cases}$$

式中　I_0——电动机的零序电流；

$I_{0.set}$——零序电流动作值；

I_{2N}——电动机额定电流二次值，A；

$t_{0.set}$——整定的接地保护动作时间，s；

t_0——接地保护动作时间，s。

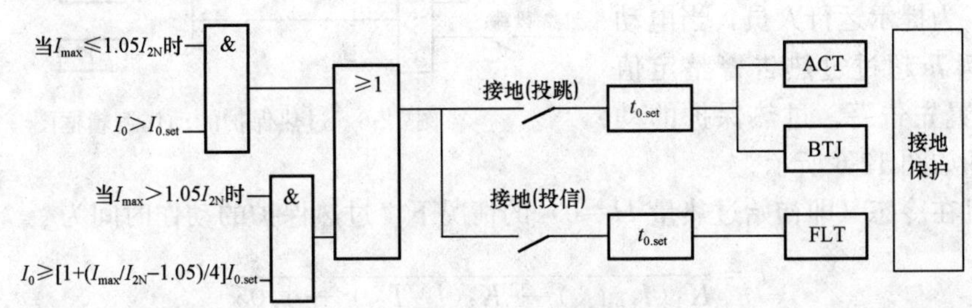

图 12-4　接地保护动作逻辑框图

FLT——告警信号

零序额定电流视中性点接地电流大小确定，本装置提供 $I_{0N}=0.02$A 和 $I_{0N}=0.2$A 两种供选择。一般，中性点为小接地电流时，取 $I_{0N}=0.02$A；中性点为大接地电流时，取 $I_{0N}=0.2$A。

5. 过热保护

装置可以在各种运行工况下，建立电动机的发热模型，对电动机提供准确的过热保护，考虑到正、负序电流的热效应不同，在发热模型中采用热等效电流 I_{eq}，其表达式为

$$I_{eq} = \sqrt{K_1 I_1^2 + K_2 I_2^2}$$

式中 I_1——电动机的正序分量电流；

I_2——电动机的负序分量电流；

K_1——正序电流系数，在电动机启动过程中取 $K_1=0.5$，启动结束后取 $K_1=1$；

K_2——负序电流系数，在 3～10 范围内选取，级差为 1。

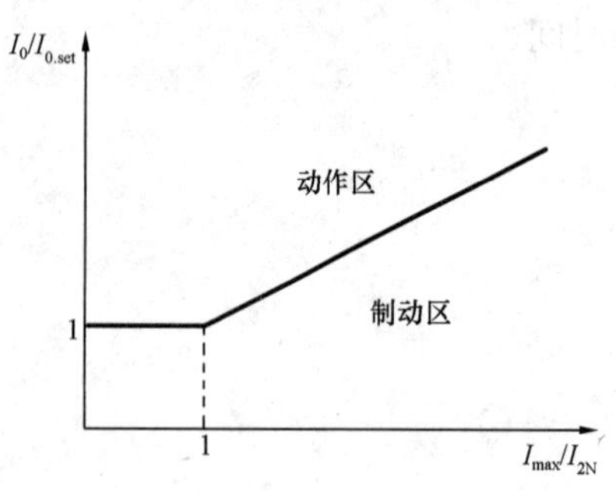

图 12-5　接地保护动作特性

K_1 随启动过程变化，K_2 用于表示负序电流在发热模型中的热效应，由于负序电流在转子中的热效应比正序电流高很多，比例上等于在两倍系统频率下转子交流阻抗对直流阻抗之比。根据理论和经验，本装置取 $K_2=6$。

电动机的积累过热量 H 为

$$H = \int_0^t \left[I_{eq}^2 - (1.05I_{2N})^2\right]dt = \sum \left[I_{eq}^2 - (1.05I_{2N})^2\right]\Delta t$$

式中　Δt——积累过热量计算间隔时间，本装置取 0.1s。

电动机的跳闸（允许）过热量 H_T 为

$$H_T = I_{2N}^2 \tau$$

式中　τ——电动机的发热时间常数，s。

当 $H>H_T$ 时，过热保护动作。$H=0$ 表示电动机已达到热平衡，无积累过热量。为了表示方便，电动机的积累过热量的程度用过热比例 h 表示

$$h = \frac{H}{H_T}$$

由此可见，当 $h>1.0$ 时，过热保护动作，为提示运行人员，当电动机过热比例 h 超过过热告警整定值 H_a 时，装置先告警。过热保护的动作逻辑框图如图 12-6 所示。

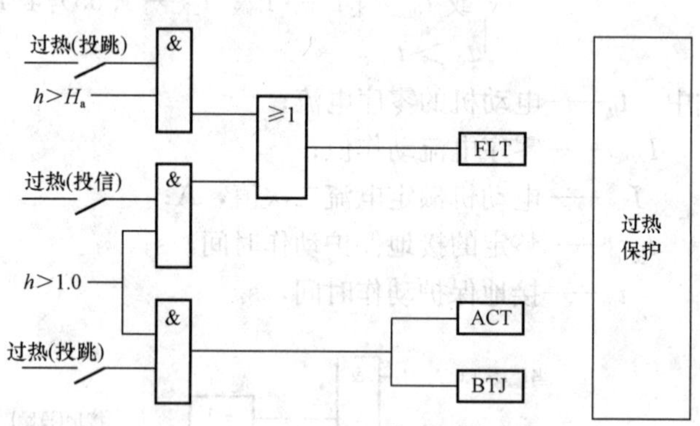

图 12-6　过热保护的动作逻辑框图

电动机在冷态（即初始过热量 $H=0$）的情况下，过热保护的动作时间为

$$t = \frac{\tau}{K_1(I_1/I_{2N})^2 + K_2(I_2/I_{2N})^2 - 1.05^2}$$

当电动机停运后，电动机积累的过热量将逐步衰减，本装置按指数规律衰减过热量，衰减的时间常数为 4 倍的电动机散热时间 t_{sr}，即认为 t_{sr}时间后，散热结束，电动机又达到热平衡。

6. 电动机过热禁止再启动保护

当电动机因过热保护被切除后，本保护立即检查电动机过热比例 h 是否降低到整定的过

热闭锁值 h_b 以下，如果没有则保护出口继电器不返回，禁止电动机再启动，避免由启动电流引起过高温升，损坏电动机。紧急情况下，如在过热比例 h 较高时，需启动电动机，可以按装置面板上的“复归”键，人为清除装置记忆的过热比例 h 值为零。

7. 堵转保护

本装置采用电动机转速开关和相电流构成堵转保护。

其动作判据为

$$\begin{cases} I_{max} > I_{op.set} \\ t > t_{op.set} \\ \text{转速开关触点闭合} \end{cases}$$

式中　$I_{op.set}$——堵转保护动作电流整定值，A；

$t_{op.set}$——堵转保护动作时间，s。

本保护需引入电动机转速开关信号。堵转保护的动作逻辑框图如图 12-7 所示。

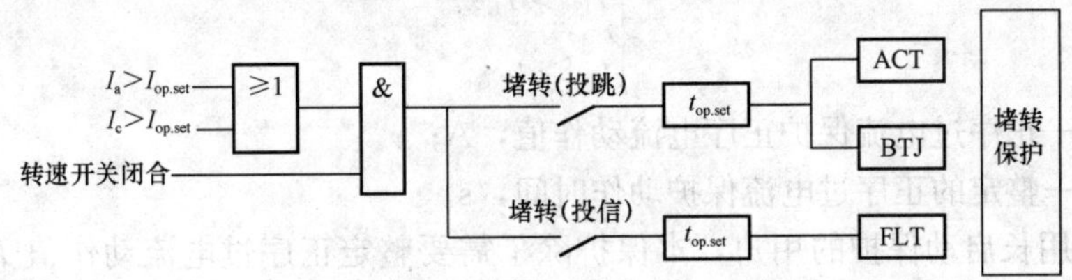

图 12-7　堵转保护的动作逻辑框图

8. 长启动保护

首先计算电动机在启动过程中的计算启动时间 $t_{st.c}$ 为

$$t_{st.c} = \left(\frac{I_{st.2N}}{I_{st.max}}\right)^2 t_{yd}$$

式中　$I_{st.2N}$——电动机额定启动电流的二次值，A；

$I_{st.max}$——本次电动机启动过程中的最大启动电流，A；

t_{yd}——电动机的允许堵转时间，s。

其次判断，若在计算启动时间 $t_{st.c}$ 内，$I_{max} < 1.125I_{2N}$，则电动机正常启动成功，长启动保护算法结束；若在计算启动时间 $t_{st.c}$ 后，$I_{max} > 1.125I_{2N}$，则电动机未能正常启动，长启动保护动作。其动作逻辑框图如图 12-8 所示。

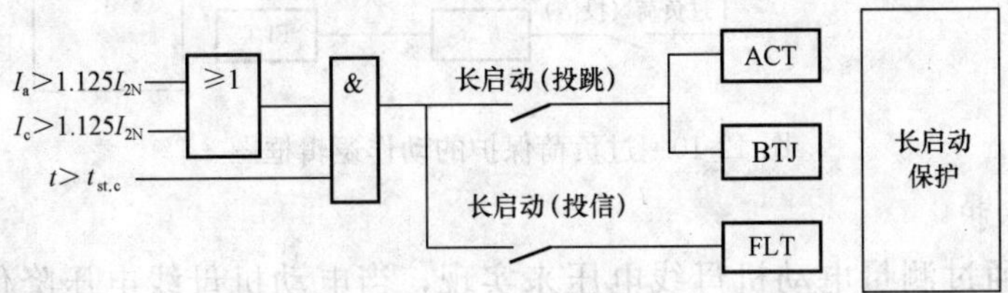

图 12-8　长启动保护的动作逻辑框图

9. 正序过电流保护

无论长启动保护是否投入，首先计算电动机在启动过程中的计算启动时间 $t_{st.c}$，然后判断：

（1）在计算启动时间 $t_{st.c}$ 结束时，$I_{max}<1.125I_{2N}$，即电动机正常启动。

（2）启动时间超过允许堵转时间，$t_{st}>t_{yd}$。

上述条件满足其一，正序过电流保护投入。正序过电流保护动作逻辑框图如图 12-9 所示。

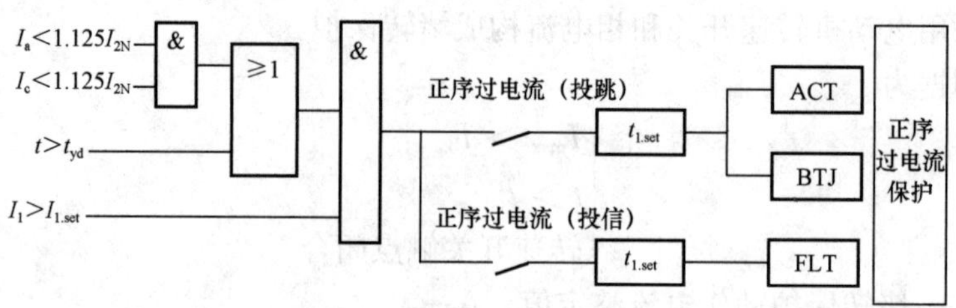

图 12-9 正序过电流保护的动作逻辑框图

其动作判据为

$$\begin{cases} I_1 > I_{1.set} \\ t_1 > t_{1.set} \end{cases}$$

式中 $I_{1.set}$——正序过电流保护正序电流动作值，A；

$t_{1.set}$——整定的正序过电流保护动作时间，s。

对于不采用长启动保护的用户，本保护除了需要整定正序过电流动作值 $I_{1.set}$ 和正序过电流动作时间 $t_{1.set}$，还需要整定电动机额定启动电流 $I_{st.2N}$ 和电动机允许堵转时间 t_{yd}。

10. 过负荷保护

其动作判据为

$$\begin{cases} I_{max} > I_{L.set} \\ t > t_{L.set} \end{cases}$$

式中 $I_{L.set}$——过负荷保护电流动作值，A；

$t_{L.set}$——过负荷保护动作时间，s。

过负荷保护的动作逻辑框图如图 12-10 所示。

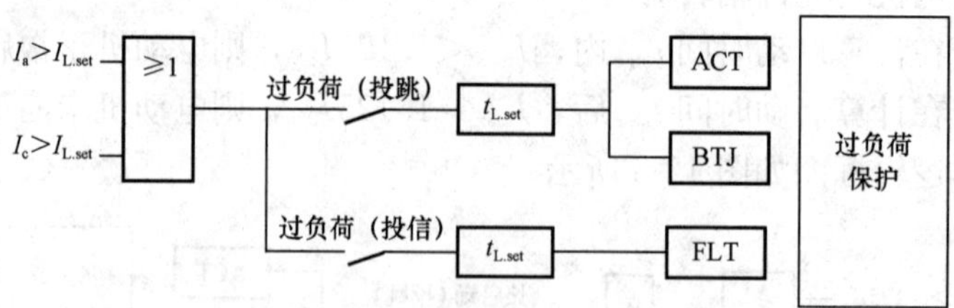

图 12-10 过负荷保护的动作逻辑框图

11. 低电压保护

低电压保护通过测量电动机母线电压来实现，当电动机母线电压降低到整定动作值 $U_{set.L}$ 以下且时间大于整定值 $t_{set.L}$ 时，对电动机提供跳闸保护。低电压保护的动作逻辑框图如图 12-11 所示。

为防止 TV 断线误切电动机，本保护设置了当 TV 断线时闭锁低电压保护动作。

其动作判据为

$$U_{max} = (U_{ab}, U_{bc}, U_{ca})_{max}$$

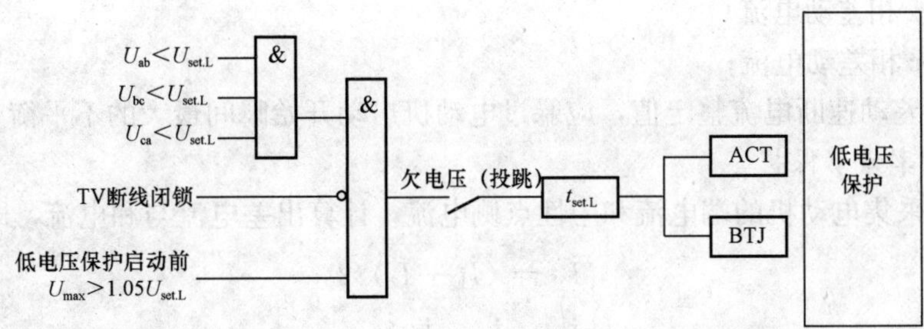

图 12-11　低电压保护的动作逻辑框图

$$\begin{cases}U_{max} < U_{set.L} \\ t > t_{set.L}\end{cases}$$

式中　$U_{set.L}$——低电压保护电压动作值，V；

$t_{set.L}$——低电压保护动作时间，s。

低电压保护启动前，$U_{max}>1.05U_{set.L}$。

（二）WDZ-431 电动机差动保护装置

WDZ-431 电动机差动保护装置（以下简称装置）主要用于大型（2000kW 及以上或主保护灵敏度校验不合格）三相异步电动机的差动保护，与配套的 WDZ-430 电动机综合保护测控装置共同构成大型电动机的全套保护。WDZ-431 电动机差动保护原理框图如图 12-12 所示。下面介绍保护装置的主要功能。

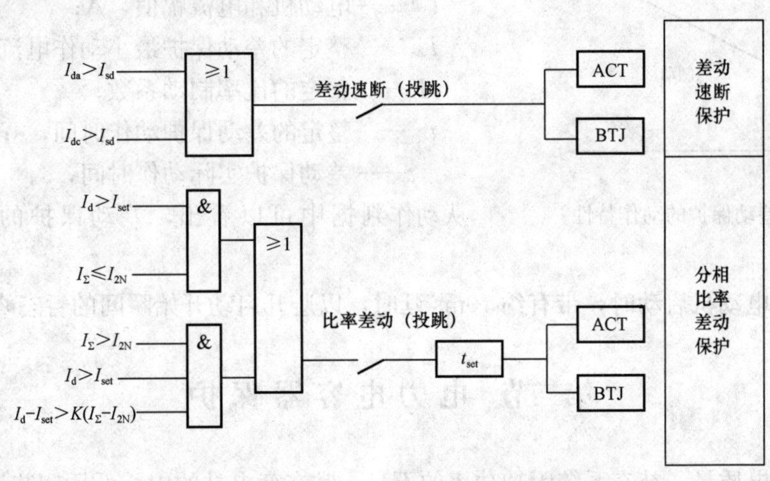

图 12-12　WDZ-431 电动机差动保护原理框图

1. 差动速断保护

当电动机内部发生严重故障时，差动电流大于电动机启动时的暂态峰值差流，此时差动保护应立即动作，故本装置设置了差动速断保护，以提高电动机内部严重短路时保护的动作速度，可通过控制字投退该保护。

其动作判据为

$$\begin{cases}I_{da} > I_{sd} \\ I_{dc} > I_{sd}\end{cases}$$

式中　I_{da}——a 相差动电流；

I_{dc}——c 相差动电流；

I_{sd}——差动速断电流整定值，应躲过电动机启动开始瞬间最大的不平衡差电流。

2. 分相比率差动保护

装置分相采集电动机的端电流和中性点侧电流，计算出差电流与和电流，即

$$\begin{cases}\dot{I}_{\Sigma}=(\dot{I}_1+\dot{I}_2)/2\\ \dot{I}_{d}=\dot{I}_1-\dot{I}_2\end{cases}$$

式中　$\dot{I}_{\Sigma}$——电动机的和电流；

$\dot{I}_{d}$——电动机的差电流；

$\dot{I}_{1}$——电动机的端电流；

$\dot{I}_{2}$——电动机的中性点侧电流。

其动作判据为

$$\begin{cases}I_d > I_{set}\\ I_{\Sigma}\leqslant I_{2N}\\ t > t_{set}\end{cases}\quad 或\quad \begin{cases}I_d - I_{set} > K(I_{\Sigma}-I_{2N})\\ I_{\Sigma} > I_{2N}\\ t > t_{set}\end{cases}$$

式中　I_{2N}——电动机额定电流值，A；

I_{d}——电动机差电流幅值，A；

I_{Σ}——电动机和电流幅值，A；

I_{set}——整定的差动保护最小动作电流值，A；

K——整定的比率制动系数；

t_{set}——整定的差动保护动作时间，s；

t——差动保护实际动作时间，s。

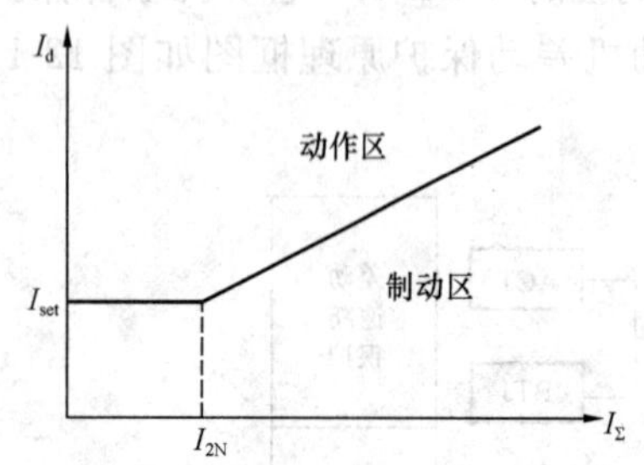

图 12-13　差动保护的动作特性

从动作判据中可以看出，差动保护的动作特性如图 12-13所示。

本保护在电动机启动时，带有约 70ms 延时，以避开启动开始瞬间的暂态峰值电流。

第二节　电力电容器保护

为改善供电质量，补充系统无功功率的不足，常在变电站的中、低压侧装设并联电容器组，从而提高电压质量，降低电能损耗，提高系统运行的稳定性。电容器组由许多单台低电压小容量的电容器串、并联组成，其接线方式很多。在较大容量的电容器组中，电压中的小量高次谐波，会在电容器中产生较大的高次谐波电流，容易造成电容器的过负荷，为此可在每相电容器中串接一只电抗器以限制高次谐波电流。

电容器组的故障和不正常运行情况主要有：

(1) 电容器组与断路器之间连线以及电容器组内部连线上的相间短路故障和接地故障。

(2) 电容器组内部极间短路以及电容器组中多台电容器故障。

(3) 电容器组过负荷。

(4) 电容器组的供电电压升高。

(5) 电容器组失压。

针对上述故障和不正常运行情况，电容器组的保护方式如下。

一、电容器组与断路器之间连接线以及电容器组内部连接线上的短路故障保护

对电容器组与断路器之间的连接线以及电容器组内部连接线上的短路故障，应装设带短时限的过电流保护，动作于跳闸。

继电器的动作电流 I_{op} 按躲过电容器组长期允许的最大工作电流整定，计算公式为

$$I_{op}=\frac{K_{rel}K_{con}}{n_{TA}}I_{N.max} \tag{12-2}$$

式中 K_{rel}——可靠系数，取 1.25；

K_{con}——接线系数，当电流互感器为三相星形连接时，其值为 1；

n_{TA}——电流互感器的变比；

$I_{N.max}$——电容器组的最大额定电流。

保护灵敏度校验公式为

$$K_{sen}=\frac{\sqrt{3}}{2}\frac{I_{k.min}^{(3)}}{I_{op}}\geqslant 2 \tag{12-3}$$

式中 $I_{k.min}^{(3)}$——保护安装处三相短路时流入继电器的最小短路电流。

保护应带有 0.3～0.5s 时限，以躲过电容器组投入时的涌流。

二、单台电容器内部极间短路故障保护

对于单台电容器，由于内部绝缘损坏而发生极间短路时，由专用的熔断器进行保护。熔断器的额定电流可取 1.5～2 倍电容器额定电流。由于电容器具有一定的过载能力，所以一台电容器故障由专用的熔断器切除后对整个电容器组并无多大的影响。

三、多台电容器切除后的过电压保护

当多台电容器内部故障由专用的熔断器切除后，其他继续运行的电容器将出现过负荷或过电压，这是不允许的。为此电容器组应装设过电压保护，当电容器端电压超过 1.1 倍额定电压时，过电压保护经延时 0.15～0.2s 后将电容器组切除。电容器组过电压保护的保护方式随其接线方式的不同而不同，现分述如下。

(一) 电容器组为单星形接线时，常用零序电压保护

图 12-14 为电容器组的零序电压保护接线，电压互感器 TV 开口三角形上的电压反应的是电容器组端点对中性点 N 的零序电压。由图可见，电压互感器 TV 的一次绕组兼作电容器组的放电线圈。

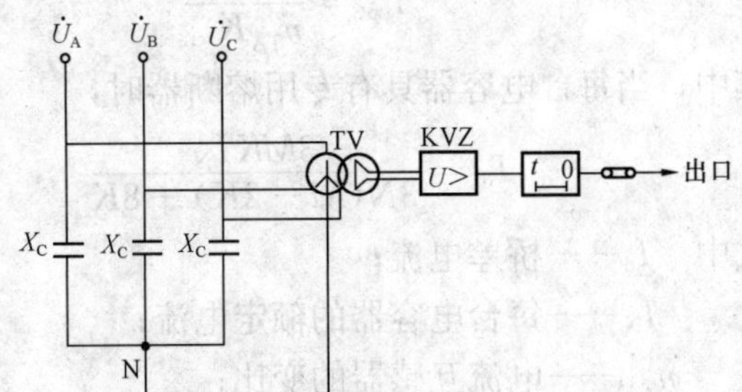

图 12-14　电容器组的零序电压保护接线

设电容器组每相有 N 段串联，每段有 M 个电容器并联，于是每相的容抗 X_C 为

$$X_C=\frac{N}{M\omega C}$$

式中 ω——电源角频率；

C——每台电容器的电容量。

当 A 相电容器组某段有 K 台电容器因故障切除时（每台电容器有专用的熔断器），该相

电容器的容抗变为 X'_C，其大小为

$$X'_C = \frac{1}{(M-K)\omega C} + \frac{N-1}{M\omega C}$$

该相容抗的增加量 ΔX_C 为

$$\Delta X_C = X'_C - X_C = \frac{1}{(M-K)\omega C} - \frac{1}{M\omega C}$$

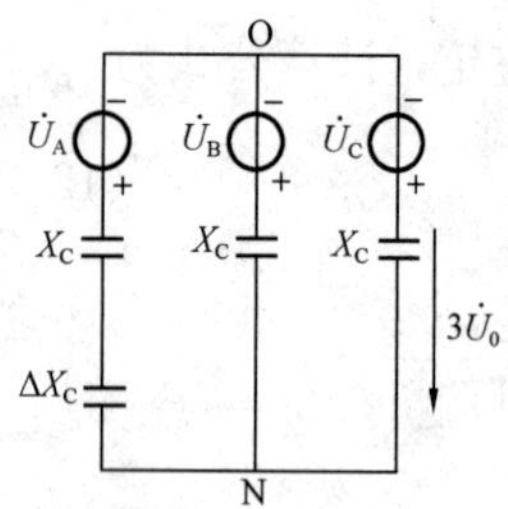

图 12-15　A 相 K 台电容器切除后的等值电路

于是，电容器组等效成如图 12-15 所示电路，其中 $\dot{U}_A$、$\dot{U}_B$、$\dot{U}_C$ 为供电电源电动势，供电电源阻抗可不计。

由图 12-15 可求得加于 TV 一次绕组上的 $(3\dot{U}_0)$ 电压为

$$3\dot{U}_0 = 3\dot{U}_{ON} = (-3)\frac{\dfrac{\dot{U}_A}{X_C+\Delta X_C} + \dfrac{\dot{U}_B}{X_C} + \dfrac{\dot{U}_C}{X_C}}{\dfrac{1}{X_C+\Delta X_C} + \dfrac{1}{X_C} + \dfrac{1}{X_C}} = \dot{U}_A \frac{3K}{3N(M-K)+2K} \tag{12-4}$$

零序电压继电器 KVZ 的动作电压 U_{op} 为

$$U_{op} = \frac{3U_0}{K_{sen} n_{TV}} \tag{12-5}$$

式中　K_{sen}——灵敏系数，取 1.25～1.5；

n_{TV}——电压互感器一次绕组与辅助二次绕组的变比。

此外，由于供电电压的不对称以及三相电容器的不平衡，正常运行时保护装置有不平衡零序电压 $(3U_0)_{unb}$，所以零序电压保护的动作电压还应满足

$$U_{op} = K_{rel}\,(3U_0)_{unb} \tag{12-6}$$

式中　K_{rel}——可靠系数，取 1.3～1.5。

（二）电容器组为单星形接线，当每相可接成四个平衡臂的桥路时，常用电桥式差电流保护

图 12-16 为电容器组桥式差电流保护接线。正常运行时，桥差电流 I_d 几乎为零，保护不动作；当某相多台电容器切除后，电桥平衡被破坏，桥差电流增大，保护装置动作。

电流继电器 KA 的动作电流 I_{op} 为

$$I_{op} = \frac{I_d}{n_{TA} K_{sen}} \tag{12-7}$$

其中，当每台电容器具有专用熔断器时，

$$I_d = \frac{3MKI_N}{3N(M-2K)+8K}$$

式中　I_d——桥差电流；

I_N——每台电容器的额定电流；

n_{TA}——电流互感器的变比；

K_{sen}——灵敏系数，取 1.25～1.5。

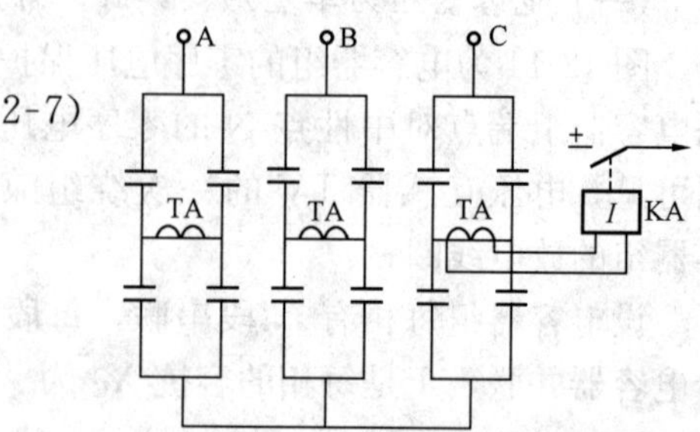

图 12-16　电容器组桥式差电流保护接线

（三）电容器组为单星形接线，当每相由两组电容器串联组成时，常用电压差动保护

图 12-17 所示为电容器组电压差动保护接线（只画出其中一相），图中 T1、T2、T3 和

T4 是完全相同的电压变换器。正常运行时，电容器组两串联段上电压相等，T3 和 T4 的一次侧电压相等，因此过电压继电器 KV 上几乎没有电压（实际存在很小的不平衡电压），保护处于不动作状态；当某相多台电容器被切除后，两串联段上电压便不再相等，该相过电压继电器 KVZ 上出现差电压，使保护动作。

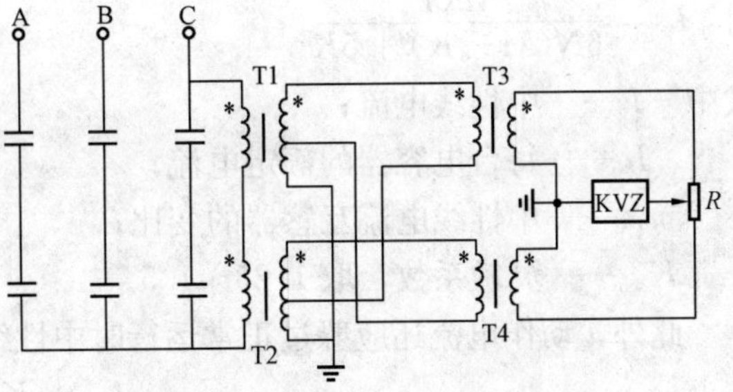

图 12-17　电容器组电压差动保护接线

KV 的动作电压 U_{op} 为

$$U_{op}=\frac{\Delta U_{d}}{n_{T}K_{sen}} \tag{12-8}$$

其中，当每台电容器具有专用熔断器时，$\Delta U_{d}=\dfrac{3KU_{N}}{6M-4K}$

式中　ΔU_{d}——电容器组两串联段差电压；

U_{N}——电容器组的额定相电压；

n_{T}——电压变换器 T1、T3（或 T2、T4）的总变比；

K_{sen}——灵敏系数，取 1.25～1.5。

（四）电容器组为双星形接线时，常用中性点不平衡电流保护或中性点间不平衡电压保护

图 12-18（a）为中性点间不平衡电压保护接线。当多台电容器被切除后，两组电容器的中性点 N、N′电压不再相等，出现差电压 ΔU_{0}，使保护动作。

电压继电器 KVZ 的动作电压 U_{op} 为

$$U_{op}=\frac{\Delta U_{0}}{n_{T}K_{sen}} \tag{12-9}$$

其中，当每台电容器具有专用熔断器时，$\Delta U_{0}=\dfrac{KU_{N}}{3N(M_{b}-K)+2K}$

式中　ΔU_{0}——两中性点 N、N′间的电压差；

M_{b}——双星形接线每臂各串联段的电容器并联台数；

n_{T}——电压变换器 T 的变比；

K_{sen}——灵敏系数，取 1.25～1.5。

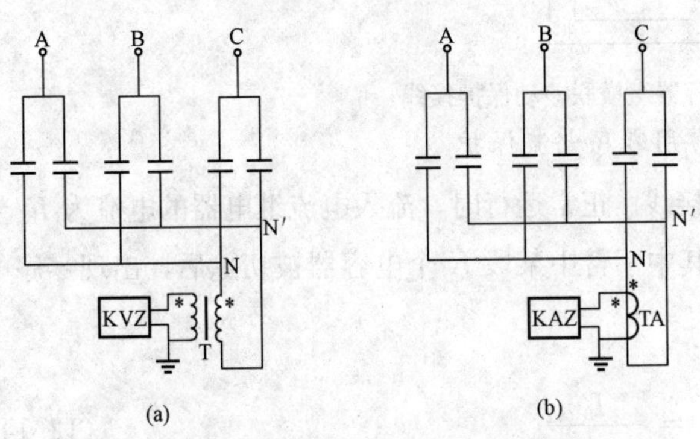

图 12-18　电容器组的不平衡电压、电流保护接线

（a）不平衡电压保护；（b）不平衡电流保护

此外，动作电压还应躲过正常运行时的不平衡电压 $U_{0.unb}$（二次值），即

$$U_{op}=K_{rel}U_{0.unb} \tag{12-10}$$

图 12-18（b）为中性点不平衡电流保护接线。当多台电容器被切除后，中性线中有电流 I_{0} 出现，零序电流继电器 KAZ 中有电流通过。KAZ 的动作电流 I_{op} 为

$$I_{op}=\frac{I_{0}}{n_{TA}K_{sen}} \tag{12-11}$$

其中，当每台电容器有专用的熔断器

时，$I_0 = \dfrac{3MKI_N}{6N(M-K)+5K}$

式中 I_0——中性线电流；

I_N——每台电容器的额定电流；

n_{TA}——中性线电流互感器的变比；

K_{sen}——灵敏系数，取 1.25～1.5。

此外，动作电流还应躲过正常运行时中性线中的不平衡电流 $I_{0.unb}$（二次值），即

$$I_{op} = K_{rel} I_{0.unb} \tag{12-12}$$

（五）电容器组为三角形接线且每相为两组电容器并联时，常用横联差动保护

图 12-19 为电容器组横联差动保护接线。正常运行时，电容器组两并联支路电流相等，电流继电器（1KA、2KA、3KA）中仅流过较小的不平衡电流；当多台电容器被切除后，电容器组两并联支路电流不相等，出现差电流，保护即动作。电流继电器的动作电流 I_{op} 为

$$I_{op} = \frac{\Delta I}{n_{TA} K_{sen}} \tag{12-13}$$

其中，当一条支路的某段 K 个电容器被切除时，$\Delta I = \dfrac{M_b K I_N}{N(M_b - K) + K}$

式中 ΔI——两并联支路的差电流；

I_N——任一并联支路电容器组的额定电流；

n_{TA}——电流互感器变比；

K_{sen}——灵敏系数，取 1.25～1.5。

时间继电器的延时一般取 0.2s。

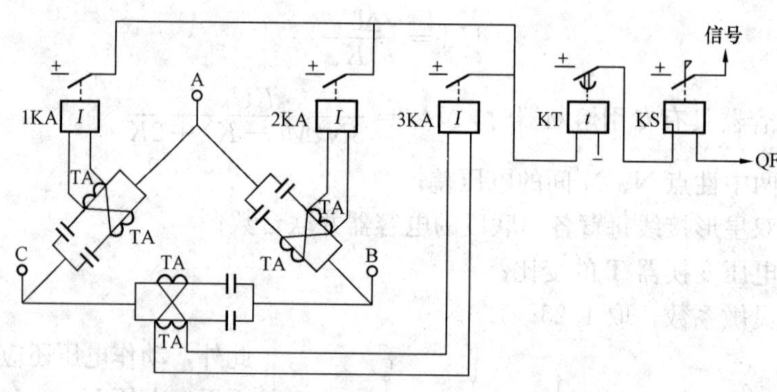

图 12-19 电容器组横联差动保护接线

（六）电容器组为单三角形接线时，常用零序电流保护

图 12-20 为电容器组的零序电流保护接线。正常运行时，流入电流继电器的电流为 $\dot{I}_K = \dot{I}_{AB} + \dot{I}_{BC} + \dot{I}_{CA} \approx 0$，保护不动作；而当其中一臂中某段 K 个电容器被切除后，出现零序电流，保护动作。

电流继电器 KAZ 的动作电流 I_{op} 为

$$I_{op} = \frac{I_0}{n_{TA} K_{sen}} \tag{12-14}$$

其中 $$I_0 = \frac{MKI_N}{N(M-K)+K}$$

式中　I_0——电容器切除后，形成的三角形三支路电流之和；

n_{TA}——电流互感器的变比；

K_{sen}——灵敏系数，取 1.25～1.5。

四、电容器组的过负荷保护

电容器组过负荷是由系统过电压及高次谐波引起的。按规定电容器应能在 1.3 倍额定电流下长期运行，对于电容量具有最大正偏差（10%）的电容器，过电流允许达到 1.43 倍额定电流。

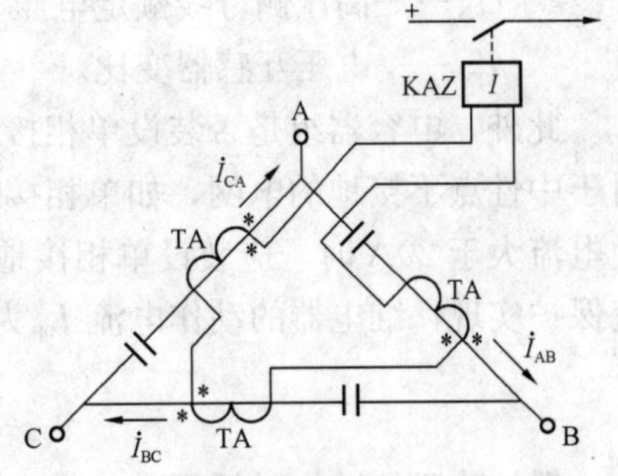

图 12-20　电容器组的零序电流保护接线

因为电容器组必须装设反应稳态电压升高的过电压保护，而且大容量电容器组一般装设有抑制高次谐波的串联电抗器，在这种情况下可不装设过负荷保护，只有当系统高次谐波含量较高或实测电容器回路电流超过允许值时，才装设过负荷保护。保护延时动作于信号。为与电容器过载特性相配合，宜采用反时限特性过负荷保护。一般情况下，过负荷保护可与过电流保护结合在一起。

五、电容器组的过电压保护

电容器组的过电压保护与多台电容器切除后的过电压保护的作用是完全不同的，前者是供电电压过高时保护整组电容器不损坏，而后者是在供电电压正常的情况下，电容器组内部故障 K 台电容器被切除后，使电容器上电压分布不均匀，保护切除电容器组使该段上剩余的电容器不受过电压损坏。因此，这两种保护的构成原理也是不同的。

电容器组只能允许在 1.1 倍额定电压下长期运行，当供电母线稳态电压升高时，过电压保护动作于信号或跳闸。继电器的动作电压 U_{op} 为

$$U_{op}=\frac{K_V(1-A)U_N}{n_{TV}} \tag{12-15}$$

其中

$$A=\frac{X_L}{X_C}$$

式中　K_V——电容器长期允许的过电压倍数；

A——电容器组每相感抗 X_L 与每相容抗 X_C 的比值；

X_L——串联电抗器的感抗；

U_N——电容器组接入母线的额定电压；

n_{TV}——电压互感器变比。

当电容器组设有以电压为判据的自动投切装置时，可不设过电压保护。

六、电容器组的低电压保护

当供电电压消失时，电容器组失去电源，开始放电，其上电压逐渐降低。若残余电压未放电到 0.1 倍额定电压就恢复供电，可能使电容器组承受高于长期允许的 1.1 倍额定电压的合闸过电压，从而导致电容器组的损坏，因此，应装设低电压保护。低电压保护动作后，将电容器组切除，待电荷放完后才能投入。

在变电站中，一般只在单电源情况下装设低电压保护。欠电压继电器接于高压母线电压互感器的二次侧，动作于延时跳闸。欠电压继电器的动作电压 U_{op} 为

$$U_{op}=\frac{K_{min}U_N}{n_{TV}} \tag{12-16}$$

式中 K_{min}——系统正常运行时可能出现的最低电压系数，一般取 0.5；

U_N——高压侧母线额定电压；

n_{TV}——电压互感器变比。

此外，电容器组是否装设单相接地保护，应根据电容器组所在电网的接地方式来确定。对于中性点不接地的电网，如单相接地电流小于 20A，则不需装设单相接地保护；当单相接地电流大于 20A 时，应装设单相接地保护。并联电容器组的单相接地保护可用定时限过电流保护实现，继电器的动作电流 I_{op}为

$$I_{op}=\frac{20}{n_{TA}} \tag{12-17}$$

保护装置的动作时间可取 0.5s。

第三节 电 抗 器 保 护

一、并联电抗器的保护

在电力系统中常用的并联电抗器有两类。一类为高压并联电抗器，此类电抗器多安装在高压配电装置的线路侧，其主要功能为抵消超高压线路的电容效应，降低工频稳态电压，限制各种短时过电压。中性点接地电抗器，可补偿线路相间及相对地耦合电流，加速潜供电弧熄灭，有利于单相快速重合闸的动作成功。另一类为低压并联电抗器，此类电抗器多装于发电厂和变电站内，作为调相调压及无功平衡用，它也经常与并联电容器组配合，组成各种并联静态补偿装置。

并联电抗器可能发生以下类型的故障及异常运行方式：

(1) 线圈的单相接地和匝间短路；

(2) 引出线的相间短路和单相接地短路；

(3) 由过电压引起的过负荷；

(4) 油面降低及温度升高和冷却系统故障。

针对上述故障及异常，现分述其保护方式如下。

（一）高压并联电抗器的保护

1. 纵联差动保护

三相并联电抗器和发电机三相定子绕组相似，因此可用瞬时动作于跳闸的纵联差动保护反应电抗器内部线圈及其引出线上的单相接地和相间短路故障。

由于并联电抗器价格昂贵，因此其主保护宜采取双重化，即装设两套差动保护。如并联电抗器为三台单相式，则第一套差动保护按相装设（其单元性强，能明确指示出故障相），第二套差动保护可以简化接线，采用零差接线方式，因为三台单相式电抗器发生相间短路的可能性很少，这样可以节省投资；对于三相式并联电抗器，两套差动保护的接线方式相同，均为三相三继电器接线方式。

纵联差动保护的工作原理与发电机纵联差动保护相同，在此不再详述。电抗器的励磁涌流是纵联差动保护的穿越性电流，原则上不妨碍电抗器纵联差动保护的正常工作。特别是电抗器外部短路时没有像发电机或变压器外部短路时那么大的穿越性电流，所以电抗器纵联差动保护比发电机纵联差动保护的动作电流更小，一般可取为电抗器额定电流的 5%～10%。

2. 零序功率方向保护

电抗器的匝间短路是比较常见的一种内部故障形式，但是当短路匝数很少时，一相匝间短路引起的三相不平衡电流可能很小，很难被继电保护检出；而且不管匝间短路匝数多大，纵联差动保护总不反应匝间短路故障。因此，必须考虑其他高灵敏度的匝间短路保护。

如果电抗器每相有两个并联分支，即双星形接线方式，这时和双星形接线的发电机一样，首先应该装设高灵敏度的单元件横联差动保护。另外，并联电抗器的电抗与其匝数的平方成正比，电抗器匝间短路时，其电抗值急剧下降，故障相的电流骤增，在中性点处有零序电流流过，同时也会出现零序电压，因此也可用零序方向保护反应匝间短路故障，国内已研制成功具有补偿作用的零序功率方向原理的电抗器匝间短路保护，现介绍如下。

设电抗器 A 相发生部分绕组的匝间短路，并设该部分绕组在短路前有电压 $\Delta\dot{U}_A$；利用叠加原理，在短路部分叠加一个故障分量电压 $-\Delta\dot{U}_A$，其他两相故障分量电压为零，所以零序电压 $3\dot{U}_0$ 为

$$3\dot{U}_0 = -\Delta\dot{U}_A$$

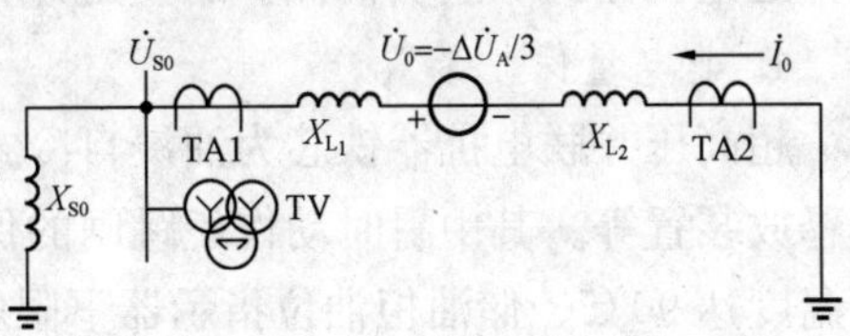

图 12-21　电抗器 A 相匝间短路时的零序等效电路

图 12-21 为电抗器 A 相匝间短路时的零序等效电路，其中 X_{L1} 和 X_{L2} 为故障点两侧的电抗器零序电抗，X_{S0} 为系统零序电抗。图中零序电流 $\dot{I}_0$ 的正方向定义为自右向左，则 $\dot{I}_0$ 可表示为

$$\dot{I}_0 = \frac{\dot{U}_0}{j(X_{S0}+X_{L1}+X_{L2})} = -j\frac{\dot{U}_0}{X_{S0}+X_{L1}+X_{L2}}$$

电抗器首端零序电压 $\dot{U}_{S0}$ 为

$$\dot{U}_{S0} = j\dot{I}_0X_{S0} = \frac{X_{S0}}{X_{S0}+X_{L1}+X_{L2}}\dot{U}_0 \tag{12-18}$$

若用 K_m 表示保护装置中电抗互感器的互感系数，则当流过电流 $\dot{I}_0$ 时将有输出电压 $\dot{U}_{aL}$，其值为

$$\dot{U}_{aL} = jK_m\dot{I}_0 = \frac{K_m}{X_{S0}+X_{L1}+X_{L2}}\dot{U}_0 \tag{12-19}$$

当匝间短路的匝数很少时，$\dot{U}_0$ 和 $\dot{U}_{S0}$ 也很小，尤其在系统很大、X_{S0} 相当小的情况下，$\dot{U}_{S0}$ 就更小，使零序功率方向保护的灵敏性很差。为此采用补偿阻抗 X_{0C}，当有 $\dot{I}_0$ 通过时，X_{0C} 上的零序压降 $\dot{U}_{0C}$ 为

$$\dot{U}_{0C} = j\dot{I}_0X_{0C} = \frac{X_{0C}}{X_{S0}+X_{L1}+X_{L2}}\dot{U}_0 \tag{12-20}$$

零序电压 $\dot{U}_{S0}$、$\dot{U}_{0C}$、$\dot{U}_{aL}$ 均与 $\dot{U}_0$ 同相。

选用零序功率方向保护的动作判据为

$$-90^\circ \leqslant \arg\frac{\dot{U}_{S0}+\dot{U}_{0C}}{\dot{U}_{aL}} \leqslant 90^\circ \tag{12-21}$$

当电抗器发生匝间短路时，即使 $\dot{U}_{S0}$ 很小，由于 X_{0C} 的补偿电压 $\dot{U}_{0C}$ 的作用，零序方向

继电器也能较灵敏地动作。补偿阻抗 X_{0C} 取为

$$X_{0C} \approx (0.6 \sim 0.8) X_L \tag{12-22}$$

式中 X_L——电抗器的零序电抗。

3. 过电流保护和过负荷保护

作为相间短路和接地短路的后备保护，并联电抗器应装设过电流保护。一般采用相间过电流和零序过电流保护，延时动作于跳闸。

当电源电压升高可能引起并联电抗器过负荷时，应装设过负荷保护，该保护由一只继电器构成，延时动作于信号。

过电流保护和过负荷保护的整定计算与发电机对应的保护相同，不再详述。

4. 非电量保护装置

超高压并联电抗器铁芯为油浸自冷式结构，通常装有气体继电器、油面温度指示器和压力释放装置等。其中瞬时动作于跳闸的保护有气体继电器的重气体触点、压力释放装置、油面温度达 90℃、储油柜油位指示器下限触点及线圈温度达 115℃等保护；动作于信号的保护有轻气体触点、油面温度达 80℃、油位指示器上限触点及线圈温度达 105℃等。

另外，为限制单相重合闸时的潜供电流、提高单相重合闸的成功率，500kV 三相并联电抗器的中性点通常经小电抗器接地。接地电抗器正常运行时仅流过不平衡的零序电流，其值很小；当线路发生单相接地故障或一相未合上时，由于三相不对称，接地电抗器中将流过较大电流，造成电抗器绕组过热。对于接地电抗器线圈的接地短路故障，一般利用非电量保护装置进行保护，其中包括装设气体继电器在电抗器内部故障发生重瓦斯时动作于跳闸、产生轻微瓦斯或油面降低时动作于信号，如果装有油位指示器和温度指示器，利用其上限触点动作于信号、下限触点动作于跳闸；对于三相不对称等原因引起接地电抗器的过电流，宜装设过电流保护，可与并联电抗器的零序电流保护结合起来，选用反时限特性继电器，过负荷时动作于信号，严重过电流时动作于跳闸。

（二）低压并联电抗器的保护

低压并联电抗器的结构有油浸式和干式两种，其中油浸式多为三相结构，干式多为单相结构。

对于容量为 10MVA 及以上的接地电抗器，针对电抗器的内部线圈、套管及引出线上的短路故障，宜装设差动保护。差动保护可用两相式，差动继电器应按保证灵敏系数并具有防止暂态电流误动措施的条件来选择。

对于容量为 10MVA 以下的接地电抗器，因电流速断保护的保护范围很小，故一般不装设，而直接装设过电流保护，并尽量缩短保护动作时间，一般动作时间整定为 1.5s。

作为差动保护的后备，应装设延时动作于跳闸的过电流保护。过电流保护可由两相三继电器组成。当母线电压升高时可能引起电抗器过负荷，所以应装设过负荷保护。过负荷保护由接在某相的一个电流继电器构成，延时动作于信号。为与电抗器发热特性相配合，上述过电流保护和过负荷保护宜选用反时限特性的继电器。

对于油浸式电抗器，其气体继电器等非电量保护装置的上限触点动作于信号，下限触点动作于跳闸。

在静补装置中的并联电抗器，其保护装设的原则与上述相同。

二、串联电抗器的保护

串联电抗器主要用于并联电容器电路，用以抑制电网电压波形畸变，控制流过电容器的谐波分量和限制合闸电流，以保护电容器的安全运行。

国内串联电抗器多为油浸自冷式，因其容量较小，主要利用其气体继电器作为电抗器内部故障的保护。轻瓦斯或油面降低时动作于信号，重瓦斯时动作于跳闸。

当并联电容器组中接有串联电抗器时，电容器组的额定电压 U_N 值应修正为

$$U_N = \frac{X_C}{X_C - X_L} U_{N.S} \tag{12-23}$$

式中　X_C——电容器组容抗；

X_L——串联电抗器感抗；

$U_{N.S}$——系统额定电压。

三、限流电抗器的保护

限流电抗器主要有水泥电抗器和干式空心电抗器两种，串联于电力线路中，在系统发生短路故障时，限制短路电流值，以减轻相应输配电设备的负担，可选择轻型电气设备，节省投资。此外，在出线上装设电抗器后，当该出线发生短路故障时，电压降主要产生在电抗器上，这样保持了母线一定的电压水平，从而使用户电动机的工作得以稳定。

限流电抗器上一般不装设保护装置，而是利用其所在的线路保护反应电抗器上的故障。

习　题

12-1　电动机装设低电压保护的目的是什么？对电动机低电压保护有哪些基本要求？

12-2　同步电动机保护和异步电动机保护装置有何不同？

12-3　同步电动机失步保护是按照什么原理构成的？

12-4　移相电容器的过电流保护有什么作用？

12-5　异步电动机如果在运行中发生一相断线故障，有哪些保护会启动？试说明其工作原理。

12-6　电动机低电压保护是如何实现的？

12-7　在电动机的纵联差动保护中，采用环流法接线与采用磁平衡式接线各有什么特点？

12-8　在电动机的电流速断保护中，采用两相电流差接线和两相两继电器式接线各有什么优缺点？

12-9　电动机堵转保护的作用是什么？它是如何实现的？

12-10　电动机的过热保护和温度保护有哪些区别？其实现方法有什么不同？

12-11　什么是非同步冲击保护？其工作原理是什么？

12-12　并联电容器组中可能发生哪些故障和不正常运行状态？

12-13　当并联电容器组的接线方式不同时，其保护方式有哪些区别？

附录 部分习题解答

1-1 答：继电保护装置的任务是自动、迅速、有选择性地切除故障元件，使其免受破坏，保证其他无故障元件恢复正常运行；监视电力系统各元件，反应其不正常工作状态，并根据运行维护条件规范的设备承受能力而动作，发出告警信号，或减负荷，或延时跳闸；与其他自动装置配合，缩短停电时间，尽快恢复供电，提高电力系统运行的可靠性。

1-2 答：即选择性、速动性、灵敏性和可靠性。

1-3 答：继电保护的基本原理是根据电力系统故障时电气量通常发生较大变化，偏离正常运行范围，利用故障电气量变化的特征构成各种原理的继电保护。例如，根据短路故障时电流增大，可构成过电流保护和电流速断保护；根据短路故障时电压降低，可构成低电压保护和电流速断保护等。除反应各种工频电气量保护外，还有反应非工频电气量的保护，如超高压输电线路的行波保护和反应非电气量的电力变压器的瓦斯保护、过热保护等。

1-4 答：(1) 主保护是指能满足系统稳定和安全要求，以最快速度有选择性地切除被保护设备和线路故障的保护。

(2) 后备保护是指当主保护或断路器拒动时，起后备作用的保护。后备保护又分为近后备保护和远后备保护两种：近后备保护是当主保护拒动时，由本线路或设备的另一套保护来切除故障的后备保护。远后备保护是当主保护或断路器拒动时，由前一级线路或设备的保护来切除故障的后备保护。

(3) 辅助保护是为弥补主保护和后备保护性能的不足，或当主保护及后备保护退出运行时而增设的简单保护。

2-1 答：(1) 严禁将电流互感器二次侧开路；

(2) 短路电流互感器二次绕组，必须使用短路片或短路线，短路应妥善可靠，严禁用导线缠绕；

(3) 严禁在电流互感器与短路端子之间的回路和导线上进行任何工作；

(4) 工作必须认真、谨慎，不得将回路永久接地点断开；

(5) 工作时，必须有专人监护，使用绝缘工具，并站在绝缘垫上。

2-2 答：因为电压互感器在运行中，一次绕组处于高电压，二次绕组处于低电压，如果电压互感器的一、二次绕组间出现漏电或电击穿，一次侧的高电压将直接进入二次绕组，危及人身和设备安全。因此，为了保证人身和设备的安全，要求除了将电压互感器的外壳接地，还必须将二次侧的某一点可靠接地。

2-3 答：电流互感器比值误差为 10%，角度误差小于 7°，电流互感器一次电流倍数 $m\left(m=\dfrac{I_1}{I_{1N}}\right)$ 与允许的二次负荷阻抗 Z_{loa} 之间的关系曲线，如图 2-3 所示。10%误差曲线通常由制造厂家给定或试验测得。它主要用来校验电流互感器是否满足误差要求。校验的步骤是：首先求出电流互感器最大短路电流相对于额定电流的倍数，如图 2-3 中的 m_1 值，再按图中箭头方向确定最大二次负荷阻抗 Z_{max} 。若电流互感器实际接入的二次负荷阻抗小于 Z_{max} ，则电流互感器误差满足要求，否则就需要减小电流互感器二次负荷阻抗或采用两个变比相等的电流互感器串联使用来减小电流互感器二次负荷阻抗以满足电流互感器的误差要求。

2-4　答：(1) 增大二次电缆截面积；

(2) 将同名相两组电流互感器二次绕组串联；

(3) 改用饱和倍数较高的电流互感器；

(4) 提高电流互感器变比。

2-5　答：电流互感器 TA 采用减极性标示方法，其一次绕组 Ll-L2 和二次绕组 K1-K2 引出端子极性标注如图 2-1 (a)、(b) 所示，其中 L1 和 K1、L2 和 K2 分别为同极性端。

2-6　答：电压互感器是一个内阻极小的电压源，正常时负荷阻抗很大，相当于开路状态，二次侧仅有很小的负荷电流；当二次侧短路时，负荷阻抗为零，将产生很大的短路电流，会烧坏电压互感器，因此，TV 二次侧不允许短路。

2-7　答：常用阻容式单相负序电压滤过器接线如图 2-8 所示。其参数关系为

$$R_A = \sqrt{3}X_A \qquad R_C = \frac{1}{\sqrt{3}}X_C$$

而且要求 $\dot{I}_{AB}$ 超前 $\dot{U}_{AB}$ 30°相角，$\dot{I}_{BC}$ 超前 $\dot{U}_{BC}$ 60°相角。

(1) 当输入正序电压时相量图如图 2-9 (a) 所示。$\dot{U}_{mB1}$ 为 $\dot{I}_{AB1}$ 在 R_A上的电压降，与 $\dot{I}_{AB1}$ 同相位；$\dot{U}_{Am1}$ 为 $\dot{I}_{AB1}$ 在 C_A上的电压降，落后 $\dot{I}_{AB1}$ 电流 90°；$\dot{U}_{nC1}$ 为 $\dot{I}_{BC1}$ 在 R_C 上的电压降，与 $\dot{I}_{BC1}$ 同相位；$\dot{U}_{Bn1}$ 为 $\dot{I}_{BC1}$ 在 X_C 上的电压降，落后电流 $\dot{I}_{BC1}$ 90°。电压三角形△ABm 与△BCn 皆为含 30°、60°锐角的直角三角形，$\overline{Am} = \frac{1}{2}\overline{AB} = \frac{1}{2}\overline{AC}$，$\overline{nC} = \frac{1}{2}\overline{BC} = \frac{1}{2}\overline{AC}$，故 m、n 均为 $\overline{AC}$ 的中点，m、n 两点重合，说明 $\dot{U}_{mn1} = 0$。即通过正序电压，输出电压为零。

(2) 由于负序三相电压可由正序电压中 B、C 两相交换而得，按与上面相同的三角形△ABm 与△BCn 的关系，可得到加入负序电压时的 $\dot{U}_{mn2} = 1.5\sqrt{3}\dot{U}_{A2}e^{j30°}$。

2-8　答：电抗变换器是把输入电流转换成输出电压的中间转换装置，同时也起隔离作用。它要求输入电流与输出电流呈线性关系，即 $\dot{U}_2 = \dot{K}_1\dot{I}_1$。而电流互感器是改变电流的转换装置，它将高压大电流转换成低压小电流，是线性变换，因此要求励磁阻抗大，励磁电流小，负荷阻抗小，而电抗变换器正好与其相反，电抗变换器励磁电流大，二次负荷阻抗大，处于开路工作状态；而电流互感器二次负荷阻抗远小于其励磁阻抗，处于短路工作状态。

2-9　答：(1) 动作电流。当电磁转矩 $M_e = M_s + M_f$时所对应加入继电器的电流就是过电流继电器的动作电流（$I_{g.op}$）。使电流继电器断开触点闭合的最小电流称为电流继电器的动作电流。

(2) 返回电流。当电磁转矩 $M_e = M_s - M_f$时所对应加入继电器的电流就是过电流继电器的返回电流（$I_{g.res}$）。使电流继电器动断触点打开的最大电流称为电流继电器的返回电流。

(3) 返回系数。继电器返回电流与动作电流的比值，即 $K_{res} = I_{g.res}/I_{g.op}$，由于摩擦力矩和剩余力矩的作用，电磁型过电流继电器的返回系数小于 1。

2-10　答：由已知参数关系可见，$\dot{I}_{bc}$ 超前 $\dot{U}_{bc}$ 的相角为 30°，$\dot{I}_{ca}$ 超前 $\dot{U}_{ca}$ 的相角为 60°。

从图 2-25 中可见，滤过器的输出电压为

$$\dot{U}_{mn} = \dot{I}_{bc}R_1 - j\,\dot{I}_{ca}X_2$$

加入正序电压和负序电压相量图如图 1 所示，可见加入正序电压时，其输出电压 $U_{mn}=0$；加入负序电压时，有负序电压输出；加入零序电压时，因为其输入的是两相电压相减，因此没有输出，从图 1 可知，此滤过器为负序电压滤过器。

2-11　答：(1) 数据采集单元，即模拟量输入系统；

(2) 数据处理单元，即微机主系统；

(3) 数字量输入/输出接口，即开关输入/输出系统；

(4) 通信接口；

(5) 人机接口；

(6) 电源。

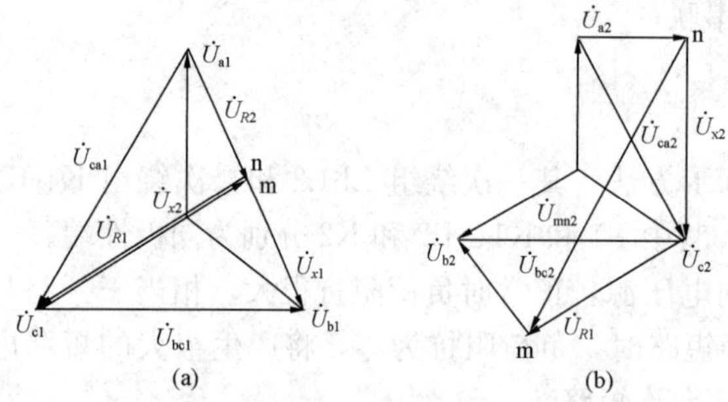

图 1　阻容式单相负序电压滤过器相量关系
(a) 加入正序电压；(b) 加入负序电压

3-1　答：由无时限电流速断、限时电流速断与定时限过电流保护组合而构成的一套保护装置，称为三段式电流保护。无时限电流速断保护是靠动作电流的整定获得选择性的；限时电流速断和过电流保护是靠上、下级保护的动作电流和动作时间的配合获得选择性的。

3-3　答：过电流保护的动作电流是按躲过最大负荷电流整定的，一般能保护相邻设备。在外部短路时，电流继电器可能启动，但在外部故障切除后（此时电流降到最大负荷电流），必须可靠返回，最大负荷电流要小于返回电流，否则会出现误跳闸。考虑返回系数的目的，就是保证在上述情况下，保护能可靠返回。

无时限电流速断保护的动作值，是按避开预定点的最大短路电流整定的，其整定值远大于最大负荷电流，相应的返回电流大，故不存在最大负荷电流下不返回的问题。再者，无时限电流速断保护一旦启动跳闸，根本不存在中途返回问题，故无时限电流速断保护不考虑返回系数。

3-4　答：通过继电器的电流与电流互感器二次电流的比值称为电流保护的接线系数，即 $K_{con}=I_g/I_2$（I_g 为流入继电器中的电流，I_2 为流出电流互感器的二次电流）。

接线系数是继电保护整定计算中的一个重要参数，对各种电流保护测量元件动作值的计算都要考虑接线系数。

3-5　答：电流保护Ⅰ段保护即无时限电流速断保护，其灵敏系数随运行方式变化而变化，灵敏系数和保护范围最小。Ⅱ段保护即限时电流速断保护，其灵敏性有所提高，保护范围延伸到下级线路一部分，但当相邻线路阻抗很小时，其灵敏系数也可能达不到要求。Ⅲ段保护即定时限过电流保护，其灵敏系数一般较高，可以保护本级线路和相邻线路全长，并作为相邻线路的远后备保护。

3-6　答：K_{rel} 为可靠系数，保证继电保护装置的可靠性；K_r 为继电器返回系数，K_r 越接近于 1，继电器越灵敏；K_{con} 为保护中电流互感器的接线系数；K_{ast} 为负荷的自启动系数，反应尖峰电流作用；K_{sen} 为保护装置的灵敏系数，只有满足保护装置要求的灵敏系数，保护装置才能使用。

3-7　答：(1) 正常运行时，1KA、2KA、3KA 流过的电流均为 4.5A。

(2) 两相三继电器接线在 C 相 TA 极性接反时，发生三相短路时和 AC 两相短路时，电流分布如图 2 所示，三相短路时从图 2（b）中可知电流继电器 1KA 和 2KA 通过电流为互感器二次侧相电流值（4.5A），而 3KA 中通过电流为 $\dot{I}_a - \dot{I}_c$ 是相电流值的$\sqrt{3}$倍（7.79A）。

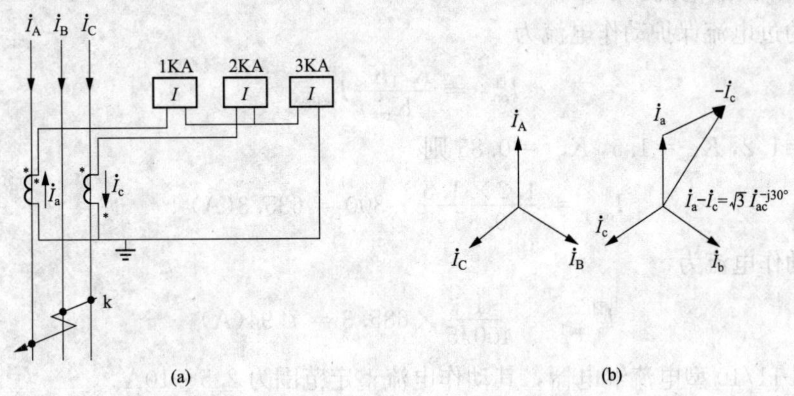

图 2 题 3-7C 相接反电流互感器接线及电流相量图

3-12 *提示：本题的重点是对三段电流保护动作电流，继电器动作电流、动作时间和灵敏系数校验计算公式的掌握。*

解 (1) 保护 1 的无时限电流速断保护。

一次动作电流为

$$I_{op.1}^{\mathrm{I}} = K_{rel} I_{k.N.max}^{(3)} = 1.25 \times 5300 = 6625(\mathrm{A})$$

继电器动作电流为

$$I_{g.op.1}^{\mathrm{I}} = \frac{K_{con}}{n_{TA}} I_{op.1}^{\mathrm{I}} = \frac{6625}{\frac{400}{5}} = 82.8(\mathrm{A})$$

选用 DA-11/100 型电流继电器，其动作电流整定范围为 25～100A。

(2) 保护 1 的限时电流速断保护。

要计算保护 1 的Ⅱ段动作电流，应先计算出保护 2 的无时限电流速断保护的动作电流，即

$$I_{op.2}^{\mathrm{I}} = K_{rel} I_{k.2.max}^{(3)} = 1.25 \times 1820 = 2275(\mathrm{A})$$

保护 1 的限时电流速断应与保护 2 的Ⅰ段和变压器的快速保护相配合，动作电流应躲过 k2 点、k3 点短路故障时流过保护 1 的最大电流。动作电流整定应按与保护 2 的无时限电流速断保护相配合整定，即

$$I_{op.1}^{\mathrm{II}} = K_{rel} I_{op.2}^{\mathrm{I}} = 1.15 \times 2275 = 2616.3(\mathrm{A})$$

继电器的动作电流为

$$I_{g.op.1}^{\mathrm{II}} = \frac{K_{con}}{n_{TA}} I_{op.1}^{\mathrm{II}} = \frac{1}{400/5} \times 2616.3 = 32.7(\mathrm{A})$$

选 DA-11/50 型电流继电器，其动作电流整定范围是 12.5～50A。

动作时限为

$$t_1^{\mathrm{II}} = t_2^{\mathrm{I}} + \Delta t = 0.5\mathrm{s}$$

灵敏度校验

$$K_{sen} = \frac{I_{k.1.min}^{(2)}}{I_{op.1}^{II}} = \frac{4700 \times \sqrt{3}/2}{2616.3} = 1.56 > 1.25$$

(3) 保护 1 的过电流保护。

保护 1 的过电流保护动作电流为

$$I_{op.1}^{III} = \frac{K_{rel} K_{ss}}{K_{res}} I_{L.max}$$

取 $K_{rel} = 1.2$，$K_{ss} = 1.5$，$K_{res} = 0.85$ 则

$$I_{op.1}^{III} = \frac{1.2 \times 1.5}{0.85} \times 300 = 635.3(A)$$

继电器动作电流为

$$I_{g.op.1}^{III} = \frac{1}{400/5} \times 635.3 = 7.94(A)$$

选用 DA-11/10 型电流继电器，其动作电流整定范围为 2.5～10A。

动作时限按阶梯型时限特性整定为

$$t_1^{III} = t_2^{III} + \Delta t = t_4^{III} + 2\Delta t = 2 + 2 \times 0.5 = 3(s)$$

灵敏度校验：

作本线路近后备保护

$$K_{sen} = \frac{I_{k.1.min}^{(2)}}{I_{op.1}^{III}} = \frac{4700 \times \sqrt{3}/2}{635.3} = 6.4 > 1.5$$

作 NQ 线路远后备保护

$$K_{sen} = \frac{I_{k.2.min}^{(2)}}{I_{op.1}^{III}} = \frac{1700 \times \sqrt{3}/2}{635.3} = 2.3 > 1.2$$

作变压器的后备保护

$$K_{sen} = \frac{1/\sqrt{3} I_{k.3.min}^{(2)}}{I_{op.1}^{III}} = \frac{770 \times \sqrt{3}/2 \times 1/\sqrt{3}}{635.3} = 0.61 < 1.2$$

为了提高 Yd11 变压器后两相短路的灵敏度，可以采用两相三继电器接线，则变压器后备保护的灵敏度为 $K_{sen} = 0.61 \times 2 = 1.22 > 1.2$。

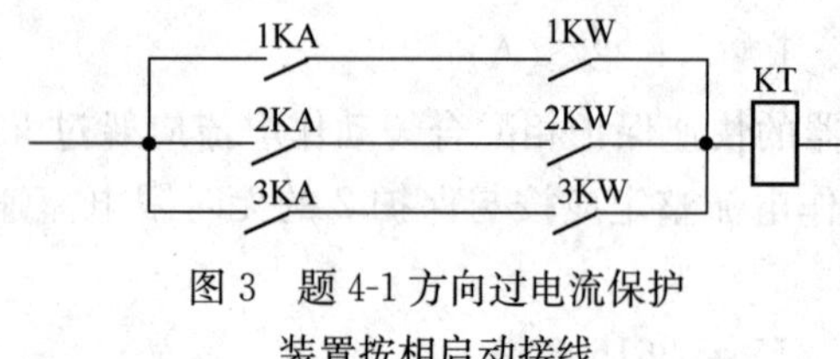

图 3 题 4-1 方向过电流保护装置按相启动接线

4-1 答：在电网中发生不对称短路时，非故障相仍有电流流过，此电流称为非故障相电流，非故障相电流可能使非故障相功率元件发生误动作。采用直流回路按相启动接线，将同名各相电流元件和同名功率方向元件动合触点串联后，分别组成独立的跳闸回路（见图 3），这样可以消除非故障相电流影响，例如，保护反方向 2 和 3 发生两相短路，因为反向故障时，故障相方向元件不会动作（2KW、3KW 不动作），非故障相电流元件不会动作（1KA 不动作），所以保护不会误动作跳闸；非故障相的 1KW、故障相的 2KA、3KA 可能会动作。

4-5 答：分析 90°接线时某相间短路功率方向元件电流极性接反时，正方向发生三相短路时，继电器的输入电压 $\dot{U}_g$ 与输入电流 $-\dot{I}_g$ 的相位角为 $\varphi_g = 180° - \varphi_m$，从图 4 中可

见 $-\dot{I}_g$ 落在继电器的动作区外，所以该继电器不能动作。

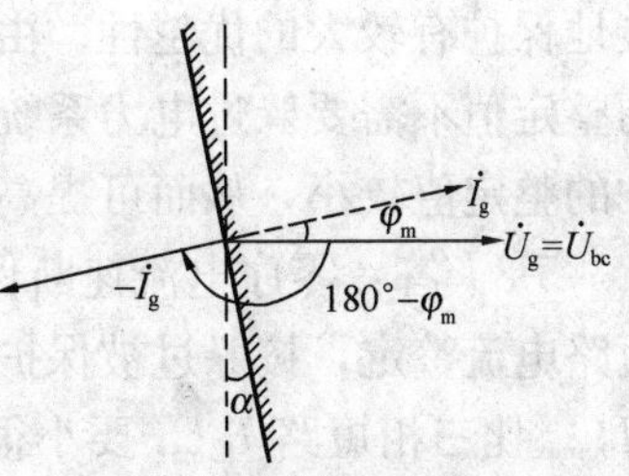

图 4　题 4-5 方向继电器的动作区域

4-7　提示：本题考核的知识点是用相量图分析 LG-11 型功率方向继电器的动作行为。

解　(1) A 相功率方向继电器的电流线圈接入 A 相相电流 $\dot{I}_a$，电压线圈接入 $\dot{U}_{bc}$。

(2) 因为 $\alpha=45°$，继电器动作范围为

$$-135° \leqslant \arg\frac{\dot{U}_g}{\dot{I}_g} \leqslant 45°$$

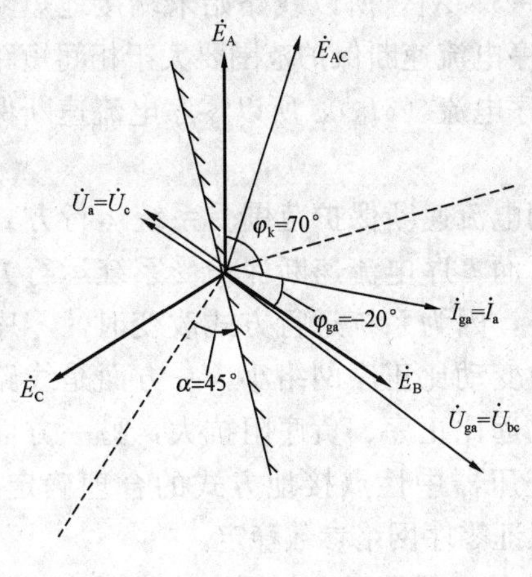

图 5　题 4-7 相量图

(3) 相量图如图 5 所示。

所以 $\varphi_{ga}=-20°$，A 相功率方向继电器动作。

5-1　答：零序电流保护反应的是零序电流，而负荷电流中不包含（或很少包含）零序分量，故不必考虑避开负荷电流。

5-2　答：零序电流的分布，只与系统的零序网络有关，与电源的数目无关。当增加或减少中性点接地的变压器台数时，系统零序网络将发生变化，从而改变零序电流的分布。当增加或减少接在母线上的发电机台数和中性点不接地变压器台数，而中性点接地变压器的台数不变时，只改变接地电流的大小，而与零序电流的分布无关。

5-3　答：三相式星形接线的相间电流保护，虽然也能反应接地短路，但用来保护接地短路时，在定值上要躲过最大负荷电流，在动作时间上要由用户到电源方向按阶梯原则逐级递增一个时间级差来配合。而专门反应接地短路的零序电流保护，则不需要按此原则来整定，故其灵敏度高，动作时限短，且因线路的零序阻抗比正序阻抗大得多，零序电流保护的保护范围长，上下级保护之间容易配合。故一般不用相间电流保护兼作零序电流保护。

5-4　答：中性点非直接接地电网是指中性点不接地电网或中性点经消弧线圈接地电网。中性点非直接接地电网中发生单相接地故障时，故障相对地电压为零，非故障相对地电压增大到 $\sqrt{3}$ 倍相电压（设 A 相接地），中性点 N 对地电压为 $\dot{U}_N=-E_A$，这个电压就是零序电压，由对称分量法可知 $\dot{U}_0=-\dot{E}_A$。非故障相线路流过零序电流为非故障相本身接地电容电流之和 $3I_{0unf}=3\omega C_0E_{ph}$，该零序电流超前零序电压 90°，电容电流方向从母线流向线路，而故障相线路始端流过零序电流 $3I_{0f}$，为所有非故障相线路接地电容电流之和，或等于接地电流 I_k 减去故障相本身对地电容电流，因此故障线路零序电流方向是从线路流向母线，该零序电流滞后零序电压 90°。

对于中性点直接接地电网中发生单相接地故障时，在故障点出现零序电压 U_0，在零序电压作用下，产生零序电流。由于零序电流 I_0 方向以流向故障点为正方向，零序电压 U_0 方向以线路指向大地为正方向，则零序电流 I_0 路径为从接地点流向变压器中性点，再经变压器流向线路。故障点处的零序电压最大，离故障点越远则变压器中性点接地处零序电压越低，甚至为零。

5-5　答：因为只有发生接地故障时短路电流中才会出现零序分量，利用零序分量构成

接地保护有较大的优越性。由于对称、平衡的三相系统不会出现零序分量，故零序电流保护的整定值不需要躲过电力系统的振荡电流、三相短路电流和最大负荷电流，因此零序电流保护的整定值较小，从而可提高保护的灵敏性。

5-8　答：零序电流速断保护和相间短路电流速断保护都是按躲过被保护线路末端最大短路电流整定，按躲过被保护线路末端最小短路电流校验灵敏系数。而当发生单相短路时，$3I_{0.\max}$比三相短路 $I_{k.\max}^{(3)}$ 要小很多。因此零序电流速断保护动作电流一般为 0.5～1A，而相间电流速断保护一般为 5～7A，由于线路零序阻抗 $X_0=3.5X_1$，所以线路始末端接地短路的零序电流差别要比相间短路电流差别大很多，因而零序电流速断保护范围要大于相间短路电流速断保护范围，单相接地时，故障相电流为 3 倍零序电流（$3I_0$），所以零序电流速断保护灵敏系数高。

相间电流速断保护范围受系统运行方式影响大，而零序电流速断保护受系统运行方式影响小，因为系统运行方式改变时，零序网络参数变动比正序网络小，一方面是线路零序阻抗远比正序、负序阻抗大，另一方面通过对变压器中性点接地方式的合理确定，更可以保证零序网络参数稳定。

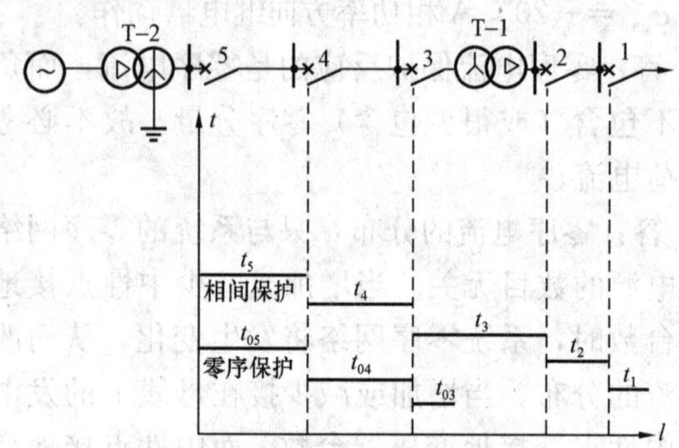

图 6　题 5-9 相间过电流保护与零序过电流保护的时限特性比较图

5-9　答：零序过电流保护的时限特性与相间过电流保护时限特性相同，都是按阶梯原则整定的，但是对于有 Yd 接线的变压器电网，d（三角形绕组）侧无零序电流，所以零序过电流保护时限起点从 Y 侧变压器保护 3 开始至保护安装处，显然比相间短路时从变压器 d 侧线路末端保护 1 开始至保护安装处时间要短很多，因此零序电流保护动作时限缩短了，如图 6 所示。

5-13　答：(1) 保护会误动作，零序电流继电器中流入 7.5A 电流（2 倍相电流），大于继电器动作电流 3A。

(2) 保护会误动作，零序电流继电器中流入 3.75A 电流（相电流），大于继电器动作电流 3A。

5-14　答：(1) 相间短路过电流保护的动作时限：

$t_5=1+0.5=1.5$(s)，$t_4=2+0.5=2.5$(s)，$t_3=2.5+0.5=3$(s)，$t_2=3+0.5=3.5$(s)，$t_1=3.5+0.5=4$(s)

(2) 零序过电流保护的动作时限：

$t_{05}=0$(s)，$t_{04}=0.5+0.5=1$(s)，$t_{03}=1+0.5=1.5$(s)，$t_{02}=2+0.5=2.5$(s)

(3) 阶梯型时限特性：

由图 7 知零序过电流保护的动作时间较相间过电流保护动作时间短；越靠近电源，过电流保护的动作时间越长。

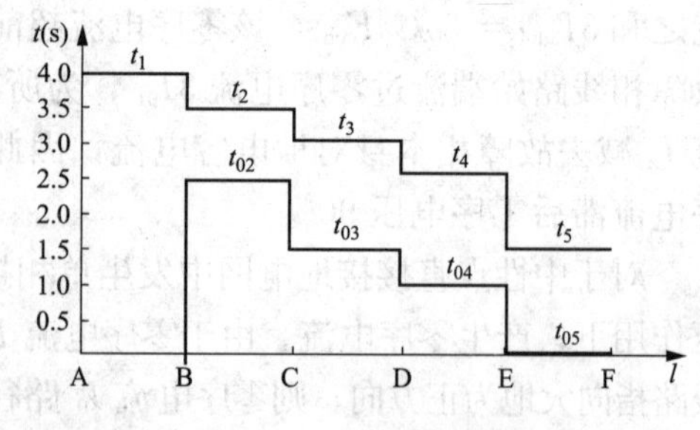

图 7　题 5－14 相间、零序过电流保护的时限特性

6-1　答：距离保护是指反应保护安装处至故

障点的距离，并根据这一距离的远近而确定保护动作时限的一种保护装置。它与电流保护相比，优点是在多电源的复杂电网中可以有选择性地切除故障，而且有足够的快速性和灵敏性；缺点是可靠性不如电流保护，距离保护受各种因素影响，在保护中要采取各种防止这些影响的措施，因此使整套保护装置比较复杂。

6-2 答：方向阻抗继电器的动作特性圆如图 8 所示。相位比较式动作条件为 $90°\leqslant \arg\dfrac{Z_m}{Z_m-Z_{set}}\leqslant 270°$。

6-3 答：全阻抗继电器的动作特性圆如图 9 所示。幅值比较式动作条件为 $|Z_m|<|Z_{set}|$。

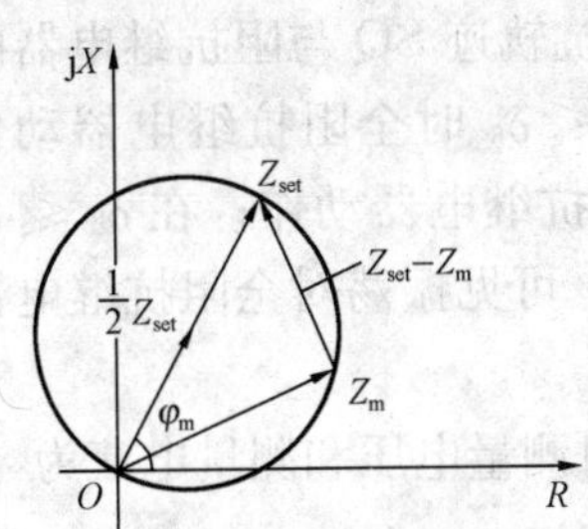

图 8 题 6-2 方向阻抗继电器的动作特性圆

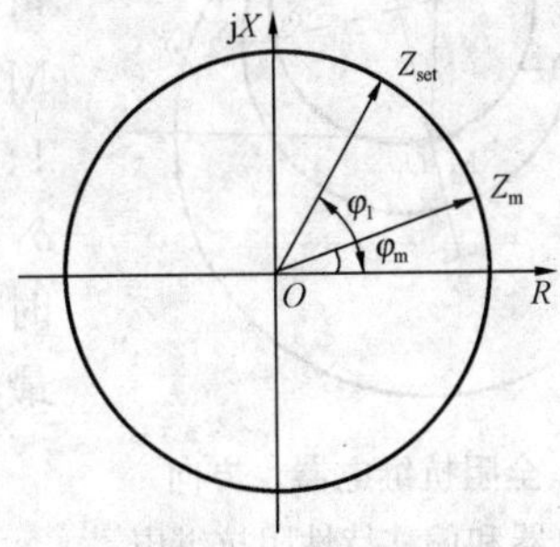

图 9 题 6-3 全阻抗继电器的动作特性圆

6-4 答：单相式阻抗继电器只输入一个电压 $\dot{U}_m$ 和一个电流 $\dot{I}_m$，电压与电流的比值 $\dot{U}_m/\dot{I}_m=\dfrac{n_{TA}}{n_{TV}}Z_k$（$Z_k$ 为短路阻抗），称为测量阻抗。使距离继电器动作的阻抗称为动作阻抗 Z_{op}。对应预先整定的保护范围阻抗为整定阻抗 Z_{set}，由改变电抗变换器 UR 的转移阻抗 Z_{br} 或改变电压变换器的变比 K_U 实现。

当 $Z_m>Z_{set}$ 时，阻抗继电器不动作；当 $Z_m=Z_{op}<Z_{set}$ 时，阻抗继电器动作。

6-5 答：方向阻抗继电器的最大动作阻抗（幅值）的阻抗角，称为它的最大灵敏角 φ_{sen}。当被保护线路发生相间短路时，短路电流与继电器安装处电压间的夹角等于线路的阻抗角 φ_L，方向阻抗继电器测量阻抗的阻抗角 φ_m，等于线路的阻抗角 φ_L，为了使继电器工作在最灵敏状态下，故要求继电器的最大灵敏角 φ_{Sen} 等于被保护线路的阻抗角 φ_L。

6-6 答：(1) 距离保护Ⅰ段方向阻抗元件如无记忆回路，当保护安装处出口发生三相金属性短路时，由于母线电压降到近于零，加到继电器端子上的电压也为零，此时保护将不能动作，从而出现了方向阻抗继电器的死区。为了清除死区，对方向阻抗继电器加装了记忆回路，正常时记忆回路处于谐振状态，当出口发生三相短路时，记忆回路按固有频率衰减，利用该衰减电压，保护继电器可动作。

(2) 对记忆回路的要求是，正常运行时经过记忆回路以后的极化电压与母线电压同相位，以保证继电器特性不变，因而回路应呈纯电阻性。

6-7 答：作出方向阻抗继电器特性圆，如图 10 所示，根据几何关系得知

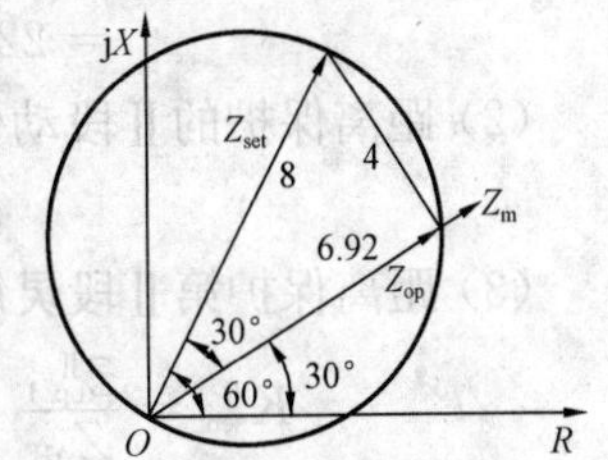

图 10 题 6-7 阻抗继电器的动作特性

$$Z_{op}=\sqrt{8^2-4^2}=\sqrt{48}=6.92$$

因为 $Z_m > Z_{op}$，Z_m落在保护范围外（圆内为保护范围，圆外为非动作区），所以该阻抗继电器不能动作。

6-8 答：电力系统振荡时，系统各点的电流、电压将随线路两侧电源电动势间的角度 δ 变化而变化，因而系统中各点的测量阻抗也将随 δ 发生变化。系统中保护阻抗元件可能会误动作。

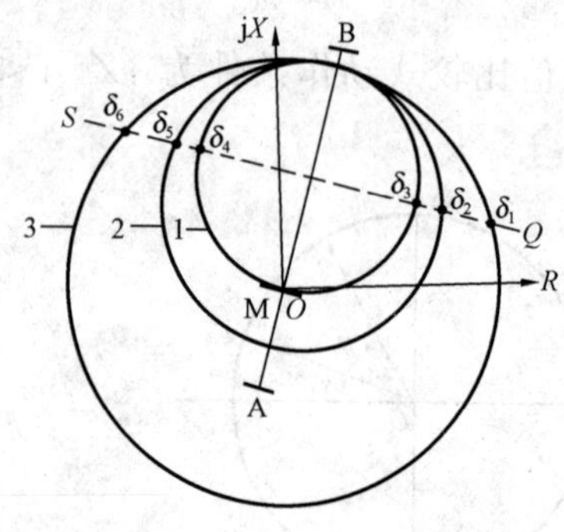

图 11 全阻抗继电器，方向阻抗继电器和偏移特性阻抗继电器受系统振荡影响

6-9 答：分析全阻抗继电器、方向阻抗继电器和偏移特性阻抗继电器受系统振荡影响如图 11 所示。从图中可看出全阻抗继电器受系统振荡影响最大。系统振荡时，M 处阻抗继电器的测量阻抗轨迹 SQ 与阻抗继电器的特性 1、2、3 相交。在 $\delta_1 \leqslant \delta \leqslant \delta_6$ 时全阻抗继电器动作；在 $\delta_2 \leqslant \delta \leqslant \delta_5$ 时偏移特性阻抗继电器动作；在 $\delta_3 \leqslant \delta \leqslant \delta_4$ 时，方向阻抗继电器动作。可见振荡对全阻抗继电器影响最大。

6-10 答：两相短路时测量电压和测量电流为

$$\dot{U}_m^{(2)}=\dot{U}_{AB}^{(2)}=2\dot{I}_A Z_1 l$$

$$\dot{I}_m^{(2)}=\dot{I}_A-\dot{I}_B=2\dot{I}_A$$

测量阻抗 $Z_m=\dfrac{\dot{U}_m^{(2)}}{\dot{I}_{AB}^{(2)}}=Z_1 l=(0.33+j0.41)\times 10=3.3+j4.1=5.264e^{j56.9^\circ}$。

6-11 答：(1) 距离保护 1 的动作阻抗。

Ⅰ段

$$\begin{aligned}Z_{op.1}^{I}&=K_{rel}^{I}Z_{AB}=K_{rel}^{I}Z_1 I_{AB}\\&=0.85\times 0.4\times 30\angle 70^\circ\\&=10.2\angle 70^\circ(\Omega)\end{aligned}$$

Ⅱ段

$$Z_{op.1}^{II}=K_{rel}^{II}Z_{AB}+K_{rel}^{II}K_{b.min}Z_{op.2}^{I}$$

$$Z_{op.2}^{I}=K_{rel}^{I}Z_1 I_{AB}=0.85\times 0.4\times 80\angle 70^\circ=27.2\angle 70^\circ(\Omega)$$

$$\begin{aligned}Z_{op.1}^{II}&=K_{rel}^{II}Z_{AB}+K_{rel}^{II}K_{b.min}Z_{op.2}^{I}\\&=0.8\times 0.4\times 30\angle 70^\circ+0.8\times 0.575\times 27.2\angle 70^\circ\\&=9.6\angle 70^\circ+12.512\angle 70^\circ\\&=22.112\angle 70^\circ(\Omega)\end{aligned}$$

(2) 距离保护的Ⅱ段动作时限：

$$t_{op.1}^{II}=t_{op.2}^{I}+\Delta t=0+0.5=0.5(s)$$

(3) 距离保护第Ⅱ段灵敏系数：

$$K_{sen}^{II}=\frac{Z_{op.1}^{II}}{Z_{AB}}=\frac{22.112\angle 70^\circ}{0.4\times 30\angle 70^\circ}=1.84>1.3\sim 1.5 \qquad \text{合格}$$

7-3 答：图 12 (a)、(b) 分别为纵联差动保护内部故障和外部故障时的电流分布。从图 12 (a) 中可见，在正常运行或外部故障时，在理想条件下，差动继电器 KD 中流过大小

相等、方向相反的两个电流，这两个电流互相抵消，即

$$\dot{I}_g = \dot{I}_{\text{I}2} - \dot{I}_{\text{II}2} = \frac{1}{n_{TA}}(\dot{I}_{\text{I}} - \dot{I}_{\text{II}}) = 0$$

所以继电器 KD 不动作。

当发生内部故障时，如图 12（b）所示，流入继电器电流为

$$\dot{I}_g = \dot{I}_{\text{I}2} + \dot{I}_{\text{II}2} = \frac{1}{n_{TA}}(\dot{I}_{\text{I}} + \dot{I}_{\text{II}}) = \frac{\dot{I}_k}{n_{TA}}$$

当 $I_g > I_{g.op}$（继电器动作电流）时，继电器动作，将故障线路两端断路器跳开。

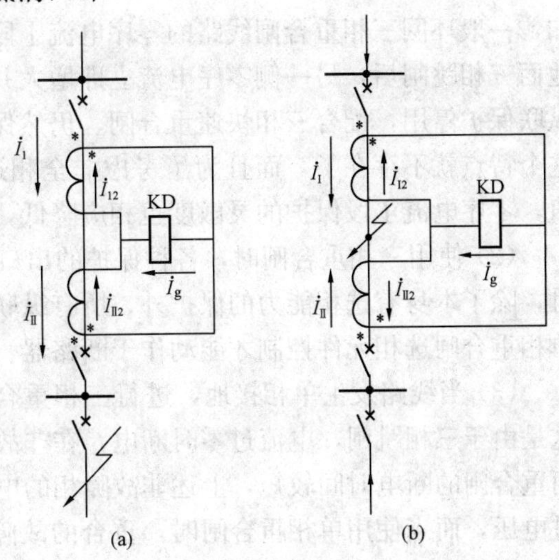

图 12 题 7-3 纵差动保护原理接线图

（a）外部故障时；（b）内部故障时

7-4 答：由于纵联差动保护线路两端互感器的励磁特性不完全相同，在短路故障时会通过很大的一次电流，使两个电流互感器的铁芯饱和程度不同，造成 TA 二次电流差别较大，产生不平衡电流。不平衡电流在暂态起始段和结束段都不大，最大不平衡电流发生在暂态过程中段。因纵联差动保护要躲过不平衡电流，不平衡电流过大将使保护装置灵敏系数降低。

7-5 答：纵联差动保护动作电流在整定计算中要考虑两个因素，即躲过保护区外短路的最大不平衡电流和躲过被保护线路的最大负荷电流。这样可提高纵联差动保护的灵敏系数。

8-1 答：规程规定自动重合闸配合的原则如下：

（1）1kV 及以上架空线路及电缆与架空混合线路，在装设断路器的条件下，当用电设备允许且无备用电源自动投入时，应装自动重合闸装置。

（2）旁路断路器和兼作旁路母联断路器或者分段断路器，应装设自动重合闸装置。

（3）低压侧不带电源的降压变压器，可装设自动重合闸装置。

（4）必要时，母线故障也可以采用自动重合闸装置。

8-2 答：自动重合闸按其功能可分为三种类型，即三相重合闸、单相重合闸和综合重合闸。

（1）110kV 及以下电压等级的系统单侧电源线路，一般采用三相一次重合闸。

（2）220kV 及以下电压等级双电源线路用适合方式的三相自动重合闸能满足系统稳定和运行要求的，可采用三相自动重合闸。

（3）330～500kV 线路，一般采用综合重合闸装置。

（4）220kV 线路采用各种方式三相自动重合闸不能满足系统稳定和运行要求时，可采用综合重合闸装置。

（5）双电源 220kV 及以上电压等级的单回路联络线，适合采用单相重合闸。

（6）主要的 110kV 双电源单回路联络线，若采用单相重合闸电网安全运行效果显著，可采用单相重合闸。

8-3 答：经比较，两种重合闸的优缺点如下：

（1）使用单相重合闸时会出现非全相运行，除纵联保护需要考虑一些特殊问题外，对零

序电流保护和整定的配合产生很大影响，也使中、短线路的零序电流不能充分发挥作用。例如，一般环网三相重合闸线路的零序电流Ⅰ段保护都能继续动作，即在线路一侧出口单相接地而三相跳闸后，另一侧零序电流立即增大并使其Ⅰ段保护动作。利用这一特点，即使线路纵联保护停用，配合三相快速重合闸，仍然保持较高的成功率。但单独使用单相重合闸时，这个特点就不存在了，而且为了考虑非全相运行，往往需要提高零序电流Ⅰ段保护的启动值，零序电流Ⅰ段保护的灵敏度也相应降低，动作时间可能增大。

（2）使用三相重合闸时，各种保护的出口回路可以直接动作于断路器；使用单相重合闸时，除了本身有选相能力的保护外，所有纵联保护、相间距离保护、零序保护等，都必须经单相重合闸选相元件控制才能动作于断路器。

（3）当线路发生单相接地，进行三相重合闸时，会比单相重合闸产生较大操作过电压。这是由于三相跳闸，电流过零时断电，在非故障相上会产生相当于相电压峰值的残余电压，而重合闸的断电时间较短，上述非故障相的电压变化不大，因而在重合闸时产生较大的操作过电压，而当使用单相重合闸时，重合的故障相电压一般只有17%左右（由于线路本身电容分压产生），因而没有操作过电压问题，然而从较长时间在110kV及220kV电网采用三相重合在运行情况看，一般中、短线路操作过电压方面的问题并不突出。

（4）采用三相重合闸时，最不利的情况是有可能重合在三相短路故障上，有的线路经动稳定计算认为必须避免这种情况时，可以考虑在三相重合闸中增设简单的相间故障判别元件，使它在单相故障时实现重合，在相间故障时不重合。

8-4 答：电力系统的自动重合闸的基本要求如下：

（1）动作迅速。

（2）手动跳闸时不应该重合，手动合闸于故障线路时，继电保护动作使断路器跳闸后，不应重合。

（3）不允许多次重合。

（4）动作后自动复归。

（5）用不对称原则启动。

（6）与继电保护装置配合。

8-5 答：在电力线路（架空线路）中瞬时性故障约占故障总次数的80%～90%，当故障被切除后，电弧熄灭，故障点去游离，绝缘强度恢复到故障前的水平，此时若能在线路断路器断开后再进行一次重合闸即可恢复供电，从而提高了供电可靠性，采用自动重合闸，可以快速重合，提高了电力系统的稳定性。

8-6 答：单相重合闸中选相元件的作用是线路发生单相接地短路时，选出故障相。选相元件按电网接线和运行特点有以下几个类型：

（1）相电流选相元件。

（2）相电压选相元件。

（3）阻抗选相元件。

（4）相电流差突变量选相元件。

8-7 答：重合闸动作时间的选择，从减少停电时间考虑，ARD动作时间越短越好，实际上要考虑两个条件：

（1）ARD动作时限必须大于故障点去游离的时间，使故障点绝缘恢复到故障前的水平。

(2) ARD动作时限必须大于断路器及其操动机构准备好重合闸的时间，包括断路器触头周围介质绝缘强度恢复及灭弧室充满油的时间，以及操动机构恢复原位做好重合闸的时间。

8-8 答：装设非同步重合闸限制的条件如下：

(1) 当线路两侧电源电动势之间的相角差为180°合闸时，所产生的最大冲击电流不超过规定的允许值。

(2) 采用非同步重合闸后，在两侧电源由非同步运行拉入同步的过程中系统处在振荡状态，在振荡过程中对重要负荷影响要小；对继电保护的影响也必须采用躲过振荡的措施。

9-1 答：变压器的故障可分为油箱内部故障和油箱外部故障。内部故障有绕组的相间短路、绕组的匝间短路、直接接地系统侧的接地短路。外部故障有油箱外部绝缘套管、引出线上发生相间短路或一相接地短路。

变压器不正常工作状态有过负荷、外部短路引起的过电流、外部接地引起的中性点过电压、绕组过电压或频率降低引起的过励磁、变压器油温升高和冷却系统故障等。

9-4 答：差动保护时不平衡电流产生的原因有：

(1) 电流互感器误差不一致造成不平衡电流。

(2) 电流互感器和自耦变压器变比标准化产生的不平衡电流。

(3) 变压器带负荷调节分接头时产生的不平衡电流。

9-6 答：当变压器空载投入和外部故障切除电压恢复时，可能出现数值很大的励磁涌流，这种暂态过程中出现的变压器励磁电流称为励磁涌流。励磁涌流可达6～8倍额定电流。励磁涌流的特点如下：

(1) 包含有很大成分的非周期分量，约占基波的60%，涌流偏向时间轴的一侧。

(2) 包含有大量的高次谐波，且以二次谐波为主，占基波的30%～40%以上。

(3) 波形之间出现间断角，间断角可达80°以上。

根据励磁涌流的特点，变压器差动保护中防止励磁涌流影响的方法有：

(1) 采用具有速磁饱和铁芯的差动继电器。

(2) 利用二次谐波制动而躲开励磁涌流。

(3) 采用比较波形间断角来监督内部故障和励磁涌流的差动保护。

9-7 答：变压器的差动保护是防御变压器绕组和引出线的相间短路，以及变压器的大接地电流系统侧绕组和引出线的接地故障的保护。瓦斯保护是防御变压器油箱内部各种故障和油面降低的保护，特别是对于变压器绕组的匝间短路，它具有显著的优点，但不能反应油箱外部的故障，故两者不能互相代替。

10-1 答：发电机的不正常工作状态主要有：

(1) 励磁电流急剧下降或消失。

(2) 外部短路引起定子绕组过电流。

(3) 负荷超过发电机额定容量引起三相对称过负荷。

(4) 转子表层过热。由外部不对称短路或不对称负荷引起发电机负序过电流或负序过负荷。

(5) 由于突然甩负荷引起定子绕组过电压，由于励磁电路故障或强行励磁时间过长引起转子绕组过负荷。

(6) 发电机失步、发电机逆功率、非全相运行。

10-2 答：发电机应装设下列保护：

(1) 对于发电机定子绕组及其引出线的相间短路，应装设纵联差动保护。

(2) 对于定子绕组单相接地故障，应装设零序保护。当发电机电压回路的接地电容电流（未经消弧线圈）大于或等于5A时，保护应动作于跳闸；当接地电容电流小于5A时，保护应动作于信号。对于容量在100MW及以上的发电机，应尽量装设保护范围为100%的接地保护。

(3) 对于定子绕组匝间短路，当绕组接成双星形，且每一分支都有引出端时，应装设横联差动保护。

(4) 对于外部短路引起的过电流，一般应装设低电压启动的过电流保护或复合电压启动的过电流保护。对于容量为50MW及以上的发电机，一般装设负序过电流保护及单相低电压启动的过电流保护。

(5) 对于由对称过负荷引起的定子绕组过电流，应装设接于一相电流的过负荷保护。

(6) 对于水轮发电机突然甩负荷引起的发电机定子绕组的过电压，应装设带延时的过电压保护。

(7) 对于励磁回路的接地故障，水轮发电机一般应装设一点接地保护。对汽轮发电机的励磁回路一点接地，一般采用定期检测装置，对大容量机组，可装设一点接地保护，对两点接地故障，应装设两点接地保护。

(8) 对于发电机的励磁消失，100MW以下不允许失磁运行的发电机，应在自动灭磁开关断开时，联动断开发电机的断路器；当采用半导体励磁系统时，应装设专用的失磁保护；对于100MW以下但对电力系统有重大影响的发电机和100W及以上的发电机，应装设专用的失磁保护。

(9) 对于发电机转子回路过负荷，容量为100MW以上并采用半导体励磁的发电机，可以装设转子回路过负荷保护。

(10) 对于大容量汽轮发电机的逆功率运行，可以装设逆功率保护。

10-6 答：当发电机定子绕组的中性点附近接地时，由于接地电压很小，采用零序电压保护有15%～30%的死区，可能不能动作。

为减小死区可采取下列措施：

(1) 加装三次谐波滤过器。

(2) 对于高压侧采用中性点直接接地的电网，可利用保护装置延时来躲过高压侧接地短路故障，其动作时限应与变压器的零序保护相配合。

(3) 对于高压侧采用中性点非直接接地的电网，可利用高压侧的零序电压将发电机的接地保护闭锁或实现制动。采用上述措施后，继电器动作值可取5～10V，保护范围可提高到90%以上，但是在中性点附近仍有5%～10%的死区。

10-7 答：发电机正常运行时，转子转速很高，离心力较大，承受的电负荷又重，一次励磁绕组绝缘容易损坏。绕组导线碰接铁芯，会造成转子一点接地故障。发电机励磁回路的一点接地是比较常见的故障，不会形成电流通路，所以对发电机无直接危害，但发生一点接地后，励磁回路对地电压升高，可能导致第二点接地。励磁回路两点接地后构成短路电流通路，可能烧坏转子绕组和铁芯。由于部分励磁绕组被短接，破坏了气隙磁场的对称性，引起机组振动，特别是凸极机振动更严重。此外，转子两点接地还可能使汽轮发电机组的轴系统和汽缸磁化。

因此要安装发电机励磁回路保护。通常 1MW 及以上的水轮发电机只装设励磁回路一点接地保护，并动作于信号，以便安排停机。1MW 以下的水轮发电机宜装设定期检测装置。对于 100MW 以下的汽轮发电机，一点接地故障采用定期检测装置，发生一点接地后，再投入两点接地保护装置，带时限动作于停机。转子水内冷或 100MW 及以上的汽轮发电机应装设励磁回路一点接地保护装置（带时限动作于信号）和两点接地保护装置（带时限动作于停机）。

10-10 答：发电机励磁回路一点接地，虽不会形成故障电流通路，不会给发电机造成直接危害，但要考虑第二点接地的可能性，所以应由一点接地保护发出信号，以便加强检查、监视。当发电机励磁回路发生两点接地故障时：①由于故障点流过相当大的故障电流而烧伤发电机转子本体；②破坏发电机气隙外伤的对称性，引起发电机的剧烈振动；③使转子发生缓慢变形而形成偏心，进一步加剧振动。所以在一点接地后要投入两点接地保护，以便发生两点接地时经延时动作停机。

10-11 答：利用零序电流和零序电压原理构成的接地保护，对定子绕组都不能达到 100%的保护范围，在靠近中性点附近有死区，而实际上大容量的机组，往往由于机械损伤或水内冷系统的漏水等原因，在中性点附近也有发生接地故障的可能，如果对这种故障不能及时发现，就有可能使故障扩展而造成严重损坏发电机事故。因此，在大容量的发电机上必须装设 100%保护区的定子接地保护。

10-12 答：(1) 纵联差动保护是实现发电机内部短路故障保护的最有效的保护方法，是发电机定子绕组相间短路的主保护。

(2) 横联差动保护是反应发电机定子绕组的一相匝间短路和同一相两并联分支间的匝间短路的保护，对于绕组为星形连接且每相有两个并联引出线的发电机，均需装设横联差动保护。

在定子绕组引出线或中性点附近相间短路时，两中性点连线中的电流较小，横联差动保护可能不动作，出现死区可达 15%～20%，因此不能取代纵联差动保护。

11-1 答：无论是电流差动母线保护还是比较母联断路器的电流相位与总差动电流相位的母线保护，其启动元件的动作电流必须避越外部短路时的最大不平衡电流。这在母线上连接元件较多、不平衡电流很大时，保护装置的灵敏度可能满足不了要求。因此，出现了电流相位比较式母线保护，其工作原理如下。

如图 11-6 所示的母线接线，当其正常运行或母线外部短路时［图 11-6 (b)］，电流 I_1 流入母线，I_2 流出母线，它们的大小相等、相位相差 180°。当母线上发生短路时［图 11-6 (a)］，短路电流 I_1、I_2 均流向短路点，如果提供 I_1、I_2 的电源电动势同相位，且 I_1、I_2 两支路的短路阻抗角相同，I_1、I_2 就同相位，其相角差为 0°。因此，可由比相元件来判断母线上是否发生故障。这种母线保护只反应电流间的相位，因此具有较高的灵敏度。

11-2 答：母线保护方式有两种，一种是利用供电元件的保护切除母线故障，另一种是采用专用母线保护。GB/T 14285—2006《继电保护和安全自动装置技术规程》规定，下列情况应装设专用的母线保护：

(1) 对 110kV 和分段单母线，为了保证有选择性地切除任一故障。

(2) 110kV 及以上单母线，重要发电厂或 110kV 以上重要变电站的 35～66kV 母线，按电力系统稳定性要求和保证母线电压要求，需要快速切除母线上的故障。

(3) 35～66kV 电力网中主要变电站的 35～66kV 双母线或分段单母线，当在母线或分段断路器上装设解列装置和其他自动装置后，仍不满足电力系统安全运行的要求时。

(4) 对于发电厂和变电站的 1～10kV 分段母线或并列运行的双母线，必须快速而有选择地切除一段或一组母线上的故障或线路断路器，不允许切除线路电抗器前的短路时。

母线专用保护应该具有足够的灵敏性和可靠性。对中性点直接接地电网，母线保护采用三相式接线，以反应相间和单相接地短路；对中性点非直接接地电网，母线保护采用两相式接线，只需反应相间短路。

11-5 答：固定连接方式破坏时由于差动保护的二次回路不能随一次元件进行切换，所以，流过差动继电器 1KD、2KD、3KD 的电流将随之变化。如图 11-10 所示，线路 L2 自母线Ⅰ经倒闸操作切换到母线Ⅱ后发生外部故障时的电流分布。

由图可知，此时选择元件 1KD、2KD 中都有电流流过，因此 1KD、2KD 都可能动作，但启动元件 3KD 中没有故障电流流过，不动作，所以可以防止外部故障时保护误动作。

固定连接破坏后内部故障时，启动元件 3KD 中流过全部短路电流，而选择元件 1KD、2KD 仅流过部分短路电流，因此启动元件 3KD 动作，选择元件 1KD、2KD 也会同时动作，无选择性地把两组母线上的元件切除。为了避免流过 1KD、2KD 的电流过小，以至选择元件不能可靠地动作而使故障母线上连接元件不能切除，特在固定连接方式破坏时投入隔离开关，把选择元件 1KD、2KD 的触点短接。这样启动元件 3KD 动作时就能将两侧母线上的连接元件无选择性地切除。

12-1 答：当电动机的供电母线电压短时降低或短时中断又有恢复时，为防止电动机自启动时使电源电压严重降低，通常在次要电动机上装设低电压保护，当供电母线电压降低到一定值时，延时将次要电动机切除，使供电母线有足够的电压，以保证重要电动机自启动。

低电压保护的动作时限分两级，一级是为了保证重要电动机的自启动，在其他不重要的电动机上装设 0.5s 时限的低电压保护，动作于断路器跳闸；另一级是当电源电压长时间降低或消失时，对于根据生产过程和技术安全等要求不允许自启动的电动机，应装设低电压保护，经 10s 时限动作于跳闸。

对电动机低电压保护的基本要求：

(1) 当电压互感器一次侧或二次侧断线时，保护装置不应误动作，一只发出断线信号。但在电压回路断线期间，若厂用母线真正失去电压（或电压下降至规定值），保护装置仍应正确动作。

(2) 当电压互感器一次侧隔离开关因为误操作断开时，保护装置不应误动。

(3) 0.5s 和 9s 的低电压保护的动作电压应能分别整定。

(4) 接线中应采用能长期承受电压的时间继电器。

12-2 答：同步电动机除与异步电动机一样需设置相间短路保护、单相接地保护、低电压保护、过负荷保护外，还要设置非同步冲击保护、失步保护和失磁保护。

12-3 答：同步电动机正常运行时由于动态稳定或静态稳定破坏，导致失步主要有两种情况：一种是存在直流励磁时的失步（简称带励失步）；另一种是由于直流励磁中断或严重减少引起的失步（简称失磁失步）。

带励失步和失磁失步都需要装设失步保护，失步保护通常按下述原理构成：

(1) 利用同步电动机失步时转子励磁回路出现的交流分量构成失磁失步的失步保护。

(2) 利用同步电动机失步时定子电流增大，带励失步时，由于同步电动机的电动势和系统电源电动势夹角 δ 的增大，使定子电流也随之增大；失磁失步时由于同步电动机需要从电网吸收无功功率来励磁，所以定子电流也增大，因此可以利用同步电动机的过负荷保护兼作失步保护，反应定子电流增大而动作。电动机短路比越大，电动机从系统吸收的无功功率越大。短路比大于 1 的电动机，负荷率影响不大，这种电动机失磁运行时，定子电流可达 1.4 倍额定电流以上，因此，可利用电动机过负荷保护兼作失步保护。而对于短路比小于 1 的电动机，负荷率较低时，定子电流达不到 1.4 倍额定电流，此时过负荷保护不能动作，因此不能用过负荷保护兼作失步保护。

(3) 利用同步电动机失步时定子电压和电流间相角的变化。带励失步时，由于电动机定子电动势和系统电源电动势间夹角 δ 发生变化，所以定子电压和定子电流间的相角随之变化。

失磁失步时，电动机由正常运行时发送无功功率变为吸收无功功率，所以定子电压和电流间的相角也会起变化。因此，利用定子电压和电流间相角的变化，也可以构成失步保护。

失步保护应延时动作于励磁开关跳闸，并不作用于再同步控制回路。对于不能再同步或根据生产过程不需要再同步的电动机，保护动作时应作用于断路器和励磁开关跳闸。

12-4 答：移相电容器组过电流保护的作用是反应当电容器组与断路器之间连线发生的短路故障，通常采用带短时限（0.5s）的过电流保护。保护装置可采用两相不完全星形接线、三相完全星形接线和两相电流差接线。

参　考　文　献

[1] 贺家李，宋从矩．电力系统继电保护原理．增订版．北京：中国电力出版社，2004.
[2] 贺家李．电力系统继电保护原理与实用技术．北京：中国电力出版社，2009.
[3] 张保会，尹项根．电力系统继电保护．2 版．北京：中国电力出版社，2010.
[4] 许正亚．电力系统继电保护　上册．北京：中国电力出版社，1996.
[5] 许正亚．电力系统继电保护　下册．北京：中国电力出版社，1997.
[6] 许正亚．变压器及中低压网络数字式保护．北京：中国电力出版社，2004.
[7] 高亮．电力系统微机继电保护．北京：中国电力出版社，2007.
[8] 杨新民，杨隽琳．电力系统微机保护培训教材．北京：中国电力出版社，2008.
[9] 刘振亚．国家电网公司输变电工程典型设计．北京：中国电力出版社，2007.
[10] 韩笑．电力系统继电保护．2 版．北京：机械工业出版社，2015.
[11] 李晓明．现代高压电网继电保护原理．北京：中国电力出版社，2007.
[12] 黄少锋．电力系统继电保护．北京：中国电力出版社，2015.
[13] 国家电力调度通信中心．国家电网公司继电保护培训教材(下)．北京：中国电力出版社，2009.
[14] 水利电力部电力生产司．继电保护．北京：水利电力出版社，1985.
[15] 能源部西北电力设计院．电力工程电气设计手册 2：电气二次部分．北京：水利电力出版社，1991.
[16] 王维俭．电气主设备继电保护原理与应用．2 版．北京：中国电力出版社，2002.
[17] 王维俭．大型机组继电保护理论基础．北京：水利电力出版社，1989.
[18] 国家经济贸易委员会电力司．电力技术标准汇编电气部分．北京：中国电力出版社，2002.
[19] 卓乐有．电力工程电气设计手册电气二次部分．北京：水利电力出版社，1992.
[20] 陈继森，熊为群．电力系统继电保护．北京：水利电力出版社，1995.
[21] 张保会，潘贞存．电力系统继电保护习题集．北京：中国电力出版社，2005.
[22] 梁振锋，康小宁．电力系统继电保护习题集．北京：中国电力出版社，2008.
[23] 郑自奎．继电保护题集与解答．北京：中国电力出版社，2000.
[24] 陈金玉，中国电机工程学会城市供电专业委员会组．继电保护复习题与解答．北京：中国电力出版社，2008.